完全図解・宇宙手帳

世界の宇宙開発活動「全記録」

渡辺勝巳　著
JAXA（宇宙航空研究開発機構）　協力

ブルーバックス

カバー装幀／芦澤泰偉・児崎雅淑
カバー写真／JAXA(表) NASA(裏)
本文デザイン・組版／フレア

はじめに

　1957年10月4日、旧ソ連は人工衛星「スプートニク1号」を打ち上げた。このとき人類は、その永い歴史の中で初めて宇宙という未知の領域に挑戦した。4年後の1961年4月12日には、その未知の領域の「宇宙」に人間を送りだした。人類は地球の重力の束縛を離れ、宇宙への進出を開始した。さらに8年後の1969年7月20日、人類はついに「月」にその足跡を印した。人類のもっとも古い「夢」のひとつが実現されたときである。そして1990年代には、地球周回軌道上で恒久的な宇宙の実験室「国際宇宙ステーション」の建設を開始した。これらの活動と並行して、さまざまな目的を持った多くの人工衛星を打ち上げ、運用し、また、それまで望遠鏡で観測するしかなかった太陽系惑星の世界へも探査機を送り、直接探査を行ってきた。

　宇宙開発活動は、第二次世界大戦後、アメリカ・旧ソ連の二大国の冷戦状態を背景として、「競争」という形で開始された。およそ50年、半世紀が過ぎた現在、その活動は人類共通の活動として多岐にわたっている。宇宙開発は20世紀後半から21世紀にかけて人類が進めてきた活動であり、人類の歴史の中でどの世代も成し遂げられなかった活動である。数十世代、数十世紀後の世代から見れば、私たちのこの世代は、「人類のために壮大な活動に着手した世代」として記憶されることだろう。

　この本は、人類の宇宙への挑戦に関するおよそ50年にわたる活動の「保存版」ともなるようまとめたものである。多岐にわたる宇宙開発活動を簡潔に分類して、その分類ごとに最低限知っておくと便利な基礎知識を盛り込み、さらに活動の詳細な歩みをデータとしてまとめた。いわば、宇宙開発の入門書であり、解説書であり、そしてデータブックでもあるというかなり

欲張った内容である。宇宙開発活動そして宇宙に対する人類の活動の歩みの資料としてご活用願いたい。

　この本の編集にあたっては、JAXA（宇宙航空研究開発機構）広報部及び宇宙教育センターの多大なご協力をいただくとともに、財団法人日本宇宙フォーラムの若松宏昌広報・調査事業部長、白石剛氏、成田知人氏、小平將裕氏、松元留美子氏には、データの収集・確認等でご協力をいただいた。また、同フォーラムの中浦陽子氏、講談社ブルーバックス出版部の篠木和久氏には長期間にわたって編集作業全般にお世話になった。このお二人の協力がなければ本書は誕生しなかったであろう。この場をお借りして、ご協力いただいた皆様に厚くお礼申し上げる。

　2012年3月　　　　　　　　　　　　　　　　　　　　渡辺勝巳

目次

はじめに ····· 3

第1章 広大な宇宙 ····· 13

1-1 人類と宇宙のかかわり ····· 14
- 1-1-1 星空とのかかわり ····· 14
- 1-1-2 宇宙観の変遷 ····· 15

1-2 宇宙を測る ····· 18
- 1-2-1 宇宙の物差し ····· 18
- 1-2-2 星までの距離 ····· 19
- 1-2-3 絶対光度による測定 ····· 20
- 1-2-4 広大な宇宙を測る ····· 21

1-3 恒星 ····· 23
- 1-3-1 星の一生 ····· 23
- 1-3-2 星の分類 ····· 23

1-4 銀河、銀河系 ····· 26

1-5 太陽系 ····· 28
- 1-5-1 太陽 ····· 28
- 1-5-2 水星 ····· 30
- 1-5-3 金星 ····· 32
- 1-5-4 地球そして月 ····· 34
- 1-5-5 火星 ····· 40
- 1-5-6 木星 ····· 43
- 1-5-7 土星 ····· 46
- 1-5-8 天王星 ····· 49

1-5-9	海王星	51
1-5-10	準惑星	53
1-5-11	太陽系小天体	54
1-5-12	小惑星	56
1-5-13	彗星	58
1-5-14	太陽系惑星諸元	60
1-5-15	太陽系惑星の主な衛星諸元	62

第2章 宇宙活動 69

2-1 宇宙開発とはなにか 70
2-2 宇宙活動のあゆみ 71
- 2-2-1 ロケットの発明 71
- 2-2-2 宇宙開発競争の幕開け 73
- 2-2-3 人類の宇宙への進出 74
- 2-2-4 地球周回軌道上で活躍する人工衛星 80
- 2-2-5 月探査活動 80
- 2-2-6 惑星探査活動 81

2-3 日本の宇宙活動 82
- 2-3-1 日本の宇宙活動 82
- 2-3-2 宇宙開発計画 82
- 2-3-3 独立行政法人宇宙航空研究開発機構 83

2-4 世界の宇宙開発機関 86
2-5 世界のロケット打ち上げ射場 88
- 2-5-1 世界の主要ロケット打ち上げ射場一覧 88
- 2-5-2 世界の主要ロケット打ち上げ射場の位置 90

目　次

第3章　有人宇宙飛行 …… 93

3-1　宇宙環境の基礎知識 …… 94
3-1-1　宇宙空間とはどのようなところか …… 94
3-1-2　国際宇宙ステーション（ISS） …… 98
3-1-3　日本人宇宙飛行士 …… 101
3-1-4　宇宙での暮らし …… 103

3-2　世界の有人宇宙飛行全記録 …… 108
3-2-1　国別宇宙飛行士数 …… 108
3-2-2　アメリカの有人宇宙飛行 …… 109
3-2-3　旧ソ連／ロシアの有人宇宙飛行 …… 112
3-2-4　スペースシャトルによる宇宙飛行 …… 124
3-2-5　中国の有人宇宙飛行 …… 154

コラム　宇宙の脅威「スペースデブリ」 …… 155

3-3　世界の有人宇宙船 …… 156
3-3-1　ボストーク宇宙船 …… 156
3-3-2　ボスホート宇宙船 …… 158
3-3-3　ソユーズ宇宙船（ソユーズTMA-M） …… 160
3-3-4　マーキュリー宇宙船 …… 162
3-3-5　ジェミニ宇宙船 …… 164
3-3-6　アポロ宇宙船 …… 166
3-3-7　スペースシャトル …… 168
3-3-8　ブラン …… 170
3-3-9　神舟宇宙船 …… 172

3-4　世界の宇宙ステーション活動全記録 …… 173
3-4-1　アメリカの宇宙ステーション …… 173
3-4-2　旧ソ連／ロシアの宇宙ステーション …… 173
3-4-3　国際宇宙ステーション（ISS） …… 185
3-4-4　中国の宇宙ステーション …… 197

3-5　宇宙ステーション ……198
- 3-5-1　サリュート宇宙ステーション ……198
- 3-5-2　ミール宇宙ステーション ……200
- 3-5-3　スカイラブ宇宙ステーション ……202
- 3-5-4　国際宇宙ステーション ……204
- 3-5-5　天宮宇宙ステーション ……206

第4章　ロケット ……209

4-1　ロケットの基礎知識 ……210
- 4-1-1　ロケットが飛ぶ仕組み ……210
- 4-1-2　ロケットの構造と種類 ……211
- 4-1-3　ロケットの性能 ……214
- 4-1-4　正確に飛ぶために ……221
- 4-1-5　新しい推進方法 ……224

4-2　ロケットの打ち上げと飛行計画 ……230
- 4-2-1　H-ⅡA14号機の飛行計画（静止衛星軌道）……230
- 4-2-2　H-ⅡA15号機の飛行計画（太陽同期準回帰軌道）……232
- 4-2-3　H-ⅡA17号機の飛行計画（太陽周回軌道）……234
- 4-2-4　H-ⅡB2号機の飛行計画 ……236
- 4-2-5　スペースシャトルの飛行計画 ……238
- 4-2-6　ソユーズ宇宙船の飛行計画 ……240

4-3　世界の人工衛星打ち上げ用ロケット ……242
4-4　日本の人工衛星打ち上げ用ロケット ……248
- 4-4-1　L-4Sロケット ……252
- 4-4-2　M-4Sロケット ……254
- 4-4-3　M-3Cロケット ……256

4-4-4	M-3Hロケット	258
4-4-5	M-3Sロケット	260
4-4-6	M-3SⅡロケット	262
4-4-7	M-Vロケット	264
4-4-8	N-Ⅰロケット	266
4-4-9	N-Ⅱロケット	268
4-4-10	H-Ⅰロケット	270
4-4-11	H-Ⅱロケット（基本型）	272
4-4-12	H-Ⅱロケット（8号機）	274
4-4-13	H-ⅡAロケット	276
4-4-14	H-ⅡAロケットファミリー	278
4-4-15	H-ⅡBロケット	280
4-4-16	J-Ⅰロケット	282

4-5 日本の試験・実験・観測用ロケット ……284
- 4-5-1 観測用ロケット …… 284
- 4-5-2 試験用ロケット（TR-Ⅰ） …… 286
- 4-5-3 実験用ロケット（TT-500A） …… 288
- 4-5-4 実験用ロケット（TR-IA） …… 289

第5章 人工衛星 …… 291

5-1 人工衛星の基礎知識 …… 292
- 5-1-1 人工衛星の原理 …… 292
- 5-1-2 人工衛星の軌道と特徴 …… 294
- 5-1-3 人工衛星の主な軌道 …… 297
- 5-1-4 姿勢・軌道の制御 …… 303

コラム 人工衛星の金色の服 …… 309

5-2 世界の人工衛星等打ち上げ個数集計表 …… 310
5-3 日本の人工衛星等打ち上げ年別一覧表 …… 314

5-4　日本の人工衛星 ……318
- 5-4-1　技術開発・試験衛星 ……320
- 5-4-2　通信・放送衛星 ……358
- 5-4-3　気象・地球観測衛星 ……384
- 5-4-4　技術実証衛星 ……424
- 5-4-5　宇宙工学実験衛星・探査機 ……432
- 5-4-6　天文観測衛星 ……436
- 5-4-7　太陽・地球系科学衛星 ……458
- 5-4-8　宇宙ステーション補給機 ……480
- 5-4-9　2012年度以降打ち上げ予定の衛星 ……482

5-5　海外の代表的な人工衛星 ……492
- 5-5-1　スプートニク1号 ……492
- 5-5-2　スプートニク2号 ……493
- 5-5-3　科学探査衛星エクスプローラ1号 ……494
- 5-5-4　気象衛星タイロス1号 ……495
- 5-5-5　通信衛星エコー1号 ……496
- 5-5-6　通信衛星リレー1号 ……497
- 5-5-7　通信衛星シンコム3号 ……498
- 5-5-8　地球観測衛星ランドサット1号 ……499
- 5-5-9　航行・測位衛星ナブスター1 ……500
- 5-5-10　ハッブル宇宙望遠鏡 ……501
- 5-5-11　宇宙背景放射探査機コービー ……502

第6章　月・惑星探査 ……503

6-1　月・惑星探査の基礎知識 ……504
- 6-1-1　探査機と人工衛星の違い ……504
- 6-1-2　宇宙速度 ……505
- 6-1-3　月探査機の基礎知識 ……506
- 6-1-4　惑星探査機の基礎知識 ……510

6-2　世界の月・惑星探査全記録 ………518
- 6-2-1　月探査 ………519
- 6-2-2　太陽・深宇宙探査 ………528
- 6-2-3　水星探査 ………529
- 6-2-4　金星探査 ………530
- 6-2-5　火星探査 ………533
- 6-2-6　木星、土星、天王星、海王星、冥王星探査 ………537
- 6-2-7　彗星・小惑星探査 ………539

6-3　日本の月・惑星探査機 ………542
- 6-3-1　ハレー彗星探査試験機「さきがけ」………542
- 6-3-2　ハレー彗星探査機「すいせい」………544
- 6-3-3　工学実験衛星「ひてん」………546
- 6-3-4　火星探査機「のぞみ」………548
- 6-3-5　小惑星探査機「はやぶさ」………550
- 6-3-6　月探査機（LUNAR-A）………552
- 6-3-7　月周回衛星「かぐや」………554
- 6-3-8　金星探査機「あかつき」………556
- 6-3-9　小型ソーラー電力セイル実証機「IKAROS」………558
- 6-3-10　水星磁気圏探査機（MMO）………560
- 6-3-11　はやぶさ2 ………562

6-4　世界の代表的な月・惑星探査機 ………564
- 6-4-1　太陽探査機ユリシーズ ………564
- 6-4-2　月探査機ルナ3号 ………565
- 6-4-3　月探査機レインジャー7号 ………566
- 6-4-4　宇宙探査機マリナー10号 ………567
- 6-4-5　金星探査機ベネーラ7号 ………568
- 6-4-6　金星探査機マゼラン ………569
- 6-4-7　火星探査機マルス3号 ………570
- 6-4-8　火星探査機マリナー4号 ………571

6-4-9	火星探査機バイキング1号、2号	572
6-4-10	火星探査機マーズ・エクスプロレーション・ローバー	573
6-4-11	木星型惑星探査機パイオニア10号、11号	574
6-4-12	木星型惑星探査機ボイジャー1号、2号	575
6-4-13	木星探査機ガリレオ	576
6-4-14	土星探査機カッシーニ・ホイヘンス	577
6-4-15	ハレー彗星探査機ジオット	578

写真・図版出典一覧 579
参考文献一覧 582

第1章 広大な宇宙

1-1 人類と宇宙のかかわり

1-1-1 星空とのかかわり――星座の誕生

　人類は誕生以来、現在に至るまで、いろいろな形で宇宙とかかわってきた。古代の人々にとって宇宙（星空）は神の住む世界で、そこから多くのことを学んできた。星空を見て時刻や季節を知り、また星空によって方角を知り、はるか彼方の地まで遠征した。

　紀元前3500年頃、メソポタミア文明が発祥した。メソポタミアはギリシャ語で「複数の川のあいだ」という意味で、チグリス川、ユーフラテス川の2つの大河のほとりにあたり、現在のイラク付近である。チグリス川、ユーフラテス川は定期的に増水し、それに対応するため運河の整備が行われ農業が発達した。暦は太陰太陽暦を使用し、1週間を7日にしたのもこのころといわれている。また、占星術も発達し、それにより初歩の天文学も発達していったと考えられている。六十進法もメソポタミア文明で生まれたものである。

　紀元前3000年頃、メソポタミア南部でたくさんの羊を飼っていたカルデア人は、日夜繰り返される太陽と月の動き、そして夜ごと現れ徐々に移りゆく星空を何世代にもわたって眺めているうちに、目立った星をつないで、動物や人の姿を夜空に描き、太陽がちょうど1年かけて空を通る道、つまり黄道に沿った星座を12個作ったといわれている。

　星座の移り変わりを知っていると方角が正確にわかるため、海を渡る船乗りにとって非常に便利な知識となった。やがてこの星座はギリシャに伝わり、ギリシャの神話と結びついてさらに整備され、神々のドラマが夜空に展開されるようになった。

1-1-2　宇宙観の変遷

　人類は、太陽、月、星空の規則正しい営みを畏怖の念を持って眺め、それらの舞台である宇宙がどのようなものであるかを想像した。人類はいつの時代においても、宇宙とは何かを問い続け、理解しようとしてきた。

　紀元前3000年頃のカルデア人の考えた世界（宇宙）は、人間の住む台地は平面で、山がまわりを取り巻いており、その山が傘のように大地を覆った空を支えていると考えていた。

　古代ギリシャの天文学者ヒッパルコス（紀元前190頃～前120頃）は、当時としては驚異的な観測精度で月や惑星、恒星の位置を観測し、複雑な宇宙体系を作り上げた。また、現在も使用されている星座のうち46星座を決定している。

　2世紀半ば、ギリシャの天文学者プトレマイオスは、それまでのアリストテレスやヒッパルコスなどが考えた古代ギリシャの天文学を集大成し、天文学書『アルマゲスト』を著し、地球が宇宙の中心で、太陽やその他の惑星が地球を回るという天動

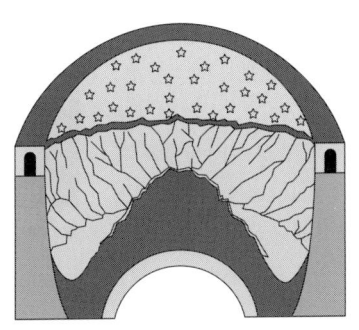

カルデア人の想像した宇宙の図

第1章 広大な宇宙

説をもとにした宇宙観を作った。この天動説は、以後1300年以上にわたって世界を支配することになる。

14世紀頃、船乗りたちが星によって船の位置を決めるために、天文学が盛んに研究されるようになった。精密な観測によって、それまでの天動説では説明できない現象も現れ、天動説に疑問を抱く人も出てきた。

16世紀に入り、ポーランドのニコラス・コペルニクス（1473～1543）は『天体の回転について』を著し、地動説を発表した。火星などの惑星の逆行現象（移動方向が変わる現象）は、天動説では惑星の公転軌道上で回転する複雑な周転円で説明されていたが、地球との公転速度の差による見かけ上のものであることを説明した。しかし、教会からの圧力を恐れ、1543年に死期を迎えるまで発表はしなかった。

ニコラス・コペルニクス

ドイツのヨハネス・ケプラー（1571～1630）は、その師ティコ・ブラーエが21年間にわたり火星の動きを肉眼で精密に観測した結果を正確に分析し、1609年に惑星の運動に関する第1と第2の法則を発見した。これは「太陽のまわりを各惑星が楕円を描いて回っており、その面積速度は一定である」という、楕円運動をもとにした天体論だった。コペルニクスやティコ・ブラーエなどの円運動に基づく天体論から一歩進んで、現代の太陽系像を示したものである。

ヨハネス・ケプラー

イタリアのガリレオ・ガリレイ(1564〜1642)は、初めて望遠鏡による天体観測を行った。1609年には月に望遠鏡を向けてクレーターを観察し、翌年の1610年には木星の衛星(ガリレオ衛星)を発見した。この観測結果は「星界の報告」として論文発表されたが、まさに小さな太陽系ともいうべきものの発見であり、地動説の正しさを全面的に支持することになった。ま

ガリレオ・ガリレイ

た、望遠鏡の観測で、金星の満ち欠け、大きさの変化も発見し、地動説に大きな確信を得た。これらのことを1632年に『天文対話』という本にして発表したが受け入れられず、宗教裁判にかけられた結果、自説を放棄せざるを得なかった。

イギリスのアイザック・ニュートン(1642〜1727)は、1687年『自然哲学の数学的諸原理(プリンキピア)』を著し、万有引力の法則と運動の3法則(運動方程式)を明確にし、古典数学を完成させ、古典力学(ニュートン力学)を創設した。これによって、古代ギリシャ以来の幾何学的な宇宙観に対して、はじめて「力」という概念で惑星や天体の運動を正確に示すことができるようになり、近代宇宙観が確立された。

アイザック・ニュートン

1-2　宇宙を測る

　惑星、恒星、銀河などの距離は、どのようにして測るのであろうか。17世紀初めにはケプラーが惑星間の相対距離を測る法則（ケプラーの法則）を発見、また同じ17世紀にはニュートンによって力学が完成され、観測の理論的な裏付けはできていた。しかしながら、遠い星までの距離については、18世紀になるまで測ることはできなかった。

1-2-1　宇宙の物差し

　古代エジプトでは月や太陽までの距離を測ろうとした科学者たちがすでにいた。彼らは三角測量の方法で地球の大きさ、月までの距離、太陽までの距離を計算している。

　三角測量は距離のわかっている2点間ABを一辺として、距離を求める地点Cを結ぶ三角形を作り、2つの角度を測って、AC間、BC間の距離を求めるものである。この方法が星までの距離を求める第一歩であった。

　18世紀になるまで、地動説の直接的な証拠は発見されていなかった。そして18世紀の初頭、イギリスのブラッドリーは、地球の公転運動によって星の見かけの位置がずれてくる「光行差現象」を発見した。これはまさに地球が動いている「地動説」の直接的な証拠であった。またブラッドリーは光行差をもとにして光の速度をかなり正確に求めた。

　この光行差を正確に測定することによって、地球の公転速度を求めることができ、この速度によって地球の1年間の移動距離、さらに太陽までの距離を知ることができる。結果、太陽と地球の距離は、1.5×10^8km（1億5000万km）と計算された。この地球の公転軌道半径は、広い宇宙を測る物差しとして使用されるようになった。この太陽―地球間の距離を「天文単位」

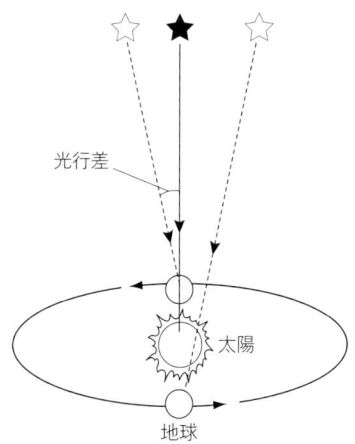

光行差の原理
光行差は観測者の運動によって星の見かけの位置がずれる現象。観測者が運動していると、測定している星がその運動の方向に傾き、位置が変化して見える。

といい、「AU」で表す。1AUは約1.5億kmである。

1-2-2　星までの距離——年周視差による計測

　地球の公転軌道半径が新しい物差しとなったが、それをどのように使って、さらに遠い恒星までの距離を測るのであろうか。

　その原理は三角測量と同じで、基準となる一辺として地球の公転半径を使用する。つまり、ある時期に地球から星を観測し、半年後に同じ星を観測すると、星の距離が近いほどその見かけの位置のずれが大きい。たとえば手に鉛筆を持って、片目ずつ交互に見ると、その位置が背景に対して大きくずれて見えるのと同じ現象で、このときのずれた角度の半分を「視差」という。このように、半年後の星の見かけのずれの角度を測定し

(年周視差)、地球の公転軌道半径を基準にしてその星までの距離を計算する。年周視差が1秒(3600分の1度)になるような距離を1パーセク(pc)といい、1パーセクは3.26光年(1光年は光が1年かかって進む距離=約6.3万AU=約9.5兆km)の距離である。また、遠い星ほど角度が小さくなるため計測が困難になる。現在、この方法で北極星までの距離430光年が測られている。

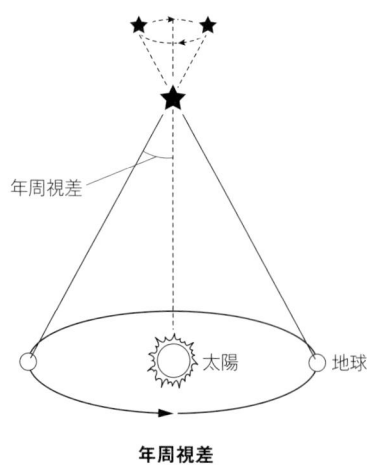

年周視差

1-2-3 絶対光度による測定

約100光年よりも遠くの星までの距離の測定は、その星の光の強さ(光度)、つまり「光のエネルギーは距離の二乗に反比例する」ことを利用して計算する。

地球から観測している星の光は見かけの光度であり、光が弱い星が遠くにあるとはかぎらない。もし、その星の本当の光度(絶対光度)がわかれば、見かけの光度との比較でその星の距離が計算できることになる。100光年以内で距離が確定してい

る星の分析・研究によって、星の絶対光度を知るための2つの方法が発見された。「星のスペクトル型（色）」による方法と、「変光星の周期と絶対光度の関係」による方法である。

スペクトル型による方法は、「スペクトル型（後述）が同じ星は絶対光度も同じである」ということを大前提にしているため、あくまでも統計的なものではあるが、銀河系内の星の距離はこの方法で計算され、銀河系の大きさも決められた。

変光星の周期と光度を用いた方法は次のようになる。ケフェウス座δという星がある。これはセファイドと呼ばれる変光星で、膨張と収縮を周期的に繰り返す老齢期の星である。この種の変光星の絶対光度と周期のあいだには、明るい星ほど周期が長いという関係があることがわかった。この関係を用いて、銀河系外の銀河の中にセファイドを探し、見かけの光度と周期を観測すれば、絶対光度がわかり、その銀河までの距離がわかることになる。このようにして、銀河までの距離を測定していったが、無数にある銀河から、その中にあるひとつの変光星を探すには、ハッブル宇宙望遠鏡を使ってもせいぜい6000万光年（約18メガパーセク）の距離までである。宇宙は、さらに遠くまで広がっている。

1-2-4　広大な宇宙を測る

数千万光年、数億光年、数十億光年と、宇宙はさらに奥深く広がっている。銀河の中の変光星をひとつの星として観測できないくらい遥か彼方の銀河までの距離は、どのようにして測るのであろうか。

1929年、アメリカの天文学者ハッブルは多くの銀河を観測し、遠い銀河ほど速い速度で遠ざかっていることを発見した。つまり、宇宙は膨張し、広がり続けていることを発見した。そして、この遠ざかる速度による銀河の光の波長の変化（ドップ

ラー効果）を調べることによって、距離を知ることができると考えた。

　ドップラー効果は、たとえば遠ざかる救急車のサイレンが低い音に変わっていく現象で、これは、遠ざかる音の波長が引き延ばされて長くなったことが原因である。光のドップラー効果も同様に、遠ざかるものから出た光の波長が引き延ばされて、波長の長い赤色方向にずれる。この現象を赤方偏移という。このずれの度合いを観測することによって、その銀河までの距離を計算する。

　宇宙を測る方法は、他にもいろいろと考えられているが、月から銀河、そして宇宙の果てまでを測るには、何段階もの物差しを交換しながら使っていかなければならない。これを「距離の梯子」という。古代から現在まで、人類はこの梯子を掛け替えながら、宇宙を測り、宇宙観を広げていったのである。

1-3　恒星

1-3-1　星の一生

　夜空に輝く無数の星、永遠に輝き続けるように思えるこれらの星も、やがて最期のときを迎え死んでいく。そしてまた、新しい星が誕生する。私たちの太陽は、ありふれたそんな星のひとつである。そして星の一生は、その星の質量の違いによって辿る道が違ってくる。質量が太陽の10倍〜数十倍もの大きい星は大爆発で壮絶な最期を迎え、後に中性子星やブラックホールを残す。太陽程度の星は、外層部のガスを吹き飛ばし、白色矮星という小さな星になる。

1-3-2　星の分類

　夜空に輝く無数の星は、みな同じように見えるが、よく注意して見ると赤い星、青い星、白い星、明るく力強く輝く星、弱々しい星など、さまざまである。

　次々ページの図は、星の明るさ（絶対等級）と温度やスペクトル型の関係をまとめたもので、ヘルツシュプルング・ラッセル図（HR図）という。星の進化の様子を知るうえで大変重要な図である。

　図ではモノクロなのでわかりづらいが、多くの星は左上の明るく青白い星から右下の暗くて赤い星を結ぶ帯状に並んでいる。これらは主系列星といい、活発に活動している星である。私たちの太陽は、絶対等級が4.8等、スペクトル型はG（黄色）で、表面温度は6000Kの主系列星である。

　また、図の右上には赤色巨星、赤色超巨星と呼ばれる星があり、左下には白色矮星と呼ばれる星がある。これらは、星の永い一生のうちのさまざまな姿を現している。

第1章 広大な宇宙

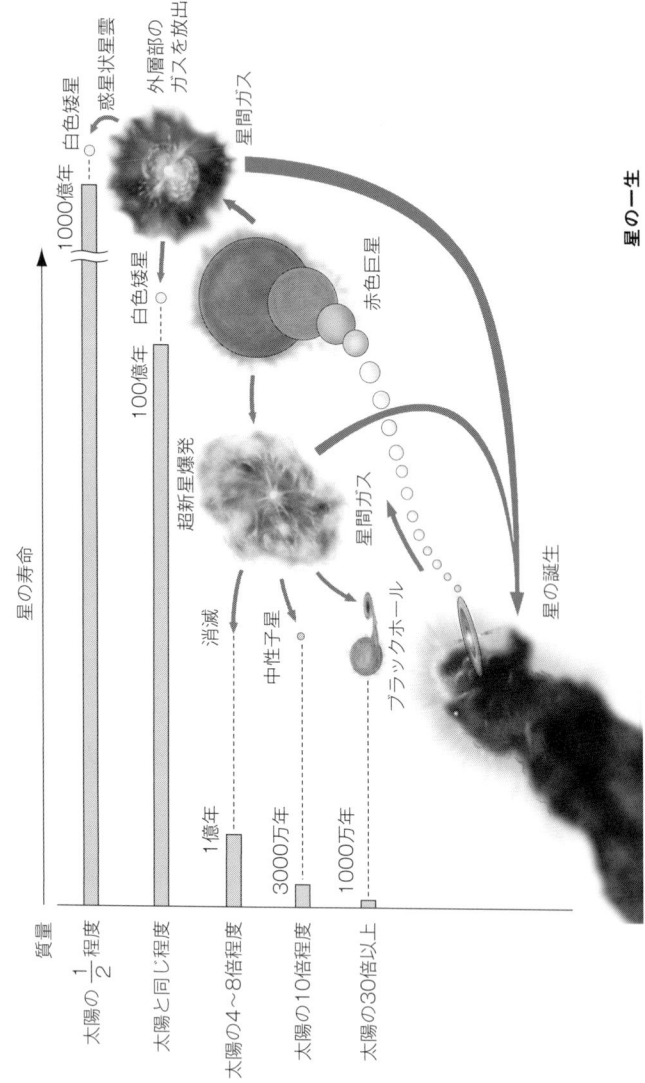

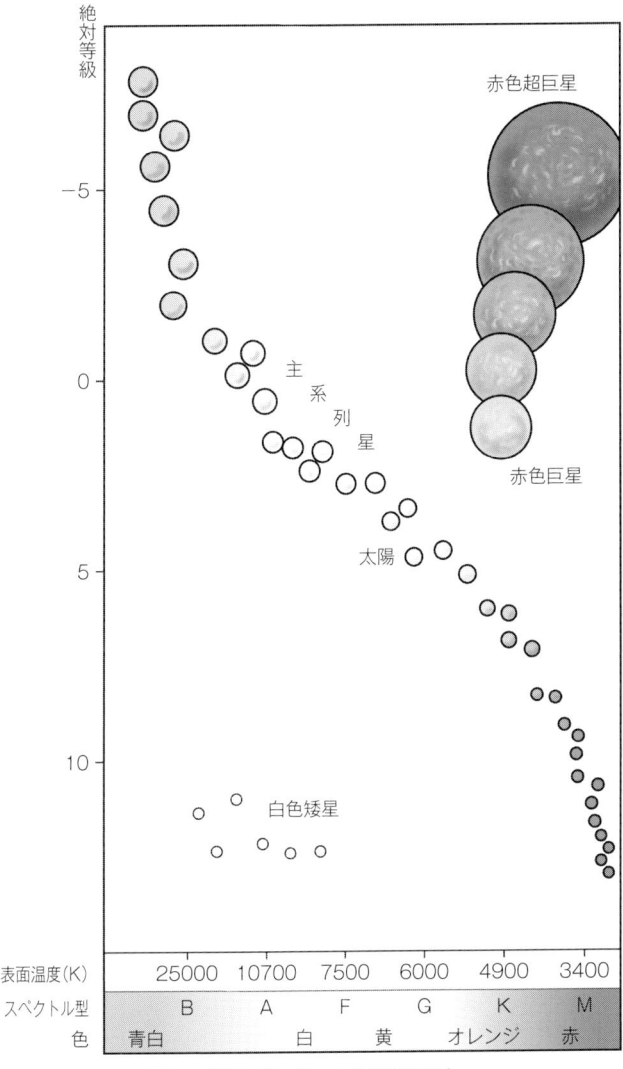

ヘルツシュプルング・ラッセル図（HR図）
絶対等級とは、10パーセク（32.6光年）の距離から見たときの星の明るさを表す

1-4 銀河、銀河系

　私たちの太陽は、無数にある星（恒星）のひとつであり、ありふれた星の中のひとつにすぎない。このような星がおよそ2000億個も集まってひとつの巨大な集団を形成している。この集団を「銀河系」と呼んでいる。

　広大な宇宙には、この銀河系と同じような星の集団（たんに「銀河」という）が1000億個以上あるといわれている。

　銀河系は巨大な渦巻き状で、横から見ると凸レンズの形をしている。渦巻きの直径は約10万光年、凸レンズのいちばん厚い部分が約1.5万光年である。そして私たちの太陽は、銀河系の中心から約3万光年離れたところにある。

　8つの惑星や無数の小惑星などをしたがえて、何の変哲もない小さな星・太陽が銀河系の端っこで輝いているのである。

1-4 銀河、銀系

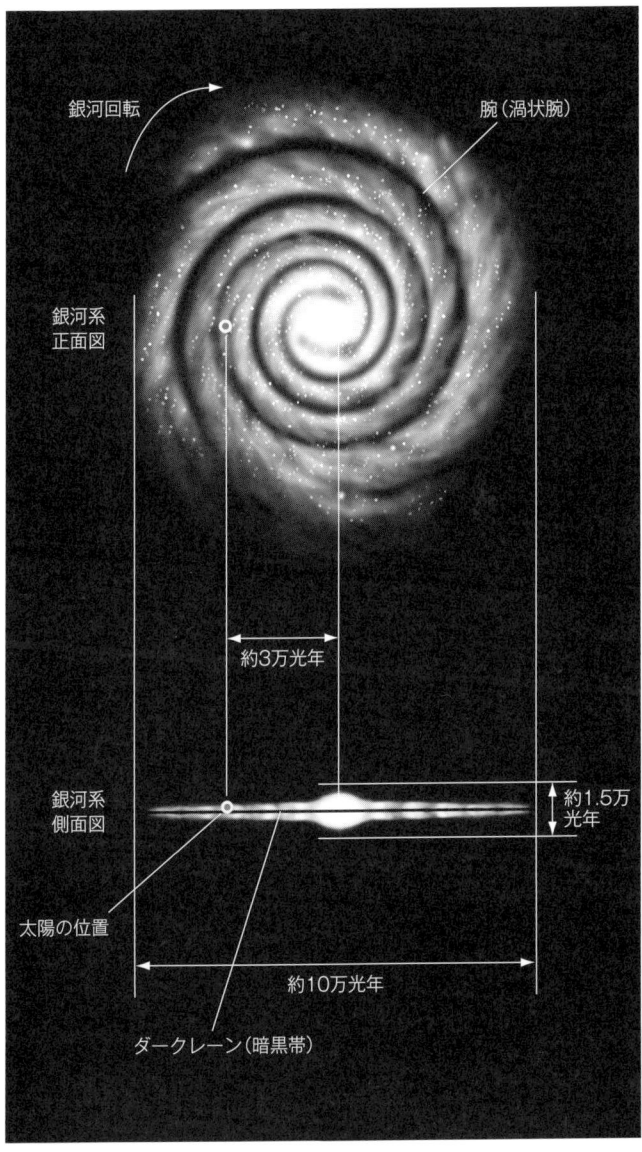

1-5　太陽系

　2000億個もの星（恒星）の集団である銀河系の端で、ごくごく普通の星として光っている星。それが私たちの太陽である。他の星の多くもおそらく同様であると思われるが、太陽はそのまわりにさらに小さな惑星などを従えている。それらは8つの惑星と5つの準惑星、そしてそれらのまわりを回る数多い衛星、さらに彗星や小惑星などであり、これらを総称して「太陽系」という。

　惑星は、太陽に近い順に、水星、金星、地球、火星、木星、土星、天王星、海王星の8つで、水星、金星、地球、火星の4つの惑星は「地球型惑星」といわれ、主に岩石や金属で構成されている。また、木星、土星、天王星、海王星は「木星型惑星」といわれ、主に水素やヘリウムのガスで構成されている。

1-5-1　太陽(Sun)

❖大きさ

　赤道半径69万6000km（地球の109倍、体積は130万倍）、質量は1.99×10^{30}kg（地球の33万倍）、太陽系全質量の99.86%を占めている。

❖特　徴

　平均的な恒星で、スペクトル型は黄色い光のG型、主系列星。中心部の密度は水の150倍（240億気圧）、温度は1500万K（絶対温度）。表面温度は6000K。

❖組　成

　中心部では、水素35%、ヘリウム63%、その他2%、表面付近では、水素70%、ヘリウム28%、その他2%。

❖内部での反応

　超高温、超高圧環境によって、水素の原子核（陽子）が激しく動き回り、ぶつかり合って、その結果4個の陽子から1個のヘリウム原子核ができる核融合反応が起き、膨大なエネルギーが発生する。この核融合反応では、融合した4個の陽子のうち2個の陽子が中性子に変化して、陽子2個、中性子2個のヘリウムに変わる。その反応で発生するエネルギーは、0.042J（ジュール）であり、もし、1gの水素がすべてヘリウムに変わる反応を起こしたとすると、6.3×10^{11}Jにもなり、マグニチュード5〜6の地震のエネルギーに匹敵する。

　太陽の中心部では、毎秒6億5000万tもの水素がヘリウムに変わる核融合反応が起きている。4個の水素が1個のヘリウムに変わるときに、全体の質量が減少しており、その質量がエネルギーに変化する。太陽のこの核融合反応で、毎秒420万tもの質量がエネルギーに変わっている。つまり、太陽は1秒ごとに420万tずつ軽くなっている。太陽の質量は1.99×10^{27}tで、太陽が誕生してからこれまでの46億年間にエネルギーとして消費された質量は、6×10^{23}tになるが、それでも太陽全質量の1万分の3にすぎない。

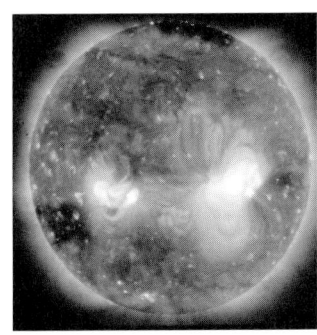
太陽観測衛星「ひので」のX線望遠鏡で撮影した太陽

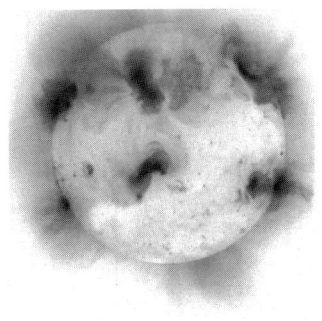
太陽観測衛星「ようこう」で観測された太陽の軟X線画像

1-5-2 水星(Mercury)

❖ 大きさ
赤道半径2440kmで地球の約38%。

❖ 特　徴
大気（ヘリウムと水素）圧はほぼ0に近い（10^{-12}hPa）。表面温度は、太陽に照らされている面が590〜725K、陰の面が103K、平均温度は440K（167℃）。表面は、地球の月と同じく無数のクレーターで覆われている。衛星やリングはない。

❖ 探査機
太陽に近いという条件の厳しさで、これまで水星に接近観測した探査機はアメリカの「マリナー10号」と「メッセンジャー」のみである。

❖ 自転と公転周期による特徴
水星の自転周期（1恒星日）は59日で、公転周期（1年）は88日である。この水星の1恒星日と1年の比は、約2：3の整数比になっている。つまり、水星は太陽のまわりを2回公転する間に、3回自転することになる。この2：3という公転と自転の関係のため、近日点で太陽に照らされる面はいつも経度が0度か180度で、また逆に遠日点で太陽に向く面は経度90度か270度と、限られた地域になる。水星表面では、このように経度によって日射量が定期的に異なってくる。そのため、探査機による写真観測でも限られた面しか撮影できないことになり、マリナー10号では水星表面の45%しか撮影されていない。

また、水星の近日点と遠日点の太陽からの距離の差が大きいため、水星から見ると、太陽が一時逆向きに動き、近日点付近の昼の時間が長くなるという不思議な現象が起きる。

1-5 太陽系

「マリナー10号」が撮影した水星の南半球(1974年3月29日)

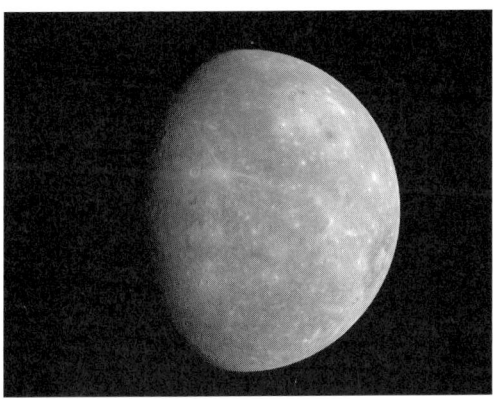

「メッセンジャー」が撮影した水星(2008年1月14日)

第1章 広大な宇宙

1-5-3 金星(Venus)

❖大きさ

赤道半径6052kmで地球の95％。

❖特　徴

硫酸の厚い雲に覆われ、地表の大気圧は92気圧（地球の92倍）。大気成分は二酸化炭素95％、その他は窒素、アルゴン、水などである（液体の水はない）。重力は地球の90％、平均密度は地球の95％と地球に近いため、地球の兄妹惑星と考えられていた。表面気温は二酸化炭素の温室効果により470℃と非常に高い。また、金星大気の上層部には、4日間で金星を1周してしまうような強風が吹いている。金星の自転速度を超えるこの強風は「スーパーローテーション」と呼ばれるが、そのメカニズムはまだ解明されていない。衛星やリングはない。

❖探査機

探査機による金星探査は、米ソ冷戦時代に宇宙開発競争のひとつとして盛んに行われた。アメリカは1962年から、「マリナー」シリーズによる金星フライバイや、「パイオニアビーナス」、「マゼラン」の金星周回軌道への投入を行った。また旧ソ

「マゼラン」が電波で見た金星

アフロディーテ大陸の東端にあるマートモンズ(標高8000m)

連は、金星着陸をめざして「ベネーラ」シリーズを数多く打ち上げた。米ソによる金星探査機の探査方法の違いは、アメリカは金星周回軌道上からの探査を狙いとし、旧ソ連は直接着陸しての探査を狙いとしていたという点である。これは、アメリカは物理学者・化学者が探査を主導し、旧ソ連は地質学者・化学者が主導したためといわれている。

❖自転周期と公転周期による特徴

　金星の自転周期（1恒星日）は、地球の自転周期の243倍、つまり243日。しかも、自転の回転方向は地球と逆向きである。公転周期は225日なので、自転周期のほうが長いことになる。日の出から次の日の出までを1日（これを「太陽日」という）とすると、金星の場合は1回公転する間に2回しか日の出がないことになる。つまり、1恒星日はおよそ2太陽日に相当し、1年はたった2日ということになる。

　また、金星と地球は584日で最接近（内合：太陽・金星・地球の順に並ぶこと）するが、これはちょうど金星の5太陽日にあたる。つまり、金星が地球に接近するときは、地球にいつも同じ面を向けていることになる。

「パイオニアビーナス」が撮影した金星全体を覆う雲（1979年2月5日）

第1章 広大な宇宙

1-5-4 地球(Earth)そして月(Moon)

❖大きさ

地球は赤道半径6378kmで、太陽系惑星の中で5番目の大きさ。質量は$5.98×10^{24}$kgで、密度は太陽系惑星の中で最大。

❖特　徴

太陽系の中で唯一生命が存在。液体の水が大量に存在し、海が地表面の71%、陸が29%を占めている。大気の成分は、主に窒素78%、酸素21%。表面温度は、-60℃～60℃で、平均気温は10℃。衛星は1つ。

❖月

月は惑星ではなく、地球のまわりを回る唯一の衛星。主惑星である地球から38万km離れたところを、27.3日かけて回っている。大きさは、赤道半径が1738kmで地球の4分の1であり、質量は$7.35×10^{22}$kgで地球の81分の1である。

その大きさや質量は、太陽に一番近い水星（赤道半径

「ガリレオ」が撮影した地球と月。距離620万km。月は手前にある（1992年12月16日）

2440km、質量3.30×10^{23}kg）と比較しても、そんなに小さくもなく、衛星としては、木星のガニメデ、土星のタイタン、木星のカリスト、イオに次いで5番目の大きさである。しかし、主惑星に対する直径の比率でみると、比較的大きい海王星のトリトンの場合でも18分の1であり、月は主惑星（地球）に対して、極端に大きいといえる。

　月は、地球から38万kmという手頃な距離にあったため、人類の宇宙活動の大きな目標として、探査活動が進められてきた。

　月の表面は、よく知られているように、隕石などによってできたと考えられるクレーターに覆われている。また、月の自転周期は公転周期と同じため、いつも同じ面を地球に向けており、月の裏側は地球からは見ることはできない。しかし、月の自転軸が傾いている（軌道面に垂直な方向に対して6°40′）ことと、地球のまわりを楕円軌道を描いて回っていることにより、月の表面の59%は地球から観測することができる。1959年に旧ソ連の「ルナ3号」が月の裏側を撮影したのをはじめ、各種の探査機によって、ほぼ月面全体の地図が作成されてい

月周回衛星「かぐや」が撮影したアントニアジクレーター

る。

　アポロ計画により採取された月面の岩石の分析により、その化学組成は本質的には地球とあまり変わらないことがわかった。月は地球と同じ原始ガス雲から誕生した可能性があるといわれている。しかし、月は地球の一部が分離し、そのまわりを回るようになったという説や、まったく別の場所で1つの惑星として誕生し、たまたま地球の近くを通ったときに地球の重力にとらえられたという説などもある。また最近では、地球ができたてのころに大きな天体が衝突した結果として、地球が分裂してできたのではないか、という説が浮上するなど、月の誕生はまだまだ謎に包まれている。

　1994年に打ち上げられたアメリカの月探査機「クレメンタイン」は、月のクレーターの底に水でできた氷の池がある可能性を示すデータを送ってきた。電気分解すると酸素と水素を得ることができる水は、宇宙活動のための貴重な資源となるため、各国の宇宙機関が月の水を探してきた。2009年アメリカの探査機「エルクロス」が月のクレーターに衝突し、その際に舞い上がった塵を観測した結果、月に水が存在する証拠をつかんだ。

　月は潮の満干や日食・月食を起こすなど、私たちの生活に大きな影響を与えており、また今も昔も、私たちに宇宙への夢を抱かせ、宇宙活動の原動力となっている。

❖アポロ計画

　アメリカ航空宇宙局（NASA）は、1969年7月16日アメリカ東部夏時間午前9時32分（日本時間同日午後10時32分）、人類史上初の人間の月着陸をめざし、アームストロング船長、コリンズ宇宙飛行士、オルドリン宇宙飛行士の3人の宇宙飛行士を乗せた「アポロ11号」をサターンVロケットで打ち上げた。打ち上げ75時間50分後、「アポロ11号」は月を回る周回軌道に入った。

　20日アメリカ東部夏時間午後4時17分40秒（日本時間21日午前5時17分40秒）、アームストロング船長、オルドリン宇宙飛行士は月着陸船に乗り込み、月着陸を敢行し、無事月面の「静かの海」に着陸した。月着陸後アームストロング船長は、7月20日アメリカ東部夏時間午後10時56分20秒（日本時間21日午前11時56分20秒）、月面に降り立ち、人類として初めての足跡を月面に印した。人類は歴史上初めて、地球以外の他の天体に降り立ったのである。「これは一人の人間にとっては小さな一歩だが、人類にとっては大きな躍進である」というアー

月面に立てられた星条旗とオルドリン宇宙飛行士（「アポロ11号」）

人類による月面の第一歩(「アポロ11号」)

ムストロング船長の月面第一声は、感動とともに全世界を駆け巡った。

　2人の宇宙飛行士は、2時間32分にわたって22kgの岩石標本の採取、地震計やレーザ光線反射板の据え付けなどの月面活動を行い、着陸から21時間36分後、月着陸船の上部のエンジンを点火し月面を離れ、母船とドッキング、地球への帰路についた。歴史的な壮挙を成し遂げ、宇宙活動に新時代を開いたアームストロング船長、コリンズ、オルドリンの3人の宇宙飛行士を乗せた「アポロ11号」は、24日アメリカ東部夏時間午後0時50分35秒（日本時間25日午前1時50分35秒）、無事中部太平洋上に着水した。

　月をめざすアポロ宇宙船は、1972年12月の「アポロ17号」まで合計7機が打ち上げられた。1970年4月の「アポロ13号」が機械船の故障により月に向かう途中で月着陸を断念したことを除いて、全部で6機の「アポロ」が月着陸を行った。

　1972年12月19日アメリカ東部標準時午後2時25分（日本時間20日午前4時25分）、「アポロ17号」が月面探検後、南サモ

1967年4月に月面に軟着陸させた「サーベイヤー3号」を点検するコンラッド宇宙飛行士。地平線に見えるのは、月着陸船「イントレピッド」(「アポロ12号」)

ア島の南東約630kmの穏やかな海上に無事着水し、アポロ計画のすべてが終了した。

　総額250億ドル（当時の日本円で9兆円）、40万人が携わった人類の偉大なアポロ計画では27人の人間が月周辺まで行き、そのうち12人の人間が月世界を歩き回り、約400kgの月の石を地球に持ち帰ってきた。

　20世紀最大の計画ともいえるアポロ計画は、巨大技術のシステム工学、広範多岐にわたる技術およびそれらの信頼性の向上、宇宙開発技術の飛躍的な発展、月の石の直接的な研究による月・太陽系の科学的な探査への貢献など、大きな成果を人類に残した。

　しかし、このアポロ計画の真の成果は、これらの物質的なもののみではなく、「人間が考え、実行しようとしたことは、どんなに困難なことでも実現できる」という精神的な自信を私たちに残してくれたことではないだろうか。

1-5-5　火星(Mars)

❖大きさ
　赤道半径3397kmで地球の2分の1。

❖特　徴
　地表の大気圧は100分の1程度。大気成分は二酸化炭素95％、その他は窒素3％、アルゴン1.6％、水などである（液体の水はない）。重力は地球の3分の1。表面気温はほとんどの場所で0℃以下。最高気温は夏の赤道付近で20℃程度。衛星は2個。

❖自転周期と公転周期による特徴
　自転周期は地球とほぼ同じだが、公転周期は地球の倍近くにあたる686日。火星は2年2ヵ月ごとに地球に接近するが、火星の軌道がかなり楕円であるため、最も近づくときで5600万km、最も遠いときで1億kmと、その差は2倍近くになる。地球との大接近は、15年または17年ごとに起きる。

❖その他の特徴
　火星大気中にはドライアイスでできた雲が浮かんでいる。また、極地方にドライアイスでできた極冠があり、春や夏になると溶け出し小さくなることから、四季の変化があると思われる。極冠の氷は水の氷の上にドライアイスが積もったものと考えられている。表面は、地表の岩石中の鉄分が酸化した赤茶色の土壌で覆われている。探査機の探査によって、地表面に水が流れた跡のような地形があり、過去に大量の水があったことはほぼ確実である。アメリカの探査機「バイキング」は火星表面で生物反応の実験を行ったが、微生物の反応さえ発見されなかった。

　また、火星の地形は変化に富んでいる。「オリンポス山」と名付けられた山は、高さ26km、すそ野の広がりは600kmにも

1-5 太陽系

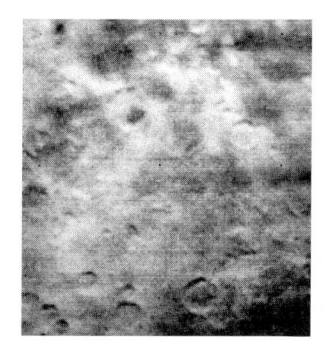

「マリナー4号」による世界初の火星接近写真。距離1万3600km（1965年7月15日）

「バイキング1号」が撮影した火星表面。中央はマリナー渓谷（1980年2月22日）

火星ローバー「スピリット」による火星地表のパノラマ写真（2005年4月29日）

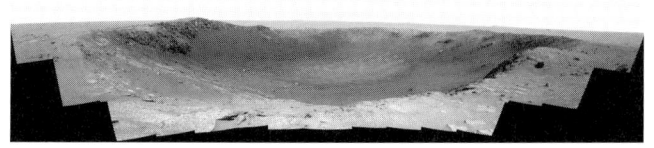

火星ローバー「オポチュニティ」による火星地表のパノラマ写真。サンタマリアクレーター（2010年12月19日）

達しており、地球の火山と比べると10倍を超える規模である。また、渓谷も雄大であり、「マリナー渓谷」は全長5000km、幅100kmで、流水や風によってできたと思われる支流や崖崩れがあちこちで見られる。日本語の「火星」を谷の名にした「カセイ谷」は、はるかな昔、豊富な水が存在してこの地形を作ったとしかいいようのない地形である。

❖衛　星

火星には、フォボスとダイモスという2つの衛星（月）がある。

フォボス　長径27kmで、火星の表面から9400kmのところを、7時間40分で周回している。火星の自転周期は24時間30分であるため、フォボスは1日に3周することになる。

ダイモス　長径15km、火星の表面から2万3000kmのところを、30時間18分で周回している。これは火星の自転周期よりも長いため、火星から見るとフォボスと逆の方向にゆっくりと動いているように見える。

❖探査機

火星探査のための探査機についても、米ソの冷戦を背景とした宇宙開発競争の一つとして展開され、1960年代から数多くの探査機が打ち上げられた。

1-5-6　木星(Jupiter)

❖大きさ

赤道半径7万1492km(地球の11倍)、質量は地球の318倍で、太陽系最大の惑星(直径は太陽の10分の1程度、質量は1000分の1程度)。木星があと数十倍の質量を持っていたら、太陽と同じように中心部で水素の核融合を起こし、太陽と同じ恒星になっていただろうといわれている。

❖内部構造

質量の大半を占めるのは水素とヘリウムで、固い地表はない。厚い大気の下には液体状の金属水素があり、さらに中心部には岩石と金属のコア(核)があると考えられている。液体状の金属水素の層は、木星半径の78％を占めると推定される。

❖大　気

大気上層部での成分は、水素90％、ヘリウム10％、微量なメタン、アンモニア、水蒸気などである。木星の特徴的な縞模様は、大気中のメタンやアンモニア、水がいろいろな色の雲を作っているためである。自転周期が10時間と短く、また大気が渦を巻いて移動しているため、これら縞模様が動いている。南半球には「大赤斑」と呼ばれる地球の倍以上もある巨大な渦巻きがある。この大赤斑は、1644年にカッシーニが発見したものだが、発見から300年以上も安定して存在している。

❖リング

探査機の観測によって、木星表面の雷やオーロラ、リング(環)も確認・発見された。この観測で環は幅6400km、厚さ5km、木星表面からの距離13万kmであることがわかった。

❖衛　星

木星の衛星は現在60個以上が発見・確認されているが、探査機「ボイジャー」とそれ以前の観測で発見された16個の衛

星は、軌道を周回する距離によって4つのグループに分けることができる。

メーティス、アドラステア、アマルテア、テーベ（木星から12万〜22万km） アマルテア以外は長径270km、短径160kmの楕円球で、表面は一面クレーターで覆われている。自転と公転が同じで、長径の軸は常に木星に向いている。

イオ、エウロパ、ガニメデ、カリスト（木星から40万〜190万km） 約400年前、ガリレオ・ガリレイが発見したもので、「ガリレオ衛星」とも呼ばれている。木星の衛星の中では大型の衛星（直径3130〜5260km）である。イオでは、火山活動が全部で8ヵ所発見されており、その噴煙は高度260kmに達し、速度は秒速1kmにもなることが確認されている。他の3つの衛星は、いずれも表面が氷で覆われ、クレーターやひび割れがいたるところにある。エウロパの氷の下には大洋があると考えられ、原始的な生命の存在も議論されている。

レダ、ヒマリア、リシテア、エララ（木星から1100万km程度） 直径約20〜170kmの小型の衛星で、約250日で周回している。

アナンケ、カルメ、パシファエ、シノーペ（木星から2000万km程度） 直径30〜60kmの小型の衛星で、4つとも他の衛星とは逆の方向に周回している。

1-5 太陽系

「ボイジャー1号」による木星表面の大赤斑画像。距離920万km(1979年2月25日)

「カッシーニ」が撮影した木星。左下の黒い点は木星の衛星エウロパの影が投影されたもの(2000年12月7日)

「カッシーニ」が撮影した木星。右下は木星の最大の衛星「ガニメデ」(2000年11月18日)

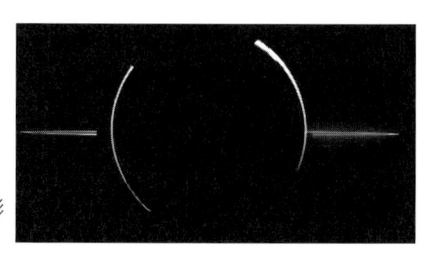

「ガリレオ」が撮影した木星のリング

1-5-7　土星(Saturn)

❖大きさ

赤道半径6万268km（地球の9.4倍）で、体積は地球の800倍。太陽系惑星の中で2番目に大きい惑星だが、質量は地球の95倍しかない。これは、土星の平均密度が水の70％（0.7g/cm^3）しかないためで、密度は太陽系惑星の中で一番小さい。

❖内部構造

大気層の下には、木星の内部構造と同じように、液体状の金属水素の層があり、中心部に岩石からなる核があると考えられている。

❖大　気

大気の成分は、水素96％（質量比で全体の75％）とヘリウム3％（同24％）で、他に微量な水蒸気、メタン、アンモニアが含まれる。

❖リング

リングは、内側（土星の表面）から順に、D、C、B、Aと呼ばれ、A、Bの間には隙間があいている。これはカッシーニが発見したもので「カッシーニの隙間」といわれる。探査機の観測によって、Aリングの外側に、F、G、Eリングが発見された。リングは数百本～数千本の細いリング状になっており、カッシーニの隙間にも数本の細いリングがある。リングの成分は主に1cm未満から数mの大きさの氷の粒だが、直径数ミクロン（1ミクロンは1000分の1mm）の微粒子や数mの岩石もある。また、Aリングの外側のFリングが細い3本のリングで構成され、それらがねじれていることが確認されている。リングの幅は25万km以上にわたるが、厚さは200m程度である。

❖衛　星

探査機「ボイジャー」や「カッシーニ」の観測によって、土

1-5 太陽系

「カッシーニ」が撮影した土星。距離630万km（2004年10月6日）

「カッシーニ」による土星の環の観測画像（2005年5月3日）

「カッシーニ」が撮影した土星と環（2006年9月15日）

「カッシーニ」が撮影した土星と環。距離1230万km（2007年1月19日）

第1章 広大な宇宙

星には全部で65個の衛星が確認されている。多くの衛星は、地球の月と同じように、40億年も前の隕石によってできたと思われるクレーターに覆われている。また、氷を含む衛星が多いこともわかった。とくにテティスはほとんどが純粋な水でできており、ディオネは30〜70%が水であることがわかった。

衛星の中で最も興味深いのがタイタンである。半径は2575kmで水星よりも大きく、木星の衛星ガニメデに次いで大きな衛星である。「ボイジャー」は、タイタンの大気がこれまで予測されたメタンではなく、その大部分が窒素で気圧は1.5気圧、気温は－180℃であることを観測した。また、タイタンの大きな特徴として、衛星全体がオレンジ色の靄に包まれていることも観測した。2004年12月「カッシーニ」と、そこから切り離された着陸機「ホイヘンス」によって、大気の成分にメタンが含まれており、地表に液体状態のメタンがあることも観測された。タイタンの地形や、大気のメタンの循環、有機物が含まれているオレンジ色の靄の広がり等々、生命の存在に関して非常に興味深い衛星である。

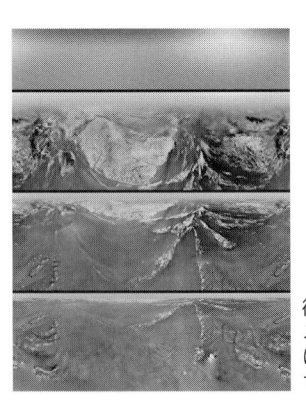

「カッシーニ」が撮影した衛星タイタン。距離5150km（2009年8月25日）

衛星タイタンに軟着陸した「ホイヘンス」によるタイタンの地表写真。降下中に撮影した写真4枚。上から150km、15km、2km、400m（2005年1月14日）

1-5-8　天王星(Uranus)

❖大きさ

　赤道半径2万5559kmで地球の4倍。質量は14倍、平均密度は地球の4分の1で、重力は地球より少し小さい。太陽系惑星中、3番目に大きな惑星である。

❖内部構造

　7000kmの大気層の下に、1万kmもの水とメタンの層があり、中心には直径1万5000kmの岩石と鉄、ニッケルからなるコア(核)があると考えられている。海王星も同じような内部構造で、木星や土星のようなガス惑星とは構造が異なる。

❖大　気

　大気の成分は、水素83%、ヘリウム15%、残り2%はメタンである。この大気に含まれているメタンが赤色光を吸収するため、天王星は青緑色に見える。

❖特　徴

　天王星の自転周期は17時間12分で逆行自転している。また、赤道傾斜角は97.86度で、黄道面に対してほぼ横倒しになっている。さらに、天王星の自転軸と磁極(北極と南極)は60度もずれている。地球の場合のずれは6度程度であり、天王星の磁極がなぜこのように大きくずれているのかは謎である。

❖リング

　天王星のリングも、多くの細いリング状になっている。全体として非常に暗く見えにくいため、主成分は氷ではなく黒っぽい岩石の粒ではないかと考えられている。

❖衛　星

　地上からの観測により、内側から順に、ミランダ、アリエル、ウンブリエル、ティタニア、オベロンの5衛星が知られていた。これらの衛星はすべて天王星の赤道面上、つまり天王星

第1章 広大な宇宙

の軌道面に対してほぼ90度傾いた面を回っている。天王星の衛星は、探査機「ボイジャー2号」によりミランダの内側に10個発見されて15個となり、さらにその後発見が続き、現在27個となっている。

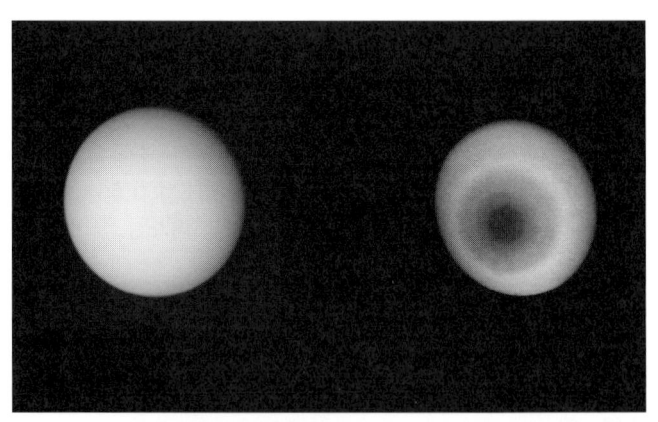

「ボイジャー2号」が撮影した天王星(極地方)。右は画像処理でコントラストを強調。距離1800万km(1986年1月10日)

「ボイジャー2号」が撮影した天王星。距離7万1000km(1986年1月24日)

「ボイジャー2号」が撮影した天王星のリング(1986年1月24日)

1-5-9　海王星(Neptune)

❖大きさ
　赤道半径は2万4764kmで地球の4倍、質量は地球の17倍、平均密度は地球の3分の1で、重力は地球よりも少し大きい。

❖大　気
　大気の成分は、水素約80％、ヘリウム約19％、メタン1.5％で、他に微量なエタンなどがある。天王星と同様、大気のメタンが赤色光を吸収し、全体に青く見える。表面には、激しい大気の活動を示すような地球くらいの大きさの巨大な暗い斑点（大暗斑）や、メタンが凍った白い雲も観測されている。

❖特　徴
「ボイジャー2号」の観測によって、海王星では太陽から受けるエネルギーよりも海王星内部からのエネルギーが2.7倍も多いことがわかった。そのため、海王星の大気運動は、天王星よりも活発である。また、メタンの量が天王星よりも多いため、より赤色光を吸収し、天王星よりも青く見える。また、海王星の磁気軸が自転軸から50度もずれていることもわかった。

「ボイジャー2号」が撮影した海王星と衛星トリトン。距離486万km(1989年8月28日)

「ボイジャー2号」が撮影した海王星。
大暗斑と白い雲(1989年8月20日)

❖リング

リングについては、地球からの観測ではなかなか難しかったが、「ボイジャー2号」の観測により、はっきりと観測された。

❖衛　星

海王星の衛星は13個発見されているが、長楕円軌道や逆行する軌道を回っている衛星が多いため、これらは太陽系外縁天体が捕獲されたものではないかと考えられている。地球からの観測で発見された2つの衛星はトリトンとネレイドである。

海王星から110000kmの距離からボイジャー2号が撮影した海王星の主要な2つのリング。リングは海王星から53000kmと63000kmの距離(1989年8月24日)

1-5-10　準惑星(Dwarf Planets)

　太陽の周囲を公転する惑星以外の天体で、それ自身の重力によって球形になれるだけの質量をもつ天体をいう。太陽系外縁天体の冥王星やエリス、火星と木星の間の小惑星帯で最大の大きさのケレスなどがある。
　冥王星のように太陽系外縁天体であり準惑星でもある天体を、冥王星型天体という。冥王星、エリス、マケマケ、ハウメアが確認されているが、今後増える可能性がある。

○冥王星

大きさ：赤道半径1195kmで、地球の6分の1。地球の月より小さい。

内　部：組成は主にメタンの氷のようなものと推測されている。

大　気：窒素やメタンからなる、ごく薄い大気が観測されている。

特　徴：遠日点が73億9000万km、近日点は44億4000万kmで、長楕円軌道で回っている。近日点付近では、内側を回る海王星の軌道よりも内側に入る。また、太陽のまわりを回る軌道面の傾斜（軌道傾斜角）は、ほかのどの惑星よりも大きく17度もあり、太陽をたすきがけにするように回っている。1979～1999年には、ちょうど冥王星が海王星の軌道の内側に入っていた。

衛　星：2005年「ハッブル宇宙望遠鏡」により2個の衛星が、さらに2011年に1個の衛星がそれぞれ発見され、計4個になった。衛星カロンは冥王星からわずかに1万7000kmほど離れたところを回り、その直径は冥王星の2分の1であろうと推測されている。カロンは主惑

星に対してかなり大きく、その比率からみると太陽系の中で最大である。カロンの冥王星を回る軌道面は120度も傾いており、冥王星の自転周期と同じ周期で回っていると推定されている。

「ハッブル宇宙望遠鏡」が撮影した冥王星

1-5-11 太陽系小天体(Small Solar System Bodies)

　太陽のまわりを回る天体のうち、惑星と準惑星を除くすべての天体で、冥王星型天体を除く太陽系外縁天体や小惑星、彗星、惑星間塵などをいう。
○太陽系外縁天体
　海王星の近くや外側を回っている小型の天体グループで、冥王星の軌道の10倍以上も遠くまで広がっている。分子の雲の中から太陽が生まれたときに、残ったガスが固まってできた氷などで覆われていると考えられている。

　1940～1950年代、エッジワースやカイパーによって彗星の軌道の観測などからその存在が予言され、ベルト状に分布することからエッジワース・カイパーベルトと呼ばれてきた。1992年に最初の天体が発見され、これまでに1000個以上が見

つかり、太陽系外縁天体として認知された。
- **特　徴**：2003年に発見されたエリスは直径が約2400kmと考えられ、ほかにも直径1000km以上と推定される天体がいくつも発見されている。太陽系外縁天体の広がりは、オールトの雲まで続いている可能性があると考えられている。
- **オールトの雲**：1950年にオランダの天文学者オールトは、長周期彗星の軌道の分布から、海王星軌道の1000倍以上の広大な領域にも多くの天体があり、太陽系を雲のように囲んでいる彗星の巣があると考えた。この天体の集まりを、オールトの雲と呼んでいる。

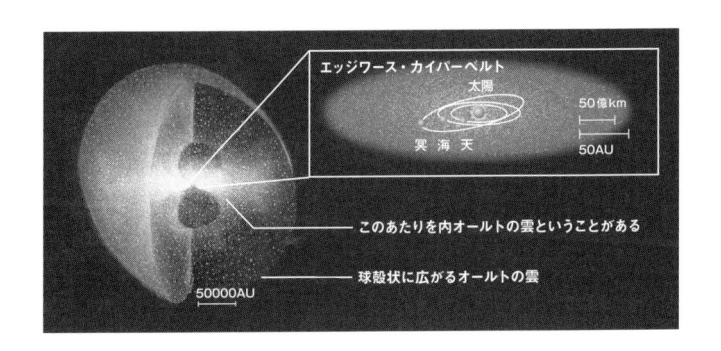

1-5-12　小惑星(Asteroids)

　主に岩石で形成されている数百mから数百kmの大きさの天体で、その数は数十万個もあり、現在も次々と発見されている。

軌　　道：太陽系のほとんどの小惑星は、火星と木星の間の小惑星帯（メイン・ベルト）に位置している。中には、地球や太陽に近づくような長楕円軌道を回るものもある。

地球近傍小惑星：地球軌道に入り込むか、地球に衝突する恐れのある小惑星で、約1万個の地球近傍小惑星の軌道が明らかになっている。

特　　徴：太陽系が誕生した頃、原始惑星にまで成長できなかった微惑星や、原始惑星が何らかの原因で砕けたかけらなどと考えられている。惑星が誕生した頃の記録を比較的よくとどめている、太陽系の化石のような始原天体だ。

　望遠鏡を使った分光観測によるスペクトル曲線の形から、いくつかのグループに分類される。小惑星探査機「はやぶさ」が探査し、初めて小惑星の物質を持ち帰ったS型は、主な材料が岩石質や普通コンドライトと考えられている。炭素コンドライトや有機物、含水鉱物を多く含むと考えられているC型には、小惑星探査機「はやぶさ2」によるサンプルリターンが計画されている。S型やC型よりもさらに始原的な天体と考えられるD型の探査計画としては、「はやぶさMk2（マーク2）」ミッションが検討されている。

1-5 太陽系

彗星探査機「ロゼッタ」がとらえたM型のルテティア

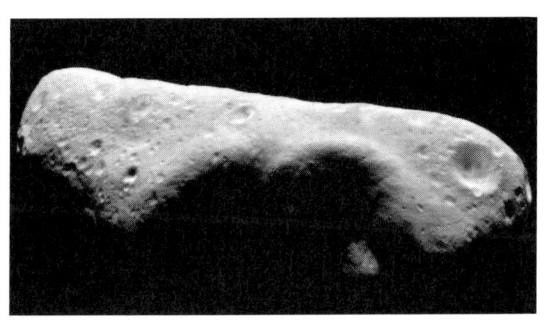

探査機「ニア・シューメーカー」が撮影した小惑星エロス

1-5-13 彗星(Comets)

　中心部に明るく輝く核とそれを取り巻くコマ、淡い光の長い尾で構成されている。核の内部には、太陽系が誕生した当時の物質を含んでいると考えられている。

核：直径数kmの氷と岩のかたまりで、表面は岩石などの殻で覆われている。太陽に近づいて熱せられると、ガスや塵を放出して明るく輝き始める。この大気はコマと呼ばれ、核の周囲を10万〜100万kmもの広さで覆っている。

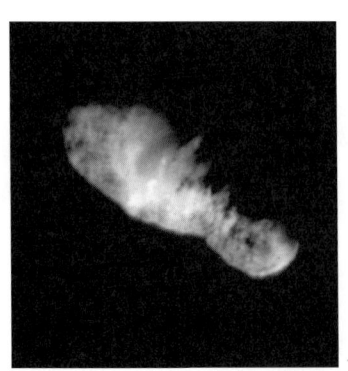

「ディープ・スペース1号」がとらえた
ボレリー彗星の核

尾：放出したガスや塵は太陽風に流されて、長いものでは数億kmにも達し、明るく輝く尾を作る。イオン化したガスが太陽から吹きつける太陽風によって太陽の正反対側にまっすぐに伸びる尾を「イオンテイル」と呼ぶ。塵でできている幅の広い曲がった尾は、「ダストテイル」と呼ばれる。

ハレー彗星の1986年の接近では、「すいせい」、「さきがけ」など6機の探査機が観測を行った

特徴：周期は短いもので約3年、長いものは何千年もかけて太陽に近づく。規則正しく姿を見せる彗星もあり、周期200年以内のものは短周期彗星と呼ぶ。それ以上の周期や、二度と戻って来ないような軌道のものを長周期彗星という。各国の探査機が観測を行い、アメリカの彗星探査機「スターダスト」は彗星のまわりにある物質を採取し、2006年に彗星のサンプルが入ったカプセルを地上に届けた。

「ディープ・インパクト」が衝突体を衝突させ、テンペル第1彗星から物質が放出される様子を撮影した

1-5-14 太陽系惑星諸元

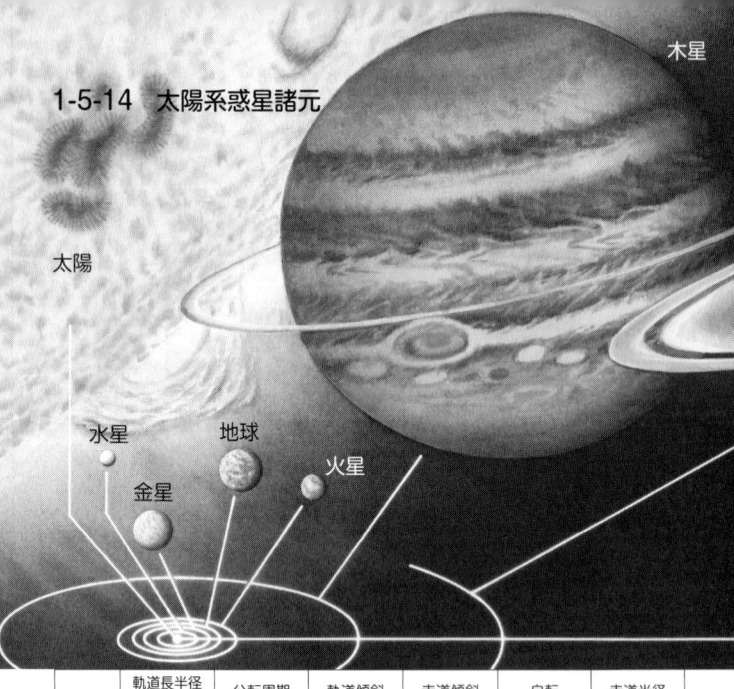

	軌道長半径 ×10⁶km (天文単位)*¹	公転周期 (太陽年)	軌道傾斜 角度	赤道傾斜 角度	自転 周期日	赤道半径 km
太陽	−	−	−	7.25	25.38	696000
水星	0.579 (0.3871)	0.240852	7.0052	0.00	58.6462	2440
金星	1.082 (0.7233)	0.615207	3.3948	177.36	243.0185 逆まわり	6052
地球	1.496 (1.000)	1.000040	−	23.44	0.9973	6378
月*²	*0.0038 (0.0025)	−	*5.747	*6.67	*27.3217	1738
火星	2.279 (1.5237)	1.880866	1.8497	25.19	1.0260	3397
木星	7.783 (5.2026)	11.86155	1.3027	3.13	0.4135	71492
土星	14.294 (9.5549)	29.53216	2.4885	25.33	0.4440	60268
天王星	28.750 (19.2184)	84.25301	0.7733	97.86	0.7183	25559
海王星	45.044 (30.1104)	165.2269	1.7689	28.31	0.6713	24764

*1　天文単位(AU)は、太陽と地球の平均距離を1とした長さの単位　1AU = 1.496 × 10⁸km ≒ 1億5000万km
*2　月は惑星ではない。月の軌道長半径、公転・自転周期、軌道／赤道傾斜角は、地球に対する数値である。
*　 2006年8月、冥王星は国際天文学連合(IAU)によって「惑星」ではなく「準惑星」として分類されることになった。

土星

天王星

海王星

赤道重力 (地球=1とした時)	質量kg (地球=1とした時)	平均密度 g/cm³	大気の 主な成分	衛星数	リングの数
28.01	1.99×10^{30} 332946	1.41	水素+ヘリウム	–	–
0.378	3.30×10^{23} 0.05528	5.43	なし	なし	なし
0.907	4.87×10^{24} 0.81500	5.20	二酸化炭素	なし	なし
1.000	5.98×10^{24} 1.00000	5.52	窒素+酸素	1	なし
0.17	7.35×10^{22} 0.012300	3.34	なし	–	なし
0.377	6.42×10^{23} 0.10745	3.93	二酸化炭素	2	なし
2.364	1.90×10^{27} 317.832	1.33	水素+ヘリウム	65<	3
0.916	5.69×10^{26} 95.162	0.70	水素+ヘリウム	65<	7
0.889	8.66×10^{25} 14.536	1.32	水素+ヘリウム	27<	13
1.125	1.02×10^{26} 17.1471	1.64	水素+ヘリウム	13<	5

参考:『天文年鑑2011』

1-5-15　太陽系惑星の主な衛星諸元

番号	名称	発見者	発見年	軌道の長半径 (惑星半径=1)	軌道の長半径 (万km)	公転周期 (日)
地球						
	Moon 月	—	—	60.27	38.44	27.3217
火星						
M1	Phobos フォボス	ホール(アメリカ)	1877	2.76	0.9378	0.319
M2	Deimos ダイモス	〃	〃	6.91	2.3459	1.263
木星						
J16	Metis メーティス	ボイジャー1号(アメリカ)	1979	1.7899	12.796	0.2948
J15	Adrastea アドラステア	ボイジャー2号(アメリカ)	〃	1.8041	12.898	0.2983
J5	Amalthea アマルテア	バーナード(アメリカ)	1892	2.536	18.13	0.4981
J14	Thebe テーベ	ボイジャー1号(アメリカ)	1979	3.104	22.19	0.6745
J1	Io イオ	ガリレオ(イタリア)	1610	5.900	42.18	1.769
J2	Europa エウロパ	〃	〃	9.387	67.11	3.551
J3	Ganymede ガニメデ	〃	〃	14.972	107.04	7.155
J4	Callisto カリスト	〃	〃	26.334	188.27	16.689
J13	Leda レダ	コワル(アメリカ)	1974	156.17	1116.50	240.9
J6	Himalia ヒマリア	パーライン(アメリカ)	1904	160.31	1146.10	250.6
J10	Lysithea リシテア	ニコルソン(アメリカ)	1938	163.89	1171.70	259.2
J7	Elara エララ	パーライン(アメリカ)	1904	164.23	1174.10	259.6
J12	Ananke アナンケ	ニコルソン(アメリカ)	1951	297.60	2127.60	629.8
J11	Carme カルメ	〃	1938	327.37	2340.40	734.2
J8	Pasiphae パシファエ	メロット(イギリス)	1908	330.44	2362.40	743.6
J9	Sinope シノーペ	ニコルソン(アメリカ)	1914	334.85	2392.90	758.9
土星						
S18	Pan パン	ボイジャー2号(アメリカ)	1990	2.216	13.357	0.575
S15	Atlas アトラス	ボイジャー1号(アメリカ)	1980	2.283	13.764	0.602

1-5 太陽系

離心率	軌道傾斜角	半径(km)	質量 母惑星=1	質量 10^{20}kg	平均密度 g/cm^3	反射能	平均等級	番号
								地球
0.05490	5.15	1738	1.23×10^{-2}	734.9	3.34	0.07	−12.7	月
								火星
0.015	1.02	13.5×10.7×9.6	2.0×10^{-8}	1.26×10^{-4}	1.95	0.06	11.3	M1
0.00052	1.82	7.5×6.0×5.5	2.8×10^{-9}	1.8×10^{-5}	1.7	0.06	12.4	M2
								木星
0.001	0.0	?×20×20	—	—	—	0.05–0.10	17.5	J16
0.002	0.1	12.5×10×7.5	—	—	—	0.05–0.10	18.7	J15
0.003	0.40	135×82×75	—	—	0.99	0.06	14.1	J5
0.018	1.1	?×55×45	—	—	—	0.05–0.10	16.0	J14
0.0041	0.040	1815	4.704×10^{-5}	894	3.57	0.6	5.0	J1
0.0101	0.470	1569	2.526×10^{-5}	480	2.97	0.6	5.3	J2
0.0006	0.195	2631	7.803×10^{-5}	1482.3	1.94	0.4	4.6	J3
0.007	0.281	2400	5.667×10^{-5}	1076.6	1.86	0.2	5.6	J4
0.164	27.5	10	—	—	—	—	19.2	J13
0.162	27.5	85	—	—	—	—	14.2	J6
0.112	28.3	18	—	—	—	—	17.9	J10
0.217	26.6	43	—	—	—	—	16.0	J7
0.244	148.9	14	—	—	—	—	18.3	J12
0.253	164.9	23	—	—	—	—	17.6	J11
0.409	151.4	30	—	—	—	—	17.0	J8
0.250	158.1	19	—	—	—	—	18.1	J9
								土星
0.000	0.0	10	—	—	—	—	19.4	S18
0.000	0.0	19×?×14	—	—	—	0.5	19.0	S15

第1章 広大な宇宙

番号	名称	発見者	発見年	軌道の長半径 惑星半径=1	万km	公転周期（日）
土星						
S16	Prometheus プロメテウス	ボイジャー1号(アメリカ)	1980	2.312	13.935	0.613
S17	Pandora パンドラ	〃	〃	2.351	14.170	0.629
S11	Epimetheus エピメテウス	クルイクシャンク(アメリカ)	〃	2.512	15.142	0.694
S10	Janus ヤヌス	パスク(フランス)	1966	2.513	15.147	0.695
S1	Mimas ミマス	ハーシェル(イギリス)	1789	3.078	18.552	0.942
S2	Enceladus エンケラドス	〃	〃	3.949	23.802	1.370
S3	Tethys テティス	カッシーニ(フランス)	1684	4.889	29.466	1.888
S13	Telesto テレスト	スミス他4人(アメリカ)	1980	4.889	29.466	1.888
S14	Calypso カリプソ	パスキュ他(アメリカ)	〃	4.889	29.466	1.888
S4	Dione ディオネ	カッシーニ(フランス)	1684	6.262	37.740	2.737
S12	Helene ヘレーネ	ラクエス(フランス)	1980	6.262	37.740	2.737
S5	Rhea レア	カッシーニ(フランス)	1672	8.745	52.704	4.518
S6	Titan タイタン	ホイヘンス(オランダ)	1655	20.274	122.185	15.945
S7	Hyperion ヒペリオン	ボンド(アメリカ)	1848	24.58	148.11	21.277
S8	Iapetus イアペトゥス	カッシーニ(フランス)	1671	59.09	356.13	79.331
S9	Phoebe フェーベ	ピッカリング(アメリカ)	1898	214.78	1294.43	548.2
天王星						
U6	Cordelia コディリア	ボイジャー2号(アメリカ)	1986	1.946	4.975	0.335
U7	Ophelia オフィーリア	〃	〃	2.103	5.376	0.376
U8	Bianca ビアンカ	〃	〃	2.315	5.916	0.435
U9	Cressida クレシダ	〃	〃	2.417	6.177	0.464
U10	Desdemona デスデモナ	〃	〃	2.452	6.266	0.474
U11	Juliet ジュリエット	〃	〃	2.518	6.436	0.493
U12	Portia ポーシア	〃	〃	2.586	6.610	0.513
U13	Rosalind ロザリンド	〃	〃	2.736	6.993	0.558

1-5 太陽系

離心率	軌道傾斜角	半径(km)	質量 母惑星=1	質量 10^{20}kg	平均密度 g/cm^3	反射能	平均等級	番号
								土星
0.0024	0.0	70×50×37	−	−		0.5	15.8	S16
0.0042	0.0	55×43×33	−	−	−	0.5	16.4	S17
0.021	0.34	70×58×50	−	−	−	0.5	15.6	S11
0.007	0.14	110×95×80	−	−	−	0.5	14.4	S10
0.021	1.53	197	$6.6×10^{-8}$	0.38	1.17	0.77	12.8	S1
0.000	0.02	251	$1.5×10^{-7}$	0.8	1.24	1.04	11.8	S2
0.000	0.2	524	$1.3×10^{-6}$	7.6	1.26	0.80	10.2	S3
0.001	1.2	?×12×11	−	−	−	0.6	18.5	S13
0.001	1.5	15×13×8	−	−	−	0.9	18	S14
0.000	0.0	559	$1.8×10^{-6}$	10.5	1.44	0.55	10.4	S4
0.000	0.2	18×?×15	−	−	−	0.6	18.4	S12
0.001	0.3	764	$4.4×10^{-6}$	24.9	1.33	0.65	9.6	S5
0.029	1.6	2575	$2.36×10^{-4}$	1345.7	1.81	0.2	8.4	S6
0.018	0.6	175×120×100	−	−	−	0.25	14.4	S7
0.028	7.6	718	$3.3×10^{-6}$	18.8	1.21	0.5/0.04	10.2-11.9	S8
0.164	174.8	115×110×105	−	−	−	0.06	16.4	S9
								天王星
0.000	0.1	20	−	−	−	0.05	23.6	U6
0.010	0.1	12	−	−	−	0.05	23.3	U7
0.001	0.2	25	−	−	−	0.05	22.5	U8
0.000	0.0	40	−	−	−	0.04	21.6	U9
0.000	0.1	32	−	−	−	0.04	22.0	U10
0.001	0.1	47	−	−	−	0.06	21.1	U11
0.000	0.1	68	−	−	−	0.09	20.4	U12
0.000	0.3	36	−	−	−	0.05	21.8	U13

番号	名称	発見者	発見年	軌道の長半径 (惑星半径=1)	軌道の長半径 (万km)	公転周期 (日)
天王星						
U14	Belinda ベリンダ	ボイジャー2号(アメリカ)	1986	2.945	7.526	0.624
U15	Puck パック	〃	1985	3.365	8.601	0.762
U5	Miranda ミランダ	カイパー(アメリカ)	1948	5.078	12.978	1.414
U1	Ariel アリエル	ラッセル(イギリス)	1851	7.482	19.124	2.520
U2	Umbriel ウンブリエル	〃	〃	10.406	26.597	4.144
U3	Titania ティタニア	ハーシェル(イギリス)	1787	17.052	43.584	8.706
U4	Oberon オベロン	〃	〃	22.794	58.260	13.463
U16	Caliban カリバン	グラッドマン(フランス)	1997	280.484	716.890	579
U20	Stephano ステファーノ	カバラス(カナダ)	1999	310.750	794.245	676
U17	Sycorax シコラック	ニコルソン(アメリカ)	1997	477.859	1221.360	1289
U18	Prospero プロスペロー	グラッドマン(フランス)	1999	630.443	1611.349	1953
U19	Setebos セティボス	カバラス(カナダ)	〃	712.280	1820.516	2345
海王星						
N3	Naiad ナイアッド	ボイジャー2号(アメリカ)	1989	1.948	4.823	0.296
N4	Thalassa タラッサ	〃	〃	2.022	5.007	0.312
N5	Despina デズピナ	〃	〃	2.121	5.253	0.333
N6	Galatea ガラテア	〃	〃	2.502	6.195	0.429
N7	Larissa ラリッサ	〃	〃	2.970	7.355	0.554
N8	Proteus プロテウス	〃	〃	4.750	11.764	1.121
N1	Triton トリトン	ラッセル(イギリス)	1846	14.33	35.48	5.877
N2	Nereid ネレイド	カイパー(アメリカ)	1949	222.64	551.34	360.16

離心率	軌道傾斜角	半径(km)	質量 母惑星=1	質量 10^{20}kg	平均密度 g/cm^3	反射能	平均等級	番号
								天王星
0.000	0.0	40	—	—	—	0.05	21.5	U14
0.000	0.3	80	—	—	—	0.06	19.8	U15
0.001	4.3	235	—	0.689	1.35	0.22	15.8	U5
0.001	0.0	580	—	12.6	1.66	0.38	13.7	U1
0.004	0.1	585	—	13.3	1.51	0.16	14.5	U2
0.001	0.1	790	—	34.8	1.68	0.23	13.5	U3
0.001	0.1	760	—	30.3	1.58	0.20	13.7	U4
0.159	140.9	45	—	—	—	0.07	22.4	U16
0.230	144.1	10	—	—	—	0.07	24.1	U20
0.522	159.4	95	—	—	—	0.07	20.8	U17
0.443	152.0	15	—	—	—	0.07	20.8	U18
0.584	158.2	15	—	—	—	0.07	23.3	U19
								海王星
0.000	4.7	29	—	—	—	0.06	24.6	N3
0.000	0.2	40	—	—	—	0.06	23.9	N4
0.000	0.1	74	—	—	—	0.06	22.5	N5
0.000	0.1	79	—	—	—	0.05	22.4	N6
0.001	0.2	96	—	—	—	0.06	22.0	N7
0.000		208	—	—	—	0.06	20.3	N8
0.000	156.8	1350	2.09×10^{-4}	214	2.075	0.6–0.9	13.5	N1
0.751	7.2	170	—	—	—	0.14	19.7	N2

※木星、土星、天王星、海王星には、多数の衛星が発見されている。ここでは、主な衛星を取り上げた。
参考:『天文年鑑2011』

第2章 宇宙活動

2-1 宇宙開発とはなにか

　人類初の人工衛星が打ち上げられたのは1957年10月4日、旧ソ連の「スプートニク1号」である。現在ではさまざまな目的で数多くの人工衛星や探査機が打ち上げられている。人類が宇宙に進出を開始し、宇宙活動を始めてから半世紀。今、人類はその活動領域を地球から宇宙へと確実に広げてきている。

　宇宙活動と一口に言っても、その範囲はかなり広い。それらの活動は、地球を周回する「人工衛星」の分野と、地球の重力圏を脱出して太陽を周回する、いわゆる「人工惑星」の分野に大別することができる。さらに人工衛星の分野では、人工衛星が地球を周回する「位置」を利用する分野と、宇宙の「真空」や地球を周回することによる「無重力状態」という「環境」を利用する分野に分けることができる。

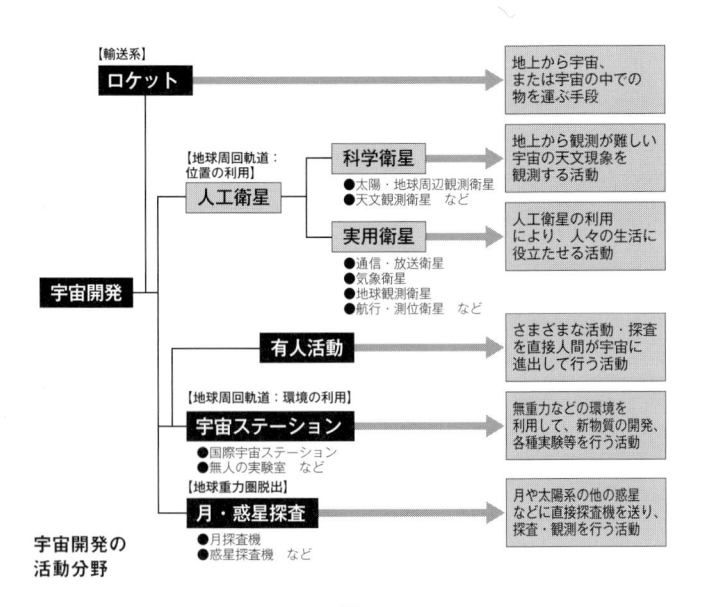

宇宙開発の活動分野

- 【輸送系】**ロケット** → 地上から宇宙、または宇宙の中での物を運ぶ手段
- 宇宙開発
  - 【地球周回軌道：位置の利用】**人工衛星**
    - **科学衛星** → 地上から観測が難しい宇宙の天文現象を観測する活動
      - ●太陽・地球周辺観測衛星
      - ●天文観測衛星　など
    - **実用衛星** → 人工衛星の利用により、人々の生活に役立たせる活動
      - ●通信・放送衛星
      - ●気象衛星
      - ●地球観測衛星
      - ●航行・測位衛星　など
  - **有人活動** → さまざまな活動・探査を直接人間が宇宙に進出して行う活動
  - 【地球周回軌道：環境の利用】**宇宙ステーション** → 無重力などの環境を利用して、新物質の開発、各種実験等を行う活動
    - ●国際宇宙ステーション
    - ●無人の実験室　など
  - 【地球重力圏脱出】**月・惑星探査** → 月や太陽系の他の惑星などに直接探査機を送り、探査・観測を行う活動
    - ●月探査機
    - ●惑星探査機　など

2-2　宇宙活動のあゆみ

2-2-1　ロケットの発明

　ロケットの歴史は古く、11世紀に中国で発明された。筒に火薬を詰めた簡単な構造の「火箭(かせん)」と呼ばれるものが、現在の「固体燃料ロケット」の原型である。兵器としての火箭の技術はやがてモンゴルやインドに渡り、18世紀頃までロケット兵器として使われていた。インドに遠征したイギリスのコングレーブはその威力を知り、火箭の技術を発展させて1804年にロケット弾を開発した。しかし、大砲や鉄砲にくらべると命中精度の低いロケットは、兵器としての価値を次第に失っていった。

　19世紀の終わり頃になると、ロケット技術を使った宇宙開発を考える人たちが多く現れた。その中でも、宇宙開発史上、特に重要な役割を果たした5人の科学者・技術者がいる。旧ソ連のツィオルコフスキー、コロリョフ、アメリカのゴダード、ルーマニアのオーベルト、そしてドイツのフォン・ブラウンである。彼らによって、ロケットや宇宙飛行に必要な理論・技術が作り上げられ、近代ロケットが開発された。

　現在のロケットの直系の祖先ともいうべきロケットは、ドイツの世界初の中距離弾道ミサイル「V-2」である。第二次世界大戦中の1942年、フォン・ブラウンたちを中心に開発され、戦争で使用された。終戦後、フォン・ブラウンら大勢のドイツ人科学者・技術者はV-2ロケットの技術とともにアメリカに投降し、「レッドストーン」や「ジュピター」などのロケットを開発した。旧ソ連にも多くのドイツ人技術者やV-2ロケットの部品などが持ち込まれ、ロケットの開発が行われた。

第2章 宇宙活動

世界初の固体燃料ロケット「火箭」
麻くず、硫黄、木炭などを混ぜ合わせて竹の筒に詰め、細い竹を安定棒として付けた。

コングレーブが開発したロケット弾
1801年から独自に改良を加え、1804年に「コングレーブロケット」を開発。ナポレオン軍との戦いなどで使用。

コンスタンチン・ツィオルコフスキー
(旧ソ連、1857〜1935)
独学で数学と物理の教師になった。1898年「ロケットによる宇宙空間の開発」を発表。宇宙空間を飛行するのはロケットしかないことと、液体燃料ロケットや多段式ロケットなどの有利さを論証。

ロバート・ゴダード
(アメリカ、1882〜1945)
1926年3月16日、マサチューセッツ州オーバーンで世界初の液体燃料ロケットの打ち上げに成功。高度13m、飛行距離56m、飛行時間2.5秒。その後ロケットの誘導制御などを研究・開発。

ヘルマン・オーベルト
(ルーマニア、1894〜1988)
1923年、ロケット工学の基礎理論を確立し、ドイツでフォン・ブラウンら技術者を育てた。『惑星空間用ロケット』を出版。研究成果は後のロケット「V-2」に生かされた。

**ウェルナー・フォン・ブラウン
(ドイツ、1912〜1977)**
ドイツ陸軍の技師として世界初の中距離弾道ミサイル「V-2(A-4)」の開発を指揮し開発。第二次世界大戦後アメリカに渡り、1958年アメリカ初の人工衛星の打ち上げを成功させた。1960年、NASAに移り、史上最大の「サターンVロケット」の開発を指揮。1969年、「アポロ11号」による人類初の月面着陸を敢行。

**セルゲイ・コロリョフ
(旧ソ連、1907〜1966)**
1930年代〜1960年代の旧ソ連の宇宙活動を指揮。彼の存命中、アメリカとの宇宙開発競争は常に旧ソ連が勝利を収め続けた。コロリョフの名は長い間秘密にされてきたが、旧ソ連の崩壊後、彼の指導はロケット開発、科学・実用・軍事衛星、有人飛行、惑星探査の全ての分野にわたっていたことが明らかになった。

2-2-2 宇宙開発競争の幕開け
──国家威信をかけたアメリカと旧ソ連

　第二次世界大戦後のアメリカと旧ソ連の冷戦状態の中、旧ソ連はロケットミサイルの開発に、アメリカは爆撃機等の航空機の開発に重点をおいていた。

　そんな中、国連では1957年を「国際地球観測年」とすることが決まり、アメリカはそれに向けて人工衛星の開発・打ち上げの計画を進めていった。そのような状況の中、1957年10月4日、旧ソ連は突然「スプートニク1号」を打ち上げ、地球周回軌道に投入した。人類初の人工衛星の誕生である。米ソの国家威信、国威発揚をかけた宇宙開発競争の幕が切って落とされた。

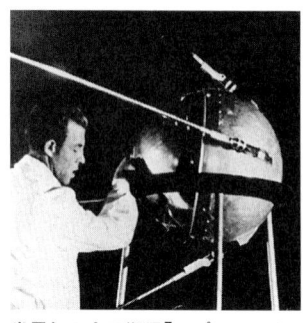

世界初の人工衛星「スプートニク1号」(旧ソ連)
1957年10月4日、この年はツィオルコフスキーの生誕100年に当たる。直径58cm、質量83.6kg。超高層大気の密度、温度を測定。1957年11月3日には、「スプートニク1号」に続いて犬「ライカ」を乗せた人工衛星の打ち上げを行った。

「バンガード1号」打ち上げ失敗(米)
旧ソ連に先を越されたアメリカは、1957年12月6日、バンガードロケットにより人工衛星の打ち上げを敢行したが、ロケットが爆発し失敗。

2-2-3 人類の宇宙への進出

①宇宙への先陣争い(1960〜1963年)

　人工衛星の打ち上げで先を越されたアメリカは、有人宇宙船の計画を進めた。しかし、またもや世界初の有人宇宙船は旧ソ連が先に成功を収める。アメリカ初の有人宇宙船の打ち上げはその翌月だったが、わずか16分間の弾道飛行でしかなかった。旧ソ連は宇宙船同士の編隊飛行や世界初の女性宇宙飛行士の搭乗など、華々しさが目立ち、技術力の差は歴然としていた。

②月をめざす競争(1964〜1966年)

　人工衛星の打ち上げ、有人宇宙船の打ち上げに続いて、宇宙開発競争は「有人月着陸」に移っていった。アメリカはその準備段階の「ジェミニ計画」、また旧ソ連では「ボスホート宇宙

2-2 宇宙活動のあゆみ

ガガーリンによる人類初の宇宙飛行（旧ソ連）
1961年4月12日、旧ソ連はガガーリンが搭乗した「ボストーク1号」を打ち上げた。地球1周、1時間48分の飛行であった。以後6号まで、2機の編隊飛行や世界初の女性宇宙飛行士の搭乗など、アメリカを意識した打ち上げが行われた。

有人宇宙船「マーキュリー計画」（米）
人工衛星の打ち上げに続いて、有人宇宙船でも遅れをとったアメリカでは、1人乗り宇宙船「マーキュリー」による有人活動を進めた。1961年5月と7月に行われた打ち上げでは、わずか16分の弾道飛行であったが、その後4回の地球周回を行い、次の「ジェミニ計画」に引き継いだ。

月をめざす前段階の「ジェミニ計画」（米）
有人月探査に必要な、ランデブー、ドッキング、宇宙遊泳などの技術の実験のため、「ジェミニ計画」が進められた。「ジェミニ宇宙船」は2人乗りで、合計10機の打ち上げが行われ、着実に有人月探査の準備を進め、「アポロ計画」に引き継いだ。写真は1965年6月3日、「ジェミニ4号」のミッションで21分間の宇宙遊泳をしたエドワード・ホワイト飛行士。

2～3人乗り「ボスホート宇宙船」（旧ソ連）
旧ソ連では、アメリカの「ジェミニ計画」に対抗して「ボスホート宇宙船」により、一足早く複数の飛行士の搭乗、宇宙遊泳などを行った。しかし、宇宙船は「ボストーク」をベースにしたものであり、有人月探査計画は次の「ソユーズ」に引き継がれた。写真は1965年3月18日、人類初の宇宙遊泳を行ったアレクセイ・レオーノフ飛行士を船外ムービーで連続撮影したもの。

船」「ソユーズ宇宙船」により、複数の宇宙飛行士の搭乗、宇宙遊泳、ランデブー、ドッキングなど月着陸に必要な技術が試された。ここでも旧ソ連は世界初を連発した。

③人類、月に立つ(1967～1972年)

　国家威信をかけた月着陸競争のアメリカ（アポロ宇宙船）と旧ソ連（ソユーズ宇宙船）。あまりにも急ぎすぎたこの競争で、米ソそれぞれ宇宙飛行士が死亡するという悲しい事故が発生した。そして1969年7月20日、アメリカは「アポロ11号」により人類初の月面着陸を敢行、人類の大きな夢が実現された瞬間であった。

「アポロ11号」による人類初の月着陸(米)
1969年7月16日、「アポロ11号」に搭乗したアームストロング船長ら3名の飛行士が月に向かい、2名の飛行士による月着陸が敢行された。写真はそのときの月面での船外活動の様子。地上訓練中の3名の飛行士が事故死するという悲しい事故を乗り越えて、13号を除く6機が月面着陸、合計12名の飛行士が月面活動を行って「アポロ計画」は終了した。

「ソユーズ宇宙船」(旧ソ連/ロシア)
有人月着陸に向けて旧ソ連では「ソユーズ宇宙船」の開発を急いだ。しかしその1号機の地球帰還途中、パラシュートが開かず飛行士が事故死するという痛ましい事故が発生。また有人月着陸のための大型ロケット「N-1」の打ち上げ失敗が続き、有人月探査計画を断念した。「ソユーズ宇宙船」は改良を重ねながら現在も使用されている。写真は1972年に撮影されたソユーズ宇宙船のシミュレータ。

④競争から協調へ(1973〜1979年)

　旧ソ連は宇宙に長期滞在する宇宙ステーション「サリュート」を、またアメリカは20号まで予定していた「アポロ計画」を17号で中止し、宇宙ステーション「スカイラブ」をそれぞれ進めた。そして1975年7月、競い合っていた米ソの宇宙船が宇宙でドッキング。宇宙は「競争の場」から「協調の場」へと変わってきた。

宇宙ステーション「サリュート」(旧ソ連)
人間が長期宇宙滞在して宇宙活動を行うための宇宙ステーション「サリュート」が、1971〜1982年までの間に7機打ち上げられ、数多くの「ソユーズ宇宙船」や「プログレス補給船」がドッキングして運用された。

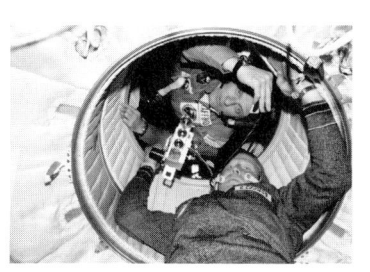

宇宙ステーション「スカイラブ」(米)
1973年に宇宙ステーション「スカイラブ」が打ち上げられ、順次3回のアポロ宇宙船とのドッキングにより計9名の宇宙飛行士が長期滞在し、宇宙環境を利用した実験や観測が行われた。写真はスカイラブ内部のドッキング・ハッチ部分。

「アポロ-ソユーズ」テスト計画
「アポロ計画」の有人月探査達成により、激しかった米ソの宇宙開発競争もひとまず落ち着いた。以後、宇宙開発は協調へと進んでいく。1975年7月、アメリカと旧ソ連はそれぞれの宇宙船「アポロ」と「ソユーズ」を打ち上げ、軌道上でドッキング、共同飛行・実験を行った。写真はドッキング・ハッチを開けたところ。

第2章　宇宙活動

⑤宇宙環境の利用へ（1980年代）

　アメリカでは、より頻繁により簡単に宇宙に行って、さまざまな実験や観測などを行うための「スペースシャトル」の開発を行い、1981年から運用を開始した。

　一方、旧ソ連では第二世代の宇宙ステーション「ミール」の運用により長期滞在の記録を437日間に更新した。

宇宙ステーション「ミール」（旧ソ連／ロシア）
旧ソ連／ロシアの第二世代の宇宙ステーションとして、1986年3月から運用。ドッキングハッチを6個備え、順次モジュールを追加して2001年まで運用。写真はミール船内。

「スペースシャトル」（米）
再利用可能の新しい輸送機関として開発され、1981年4月に初飛行した。合計5機が建造され、途中2回（2機）の致命的な事故により14名の宇宙飛行士が亡くなった。2011年7月まで合計135回の打ち上げが行われ、30年にわたる運用を終えた。写真は1992年、エンデバーでの船外活動の様子。

⑥ 人類の偉大な躍進（1990年代～）

　日本、アメリカ、ヨーロッパ、カナダの国際協力で国際宇宙ステーション計画が進む中、1993年にはロシア（旧ソ連）も加わることとなり、「スペースシャトル」と「ミール」宇宙ステーションのドッキングなど共同飛行が繰り返された。1998年にはロシアから国際宇宙ステーション建設の第1便が打ち上げられた。新しい時代の幕開けである。

　宇宙開発は、今や人類共通の大きな事業となっている。全人類の未来のため、地球のために、これからも「拡大と協力」が進められていくことであろう。

「シャトル-ミール」ミッションの実施
地球周回軌道上の「ミール」宇宙ステーションに「スペースシャトル」がランデブー、ドッキングし共同飛行・実験を行う「シャトル-ミール」ミッションが、1995年から1998年まで9回実施された。

国際宇宙ステーション
アメリカ、ロシア、日本、ヨーロッパ、カナダの世界15ヵ国の協力により、1998年から国際宇宙ステーションの建設が開始され、2011年にほぼ完成した。ここではさまざまな宇宙実験や観測など、宇宙環境利用の新しい展開が期待されている。

2-2-4　地球周回軌道上で活躍する人工衛星

　1957年の「スプートニク1号」を皮切りに激しくなった米ソの宇宙開発競争の下、1960年代になると、より多くの目的を持った人工衛星の打ち上げ・運用が行われるようになった。アメリカが1960年、世界初の気象衛星「タイロス1号」、同じく世界初の通信衛星「エコー1号」の打ち上げに成功したのを皮切りに、他国の情報などを収集する偵察衛星、天文・天体観測のための科学衛星などが実用化された。1962年にアメリカが打ち上げた通信衛星「リレー1号」は、初となる日米間宇宙通信実験の際に、J・F・ケネディ大統領暗殺の衝撃的なニュースを中継した。

　1970年代には、私たちの住む地球を観測する「地球観測衛星」や、「航行・測位衛星」なども開発・運用されるようになった。1972年にはアメリカにより最初の地球観測衛星「ランドサット1号」が、さらに1978年には現在のGPSの運用試験として航行・測位衛星「ナブスター1」が打ち上げられた。

2-2-5　月探査活動

　1960年代の10年間、アメリカと旧ソ連の宇宙開発競争はさらに激しさを増し、有人宇宙船の打ち上げ競争、そしてどちらの国が先に月に人間を送り込むかの競争となった。月に人間を送り込むため、米ソは月を詳細に調べることを目的として、アメリカが「レインジャー」「サーベイヤー」「ルナ・オービタ」、旧ソ連が「ルナ」といった一連の無人月探査機を続々と打ち上げた。1959年、旧ソ連の「ルナ2号」が月面に世界初の衝突（硬着陸）をすると、1964年にはアメリカも「レインジャー7号」を衝突させ、月面の詳細な写真撮影を行うなどその成果を競い合い、こうした活動は、「アポロ計画」による有人月探査

が始まる1960年代の終わりまで続けられた。

　アポロ計画以後、月探査はほとんど行われなかったが、1990年代に入り、再びアメリカ、そして日本やヨーロッパが無人月探査機による月の探査を行った。2000年代には無人月探査機による本格的な月探査が日本、ヨーロッパ、中国、インドなどで開始されている。

2-2-6　惑星探査活動

　自国の優位性を世界に示すための米ソの宇宙開発競争は、1960年代には金星や火星などの惑星に無人探査機を送る競争にも発展していった。激しかった米ソの宇宙開発競争も、「アポロ計画」による有人月着陸の成功により1970年代には一応終わりを迎えた。

　宇宙開発の大きな活動の一つである「月・惑星探査」。この活動は、地球をより詳細に知るため、太陽系の成り立ちを知るため、そして生命の起源を知るため、各惑星などに探査機を送り直接探査を行っている。

2-3 日本の宇宙活動

2-3-1 日本の宇宙活動

　日本の宇宙活動は、1955年（昭和30年）に行われた文字通り鉛筆大の「ペンシルロケット」の水平発射によって、その歴史の幕を開けた。その後は、自主技術による開発を基本方針としながら、欧米の宇宙活動先進国に追いつくことをめざし、努力を重ねてきた時代であったと言える。このような努力の結果、日本の宇宙活動は着実な進展を遂げ、国際水準の技術を確立するところまできた。

2-3-2　宇宙開発計画

①宇宙基本法

　日本の宇宙開発の全体の総合的な戦略を策定するため、2008年（平成20年）5月、「宇宙基本法」が制定された。

　宇宙基本法による宇宙開発利用に関する基本理念は、「宇宙の平和的利用」、「国民生活の向上等」、「産業の振興」、「人類社会の発展」、「国際協力等の推進」、「環境への配慮」である。この理念に沿った宇宙開発活動を進めるため、宇宙開発戦略本部を設置し、宇宙基本計画を作成して進めることとしている。また基本的な施策として「国民生活の向上等に資する人工衛星の利用」、「宇宙の探査等の先端的な宇宙開発利用、宇宙科学に関する学術研究等の推進」、「宇宙開発利用に関する教育・学習の振興等」など、11の項目を挙げている。

②宇宙基本計画

　宇宙基本計画は、宇宙基本法に基づき設置された宇宙開発戦略本部（本部長：内閣総理大臣）が、2009年（平成21年）6月、

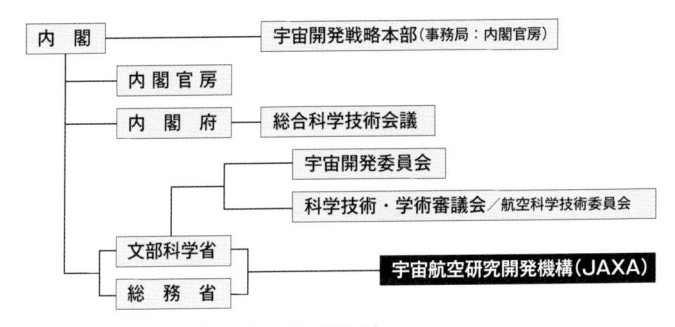

日本の宇宙開発体制（2011年4月1日現在）

我が国で初めて宇宙政策全般にわたる計画として決定した国家戦略である。

基本計画では、「安心・安全で豊かな社会の実現」などめざすべき6つの方向性、および、それらを実現するための「アジア等に貢献する陸域・海域観測衛星システム」など具体的な9つのシステムならびにプログラムを示している。

2-3-3 独立行政法人 宇宙航空研究開発機構（JAXA：Japan Aerospace Exploration Agency）

JAXAは、①主に宇宙の観測や探査を行う科学衛星・探査機の開発とその管制・運用、それを打ち上げるロケットの開発を手がけてきた文部科学省宇宙科学研究所（ISAS：The Institute of Space and Astronautical Science）、②航空機やロケットなど航空宇宙輸送システムとその周辺技術に関する研究を進めてきた独立行政法人航空宇宙技術研究所（NAL：National Aerospace Laboratory of Japan）、③実用衛星の開発とその打ち上げロケットの開発、さらに打ち上げた衛星の追跡管制や運用、有人宇宙飛行などを行ってきた特殊法人宇宙開発事業団（NASDA：National Space Development Agency of Japan）

の3つの機関を統合し、2003年（平成15年）10月1日に発足した。

JAXAは、宇宙科学技術に関する基礎研究および宇宙に関する基盤的研究開発、人工衛星等の開発、打ち上げ、追跡および運用ならびにこれらに関連する業務を平和の目的に限り、総合的かつ計画的に行う。また、航空科学技術に関する基礎研究および航空に関する基盤的研究開発、また、これらに関連する業務を総合的に行うことにより、宇宙科学技術・航空科学技術の水準の向上、ならびに宇宙の開発・利用の促進を図ることを目的としている。

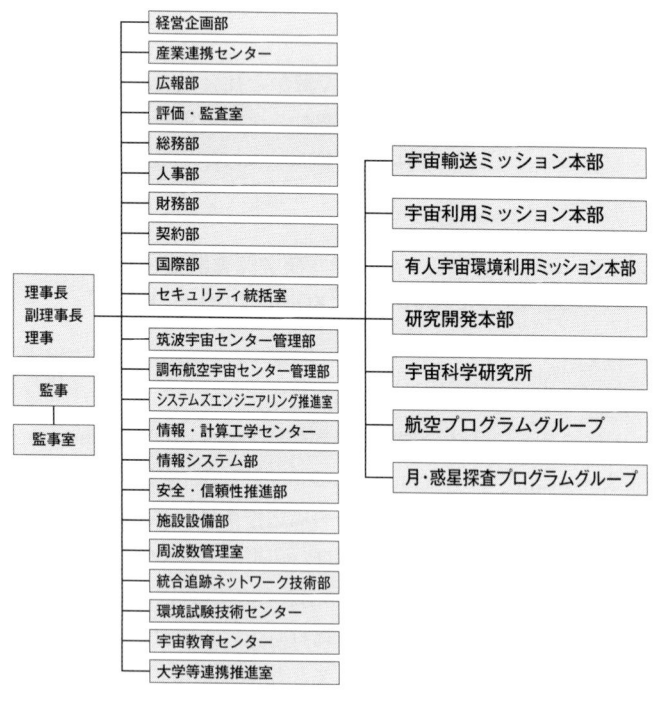

理事長／副理事長／理事
- 経営企画部
- 産業連携センター
- 広報部
- 評価・監査室
- 総務部
- 人事部
- 財務部
- 契約部
- 国際部
- セキュリティ統括室
- 筑波宇宙センター管理部
- 調布航空宇宙センター管理部
- システムズエンジニアリング推進室
- 情報・計算工学センター
- 情報システム部
- 安全・信頼性推進部
- 施設設備部
- 周波数管理室
- 統合追跡ネットワーク技術部
- 環境試験技術センター
- 宇宙教育センター
- 大学等連携推進室

- 宇宙輸送ミッション本部
- 宇宙利用ミッション本部
- 有人宇宙環境利用ミッション本部
- 研究開発本部
- 宇宙科学研究所
- 航空プログラムグループ
- 月・惑星探査プログラムグループ

監事
- 監事室

JAXAの組織構成（2011年4月1日現在）

2-3 日本の宇宙活動

- 大樹町・JAXA連携協力拠点 大樹航空宇宙実験場
- 角田宇宙センター
- 筑波宇宙センター
- 能代ロケット実験場
- 地球観測センター
- 臼田宇宙空間観測所
- 相模原キャンパス
- 関西JAXA連携協力拠点 関西サテライトオフィス
- 東京事務所
- 大手町分室
- 本社
- 調布航空宇宙センター
- 調布航空宇宙センター飛行場分室
- 種子島宇宙センター
- 勝浦宇宙通信所
- 名古屋空港飛行研究拠点
- 内之浦宇宙空間観測所
- 増田宇宙通信所
- 小笠原追跡所
- 沖縄宇宙通信所

- モスクワ技術調整事務所 (JAXA Moscow Office)
- ワシントン駐在員事務所 (JAXA Washington Office)
- パリ駐在員事務所 (JAXA Paris Office)
- バンコク駐在員事務所 (JAXA Bangkok Office)
- ヒューストン駐在員事務所 (JAXA Houston Office)

JAXAの事業所等

2-4 世界の宇宙開発機関

	機関名	本部所在地 設立年月日	主な射場・施設	主なロケット／衛星・探査機等
アメリカ	アメリカ航空宇宙局 NASA: National Aeronautics and Space Administration	ワシントンD.C. 1958年10月1日 1915年設置のアメリカ航空評議委員会(NACA)を発展的に改組	〈射場〉ケネディ宇宙センター(KSC) ワロップス射場(WFF) 〈施設〉ジョンソン宇宙センター(JSC) マーシャル宇宙飛行センター(MSFC) ゴダード宇宙飛行センター(GSFC) ステニス宇宙センター(SSC) エイムズ研究センター(ARC) ドライデン飛行研究施設(DFRC) ラングレー研究センター(LaRC) グレン研究センター(GRC) ジェット推進研究所(JPL)	〈ロケット〉スペースシャトル デルタ アトラス タイタン 〈衛星・探査機等〉LANDSAT 1〜7号 バイキング1, 2号 ボイジャー1, 2号 パイオニア10, 11号 アポロ7〜17号 スカイラブ2〜4号 TDRSシリーズ ACTS
ヨーロッパ	欧州宇宙機関 ESA: European Space Agency	パリ 1975年5月30日 1964年3月20日設立の欧州宇宙研究機構(ESRO)と欧州ロケット開発機構(ELDO)を合併しESAを設立	〈施設〉欧州宇宙技術研究センター(ESTEC オランダ) 欧州宇宙運用センター(ESOC ドイツ) 欧州宇宙研究所(ESRIN イタリア) 衛星運用地上局 欧州宇宙飛行士センター(EAC ドイツ)	〈ロケット〉アリアン 〈衛星・探査機等〉ヒッパルコス MOP1 オリンパス ERS-1 ジオット
フランス	フランス国立宇宙研究センター CNES: Centre National d'Etudes Spatiales	パリ 1961年12月	〈射場〉ギアナ宇宙センター(GSC) 〈施設〉ツールーズ宇宙センター(TSC) エブリ宇宙センター(ESC)	〈ロケット〉なし 〈衛星・探査機等〉TELECOM-1A, -2A, -2B TDF-1, -2 SPOT-1, -2, -3
ドイツ	ドイツ航空宇宙センター DLR: Deutsches Zentrum für Luft-und Raumfahrt e.v. (German Aerospace Center)	ケルン 1997年10月1日 1988年設立の旧DLRと1989年設立のDARAを統合し発足	〈施設〉ケルン・ポルツ研究センター ペイロード地上運用センター 微小重力実験ユーザー施設(MUSC) ドイツ宇宙運用センター(GSOC) 有人宇宙飛行管制センター ユーザー・データ・センター	〈ロケット〉なし 〈衛星・探査機等〉DFS-1, -2, -3 TV-Sat ORFEUS-SPAS
イギリス	イギリス国立宇宙センター BNSC: British National Space Center	ロンドン 1985年11月 英国政府と研究委員会が非軍事宇宙開発機関として設置	〈関連施設〉王立航空宇宙研究所(RAE) ラザフォード・アップルトン研究所(RAL) ナショナルリモートセンシングセンター(NRSC) 地球観測データセンター(EODC)	〈ロケット〉なし 〈衛星・探査機等〉エーリアル1〜6号 スカイネット
イタリア	イタリア宇宙機関 ASI: Agenzia Spaziale Italiana	ローマ 1988年8月25日 科学研究会議(CNR)から移管	〈射場〉サンマルコ射場(ケニア) 〈関連施設〉マテラ測地センター(CGS) ローマ大学宇宙航空研究所 微小重力応用研究支援(MARS)センター	〈ロケット〉なし 〈衛星・探査機等〉サンマルコ1〜4号 ITALSAT-1, 2 Sicral

2-4 世界の宇宙開発機関

	機関名	本部所在地 設立年月日	主な射場・施設	主なロケット／衛星・探査機等
カナダ	カナダ宇宙庁 CSA：Canadian Space Agency	ケベック 1989年3月1日 カナダ政府が設立	〈関連施設〉ディビッド・フロリダ研究所（DFL） カナダ・リモートセンシングセンター（CCRS） 通信研究センター（CRC）	（ロケット） なし （衛星・探査機等） ANIK-E1, -E2 ISIS-1, -2 NIMIQ
ロシア	ロシア連邦宇宙局(FSA) FSA：Federal Space Agency （ロシア語の略称であるRKA：Rossiyskaya Kosmitscheskaya Agentsvoでもよく知られている）	モスクワ 1992年2月25日 2004年3月にロシア航空宇宙局(Rosaviakosmos)は連邦宇宙局(英文名：Federal Space Agency)に名称が変更された	〈射場〉 バイコヌール宇宙基地(カザフスタン) プレセツク射場 カプスティン・ヤール射場 スパボードヌイ射場	（ロケット） コスモス，ゼニット ソユーズ，ツイクロン プロトン （衛星・探査機等） サリュート1～7号 ミール，ルナ 金星1～16号 フォボス1, 2号 ヴェガ1, 2号 GORIZONTシリーズ RADUGAシリーズ YAMAL METEOR RESURS
中国	中国国家航天局 CNSA：China National Space Administration	北京 1993年3月29日 航空宇宙工業部が国家航天局(CNSA)及び中国航天工業総公司(CASC)に分割	〈射場〉 酒泉宇宙センター 西昌宇宙センター 太原宇宙センター 海南宇宙センター 〈関連施設〉 西安衛星追跡管制センター 北京工業環境テストセンター 北京制御工業研究所 西安無線技術研究所	（ロケット） 長征2型 長征3型 長征4型 （衛星・探査機等） DFH-1, 2 Chinasat FSW FY-1, 2 SJシリーズ
インド	インド宇宙研究機関 ISRO：Indian Space Research Organization	バンガロール 1969年8月 1972年に宇宙省(DOS)が設立	〈射場〉 サティシュダワン宇宙センター（SDSC） 〈施設〉 ISRO衛星センター（ISAC） 宇宙利用センター（SAC） ヴィクラム・サラバイ宇宙センター（VSSC） ISROテレメトリ・追跡・コマンドネットワーク（ISTRAC） 流体燃料推進システムセンター（LPSC） Insat総合管制施設（MCF） ISRO慣性システムユニット（IISU） 開発・教育通信ユニット（DECU）	（ロケット） ASLV PSLV GSLV （衛星・探査機等） INSAT-ID, -2A, -2B, -2C IRS-1a, -1b, -p2
ブラジル	ブラジル宇宙庁 AEB：Agência Espacial Brasileira, Brazilian Space Agency	ブラジリア 1994年2月10日 宇宙活動委員会(COBAE)を解消し、宇宙計画と立案を行うための組織として設立	〈射場〉 アルカンタラ射場（CLA） バライラ・ド・インフェルノ射場（CLBI） 〈施設〉 国立宇宙研究所（INPE） 航空宇宙技術センター（CTA） 衛星インテグレーション・試験研究所（LIT） 衛星追跡・管制センター（CRC）	（ロケット） VLS ゾンダⅢ, Ⅴ （衛星・探査機等） Brasilsat-A1, A2, B1, B2, B3 SCD-1 CBER-1

第2章 宇宙活動

2-5 世界のロケット打ち上げ射場
2-5-1 世界の主要ロケット打ち上げ射場一覧

	国名	名称	位置 経度	位置 緯度	面積 (km²)	打ち上げ方向
①	アメリカ	NASAケネディ宇宙センター (KSC)およびケープカナベラル空軍ステーション(CCAS)	81°W	28.5°N	400 (336 & 64)	東方 (北より35°～120°の間)
②		バンデンバーグ空軍基地(VAFB)	120.35°W	34.4°N	399	南方 (北より158°～201°)
③		NASAワロップス射場(WFF)	75.5°W	37.8°N	25	東方
④		ホワイトサンズ射場(WSTF)	106.5°W	33°N	8100	南北
⑤		スペースポート・フロリダ	81.3°W	28.5°N	約0.28	東方(北より41°から110°の間)
⑥		コディアック打ち上げセンター(KLC)	約153°W	約56.5°N	12.5	南方 (125°～235°)
⑦	ロシア	プレセツク射場	40.1°E	62.8°N	1762	東方
⑧		カプスティン・ヤール射場	45.8°E	48.4°N		東方
⑨		スバボードヌイ射場	128.3°E	51.4°N		北方
⑩	カザフスタン	バイコヌール宇宙基地(=チュラタム射場)	63.4°E	45.6°N	6700	東方
⑪	中国	酒泉宇宙センター(内蒙古、甘粛省)	100°E	40.7°N		南東 (135°～153°)
⑫		西昌宇宙センター(XSLC、四川省)	102°E	28.5°N		南東 (94°～105°)
⑬		太原宇宙センター(Taiyuan、山西省)	112.6°E	37.5°N		東～南方 (90°～190°)
⑭		海南宇宙センター(小型ロケット用射場)	109.5°E	19°N		東方(?)
⑮	欧州	ギアナ宇宙センター(GSC) [クールー、ギアナ](仏海外県：南米)	52.44°W	5.2°N	～900	東～北方 (10.5°～93.5°)
⑯		アンドーヤロケット発射場(ノルウェー)	16.01°E	69.18°N		
⑰		エスレンジ射場(スウェーデン・キルナ)	21.04°E	67.56°N		北方
⑱		サンマルコ射場(アフリカ・ケニア：伊)	40.3°E	2.9°S		東方
⑲	日本	種子島宇宙センター(TNSC)	130.58°E	30.24°N	8.64	東方
⑳		内之浦宇宙空間観測所(USC)	131.06°E	31.12°N	0.71	東方
㉑	オーストラリア	ウーメラ射場	136.8°E	31.1°S	750	北方
㉒	インド	サティシュダワン宇宙センター(SDSC)	80.2°E	13.7°N		北方
㉓		ツンバ射場(TERLS)	8°E	8°N		東方、南方
㉔	イスラエル	パルマチン空軍基地	34.24°E	31.56°N		西方
㉕	ブラジル	アルカンタラ射場	44°W	2°S	520	東方
㉖		バライラ・ド・インフェルノ射場	35.10°W	5.55°S		東方

注1：人工衛星打ち上げ実績があり、現在使われていない射場はフランスのハンマギル(在アルジェリア)で、4回打ち上げに成功している
注2：海上・海中発射、北朝鮮等の打ち上げは除く

(2008年2月現在)

管理・運営	主要打ち上げロケット	人工衛星用ロケット打ち上げ累積回数 (1957～2008)
アメリカ航空宇宙局(NASA)および米空軍	KSC：スペースシャトル CCAS：デルタ、アトラス、セントール、タイタンⅢ・Ⅳ、ペガサス、ミサイル	769
アメリカ空軍	スカウト、デルタ、アトラス、タイタンⅡ・Ⅲ・Ⅳ、ミサイル、ペガサス、トーラス	604
NASA	スカウト、コネストガ等	28
アメリカ軍およびNASA	小型ロケット、ミサイル	0
スペースポート・フロリダ	アテナ1、アテナ2	2
アラスカ・エアロスペース・ディベロップメント社(AADC)	アテナ1	1
ロシア国防省	SL-4(ソユーズ)、SL-6(モルニア)等	1557
同上	SL-8(コスモス)等	100
同上	スタールト、ロコート、アンガラ	5
カザフスタン	プロトン、エネルギア、ゼニット等	1287
国防科学技術工業委員会	長征1、2型(CZ-1、-2、-2C、-2D)、小型ロケット	42
同上	長征2、3型(CZ-2E、3)、長征発展型(CZ-3)	47
同上	長征4型(CZ-4)	24
同上	観測ロケット	0
フランス国立宇宙研究センター(CNES)	アリアン4(第2射点) アリアン5(第3射点)	189
ノルウェー宇宙センター(NSC)	小型ロケット(ナイキ、カジユン等)、バルーン	0
スウェーデン宇宙公社(SSC)	小型ロケット(スカイラーク、テキサス、メーザ)、バルーン	0
イタリア宇宙機関(ASI)	スカウト、小型ロケット(ナイキアパッチ、ナイキトマホーク)	9
宇宙航空研究開発機構(JAXA)	H-ⅡA	44
同上	M-V、小型ロケット、バルーン	35
オーストラリア	ブルーストリーク、ヨーロッパ、スカイラーク	6
インド宇宙研究機関(ISRO)	小型ロケット、SLV-3、ASLV、PSLV、GSLV	25
同上	小型ロケット、バルーン、ASLV、PSLV、GSLV	0
イスラエル宇宙庁(ISA)	シャビット(3段固体)	7
ブラジル航空省	小型ロケット(VLS)、観測ロケット(ゾンダⅢ、Ⅴ)	2
同上	観測ロケット	0

第2章 宇宙活動

2-5-2 世界の主要ロケット打ち上げ射場の位置

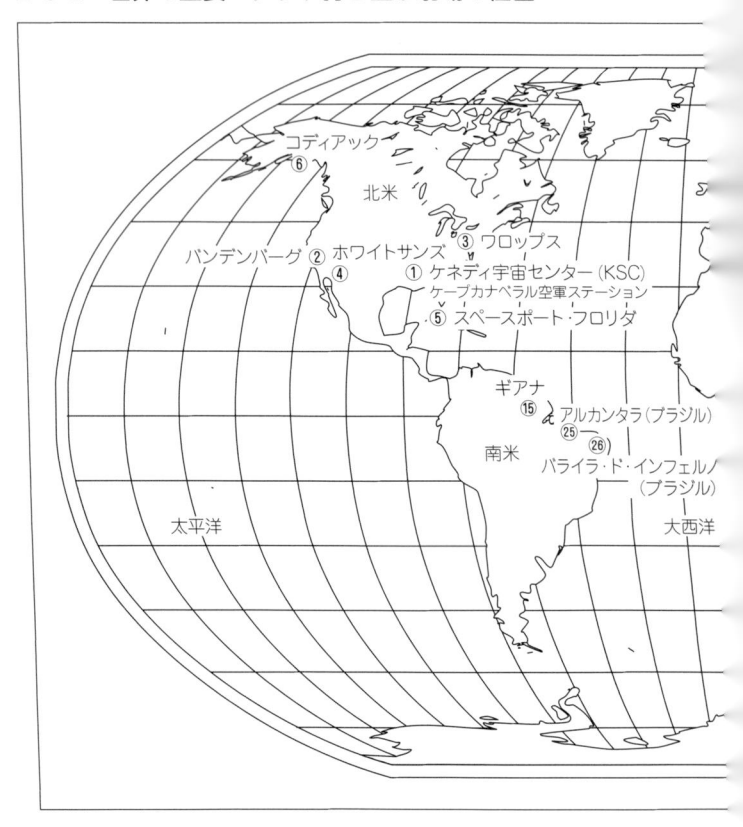

①NASAケネディ宇宙センター
②バンデンバーグ空軍基地
③NASAワロップス射場
④ホワイトサンズ射場
⑤スペースポート・フロリダ
⑥コディアック打ち上げセンター
⑦プレセツク射場
⑧カプスティン・ヤール射場
⑨スバボードヌイ射場
⑩バイコヌール宇宙基地
⑪酒泉宇宙センター
⑫西昌宇宙センター
⑬太原宇宙センター
⑭海南宇宙センター

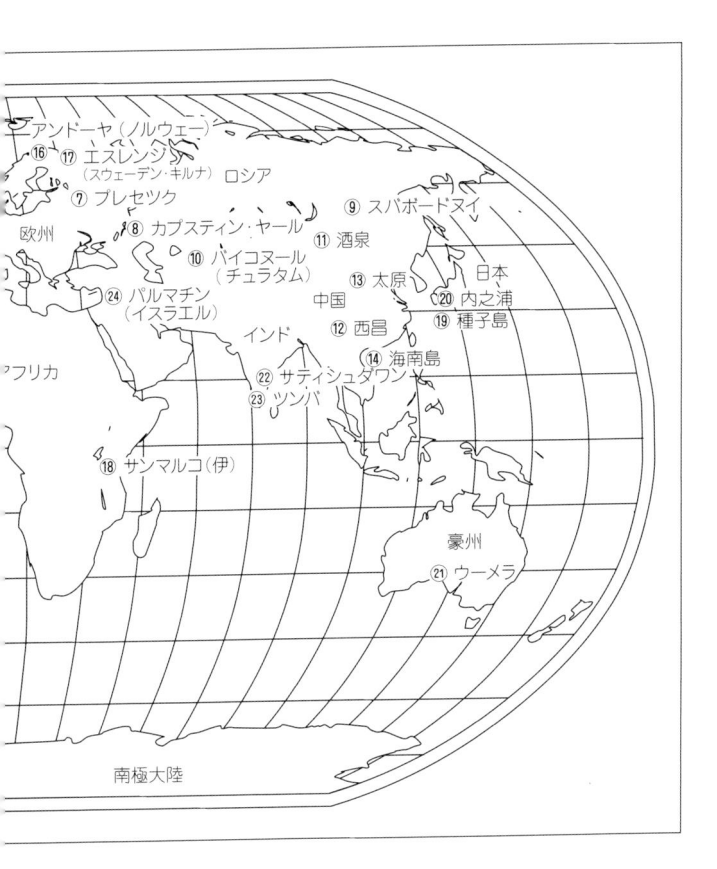

2-5 世界のロケット打ち上げ射場

地図上のラベル:
- アンドーヤ(ノルウェー)
- ⑯ ⑰ エスレンジ(スウェーデン・キルナ)
- ロシア
- ⑦ プレセツク
- ⑧ カプスティン・ヤール
- ⑨ スバボードヌイ
- ⑩ バイコヌール(チュラタム)
- ⑪ 酒泉
- 日本
- ⑬ 太原
- ⑳ 内之浦
- 欧州
- 中国
- ⑲ 種子島
- ㉔ パルマチン(イスラエル)
- インド
- ⑫ 西昌
- ⑭ 海南島
- アフリカ
- ㉒ サティシュダワン
- ㉓ ツンバ
- ⑱ サンマルコ(伊)
- 豪州
- ㉑ ウーメラ
- 南極大陸

⑮ ギアナ宇宙センター
⑯ アンドーヤロケット発射場
⑰ エスレンジ射場
⑱ サンマルコ射場
⑲ 種子島宇宙センター
⑳ 内之浦宇宙空間観測所
㉑ ウーメラ射場
㉒ サティシュダワン宇宙センター
㉓ ツンバ射場
㉔ パルマチン空軍基地
㉕ アルカンタラ射場
㉖ バライラ・ド・インフェルノ射場

第3章 有人宇宙飛行

3-1　宇宙環境の基礎知識

3-1-1　宇宙空間とはどのようなところか

①真空

　宇宙の環境は、第一に「空気がない」つまり真空に近いということがあげられる。地表を起点にどんどん上昇していったとき、「どこからが宇宙か？」とよく聞かれるが、基本的には大気（空気）がなくなるところが宇宙であるといえる。しかし、空気は何かを境に突然なくなるのではなく、徐々に薄くなっていく。そこで一般的に、人工衛星がかろうじて地球周回軌道に乗ることができる高度である、おおむね高度100km以上を「宇宙」と呼んでいる。

　高度100kmでの空気密度は地表の10^{-6}（100万分の1）になり、人工衛星はなんとか地球周回軌道を飛行できるが、それでも極めて薄い空気の抵抗を受けて減速し、短時間で地球に落下してしまう。高度1000kmになると、大気を構成している粒子の運動速度が地球重力脱出速度に達する。そのため、このへんが地球の大気圏と宇宙の境界であるという考えもある。

　空気がないことによって、地上と違ったさまざまな現象が起きる。たとえば、星がまたたかないとか、日向と日陰の明暗がはっきりするなどがあるが、日向と日陰の温度の差は人工衛星や宇宙船に大きな影響を及ぼす。宇宙では、太陽に照らされた部分は百数十℃にもなり、また日陰の部分はマイナス百数十℃と、その温度差は200℃以上にもなってしまう。宇宙では空気がないため、空気が熱を伝えて周辺の温度を均一にしようとすることがないためである。

②高放射線

　太陽からのエックス線や波長の短い紫外線などエネルギーの高い放射線は、地球のオゾン層に吸収され地表には届かない。しかし宇宙空間ではこれら放射線を直接浴びることになるため、人工衛星や宇宙船、そして船外活動をしている宇宙飛行士に大きな影響を与えることになる。また、太陽や銀河からの宇宙線や粒子線もやはりエネルギーが高いため、これらの影響も大きい。とくに赤道上空約3000kmと1万6000kmには、ドーナツ状に地球を取り囲んでいる「ヴァンアレン帯」といわれる高エネルギーの粒子の集まりがある。宇宙空間は高放射線、高エネルギー粒子の飛び交う世界といえる。

③無重力

　宇宙環境と聞いて最初に思い浮かべるのは「無重力環境」ではないだろうか。では、どの高さまで行ったら無重力、つまり重力がなくなるのだろうか。先に高度100kmより上が宇宙であると述べたが、高度100kmには地球の重力は届いていないのだろうか。

　じつは、宇宙に行っただけでは無重力にはならない。重力は、離れれば離れるほど弱くはなるが、なくなることはない。地球から38万km離れた月は、地球の重力により地球のまわりを回り続けている。つまり、地球の重力は確実に月を捉えている。ではなぜ、高度約400kmを周回している国際宇宙ステーションの中が無重力になるのだろうか。

　エレベータに乗っているときのことを考えてみよう。当然、乗っている人や物はエレベータの床に支えられている。突然エレベータを吊っている綱が切れたとする。エレベータは重力に引かれるまま落下する。このとき、乗っている人も物も同じく落下しているため、エレベータの中で浮いているような状態、

つまりエレベータの中は無重力状態となる。

　つまり、重力に引かれるまま重力に身を任せた状態で、重力以外の力が働いていない運動（これを「自由落下」という）をしているときは、無重力状態になるということである。遊園地に「フリーフォール」というアトラクションがある。40mほどの高さまで吊り上げられ、一気に落下するわけだが、乗っている人はこのとき、1秒弱程度の無重力を体験することになる。

　国際宇宙ステーションもじつはこれと同じで、重力により地球に向かって自由落下している。ただし地球はまるく、その上空を高速で移動しているため、落ちても落ちても地球に届かず、落ち続けていくうちに地球を回ってしまう。こうして落ち続けているがゆえに、無重力状態になっているのだ。地球を周回する人工衛星も、かつてのスペースシャトルのような宇宙船も同様である。

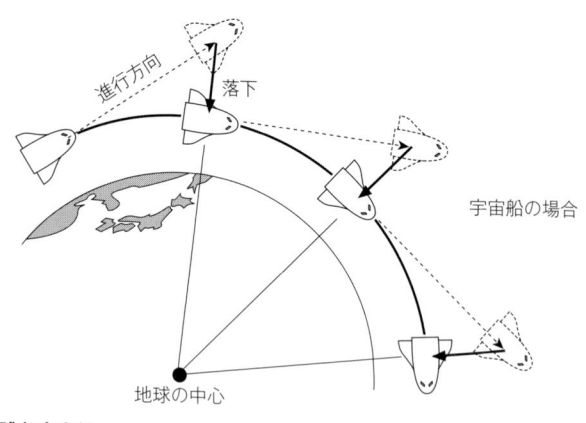

地球と宇宙船

④地球上で無重力状態を作る

　遊園地の「フリーフォール」と同じ原理で、上から物を落とすことによって無重力状態を作ることができる。たとえば

100m自由落下させることにより、4.5秒の無重力状態が得られる。大掛かりな設備が必要となるが、この方式でこれまでにさまざまな無重力実験が行われた。

また、航空機を使用する無重力実験もある。急上昇の途中でエンジン出力を0にすると、放物線を描いて飛行することになり、このエンジン出力0の放物線飛行で約20秒の無重力状態が得られる。よく飛行機が急降下するあいだが無重力状態だと勘違いされるが、実際はエンジン出力0で放物線を描いているあいだが無重力状態である。上昇中であっても、重力に身をゆだ

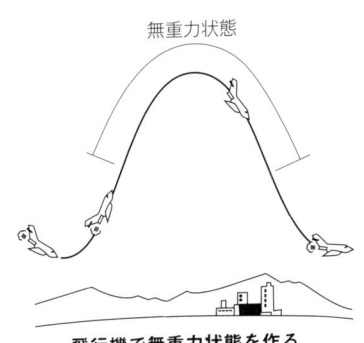

飛行機で無重力状態を作る

宇宙飛行士の航空機での訓練
航空機を利用した微小重力環境の体験訓練を行う、右から油井亀美也、金井宣茂、大西卓哉宇宙飛行士

無重力空間で起こる不思議な現象

無重力の効果	地球上	宇宙	期待される製品
比重のちがうものがよく混ざりあう	重い物質	軽い物質	・高熱や強い力に耐えられる材料(エンジンの材料など) ・結晶体でない半導体(高性能な太陽電池)
熱対流がない	欠陥	欠陥のない大型単結晶になる	・完全な結晶構造をもつ半導体(すぐれた半導体素子、センサ) ・新しい医薬品の製造を可能とする高品質のたんぱく質結晶
容器を用いずに物質を空間に保持できる	容器に接しているところから固まりはじめる	・融点より低い温度で、液体状態を保てる ・完全な球	・これまでの製造方法では得られない特性をもつ材料(レーザー用ガラス材料など) ・完全な球体(高精度ベアリング)

ねた運動であり、重力以外の力が働いていない、つまり自由落下の状態なのである。宇宙飛行士の無重力訓練は、このような飛行をする航空機によっても行われている。

3-1-2 国際宇宙ステーション(ISS)

　国際宇宙ステーションは、1984年にアメリカのレーガン大統領が提唱し、1998年11月から建設が行われた、人類史上最大の宇宙実験室である。世界15ヵ国の協力で運用されており、6名の宇宙飛行士が交代で常時滞在している。主要諸元、構成要素については3-5-4に掲載。

①「きぼう」日本実験棟(JEM)

　国際宇宙ステーションに取り付けられている「きぼう」は、日本が独自に開発した有人の宇宙実験室である。

「きぼう」の主要諸元

	船内実験室	船内保管室	船外パレット	船外実験プラットフォーム	ロボットアーム
形式	円筒形	円筒形	フレーム形	箱形	親子方式6自由度アーム
寸法	外径4.4m 内径4.2m 長さ11.2m	外径4.4m 内径4.2m 長さ4.2m	幅4.9m 高さ2.2m 長さ4.2m	幅5.0m 高さ4.0m 長さ5.6m	親アーム長さ9.9m 子アーム長さ1.9m
空虚質量	15.9t	4.2t	1.2t	4.1t	1.6t
搭載ラック数 または 実験ペイロード数	ラック総数23個(実験ラック10個を含む)	船内実験ラック8個	船外実験ペイロード3個	船外実験ペイロード10個	親アーム取扱質量最大 7t
電力	最大24kW、120V直流					
通信制御	32ビット計算機システム、高速データ伝送最大100Mbps、衛星間通信データ伝送最大50Mbps(Kaバンド)					
搭乗員	通常2名、時間制限付きで最大4名(居住施設は米国モジュールに依存)					
寿命	10年以上					

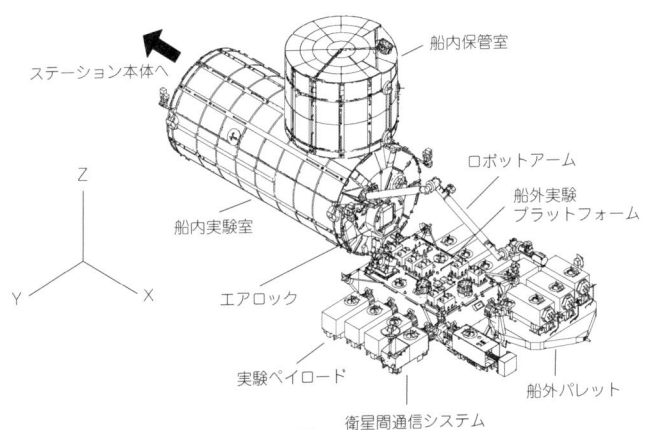

ISSに接続された「きぼう」

②宇宙ステーション補給機(HTV)

　国際宇宙ステーションの運用のため、宇宙飛行士の輸送や、物資・実験装置などの補給が必要となるが、参加機関が協力・分担して輸送機・補給機を開発・運用している。

国際宇宙ステーションの輸送機・補給機

輸送機・補給機名	スペースシャトルオービタ	ソユーズ宇宙船	プログレス補給船	ATV	こうのとり
運用国	アメリカ	ロシア	ロシア	ヨーロッパ	日本
打ち上げロケット	スペースシャトル	ソユーズ	ソユーズ	アリアン5	H-ⅡB
初号機打ち上げ	1981年4月	1967年4月	1989年8月	2008年3月	2009年9月
総質量	約120t	7.22t	7.2t	20.5t	16.5t
大きさ全長	全長37.2m 翼幅23.8m	全長7.2m 直径約2.2m	全長7.23m 直径約2.2m	全長9.8m 直径4.5m	全長9.8m 直径4.4m
ISSへの補給能力	約14t	0.1t	2.5t	7.5t	6t
搭載物 搭載可能ラック	与圧品・非与圧品	与圧品	与圧品	与圧品	与圧品・非与圧品
ハッチのサイズ	直径0.8mの円形	直径0.8mの円形	直径0.8mの円形	直径0.8mの円形	1.27m×1.27mの四角形
結合ポート	ハーモニー (与圧結合アダプタ)	ズヴェズダ、ピアーズ、MRM	ズヴェズダ	ズヴェズダ、ピアーズ、MRM	ハーモニー (共通結合機構)
特徴	○搭乗人数最大7人。○居住可能スペース65.8m²。○カーゴベイ長さ18.3m、直径4.6m。○2011年7月退役。	○搭乗人数2～3人。○居住可能スペース10.3m²。○ISS滞在宇宙飛行士の緊急帰還機。	○ISSの軌道上昇と姿勢制御を行う。○ISSの補給用推進剤の輸送。	○ISSの軌道上昇と姿勢制御を行う。○ISSの補給用推進剤の輸送。	○与圧品、非与圧品を搭載できる。

こうのとり

3-1-3 日本人宇宙飛行士

これまでの日本人宇宙飛行士のミッションは以下のとおり。

名　前	打ち上げ年月日	帰還年月日	宇宙船ロケット	飛行時間	備　考
秋山豊寛	1990.12.2	1990.12.10	打ち上げ： ソユーズTM-11 帰還： ソユーズTM-10	9日間	日本人初の宇宙飛行。TBSの宇宙特派員としてミール宇宙ステーションに滞在。
毛利　衛	1992.9.12	1992.9.20	スペースシャトル「エンデバー」	7日22時間31分	STS-47。シャトルに設けられたスペースラブを利用し「ふわっと'92」で34テーマの実験を実施。
向井千秋	1994.7.8	1994.7.23	スペースシャトル「コロンビア」	14日17時間55分	STS-65。13ヵ国の共同で実施された第2次国際微小重力実験室(IML-2)に参加し、ライフサイエンス、材料実験等を行った。
若田光一	1996.1.11	1996.1.20	スペースシャトル「エンデバー」	8日22時間2分	STS-72。日本人として初のミッションスペシャリスト(MS)としての飛行。日本の宇宙実験・観測フリーフライヤー(SFU)を回収した。
土井隆雄	1997.11.19	1997.12.5	スペースシャトル「コロンビア」	15日16時間35分	STS-87。日本人として初めて船外活動を実施。太陽観測衛星「スパルタン」を手づかみで回収。ISSで使用するクレーンの試験などを行った。
向井千秋	1998.10.29	1998.11.7	スペースシャトル「ディスカバリー」	9日19時間55分	STS-95。2回目の飛行。宇宙飛行士最高齢のグレン飛行士(77歳)と同乗し、体の変化などを調べたほか、宇宙酔いの実験などを行った。
毛利　衛	2000.2.11	2000.2.22	スペースシャトル「エンデバー」	11日5時間39分	STS-99。2回目の飛行。合成開口レーダで地球を観測し、精密な立体地図作りのデータを取得した。
若田光一	2000.10.11	2000.10.24	スペースシャトル「ディスカバリー」	12日21時間44分	STS-92。2回目の飛行。日本人として初めてISS組み立てミッションに参加。ロボットアームの操作等を行った。

第3章　有人宇宙飛行

名　前	打ち上げ年月日	帰還年月日	宇宙船ロケット	飛行時間	備　考
野口聡一	2005.7.26	2005.8.9	スペースシャトル「ディスカバリー」	13日21時間33分	STS-114。2003年2月に起きた事故後初のフライト。3回の船外活動でシャトルの耐熱タイルの補修テストやISSのジャイロの交換などを行った。
土井隆雄	2008.3.11	2008.3.26	スペースシャトル「エンデバー」	15日18時間11分	STS-123。ISS組み立てミッション1J/A。「きぼう」日本実験棟の船内保管室の取り付け等。
星出彰彦	2008.5.31	2008.6.14	スペースシャトル「ディスカバリー」	13日18時間14分	STS-124。ISS組み立てミッション1J。「きぼう」日本実験棟の船内実験室とロボットアームの取り付け等。
若田光一	2009.3.15	2009.7.31	打ち上げ：スペースシャトル「ディスカバリー」帰還：スペースシャトル「エンデバー」	137日15時間3分	STS-119。ISS第18次、第19次、第20次長期滞在ミッション。日本人として初めての長期滞在クルー。帰還はSTS-127。
野口聡一	2009.12.21	2010.6.2	ソユーズTMA-17	163日5時間32分	ISS第22次、第23次長期滞在クルー。日本人として初めてソユーズのフライトエンジニアとして搭乗。
山崎直子	2010.4.5	2010.4.20	スペースシャトル「ディスカバリー」	15日2時間48分	STS-131。ISS組み立てミッション19A。ロードマスター（物資移送責任者）として多目的モジュール「レオナルド」によるISSへの物資の輸送を指揮。
古川　聡	2011.6.8	2011.11.22	ソユーズTMA-02M	167日	ISS第28次、第29次長期滞在クルー。被験者として将来の長期滞在や惑星探査ミッションに向けた有人宇宙技術の開発実験に参加。
星出彰彦	2012年夏頃予定		ソユーズTMA-06M	約6ヵ月	ISS第32次、第33時長期滞在クルー。
若田光一	2013年末頃予定		ソユーズTMA-11M	約6ヵ月	ISS第38次、第39次長期滞在クルー。第39次長期滞在ではコマンダー（司令官）として指揮をとる。

3-1-4　宇宙での暮らし

①空気、温度、水

　ステーション内の空気は地上とほぼ同じで、酸素と窒素が2：8の1気圧に保たれている。また、宇宙飛行士の呼吸により吐き出される炭酸ガスは、水酸化リチウムと活性炭に吸着させて取り除かれる。ステーション内の気温は22～25℃、湿度は40％前後に調整されている。したがって、ステーション内の宇宙飛行士は普通のシャツ姿で作業することができる。水は、宇宙飛行士の汗や尿を再処理して使用する。

②食事

　宇宙ステーションやスペースシャトルなどの宇宙船の中では、宇宙食と呼ばれる特別に工夫された食品を食べる。アメリカとロシアがその多くを供給しており、アメリカ200種類、ロシア100種類、計300種類ほどの宇宙食がある。

　保存性、安全性の観点から、有害ガスが出ないこと、燃えないこと、常温（22℃前後）で1年間保存可能であることなど厳しい条件がある。また、宇宙では水かお湯を入れる、もしくはヒーターで温めるだけで食べることができなければならない。ちなみに、ステーション内のお湯の温度は70℃前後、ヒーターの温度は80℃前後となっている。

　宇宙食の主な種類は次のとおり。
・凍結乾燥食品（フリーズドライ）　スクランブルエッグ、米のピラフ、アスパラガス、いちごなど
・温度安定化食品（レトルト）　フランクフルト、ハム、プリン、カレーなど
・放射線照射食品　ビーフステーキなど
・中間水分食品　乾燥フルーツなど

宇宙食

・自然形態食品　キャンディ、クッキー、ナッツ類など
・調味料　塩、コショウ、ケチャップ、マヨネーズなど
・生鮮食品　果物（リンゴ、オレンジなど）、タマネギなど

③洗面とトイレ

　国際宇宙ステーションにはシャワー設備は備えられていない。過去の小型のステーション（ロシアのミール、アメリカのスカイラブ）にはシャワー設備があったが、その使用方法、使用後の水の処理等が難しく、ミール宇宙ステーションでは結局使われなくなった。

　国際宇宙ステーションでも当初はシャワー設備を開発していたが、このような理由から最終的に設備しないことになった。宇宙飛行士は洗剤のついたタオルで体を拭き、洗髪は水のいらないシャンプーを使用し、シャンプー後拭き取っている。

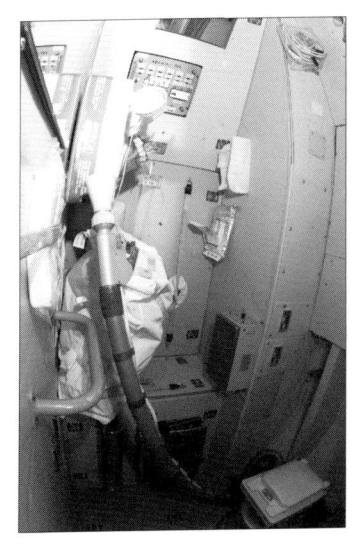

ISS内のトイレ

　トイレは、体が浮かないように便座にベルトで固定して使用する。尿は掃除機のホースのような管で少量の水と一緒に吸い取り、再処理する。便は空気の流れで吸い取り、その後乾燥させる。

④船外活動服

　宇宙飛行士の活動の中には、船外活動（EVA）という船外に出てする仕事も多い。苛酷な宇宙環境から人間を守るための船外活動服は14層から成っており、まさに小さな宇宙船の機能を備えている。

第3章 有人宇宙飛行

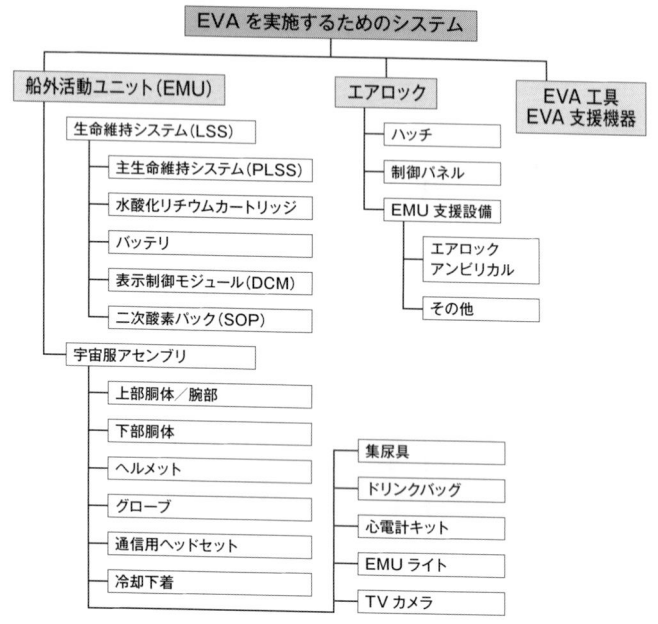

```
EVAを実施するためのシステム
├── 船外活動ユニット(EMU)
│   ├── 生命維持システム(LSS)
│   │   ├── 主生命維持システム(PLSS)
│   │   ├── 水酸化リチウムカートリッジ
│   │   ├── バッテリ
│   │   ├── 表示制御モジュール(DCM)
│   │   └── 二次酸素パック(SOP)
│   └── 宇宙服アセンブリ
│       ├── 上部胴体/腕部
│       ├── 下部胴体
│       ├── ヘルメット
│       ├── グローブ
│       ├── 通信用ヘッドセット
│       └── 冷却下着
│           ├── 集尿具
│           ├── ドリンクバッグ
│           ├── 心電計キット
│           ├── EMUライト
│           └── TVカメラ
├── エアロック
│   ├── ハッチ
│   ├── 制御パネル
│   └── EMU支援設備
│       ├── エアロックアンビリカル
│       └── その他
└── EVA工具
    EVA支援機器
```

EVAを実施するためのシステム

3-1 宇宙環境の基礎知識

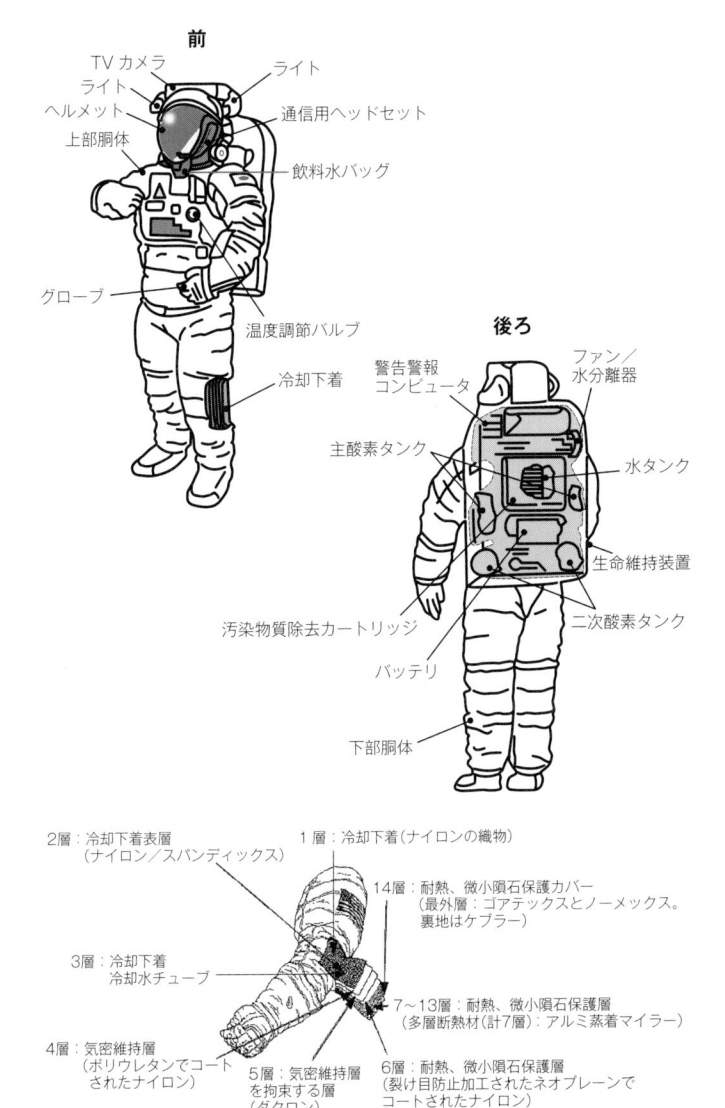

前

- TVカメラ
- ライト
- ライト
- ヘルメット
- 上部胴体
- 通信用ヘッドセット
- 飲料水バッグ
- グローブ
- 温度調節バルブ
- 冷却下着

後ろ

- 警告警報コンピュータ
- ファン／水分離器
- 主酸素タンク
- 水タンク
- 生命維持装置
- 汚染物質除去カートリッジ
- 二次酸素タンク
- バッテリ
- 下部胴体

- 2層:冷却下着表層（ナイロン／スパンディックス）
- 1層:冷却下着(ナイロンの織物)
- 14層:耐熱、微小隕石保護カバー（最外層:ゴアテックスとノーメックス。裏地はケブラー）
- 3層:冷却下着冷却水チューブ
- 7～13層:耐熱、微小隕石保護層（多層断熱材(計7層):アルミ蒸着マイラー）
- 4層:気密維持層（ポリウレタンでコートされたナイロン）
- 5層:気密維持層を拘束する層（ダクロン）
- 6層:耐熱、微小隕石保護層（裂け目防止加工されたネオプレーンでコートされたナイロン）

宇宙服の構成

3-2 世界の有人宇宙飛行全記録

3-2-1 国別宇宙飛行士数

2011年12月末現在

No.	国名	男性	女性	合計	No.	国名	男性	女性	合計
1	アメリカ	290	45	335	18	ハンガリー	1	0	1
2	旧ソ連／CIS	109	3	112	19	ルーマニア	1	0	1
3	ドイツ	10	0	10	20	スウェーデン	1	0	1
4	フランス	8	1	9	21	スロバキア	1	0	1
5	カナダ	7	2	9	22	インド	1	0	1
6	日本	7	2	9	23	ベトナム	1	0	1
7	イタリア	5	0	5	24	モンゴル	1	0	1
8	中国	6	0	6	25	メキシコ	1	0	1
9	ブルガリア	2	0	2	26	キューバ	1	0	1
10	オランダ	2	0	2	27	サウジアラビア	1	0	1
11	ベルギー	2	0	2	28	シリア	1	0	1
12	イギリス	0	1	1	29	アフガニスタン	1	0	1
13	スペイン	1	0	1	30	南アフリカ	1	0	1
14	スイス	1	0	1	31	イスラエル	1	0	1
15	オーストリア	1	0	1	32	ブラジル	1	0	1
16	チェコ	1	0	1	33	マレーシア	1	0	1
17	ポーランド	1	0	1	34	韓国	0	1	1
						合計	469	55	524

(注)
・国際航空連盟(FAI)の宇宙飛行士基準である高度100kmを超えて飛行した人の数を計上(参考：USAFの基準は高度50マイル(約80.5km)以上)、民間人搭乗者も含む
・同一の宇宙飛行士が2回以上飛行した場合は重複して数えない
・人数は飛行実績(一度も飛行していない宇宙飛行士は含まない)
・上昇中に爆発事故を起こしたスペースシャトル「チャレンジャー」(STS-51-L)で初飛行だった3名は含まない
・X-15実験機で飛行し、高度50マイルを超えたパイロット8名のうち2名を宇宙飛行士として計上(1名は同実験機で100kmを超えたため。もう1名はシャトルに搭乗して100kmを超えたため)
・アメリカ(男性)にはスケールド・コンポジッツ社の民間開発機「スペースシップ・ワン」号に搭乗したMike Melvill、Brain Binneyを含む
・アメリカ(女性)には民間人のAnousheh Ansariを含む
出典：Mark Wade's ENCYCLOPEDIA ASTRONAUTICA等
　　　(http://www.astronautix.com/)

3-2-2 アメリカの有人宇宙飛行
3-2-2-1 マーキュリー計画
(宇宙船質量約1.9t)

名　称 ロケット	打ち上げ年月日 回収年月日	宇宙飛行士	飛行回数	飛行時間	備　考
フリーダム7 レッドストーン	61.5.5 61.5.5	A. シェパード	初	16分	アメリカ初の有人飛行(弾道飛行)。
リバティ・ベル7 レッドストーン	61.7.21 61.7.21	V. グリソム	初	16分	フリーダム7と同じ弾道飛行。
フレンドシップ7 アトラスD	62.2.20 62.2.20	J. グレン	初	4時間56分	アメリカ初の有人軌道飛行。
オーロラ7 アトラスD	62.5.24 62.5.24	M. カーペンター	初	4時間56分	着水地点が320km狂った。
シグマ7 アトラスD	62.10.3 62.10.3	W. シラー	初	9時間14分	回収空母の近くに着水した。
フェイス7 アトラスD	63.5.15 63.5.16	L. クーパー	初	34時間20分	マーキュリー計画完了。

3-2-2-2 ジェミニ計画
(宇宙船質量約3.2t)

号　数 ロケット	打ち上げ年月日 回収年月日	宇宙飛行士	飛行回数	飛行時間	備　考
3号 タイタン2	65.3.23 65.3.23	V. グリソム J. ヤング	2 初	4時間53分	アメリカ初の2人乗り宇宙船。
4号 タイタン2	65.6.3 65.6.7	J. マクディビット E. ホワイト	初 初	97時間56分	ホワイトが宇宙遊泳。
5号 タイタン2	65.8.21 65.8.29	L. クーパー C. コンラッド	2 初	190時間55分	約8日間の飛行で医学実験。
7号 タイタン2	65.12.4 65.12.18	F. ボーマン J. ラベル	初 初	330時間35分	約14日間の宇宙飛行。ジェミニ6号と史上初のランデブ。
6号 タイタン2	65.12.15 65.12.16	W. シラー T. スタフォード	2 初	25時間51分	ジェミニ7号とランデブ。約30cmの距離まで近づいた。
8号 タイタン2	66.3.16 66.3.16	N. アームストロング D. スコット	初 初	10時間42分	アジェナ8号と史上初のドッキングをしたが、故障のため太平洋に緊急着水。
9号 タイタン2	66.6.3 66.6.6	T. スタフォード E. サーナン	2 初	72時間21分	標的衛星とランデブ。サーナンが約2時間8分の宇宙遊泳。
10号 タイタン2	66.7.18 66.7.21	J. ヤング M. コリンズ	2 初	70時間47分	ドッキング、ランデブ、宇宙遊泳に成功。アジェナ8号から宇宙塵探知器を回収。
11号 タイタン2	66.9.12 66.9.15	C. コンラッド R. ゴードン	2 初	71時間17分	ドッキング、宇宙遊泳、メリーゴーラウンド実験に成功。
12号 タイタン2	66.11.11 66.11.15	J. ラベル E. オルドリン	2 初	94時間35分	ドッキング、日食観測、宇宙遊泳に成功。

第3章 有人宇宙飛行

3-2-2-3 アポロ計画

(司令船+機械船質量約29t、月着陸船質量約15t)

号　数 ロケット	打5上げ年月日 回収年月日	宇宙飛行士	飛行 回数	飛行時間	備　考
7号 サターンIB	68.10.11 68.10.22	W.シラー D.エイゼル W.カニンガム	3 初 初	260時間10分	アポロ宇宙船の初の有人飛行。地球の周りを、173周して宇宙船の性能をテストした。月着陸船は積まなかった。
8号 サターンV	68.12.21 68.12.27	F.ボーマン J.ラベル W.アンダース	2 3 初	147時間1分	史上初の有人月周回飛行。月を10周した。月までの最接近距離は112.6km。
9号 サターンV	69.3.3 69.3.13	J.マクディビット D.スコット R.シュワイカート	2 2 初	241時間1分	初めて月着陸船を積み、地球の周りを161周して、飛行士の移乗や切り離し、ランデブ、ドッキングなどをした。宇宙遊泳による月面宇宙服のテストも成功。
10号 サターンV	69.5.18 69.5.26	T.スタフォード J.ヤング E.サーナン	3 3 2	192時間4分	初めて月着陸船をつけて月周回飛行をした。月着陸船の月周辺での性能テストに成功。月までの最接近距離は14.3km。
11号 サターンV	69.7.16 69.7.24	N.アームストロング M.コリンズ E.オルドリン	2 2 2	195時間17分	20日16時17分40秒(日本時間21日5時17分40秒)初めて人間が月に着陸。着陸地点は「静かの海」の東経23.49度、北緯0.67度。月面滞在は21時間36分20秒、月面活動は1回2時間32分。持ち帰った月の石は22kg。
12号 サターンV	69.11.14 69.11.24	C.コンラッド R.ゴードン A.ビーン	3 2 初	244時間37分	2度目の人間月着陸。着陸地点は「嵐の大洋」の西経23度24分58秒、南緯3度2分10秒。月面滞在は31時間32分、約4時間の月面活動を2回行った。月の石32.7kgとサーベイヤ3号のテレビカメラ等を持ち帰った。
13号 サターンV	70.4.11 70.4.17	J.ラベル J.スワイガート F.ヘイズ	4 初 初	142時間55分	フラマウロ・クレーター付近への着陸をねらったが、発射後55時間54分に機械船の酸素タンクが爆発し、月着陸船をあきらめ月を回って地球に戻った。
14号 サターンV	71.1.31 71.2.9	A.シェパード S.ルーサ E.ミッチェル	2 初 初	216時間02分	3度目の人間月着陸。フラマウロ高地の西経17度29分、南緯3度40分に着陸。4時間47分と4時間35分の月面活動を含めて月面滞在時間は33時間30分。42.75kgの月の石を持ち帰った。
15号 サターンV	71.7.26 71.8.7	D.スコット A.ウォーデン J.アーウィン	3 初 初	295時間12分	4度目の人間月着陸。アペニン山脈とハドリー谷との間、西経3度38分55秒、北緯26度6分10秒に着陸。月面車を使って3回、合計18時間37分6秒の月面活動を行い、月面に66時間55分滞在した。約77kgの月の石を持ち帰った。
16号 サターンV	72.4.16 72.4.27	J.ヤング T.マッティングリー C.デューク	4 初 初	265時間52分	5度目の人間月着陸。デカルト高地の南緯10度、東経16度に着陸。月面車を使って3回、合計20時間15分の月面活動を行い、月面に71時間3分滞在した。95.5kgの月の石を持ち帰った。

号　数 ロケット	打上げ年月日 回収年月日	宇宙飛行士	飛行回数	飛行時間	備　考
17号 サターンV	72.12.7 72.12.19	E.サーナン R.エバンス H.シュミット	3 初 初	301時間52分	6度目の人間月着陸。北緯20度9分41秒、東経30度45分26秒のタウルス・リトロー地域に着陸。月面車を使って3回、合計22時間5分の月面活動を行い、月面に74時間59分滞在した。115kgの月の石を持ち帰った。

3-2-2-4 スカイラブ計画

（宇宙船は、アポロ宇宙船を使用）

号　数 ロケット	打上げ年月日 回収年月日	宇宙飛行士	飛行回数	飛行時間	備　考
2号 サターンIB	73.5.25 73.6.22	C.コンラッド J.カーウィン P.ワイツ	4 初 初	672時間49分	スカイラブ1号にドッキング、移乗。種々の科学実験実施。
3号 サターンIB	73.7.28 73.9.26	A.ビーン J.ルースマ O.ギャリオット	2 初 初	1427時間9分	同上。
4号 サターンIB	73.11.16 74.2.8	G.カー W.ポーグ E.ギブソン	初 初 初	2017時間16分	同上。

3-2-2-5 〈参考〉X-15ロケット機による主な宇宙飛行

飛行年月日	飛行高度(km)	飛行士	備　考
62.7.17	93	ホワイト	2004年の3回の飛行で用いられた機体はスケールド・コンポジッツ社の「スペースシップ・ワン」号（重量3t）。民間の手によって「高度100km以上」「2週間以内に同一機体を再使用して飛行する」等の条件を達成し、「ANSARI X PRIZE」による賞金1000万ドルを獲得した。メルビル氏は初の民間宇宙飛行士となった。
63.1.17	83	ウォーカー	
63.6.27	87	ラッシュワース	
63.7.19	107	ウォーカー	
63.8.22	108	ウォーカー	
04.6.21	100.1	M.メルビル	
04.9.29	102.9	M.メルビル	
04.10.4	112	B.ビニー	

3-2-2-6 アポロ・ソユーズ共同飛行計画

（宇宙船は、アポロ宇宙船を使用）

号　数 ロケット	打上げ年月日 回収年月日	宇宙飛行士	飛行回数	飛行時間	備　考
18号 サターンIB	75.7.15 75.7.24	T.スタフォード V.ブランド D.スレイトン	4 初 初	217時間28分	7月17日にソユーズ19号とドッキングして移乗。初の米ソ共同飛行。

(NASA "History of Manned Space Flight" より) 秒はすべて切り上げ

3-2-3 旧ソ連／ロシアの有人宇宙飛行

(注)宇宙飛行士の＊マークは、女性を示す

3-2-3-1 ボストーク宇宙船
(宇宙船質量約4.7t)

号数 ロケット	打ち上げ年月日 回収年月日	宇宙飛行士	飛行時間 (日.時：分)	備考
1号 A-1	61.4.12 61.4.12	Y.ガガーリン	00.01:48	史上初の有人宇宙飛行。
2号 A-1	61.8.6 61.8.7	G.チトフ	01.01:18	宇宙で1日間生活した。
3号 A-1	62.8.11 62.8.15	A.ニコラエフ	03.22:22	4号と編隊飛行。
4号 A-1	62.8.12 62.8.15	P.ポポビッチ	02.22:57	3号と編隊飛行。
5号 A-1	63.6.14 63.6.19	C.ブイコフスキー	04.23:06	6号と編隊飛行。
6号 A-1	63.6.16 63.6.19	V.テレシコワ＊	02.22:50	初の女性飛行。5号と編隊飛行。

3-2-3-2 ボスホート宇宙船
(宇宙船質量約5.3t)

号数 ロケット	打ち上げ年月日 回収年月日	宇宙飛行士	飛行時間 (日.時：分)	備考
1号 A-1	64.10.12 64.10.13	V.コマロフ K.フェオクチストフ B.エゴロフ	01.02:17	史上初の3人乗り宇宙船。宇宙服を着ないで飛んだ。
2号 A-2	65.3.18 65.3.19	P.ベリャーエフ A.レオーノフ	01.02:02	レオーノフが史上初の宇宙遊泳を行った。

3-2-3-3 ソユーズ宇宙船（ミール打ち上げ以前）
(宇宙船質量約6.5t)

号数	打ち上げ年月日 回収年月日	打ち上げ時の 宇宙飛行士	飛行時間 (日.時：分)	備考
1号	67.4.23 67.4.24	V.コマロフ	01.02:48	回収時にパラシュートがもつれコマロフ墜落死。史上初の宇宙飛行での犠牲者。
2号	68.10.25 68.10.28	無　人	―	3号とランデブ。
3号	68.10.26 68.10.30	G.ベレゾボイ	03.22:51	無人の2号とランデブ。
4号	69.1.14 69.1.17	V.シャタロフ	02.23:21	5号とドッキングして飛行士の移乗に成功。
5号	69.1.15 69.1.18	B.ボルイノフ Y.フルノフ A.エリセーエフ	03.00:54	1月16日に4号とドッキング。フルノフとエリセーエフが宇宙遊泳をして4号に乗り移った。

3-2 世界の有人宇宙飛行全記録

号数	打ち上げ年月日 回収年月日	打ち上げ時の 宇宙飛行士	飛行時間 (日:時:分)	備考
6号	69.10.11 69.10.16	G.ショーニン V.クバソフ	04.22:42	7、8号と何回も3船ランデブ。雨中打ち上げ。
7号	69.10.12 69.10.17	A.フィリプチェンコ V.ボルコフ V.ゴルバトコ	04.22:41	6、8号と何回も3船ランデブ。
8号	69.10.13 69.10.18	V.シャタロフ A.エリセーエフ	04.22:51	6、7号と何回も3船ランデブ。雨中打ち上げ。
9号	70.6.1 70.6.19	A.ニコラエフ V.セバスチャノフ	17.16:59	史上初の有人夜間打ち上げ。
10号	71.4.23 71.4.25	V.シャタロフ A.エリセーエフ N.ルカビシニコフ	01.23:46	宇宙ステーション・サリュート1号とドッキングしたが、飛行士の移乗は行わなかった。
11号	71.6.6 71.6.30	G.ドブロボルスキー V.ボルコフ V.パツアエフ	23.18:22	宇宙ステーション・サリュート1号とドッキングして、3飛行士はサリュートへ移乗した。最長飛行記録をたてたが、帰還の途中、宇宙船の気密保持装置故障で、飛行士は死亡。
12号	73.9.27 73.9.29	V.ラザレフ O.マカロフ	01.23:16	改良された船体と装備をテストした。
13号	73.12.18 73.12.26	P.クリムク V.レベデフ	07.20:55	アポロとの共同飛行に備えてのテスト飛行とみられる。
14号	74.7.3 74.7.19	P.ポポビッチ Y.アルチューヒン	15.17:30	宇宙ステーション・サリュート3号とドッキングして、2飛行士はサリュートへ移乗した。
15号	74.8.26 74.8.28	G.サラファノフ L.デミン	02.00:12	サリュート3号とのドッキングに失敗したとみられる。
16号	74.12.2 74.12.8	A.フィリプチェンコ N.ルカビシニコフ	05.22:24	アポロとの共同飛行に備えてのテスト飛行。
17号	75.1.11 75.2.9	A.グバレフ G.グレチコ	29.13:20	サリュート4号とドッキングして移乗。
18A号	75.4.5 75.4.5	V.ラザレフ O.マカロフ	—	打ち上げロケットの不調で軌道に乗らず失敗。
18B号	75.5.24 75.7.26	P.クリムク V.セバスチャノフ	62.23:20	サリュート4号とドッキングして移乗。
19号	75.7.15 75.7.21	A.レオーノフ V.クバソフ	05.22:31	7月17日にアポロ宇宙船とドッキングして移乗。初の米ソ共同飛行。
20号	75.11.17 76.2.16	無　人	—	サリュート4号と自動ドッキング。カメ、ハエ、サボテンを積んでいた。
21号	76.7.6 76.8.24	B.ボルイノフ V.ツォロボフ	49.06:23	サリュート5号とドッキングして移乗。

第3章　有人宇宙飛行

号数	打ち上げ年月日 回収年月日	打ち上げ時の 宇宙飛行士	飛行時間 (日.時:分)	備考
22号	76.9.15 76.9.23	V. ブィコフスキー V. アクショーノフ	07.21:52	サリュート5号とのドッキングをねらったらしいが、移乗せず。
23号	76.10.14 76.10.16	V. ズードフ V. ロジェストウエンスキー	02.00:06	サリュート5号とのドッキングに失敗。
24号	77.2.7 77.2.25	V. ゴルバトコ Y. グラズコフ	17.17:26	サリュート5号とドッキングして移乗。
25号	77.10.9 77.10.11	V. コワレノク V. リュミン	02.00:45	サリュート6号とのドッキングに失敗。
26号	77.12.10 78.3.16	Y. ロマネンコ G. グレチコ	96.10:00	サリュート6号とドッキングして移乗。グレチコが宇宙遊泳。
27号	78.1.10 78.1.16	V. ジャニベコフ O. マカロフ	05.22:59	サリュート6号とドッキングして移乗。サリュート6号・ソユーズ26号結合体と初の3連結。
28号	78.3.2 78.3.10	A. グバレフ V. レメク	07.22:16	サリュート6号とドッキングして移乗。レメクはチェコ人。
29号	78.6.15 78.9.3	V. コワレノク A. イワンチェンコフ	79.15	サリュート6号とドッキングして移乗。飛行士は31号で帰還。
30号	78.6.27 78.7.5	P. クリムク M. ジェルマシエフスキ	07.22:03	サリュート6号・ソユーズ29号結合体と3連結ドッキング。移乗して宇宙生活。ジェルマシエフスキはポーランド人。
31号	78.8.26 78.11.2	V. ブィコフスキー S. イェーン	67.20:13	サリュート6号・ソユーズ29号結合体と3連結ドッキング。移乗して宇宙生活。イェーンは東ドイツ人。飛行士は29号で帰還。
32号	79.2.25 79.6.13	V. リヤホフ V. リュミン	108.4:25	サリュート6号とドッキングして移乗。6月13日、無人で切り離し帰還。飛行士は34号で帰還。
33号	79.4.10 79.4.12	N. ルカビシニコフ G. イワノフ	01.23:01	サリュート6号とのドッキングに失敗。イワノフはブルガリア人。
34号	79.6.6 79.8.19	無　人	73.18:24	サリュート6号・ソユーズ32号とドッキング。32号の飛行士2名が175日の飛行を終えて帰還。
ソユーズT-1	79.12.16 80.3.26	無　人	100.09:20	サリュート6号とドッキング。新型宇宙船のテスト。
35号	80.4.9 80.6.3	L. ポポフ V. リュミン	55.1:29	サリュート6号・プログレス8号とドッキングして移乗。飛行士は37号で帰還。
36号	80.5.26 80.7.31	V. クバソフ B. ファルカス	65.20:55	サリュート6号・ソユーズ35号とドッキングして移乗。ファルカスはハンガリー人。飛行士は35号で帰還。

号数	打ち上げ年月日 回収年月日	打ち上げ時の 宇宙飛行士	飛行時間 (日.時：分)	備考
ソユーズT-2	80.6.5 80.6.9	Y.マルイシェフ V.アクショーノフ	03.22:19	小型コンピュータを装備した新型。サリュート6号・ソユーズ36号とドッキングして移乗。
37号	80.7.23 80.10.11	V.ゴルバトコ P.トアン	79.15:17	サリュート6号・ソユーズ36号とドッキングして移乗。トアンはベトナム人。飛行士は36号で帰還。
38号	80.9.18 80.9.26	Y.ロマネンコ A.メンデス	07.20:43	サリュート6号・ソユーズ37号とドッキングして移乗。メンデスはキューバ人。
ソユーズT-3	80.11.27 80.12.10	L.キジム O.マカロフ G.ストレカロフ	12.19:08	サリュート6号・プログレス11号とドッキングして移乗。
ソユーズT-4	81.3.12 81.5.26	V.コワレノク V.サビヌイフ	74.17:38	サリュート6号・プログレス12号とドッキングして移乗。サビヌイフは世界で100人目の宇宙飛行士。
39号	81.3.22 81.3.30	V.ジャニベコフ J.グラグチャ	07.20:43	サリュート6号・ソユーズT-4とドッキングして移乗。グラグチャはモンゴル人。
40号	81.5.14 81.5.22	L.ポポフ D.ブルナリウ	07.20:42	サリュート6号・ソユーズT-4とドッキングして移乗。ブルナリウはルーマニア人。
ソユーズT-5	82.5.13 82.8.27	A.ベレゾボイ V.レベデフ	106.5:07	サリュート7号とドッキングし移乗。飛行士はT-7で帰還。
ソユーズT-6	82.6.24 82.7.2	V.ジャニベコフ A.イワンチェンコフ J.クレチアン	07.21:51	サリュート7号とドッキングし移乗。クレチアンはフランス人。
ソユーズT-7	82.8.19 82.12.10	L.ポポフ A.セレブロフ S.サビツカヤ*	113.1:51	サリュート7号とドッキングし移乗。サビツカヤは史上2人目の女性飛行士。飛行士はT-5で帰還。
ソユーズT-8	83.4.20 83.4.22	A.セレブロフ V.チトフ G.ストレカロフ	02.00:18	サリュート7号とのドッキングに失敗。
ソユーズT-9	83.6.27 83.11.23	V.リヤホフ A.アレクサンドロフ	149.10:46	サリュート7号とドッキングし移乗。
ソユーズT-10A	83.9.26	V.チトフ G.ストレカロフ	—	打ち上げ準備中ロケット爆発。カプセルは緊急脱出ロケットで離脱。
ソユーズT-10B	84.2.8 84.4.11	L.キジム V.ソロビヨフ O.アチコフ	62.22:42	サリュート7号にドッキングし移乗。飛行士はT-11で帰還。
ソユーズT-11	84.4.3 84.10.2	Y.マルイシェフ G.ストレカロフ R.シャルマ	181.21:48	サリュート7号・ソユーズT-10Bとドッキングし移乗。シャルマはインド人。飛行士はT-10Bで帰還。

第3章 有人宇宙飛行

号数	打ち上げ年月日 回収年月日	打ち上げ時の 宇宙飛行士	飛行時間 (日.時:分)	備考
ソユーズ T-12	84.7.17 84.7.29	V.ジャニベコフ I.ウォルク S.サビツカヤ*	11.19:15	サリュート7号にドッキングし移乗。サビツカヤは2度目、女性で初めて船外活動を行う。
ソユーズ T-13	85.6.6 85.9.26	V.ジャニベコフ V.サビヌイフ	112.03:12	85年6月8日、サリュート7号へドッキング、移乗。ジャニベコフとソユーズT-14乗組員のグレチコはソユーズT-13で帰還。
ソユーズ T-14	85.9.17 85.11.21	V.ワチューチン G.グレチコ A.ヴォルコフ	64.21:52	85年9月18日、サリュート7号／ソユーズT-13へドッキング移乗。サビヌイフ、ワチューチン、ヴォルコフはT-14で帰還。

(ミール打ち上げ以後)

(ソユーズTM宇宙船質量約7.1t)

号数	打ち上げ 年月日	ミールとの ドッキング年月日	回収 年月日	宇宙飛行士	飛行時間 (日.時:分)	備考
ソユーズ T-15	86.3.13	86.3.15 86.6.27	86.7.16	L.キジム V.ソロビヨフ	125.00:01	5月6日:ミールから分離 5月7日:サリュート7号とドッキング 6月25日:サリュート7号から分離 6月27日:再びミールとドッキング
ソユーズ TM-1	86.5.21	—	86.5.29	無人	08.22:27	ソユーズTMのデモンストレーション飛行。
ソユーズ TM-2	87.2.5	87.2.8	87.7.30	Y.ロマネンコ A.ラベイキン	174.03:26	ロマネンコ、12月28日TM-3で帰還、宇宙滞在記録を326日に更新。
ソユーズ TM-3	87.7.22	87.7.24	87.12.28	A.ビクトレンコ A.アレクサンドロフ M.ファリス	160.07:17	ファリスはシリア人、TM-2で帰還。
ソユーズ TM-4	87.12.21	87.12.23	88.6.17	V.チトフ M.マナロフ A.レフチェンコ	180.00:55	チトフ、マナロフ、88年12月21日TM-6で帰還、宇宙滞在記録を366日に更新。
ソユーズ TM-5	88.6.7	88.6.9	88.9.7	A.ソロビヨフ V.サビヌイフ A.アレクサンドロフ	91.09:47	アレクサンドロフはブルガリア人、TM-4で帰還。
ソユーズ TM-6	88.8.29	88.8.31	88.12.21	V.リヤホフ V.ポリャコフ A.モフマンド	114.05:34	モフマンドはアフガニスタン人。9月6日、TM-6のリヤホフとモフマンドはTM-5で帰還の途についたが、再突入時の姿勢制御センサや計算機プログラムミス等で2回の再突入失敗後、1日遅れの7日に無事帰還。
ソユーズ TM-7	88.11.26	88.11.29	89.4.27	A.ヴォルコフ S.クリカレフ J.クレチアン	151.11:09	クレチアンはフランス人(ソユーズT-6でも飛行)、TM-6で帰還。

3-2 世界の有人宇宙飛行全記録

号数	打ち上げ年月日	ミールとのドッキング年月日	回収年月日	宇宙飛行士	飛行時間(日:時:分)	備考
ソユーズTM-8	89.9.5	89.9.8	90.2.19	A.ビクトレンコ A.セレブロフ	166.06:58	
ソユーズTM-9	90.2.11	90.2.13	90.8.9	A.ソロビヨフ A.バランディン	179.01:19	打ち上げ時に、断熱用のブランケットが破損したため修理のための船外活動(EVA)を実施。
ソユーズTM-10	90.8.1	90.8.3	90.12.10	G.マナコフ G.ストレカロフ	130.20:36	
ソユーズTM-11	90.12.2	90.12.4	91.5.26	V.アファナシェフ M.マナロフ 秋山豊寛	175.01:52	秋山氏は日本人初の宇宙飛行、TM-10で帰還。マナロフは延べ宇宙滞在記録を541日31分に更新。
ソユーズTM-12	91.5.18	91.5.20	91.10.10	A.アルセバルスキ S.クリカレフ H.シャーマン*	144.15:22	シャーマンは英国人初の女性宇宙飛行士、TM-11で帰還。
ソユーズTM-13	91.10.2	91.10.4	92.3.25	A.ヴォルコフ T.アウバキロフ F.フィーボック	175.02:52	フィーボックはオーストリア初の宇宙飛行士、TM-12で帰還。アウバキロフはカザフスタン共和国出身。
ソユーズTM-14	92.3.17	92.3.19	92.8.10	A.ビクトレンコ A.カレリ K.フレード	145.14:11	フレードはドイツ人、TM-13で帰還。
ソユーズTM-15	92.7.27	92.7.29	93.2.1	A.ソロビヨフ S.アブデエフ M.トニーニ	188.21:40	トニーニは2人目のフランス人、TM-14で帰還。フランス人として3回目のミッション。
ソユーズTM-16	93.1.24	93.1.26	93.7.22	G.マナコフ A.ポリショック	179.00:44	6月18日にはEVAを実施。
ソユーズTM-17	93.7.1	93.7.3	94.1.14	V.スピリエフ A.セレブロフ J.ピエール・ハグネア	196.17:45	ハグネアはフランス人、TM-16で帰還。
ソユーズTM-18	94.1.8	94.1.10	94.7.9	V.ポリャコフ V.アファナシェフ Y.ウサチョフ	182.00:27	ポリャコフは、95年3月22日、TM-20で帰還、宇宙滞在記録を437日17時間に、延べ宇宙滞在記録を678日16時間に更新。
ソユーズTM-19	94.7.1	94.7.3	94.11.4	Y.マレンチェンコ T.ムサバイエフ	125.22:53	ムサバイエフはカザフスタン共和国出身。
ソユーズTM-20	94.10.4	94.10.6	95.3.22	A.ビクトレンコ E.コンダコワ* W.メルボルト	169.05:22	95年2月6日、ミールとスペースシャトルのランデブ実施。メルボルトはESA(独)の宇宙飛行士。コンダコワは女性の宇宙滞在記録を169日5時間に更新。
ソユーズTM-21	95.3.14	95.3.16	95.9.11	V.ジェジューロフ G.ストレカロフ N.サガード	181日	初の米国人宇宙飛行士(サガード)の搭乗。6月29日〜7月4日、ミールとスペースシャトルが初のドッキング。TM-21の3人はシャトルで、シャトルのソロビヨフ、ブダリンはソユーズで帰還。

第3章　有人宇宙飛行

号数	打ち上げ年月日	ミールとのドッキング年月日	回収年月日	宇宙飛行士	飛行時間(日.時:分)	備考
ソユーズTM-22	95.9.3	95.9.5	96.2.29	Y.ギドゼンコ S.アブデエフ T.ライテル	179.01:42	ライテルはESA(独)の宇宙飛行士。TM-21で帰還。95年11月15日〜18日、2回目のシャトル・ミール・ミッションを実施。
ソユーズTM-23	96.2.21	96.2.23	96.9.2	Y.オヌフリエンコ Y.ウサチョフ	194日	96年3月24日〜28日、3回目のシャトル・ミール・ミッションを実施。
ソユーズTM-24	96.8.17	96.8.19	97.3.2	V.コルザン A.カレリ C.デエー*	197日	デエーはCNESの宇宙飛行士。TM-23で帰還。96年9月18日〜23日、4回目のシャトル・ミール・ミッションを実施。97年1月14日〜19日、5回目のシャトル・ミール・ミッションを実施。
ソユーズTM-25	97.2.10	97.2.12	97.8.14	V.ツィブリエフ A.ラズートキン R.エワルト	183日	エワルトはドイツの宇宙飛行士。TM-24で帰還。97年5月16日〜21日、6回目のシャトル・ミール・ミッションを実施。97年6月25日に物資補給船プログレスM-34がミールに衝突。
ソユーズTM-26	97.8.5	97.8.7	98.2.19	A.ソロビヨフ P.ビノグラドフ	197.17:31	97年9月27日〜10月3日、7回目のシャトル・ミール・ミッションを実施。
ソユーズTM-27	98.1.29	98.1.31	98.8.25	L.エイハーツ T.ムサバイエフ N.ブダーリン	205.03:36	仏露のペガサスミッションで搭乗したフランス人宇宙飛行士エイハーツは2月19日までミールに滞在し、生物学や生命科学の実験を行う。
ソユーズTM-28	98.8.13	98.8.15	99.2.28	G.パダルカ S.アブデエフ Y.バトゥリン	198.16:34	EO-26のクルー2名を運び、EO-25のクルー2名を連れて帰還。
ソユーズTM-29	99.2.20	99.2.22	99.8.28	V.アファナシェフ J・P.ハグネア I.ベラ	188.20:24	ロシア、フランス、スロバキアの計3名の宇宙飛行士をミールへ運ぶ。約半年間ミールに滞在し、その間3回の船外活動を行う。
ソユーズTM-30	00.4.4	00.4.6	00.6.16	S.ザレーチン A.カレリ	72.19:43	ミールコープ社が予算を拠出した最初の商業ミッション。しかし、その後ミールの廃棄が決定し、これがミールで最後の有人ミッションとなった。

118

(ISS計画以降)

号数	打ち上げ年月日	回収年月日	宇宙飛行士	飛行時間(日.時:分)	備考
ソユーズTM-31	00.10.31	01.5.6	【打ち上げ時】Y.ギドゼンコ S.クリカレフ W.シェパード 【帰還時】T.ムサバイエフ Y.バトゥリン D.チトー	186.22:49	ISSへ初めて長期滞在する第1次滞在クルー。シェパードはNASAの宇宙飛行士でISSで機長を務める。
ソユーズTM-32	01.4.28	01.10.31	【打ち上げ時】T.ムサバイエフ Y.バトゥリン D.チトー 【帰還時】V.アファナシェフ K.コザエフ C.エニェレ*	185.21:22	緊急用脱出船としてISSに連結されていたソユーズ宇宙船(TM-31)の交換ミッション。ISSに滞在する初の民間人であるチトー氏が搭乗した。
ソユーズTM-33	01.10.21	02.5.5	【打ち上げ時】V.アファナシェフ K.コザエフ C.エニェレ* 【帰還時】Y.ギドゼンコ R.ビットーリ M.シャトルワース	195.19:45	ISS緊急脱出用ソユーズの交換ミッション。CNES、ESA、DLRの科学実験(ライフサイエンス、生物学、材料科学、地球観測)を実施。C.エニェレはフランス人。フランス人宇宙飛行士のISS搭乗は初めて。
ソユーズTM-34	02.4.25	02.11.9	【打ち上げ時】Y.ギドゼンコ R.ビットーリ M.シャトルワース 【帰還時】S.ザリョーティン Y.ロンチャコフ F.ディベナ	198.17:38	R.ビットーリはイタリア人。ISSに滞在する2人目の民間人である南アフリカのシャトルワース氏が搭乗した。シャトルワース氏はTM-33で帰還。
ソユーズTMA-1	02.10.30	03.5.4	【打ち上げ時】S.ザリョーティン Y.ロンチャコフ F.ディベナ 【帰還時】K.バウアーソックス D.ペティ N.ブダーリン	185.22:56	ディベナ(ベルギー)はESAの宇宙飛行士。今回の打ち上げにおけるESA側のミッション名は「オデッセア」。ソユーズTM宇宙船の改良型であるソユーズTMAの初打ち上げ。帰還時は第6次ISS長期滞在クルーが搭乗。
ソユーズTMA-2	03.4.26	03.10.28	【打ち上げ時】Y.マレンチェンコ E.ルー 【帰還時】Y.マレンチェンコ E.ルー P.デューク	184.22:47	スペースシャトル「コロンビア」事故後の初有人打ち上げ。第7次ISS長期滞在クルーの打ち上げ。

第3章　有人宇宙飛行

号数	打ち上げ年月日	回収年月日	宇宙飛行士	飛行時間(日.時:分)	備考
ソユーズTMA-3	03.10.18	04.4.30	【打ち上げ時】M.フォール A.カレリ P.デューク 【帰還時】M.フォール A.カレリ A.カイパース	194.18:34	第8次ISS長期滞在クルーの打ち上げ。P.デューク(スペイン)はESAの宇宙飛行士。今回の打ち上げにおけるESA側のミッション名は「Cervantes」。
ソユーズTMA-4	04.4.19	04.10.24	【打ち上げ時】G.パダルカ M.フィンク A.カイパース 【帰還時】G.パダルカ M.フィンク Y.シャーギン	187.21:17	第9次ISS長期滞在クルーの打ち上げ。A.カイパース(オランダ)はESAの宇宙飛行士。今回の打ち上げにおけるESA側のミッション名は「Delta」。
ソユーズTMA-5	04.10.14	05.4.25	【打ち上げ時】S.シャリポフ L.チャオ Y.シャーギン 【帰還時】S.シャリポフ L.チャオ R.ビットーリ	192.19:02	第10次ISS長期滞在クルーの打ち上げ。
ソユーズTMA-6	05.4.15	05.10.11	【打ち上げ時】S.クリカレフ J.フィリップス R.ビットーリ 【帰還時】S.クリカレフ J.フィリップス G.オルセン	179.00:23	第11次ISS長期滞在クルーの打ち上げ。R.ビットーリ(イタリア)はESAの宇宙飛行士。今回の打ち上げにおけるESA側のミッション名は「Eneide」。
ソユーズTMA-7	05.10.1	06.4.9	【打ち上げ時】W.マッカーサー V.トカレフ G.オルセン 【帰還時】W.マッカーサー V.トカレフ M.ポンテス	189.18:51	第12次ISS長期滞在クルーの打ち上げ。G.オルセン氏(米)は民間人搭乗者。
ソユーズTMA-8	06.3.30	06.9.29	【打ち上げ時】P.ビノグラドフ J.ウィリアムズ M.ポンテス 【帰還時】P.ビノグラドフ J.ウィリアムズ A.アンサリ[*]	182.22:44	第13次ISS長期滞在クルーの打ち上げ。M.ポンテスはブラジル人初の宇宙飛行士。

3-2 世界の有人宇宙飛行全記録

号数	打ち上げ年月日	回収年月日	宇宙飛行士	飛行時間(日.時:分)	備考
ソユーズTMA-9	06.9.18	07.4.21	【打ち上げ時】 M.ロペズ・アレグリア M.チューリン A.アンサリ* 【帰還時】 M.ロペズ・アレグリア M.チューリン C.シモニー	215.08:23	第14次ISS長期滞在クルーの打ち上げ。A.アンサリ氏(米)は女性初の民間人搭乗者。
ソユーズTMA-10	07.4.7	07.10.21	【打ち上げ時】 F.ユールチキン O.コトフ C.シモニー 【帰還時】 F.ユールチキン O.コトフ S.ムザファ・シュコア	196.17:05	第15次ISS長期滞在クルーの打ち上げ。C.シモニー氏(米)は民間人搭乗者。
ソユーズTMA-11	07.10.10	08.4.19	【打ち上げ時】 P.ウィットソン* Y.マレンチェンコ S.ムザファ・シュコア 【帰還時】 P.ウィットソン* Y.マレンチェンコ イ.ソヨン*	192日	第16次ISS長期滞在クルーの打ち上げ。S.ムザファ・シュコアはマレーシア人初の宇宙飛行士。
ソユーズTMA-12	08.4.8	08.10.24	【打ち上げ時】 S.ヴォルコフ O.コノネンコ イ・ソヨン* 【帰還時】 S.ヴォルコフ O.コノネンコ R.ギャリオット	199日	第17次長期滞在クルーの打ち上げ。イ・ソヨンは韓国人初の宇宙飛行士。
ソユーズTMA-13	08.10.12	09.4.8	【打ち上げ時】 M.フィンク Y.ロンチャコフ R.ギャリオット 【帰還時】 M.フィンク Y.ロンチャコフ C.シモニー	178日	第18次長期滞在クルーの打ち上げ。R.ギャリオット氏は民間人搭乗者。
ソユーズTMA-14	09.3.26	09.10.11	【打ち上げ時】 G.パダルカ M.バラット C.シモニー 【帰還時】 G.パダルカ M.バラット G.ラリベルテ	199日	第19次/20次長期滞在クルーの打ち上げ。C.シモニー氏は民間人搭乗者で2度目の飛行。

第3章　有人宇宙飛行

号数	打ち上げ年月日	回収年月日	宇宙飛行士	飛行時間(日.時：分)	備考
ソユーズTMA-15	09.5.27	09.12.1	F.ディベナ R.サースク R.ロマネンコ	188日	第20次/21次長期滞在クルーの打ち上げ。ISSの長期滞在は6名体制となる。F.ディベナはベルギー人で欧州宇宙機関(ESA)の宇宙飛行士。ESA初のISSコマンダー。R.サースクはカナダ宇宙庁の宇宙飛行士。カナダ人初のISS長期滞在クルー。
ソユーズTMA-16	09.9.30	10.3.18	【打ち上げ時】 J.ウィリアムズ M.ソレオブ G.ラリベルテ 【帰還時】 J.ウィリアムズ M.ソレオブ	169.4.10	第21次/22次長期滞在クルーの打ち上げ。G.ラリベルテ氏はカナダ人の民間人搭乗者で、これまでで7人目。ソユーズTMA-16のドッキングにより、ISSにはTMA-14、TMA-15の合計3機がドッキングした状態となった。
ソユーズTMA-17	09.12.21	10.6.2	O.コトフ 野口聡一 T.クリーマー	163.05.32	第22次/23次長期滞在クルーの打ち上げ。日本人のソユーズ宇宙船搭乗は、TBSの秋山氏以降2人目。
ソユーズTMA-18	10.4.2	10.9.25	A.スクボルソフ T.カードウェル* M.コニエンコ	176.1.9	第23次/24次長期滞在クルーの打ち上げ。
ソユーズTMA-19	10.6.16	10.11.26	D.ウィーロック F.ユールチキン S.ウォーカー*	163.07.11	第24次/25次長期滞在クルーの打ち上げ。
ソユーズTMA-M	10.10.8	11.3.16	S.ケリー A.カレリ O.スクリポチカ	159.08.44	第25次/26次長期滞在クルーの打ち上げ。TMA-M宇宙船は、TMA宇宙船の改良型で、コンピュータをデジタル化したことにより約70kg軽量化され、その分搭載量を増加。
ソユーズTMA-20	10.12.16	11.5.24	D.コンドラティエフ C.コールマン* P.ネスポリ	159.07.17	第26次/27次長期滞在クルーの打ち上げ。P.ネスポリはESAの宇宙飛行士でイタリア人。TMA-20の帰還日は、スペースシャトル「エンデバー」がISSにドッキングしており、その状態でのISSからの分離は初めて。そのため、分離したTMA-20から、ISSとスペースシャトルがドッキングしている様子が撮影できた。

122

号数	打ち上げ年月日	回収年月日	宇宙飛行士	飛行時間(日.時:分)	備考
ソユーズTMA-21	11.4.5	11.9.16	A.ボリシェンコ A.サマクチャイエフ R.ギャレン	164日	第27次/28次長期滞在クルーの打ち上げ。TMA-21宇宙船のクルーが宇宙滞在を開始してから1週間目が、ガガーリン宇宙飛行士の宇宙飛行50周年記念(4月12日)にあたったため、このTMA-21は「ガガーリン」と呼ばれた。
ソユーズTMA-02M	11.6.8	11.11.22	M.フォッサム 古川聡 S.ヴォルコフ	167日	第28次/29次長期滞在クルーの打ち上げ。古川は日本人で3人目のISS長期滞在クルー。
ソユーズTMA-22	11.11.14	12.4.27	D.バーバンク A.シュカプレロフ A.イヴァニシン	165日	TMA宇宙船の最後の機体。今後はTMA-Mが使用される。TMA-22は当初11年9月22日の打ち上げ予定であったが、11年8月24日、プログレス輸送船を打ち上げたソユーズロケットの不具合により軌道投入に失敗した。再度プログレスを打ち上げるなどの確認を行ったため、当初の予定から約2ヵ月延期されていた。

(注)
・ソユーズTMAは、宇宙船内を背の高い宇宙飛行士にも対応させるため、ソユーズTMの内部を改良したもの
・上記表中の時間は秒単位まで考慮していないため、四捨五入などの関係で1分程度実際の時間とずれている場合がある

出典：
・Mark Wade's ENCYCLOPEDIA ASTRONAUTICA
・MirCorp Press Releases
・NASA ISSStatus Reports
・COSPAR SPACEWARN Bulletin

3-2-4 スペースシャトルによる宇宙飛行

　スペースシャトルはポストアポロ計画として、それまでの使い捨て型のロケットではなく、再利用型のロケットとして研究・開発された新しいSpace Transportation System(STS)である。初飛行は1981年4月12日で、旧ソ連のガガーリンに

3-2-4-1 スペースシャトル各号機の比較

	コロンビア	チャレンジャー	ディスカバリー
型　名	OV-102	OV-099	OV-103
初飛行	1981.4.12～4.14 (STS-1)	1983.4.4～4.9 (STS-6)	1984.8.30～9.5 (STS-41-D)
最終飛行	2003.1.16～未帰還 (STS-107)	1986.1.28～未帰還 (STS-51-L)	2011.2.24～3.9 (STS-133)
飛行回数	28回	10回	39回
名前の由来	18世紀にアメリカ太平洋岸を探検したロバート・グレイ船長のコロンビア・レディビバ号にちなんで命名	19世紀に探検航海を行ったイギリス海軍のコルベット艦チャレンジャー号にちなんで命名	20世紀に南極探検をしたロバート・スコット船長のディスカバリー号にちなんで命名
日本人搭乗者	向井千秋(STS-65) 土井隆雄(STS-87)	なし	向井千秋(STS-95) 若田光一(STS-92,STS-119(打ち上げのみ)) 野口聡一(STS-114) 星出彰彦(STS-124) 山崎直子(STS-131)
備　考	2003年2月1日、地球帰還時に空中分解	1986年1月28日、打ち上げ73秒後に爆発	2011年3月を最後に退役

よる人類初の宇宙飛行からちょうど20年目のことであった。初飛行から30年、2回の痛ましい事故も起こしているが、5機のスペースシャトルにより、合計135回、延べ852名、実数355名の宇宙飛行士を乗せて宇宙飛行を実施した。

アトランティス	エンデバー	エンタープライズ
OV-104	OV-105	OV-101
1985.10.3〜10.7 (STS-51-J)	1992.5.7〜5.16 (STS-49)	1977.2.15 (大気圏内飛行)
2011.7.8〜7.21 (STS-135)	2011.5.16〜6.1 (STS-134)	1977.10.26 (大気圏内飛行)
33回	25回	―
1930〜66年にウッズホール海洋研究所で使用された調査船にちなんで命名	18世紀に南太平洋を探検したキャプテン・クックのエンデバー号にちなんで命名	スタートレックの宇宙船エンタープライズ号にちなんだ命名の要望が多く、フォード大統領が命名
なし	毛利衛(STS-47, STS-99) 若田光一(STS-72, STS-127(帰還のみ)) 土井隆雄(STS-123)	
ロシアのミールとの初ドッキングなど。シャトル最後のミッションを実施	チャレンジャーの事故後の代替機として建造。数百ヵ所の改良がされた	スミソニアン航空宇宙博物館に展示

第3章 有人宇宙飛行

3-2-4-2 号機別のミッション、ペイロード等

	コロンビア	チャレンジャー
打ち上げた衛星・探査機の数	8	10
宇宙実験の為の実験室等の搭載回数	16	3
軌道上で回収・帰還した衛星の数	3	1
シャトル・ミールミッションの回数	—	—
ISSミッションの回数	—	—

3-2-4-3 号機別の搭乗宇宙飛行士の国籍と人数

	各号機の搭乗人数			
	コロンビア		チャレンジャー	
	延べ	実数	延べ	実数
アメリカ	145	67	55	36
ロシア	—	—	—	—
日本	2	2	—	—
フランス	2	2	—	—
ドイツ	3	3	2	2
カナダ	3	3	1	1
イタリア	2	2	—	—
スイス	1	—	—	—
オランダ	—	—	2	2
ベルギー	—	—	—	—
スウェーデン	—	—	—	—
スペイン	—	—	—	—
ウクライナ	1	1	—	—
イスラエル	1	1	—	—
サウジアラビア	—	—	—	—
メキシコ	—	—	—	—
合 計	160	81	60	41

(注)・打ち上げまたは帰還のどちらかしか搭乗していない場合でも搭乗としてカウント
　　・「チャレンジャー」及び「コロンビア」は、事故機であるSTS-51-L、STS-107の搭乗員を含む

ディスカバリー	アトランティス	エンデバー	合　計
31	14	3	66
5	3	4	31
8	—	4	16
1	7	1	9
13	12	12	37

各号機の搭乗人数						合　計	
ディスカバリー		アトランティス		エンデバー			
延べ	実数	延べ	実数	延べ	実数	延べ	実数
222	83	186	59	145	46	753	291
10	6	10	9	12	5	32	20
6	3	—	—	5	2	13	7
2	1	4	3	2	1	10	7
3	1	1	—	1	1	10	7
3	3	2	1	5	—	14	8
1	1	1	1	2	1	6	5
1	—	1	1	1	—	4	1
—	—	—	—	—	—	2	2
—	—	1	1	—	—	1	1
2	1	—	—	—	—	2	1
1	1	—	—	—	—	1	1
—	—	—	—	—	—	1	1
—	—	—	—	—	—	1	1
1	1	—	—	—	—	1	1
—	—	1	1	—	—	1	1
252	101	207	76	173	56	852	355

3-2-4-4 打ち上げ号数別搭乗飛行士等一覧

〈略語〉C：Commander、P：Pilot、PC：Payload Commander、
MS：Mission Specialist、PS：Payload Specialist
(注)飛行回数はシャトルによるもののみ。飛行士の＊マークは女性を示す

2011年7月現在

連番	号数 オービタ	打ち上げ年月日 着陸年月日	宇宙飛行士	飛行回数	飛行時間 (日.時:分)	備考
1	STS-1 コロンビア	81.4.12 81.4.14	J.ヤング(C) R.クリッペン(P)	初 初	02.06:21	スペースシャトル初飛行(試験飛行)。
2	STS-2 コロンビア	81.11.12 81.11.14	J.エングル(C) R.トルーリー(P)	初 初	02.06:14	当初予定の5日を、燃料電池の故障により2日に短縮。ロボットアームの動作確認(試験飛行)。
3	STS-3 コロンビア	82.3.22 82.3.30	J.ルースマ(C) C.フラートン(P)	初 初	08.00:05	(試験飛行)
4	STS-4 コロンビア	82.6.27 82.7.4	T.マッティングリー(C) H.ハーツフィールド(P)	初 初	07.01:10	初の軍事ミッション
5	STS-5 コロンビア	82.11.11 82.11.16	V.ブランド(C) R.オーバーマイヤ(P) J.アレン(MS) W.レノア(MS)	初 初 初 初	05.02:15	初実用飛行。衛星2基(SBS-3、ANIC-C3)搭載。初のEVA(船外活動)は中止。
6	STS-6 チャレンジャー	83.4.4 83.4.9	P.ワイツ(C) K.ボブコ(P) D.ピーターソン(MS) F.マスグレイブ(MS)	初 初 初 初	05.00:24	チャレンジャー初飛行。TDRS-A(追跡データ中継衛星)。シャトル初のEVA実施。
7	STS-7 チャレンジャー	83.6.18 83.6.24	R.クリッペン(C) F.ホーク(P) J.ファビアン(MS) S.ライド(MS)＊ N.サガード(MS)	2 初 初 初 初	06.02:24	アメリカ人初の女性宇宙飛行士(ライド)。ロボットアームにより初の衛星の分離と回収。
8	STS-8 チャレンジャー	83.8.30 83.9.5	R.トルーリー(C) D.ブランデンシュタイン(P) D.ガードナー(MS) G.ブラフォードJr.(MS) W.ソーントン(MS)	2 初 初 初 初	06.01:09	初の夜間打ち上げ、夜間着陸。インシュリン分離、人工雪実験(朝日新聞社後援)。
9	STS-9 コロンビア	83.11.28 83.12.8	J.ヤング(C) B.ショウ,Jr.(P) O.ギャリオット(MS) R.パーカー(MS) B.リヒテンバーグ(PS) U.メルボルト(PS)(独)	2 初 初 初 初 初	10.07:48	初のペイロードスペシャリスト(PS)(リヒテンバーグ)。初の欧州宇宙飛行士(西独メルボルト)。初のスペースラブミッションSEPAC(日本のオーロラ実験)。ヤングは宇宙飛行回数最多記録(6回)。

3-2 世界の有人宇宙飛行全記録

連番	号数 オービタ	打ち上げ年月日 着陸年月日	宇宙飛行士	飛行回数	飛行時間 (日.時:分)	備考
10	STS-41-B チャレンジャー	84.2.3 84.2.11	V.ブランド(C) R.ギブソン(P) B.マッカンドレス(MS) R.スチュワート(MS) R.マクネア(MS)	2 初 初 初 初	07.23:16	マッカンドレスとスチュワートが初の命綱なし宇宙遊泳。ケネディ宇宙センターに初の帰還、着陸。
11	STS-41-C チャレンジャー	84.4.6 84.4.13	R.クリッペン(C) F.スコビー(P) G.ネルソン(MS) J.ホフテン(MS) T.ハート(MS)	3 初 初 初 初	06.23:41	初の軌道上衛星修理。LDEF(長期曝露装置)の放出(90年1月9日打ち上げのSTS-32で回収)。
12	STS-41-D ディスカバリー	84.8.30 84.9.5	H.ハーツフィールド(C) M.コーツ(P) J.レズニク(MS)* S.ホウリィ(MS) R.ミュラン(MS) C.ウォーカー(PS)	2 初 初 初 初 初	06.00:57	ディスカバリー初飛行。衛星を3基放出。太陽電池パドルの展開実験。初の民間人PS(ウォーカー)。
13	STS-41-G チャレンジャー	84.10.5 84.10.13	R.クリッペン(C) J.マクブライド(P) K.サリバン(MS)* S.ライド(MS)* D.リーツマ(MS) M.ガルノ(PS)(加) P.スカリパワー(PS)	4 初 初 2 初 初 初	08.05:24	ERBS(地球熱放射測定衛星)放出。SIR-B(合成開口レーダ)による地表探査。カナダ人初の宇宙飛行士(ガルノ)。米国女性初の宇宙遊泳(サリバン)。(地球観測衛星ランドサットに燃料補給など)。
14	STS-51-A ディスカバリー	84.11.8 84.11.16	F.ホーク(C) D.ウォーカー(P) A.フィッシャー(MS)* D.ガードナー(MS) J.アレン(MS)	2 初 初 2 2	07.23:45	衛星2基を放出した後、別の衛星を初めて回収し地球へ持ち帰る(パラパB-2、ウェスターⅥ)。
15	STS-51-C ディスカバリー	85.1.24 85.1.27	T.マッティングリー(C) L.シュライバー(P) E.オニヅカ(MS) J.バクリ(MS) G.ペイトン(PS)	2 初 初 初 初	03.01:34	DoDのミッション。衛星はIUSで軌道投入。オニヅカは日系3世。ペイトンはDoDのPS。
16	STS-51-D ディスカバリー	85.4.12 85.4.19	K.ボブコ(C) D.ウィリアムズ(P) M.セドン(MS)* J.ホフマン(MS) S.グリッグス(MS) C.ウォーカー(PS) S.ガーン(PS)	2 初 初 初 初 2 初	06.23:56	ガーン米国上院議員搭乗。放出された2基の衛星のうち、シンコム4-3は静止軌道投入に失敗。

129

第3章　有人宇宙飛行

連番	号数 オービタ	打ち上げ年月日 着陸年月日	宇宙飛行士	飛行回数	飛行時間 (日.時:分)	備考
17	STS-51-B チャレンジャー	85.4.29 85.5.6	R.オーバーマイヤ(C) F.グレゴリー (P) D.リンド (MS) N.サガード (MS) W.ソーントン(MS) L.バンデンベルグ(PS) T.ウォン (PS)	2 初 初 2 2 初 初	07.00:09	スペースラブ3号。
18	STS-51-G ディスカバリー	85.6.17 85.6.24	D.ブランデンシュタイン(C) J.クレイトン(P) S.ネゲル (MS) J.ファビアン(MS) S.ルシッド (MS)* S.アル・サウド(MS) (サウジアラビア) P.ボードレー (PS)(仏)	2 初 初 2 初 初 初	07.01:39	衛星3基を放出。サウジアラビアのアル・サウド王子とフランス人のボードレーがPS。SDIの高精度追跡実験が行われた。
19	STS-51-F チャレンジャー	85.7.29 85.8.6	C.フラートン(C) R.ブリッジス(P) A.イングランド(MS) K.ヘナイズ(MS) F.マスグレイブ(MS) L.アクトン(PS) J.バルト(PS)	2 初 初 初 2 初 初	07.22:46	7月22日、メインエンジン点火3秒後に中止(バルブ故障)。29日の打ち上げは、3分31秒後にセンサの異常により予定した軌道よりも低い軌道を周回。スペースラブ2号。
20	STS-51-I ディスカバリー	85.8.27 85.9.3	J.エングル(C) R.コービイ(P) J.ホフテン(MS) J.ラウンジ(MS) W.フィッシャー(MS)	2 初 2 初 初	07.02:18	衛星3基放出。STS-51Dで放出したシンコム4-3の軌道上修理。
21	STS-51-J アトランティス	85.10.3 85.10.7	K.ボブコ(C) R.グレイブ(P) R.スチュワート(MS) D.ヒルマーズ(MS) W.ペイルス(PS)	3 初 2 初 初	04.01:45	アトランティス初飛行。2基の軍事衛星DSCS-3をIUSで軌道投入。第2回軍事ミッション。
22	STS-61-A チャレンジャー	85.10.30 85.11.6	H.ハーツフィールド(C) S.ネゲル(P) B.ダンバー (MS)* J.バクリ(MS) G.ブラフォードJr.(MS) E.メッサシュミット(PS)(独) R.ファーラー (PS)(独) W.オッケルス(PS)(蘭)	3 2 初 2 2 初 初 初	07.00:45	スペースラブD-1：ドイツ主導スペースラブ利用微小重力実験。西独人PS2名、オランダ人PS1名。スペースシャトルの定員7名を超える8名が搭乗。
23	STS-61-B アトランティス	85.11.26 85.12.3	B.ショウ,Jr.(C) B.オコナー (P) S.スプリング(MS) M.クリーブ(MS)* J.ロス(MS) R.ベラ(PS)(メキシコ) C.ウォーカー (PS)	2 初 初 初 初 初 3	06.21:05	衛星3基放出。船外活動による大型トラスの組み立て実験。メキシコ人PS(ベラ)。

130

3-2 世界の有人宇宙飛行全記録

連番	号数 オービタ	打ち上げ年月日 着陸年月日	宇宙飛行士	飛行回数	飛行時間 (日.時:分)	備考
24	STS-61-C コロンビア	86.1.12 86.1.18	R.ギブソン(C) C.ボールデン,Jr.(P) G.ネルソン(MS) S.ホウリィ(MS) F.チャンディアズ(MS) R.センカー(PS) B.ネルソン(PS)	2 初 2 2 初 初 初	06.02:04	衛星1基放出。ハレー彗星の観測・撮影失敗。米国上院議員(当時)MS(ネルソン)。
25	STS-51-L チャレンジャー	86.1.28 ―	F.スコビー(C) M.スミス(P) J.レズニク(MS)* R.マクネア(MS) E.オニヅカ(MS) G.ジャービス(PS) S.マコーリフ(PS)*	2 初 2 2 2 初 初	00.00:02	通信衛星とハレー彗星観測用の衛星の放出を予定していた。打ち上げ後73秒で爆発、搭乗員7名死亡。チャレンジャー号10回目の飛行。マコーリフは初の教師PS(オブザーバ)。
26	STS-26 ディスカバリー	88.9.29 88.10.3	F.ホーク(C) R.コーベイ(P) J.ラウンジ(MS) G.ネルソン(MS) D.ヒルマーズ(MS)	3 2 2 3 2	04.01:01	2年8ヵ月ぶりの飛行再開。その間、シャトル400ヵ所以上を改修。TDRS-C放出。
27	STS-27 アトランティス	88.12.2 88.12.6	R.ギブソン(C) G.ガードナー(P) M.ミュラン(MS) J.ロス(MS) W.シェパード(MS)	3 初 2 2 初	04.09:06	第3回軍事ミッション。
28	STS-29 ディスカバリー	89.3.13 89.3.18	M.コーツ(C) J.ブラハ(P) J.バクリ(MS) R.スプリンガー(MS) J.バジアン(MS)	2 初 3 初 初	04.23:39	TDRS-D放出。宇宙ステーション用ヒートパイプラジエータ実験。
29	STS-30 アトランティス	89.5.4 89.5.8	D.ウォーカー(C) R.グレイブ(P) N.サガード(MS) M.クリーブ(MS) M.リー(MS)	2 2 3 2 初	04.00:57	金星探査機「マゼラン」放出。
30	STS-28 コロンビア	89.8.8 89.8.13	B.ショウ,Jr(C) R.リチャーズ(P) D.リーツマ(MS) J.アダムソン(MS) M.ブラウン(MS)	3 初 2 初 初	05.01:01	第4回軍事ミッション。
31	STS-34 アトランティス	89.10.18 89.10.23	D.ウィリアムズ(C) M.マッカリー(P) S.ルシッド(MS)* F.チャンディアズ(MS) E.ベーカー(MS)	2 初 3 2 初	04.23:40	木星探査機「ガリレオ」放出。オゾン層の状況観測。

第3章　有人宇宙飛行

連番	号数 オービタ	打ち上げ年月日 着陸年月日	宇宙飛行士	飛行回数	飛行時間 (日:時:分)	備考
32	STS-33 ディスカバリー	89.11.22 89.11.27	F.グレゴリー(C) J.ブラハ(P) M.カーター(MS) F.マスグレイブ(MS) K.ソーントン(MS)	2 2 初 3 初	05:00:07	第5回軍事ミッション。
33	STS-32 コロンビア	90.1.9 90.1.19	D.ブランデンシュタイン(C) J.ウェザービー(P) B.ダンバー(MS)* M.アイビンズ(MS)* G.ロウ(MS)	3 初 2 初 初	10:21:01	2基の衛星放出。LDEF(長期曝露装置)の回収(84年4月6日打ち上げのSTS-41-Cで放出)。
34	STS-36 アトランティス	90.2.28 90.3.4	J.クレイトン(C) J.キャスパー(P) D.ヒルマーズ(MS) R.ミュラン(MS) P.スーオット(MS)	2 初 3 3 2	04:10:19	第6回軍事ミッション。AFP-731(偵察およびレーダ情報収集衛星)放出。
35	STS-31 ディスカバリー	90.4.24 90.4.29	L.シュライバー(C) C.ボールデン,Jr.(P) B.マッカンドレス(MS) S.ホウリィ(MS) K.サリバン(MS)*	2 2 2 3 2	05:01:17	質量11tのハッブル宇宙望遠鏡(HST)放出。過去最高の軌道高度534kmを記録。
36	STS-41 ディスカバリー	90.10.6 90.10.10	R.リチャーズ(C) R.カバナ(P) B.メルニク(MS) W.シェパード(MS) T.エーカーズ(MS)	2 初 初 2 初	04:02:11	太陽極軌道探査機「ユリシーズ」放出。
37	STS-38 アトランティス	90.11.15 90.11.20	R.コーベイ(C) F.カルバートソン(P) C.ジェマー(MS) C.メアド(MS) R.スプリンガー(MS)	3 初 初 初 2	04:21:55	第7回軍事ミッション。
38	STS-35 コロンビア	90.12.2 90.12.11	V.ブランド(C) G.ガードナー(P) J.ホフマン(MS) J.ラウンジ(MS) R.パーカー(MS) S.デュランス(PS) R.パライズ(PS)	3 2 2 3 2 初 初	08:23:06	ASTRO-1：紫外線・X線天文ミッション。紫外線望遠鏡3基とBRXRT-1(広帯域X線望遠鏡)による天体観測。
39	STS-37 アトランティス	91.4.5 91.4.11	S.ネゲル(C) K.キャメロン(P) L.ゴドウィン(MS) J.ロス(MS) J.アプト(MS)	3 初 初 3 初	05:23:33	GRO(ガンマ線天文観測衛星)放出(打ち上げ後コンプトン・ガンマ線天文衛星に名称変更)。EVA(船外活動)実施(宇宙ステーション計画準備)。

132

連番	号数 オービタ	打ち上げ年月日 着陸年月日	宇宙飛行士	飛行回数	飛行時間 (日.時:分)	備考
40	STS-39 ディスカバリー	91.4.28 91.5.6	M.コーツ(C) L.ハモンド,Jr.(P) G.ハーバー(MS) D.マクマナグル(MS) G.ブラフォード,Jr.(MS) C.ビーチ(MS) R.ヒーブ(MS)	3 初 初 初 3 初 初	08.07:23	第8回軍事ミッション。IBSS(SDI用赤外線背景特徴探査装置)他を搭載。
41	STS-40 コロンビア	91.6.5 91.6.14	B.オコナー(C) S.グチエレス(P) J.バジアン(MS) T.ジャーニガン(MS)* M.セドン(MS)* F.ガフニイ(PS) M.フルフォード(PS)*	2 初 2 初 2 初 初	09.02:15	SLS-1(スペースラブによるライフサイエンスミッション):宇宙酔い、人体の微小重力環境の適応実験、生体試料としてネズミ29匹、クラゲ2478尾を搭載。
42	STS-43 アトランティス	91.8.2 91.8.11	J.ブラハ(C) M.ベーカー(P) S.ルシッド(MS)* G.ロウ(MS) J.アダムソン(MS)	3 初 3 初 2	08.21:22	データ中継衛星TDRS-E放出。宇宙ステーション「フリーダム」用関連技術試験。オゾン層の観測。
43	STS-48 ディスカバリー	91.9.12 91.9.18	J.クレイトン(C) K.ライトラー,Jr.(P) C.ジェマー(MS) J.バクリ(MS) M.ブラウン(MS)	3 初 2 4 初	05.08:28	UARS(上層大気研究衛星)放出。MTPE(地球科学ミッション)計画の最初の主要計画。オゾン層、地球大気観測。
44	STS-44 アトランティス	91.11.24 91.12.1	F.グレゴリー(C) T.ヘンリックス(P) J.ボス(MS) F.マスグレイブ(MS) M.ランコ,Jr.(MS) T.ヘネン(PS)	3 初 初 4 初 初	06.22:51	第9回軍事ミッション。DSP(ミサイル早期警戒衛星)放出。NASA史上7回目の夜間打ち上げ。
45	STS-42 ディスカバリー	92.1.22 92.1.30	R.グレイブ(C) S.オズワルド(P) N.サガード(MS) W.レディ(MS) D.ヒルマーズ(MS) U.メルボルト(PS)(独) R.ボンダー(PS)(加)*	3 初 4 初 4 2 初	08.01:15	IML-1(第1次国際微小重力実験室):スペースラブによる材料、ライフサイエンス関係ミッション、日本は宇宙放射線モニタリング装置、有機結晶成長装置を提供し、2テーマの実験に参加。メルボルトはドイツ人PS。ボンダーはカナダ人PS。
46	STS-45 アトランティス	92.3.24 92.4.2	C.ボールデン,Jr.(C) B.ダフィー(P) K.サリバン(PC)* D.リースマ(MS) M.フォール(MS) D.フリモート(PS)(ベルギー) B.リヒテンバーグ(PS)	3 初 3 3 初 初 2	08.22:10	ATLAS-1:太陽エネルギーが地球大気に与える影響を観測。SEPAC(人工オーロラ・宇宙プラズマの研究)を実施。フリモートはベルギー人。

第3章　有人宇宙飛行

連番	号数 オービタ	打ち上げ年月日 着陸年月日	宇宙飛行士	飛行 回数	飛行時間 (日.時:分)	備考
47	STS-49 エンデバー	92.5.7 92.5.16	D.ブランデンシュタイン(C) K.チルトン(P) R.ヒーブ(MS) B.メルニク(MS) P.スーオット(MS) K.ソーントン(MS)* T.エーカーズ(MS)	4 初 2 2 2 2 2	08.21:18	エンデバー初飛行。 「Intelsat6F-3」の 回収、修理、軌道 再投入を実施(3名 同時のEVAにより 手づかみで回収に 成功。宇宙ステー ション建設のための 技術試験EVA実施。
48	STS-50 コロンビア	92.6.25 92.7.9	R.リチャーズ(C) K.バウアーソックス(P) B.ダンバー(PC) E.ベーカー(MS)* C.メアド(MS) L.デルカス(PS) J.トリン(PS)	3 初 3 2 2 初 初	13.19:31	USML-1(米国微 小重力実験室)。 材料実験、流体物 理、燃焼、バイオ 等31実験実施。
49	STS-46 アトランティス	92.7.31 92.8.8	L.シュライバー(C) A.アレン(P) C.ニコリエール(MS)(スイス) M.アイビンズ(MS) J.ホフマン(MS) F.チャンディアズ(MS) F.マレーバ(PS)(伊)	3 初 初 2 3 3 初	07.23:16	TSS-1：NASA・ASI の共同開発で20kmの 導電性テザーの先に衛 星を展開する予定は失 敗し回収。EURECA(欧 州回収型無人フリーフ ライヤ)放出：各種実験 後STS-57にて回収。ニ コリエールはESA(スイ ス)の飛行士、マレーバ はイタリア人PS。
50	STS-47 エンデバー	92.9.12 92.9.20	R.ギブソン(C) C.ブラウン,Jr.(P) M.リー (PC) J.アプト(MS) N.デイビス(MS)* M.ジェミソン(MS)* 毛利 衛(PS)(日)	4 初 2 2 初 初 初	07.22:31	FMPT(ふわっと '92)：スペースラブ により、材料・ライ フサイエンス関係の 43テーマの実験を実 施(うち日本34)。 初の日本人、黒人女 性、夫婦での搭乗。
51	STS-52 コロンビア	92.10.22 92.11.1	J.ウェザービー(C) M.ベーカー(P) C.ピーチ(MS) W.シェパード(MS) T.ジャーニガン(MS)* S.マクリーン(PS)(加)	2 2 2 3 2 初	09.20:57	USMP-1(米国微小重 力実験)。LAGEOS-2 (レーザ地球科学衛 星、NASAとASIの共 同開発)放出。CANEX (カナダ微小重力実験 装置)。マクリーンは カナダ人PS。
52	STS-53 ディスカバリー	92.12.2 92.12.9	D.ウォーカー(C) R.カバナ(P) G.ブラフォード,Jr.(MS) J.ボス(MS) M.クリフォード(MS)	3 2 4 2 初	07.07:20	第10回軍事ミッ ション(専用と しては最後)。 DoD-1の放出。

3-2 世界の有人宇宙飛行全記録

連番	号数 オービタ	打ち上げ年月日 着陸年月日	宇宙飛行士	飛行 回数	飛行時間 (日.時:分)	備考
53	STS-54 エンデバー	93.1.13 93.1.19	J.キャスパー(C) D.マクモナグル(P) M.ランコ,Jr.(MS) G.ハーバー(MS) S.ヘルムズ(MS)*	2 2 2 2 初	05.23:39	データ中継衛星TDRS-F放出。ランコとハーバーによる宇宙ステーション建設に備えたEVA試験。
54	STS-56 ディスカバリー	93.4.8 93.4.17	K.キャメロン(C) S.オズワルド(P) M.フォール(MS) K.コックレル(MS) E.オチョア(MS)*	2 2 2 初 初	09.06:09	宇宙実験室ATLAS-2：打ち上げ後に2件の重要不具合発覚。太陽観測衛星SPARTAN-201放出後、回収。
55	STS-55 コロンビア	93.4.26 93.5.6	S.ネゲル(C) T.ヘンリックス(P) J.ロス(MS) C.プリコート(MS) B.ハリス,Jr.(MS) U.ウォーター(PS)(独) H.シュリーゲル(PS)(独)	4 2 4 初 初 初 初	09.23:40	スペースラブD-2：ライフサイエンス材料科学、ロボット工学、地球観測等の88件の実験を実施。ウォーターとシュリーゲルはDARA(ドイツ宇宙機関)選抜の宇宙飛行士。
56	STS-57 エンデバー	93.6.21 93.7.1	R.グレイブ(C) B.ダフィー(P) G.ロウ(PC) N.シャーロック (N.クーリー)(MS)* P.ウィソフ(MS) J.ボス(MS)*	4 2 3 初 初 初	09.23:45	EURECAの回収成功。SPACEHAB(商業宇宙実験室初号機)。HSTの修理ミッションの事前訓練としてのEVAを実施。
57	STS-51 ディスカバリー	93.9.12 93.9.22	F.カルバートソン,Jr.(C) W.レディ(P) J.ニューマン(MS) D.バーシュ(MS) C.ウォルツ(MS)	2 2 初 初 初	09.20:12	ACTS(先端型通信技術衛星)放出。HSTの修理ミッションの準備段階としてのEVAを実施。ORFEUS-SPAS(回収型遠・極紫外線スペクトロメータ)。
58	STS-58 コロンビア	93.10.18 93.11.1	J.ブラハ(C) R.シーアフォス(P) M.セドン(MS) W.マッカーサー,Jr.(MS) D.ウルフ(MS) S.ルシッド(MS)* M.フェットマン(PS)	4 初 3 初 初 4 初	14.00:13	SLS-2。48匹のネズミを使い医学的な研究。SAREX-II(シャトル・アマチュア無線実験)。過去最長の14日間の飛行を記録。
59	STS-61 エンデバー	93.12.2 93.12.13	R.コーベイ(C) K.バウアーソックス(P) K.ソーントン(MS) C.ニコリエール(MS)(スイス) J.ホフマン(MS) F.マスグレイブ(PC) T.エーカーズ(MS)	4 2 3 2 4 5 3	10.19:59	HSTをカーゴベイに回収して修理し放出。1回のシャトル・ミッションとしては最多の5回、EVAを実施。ソーントンは女性として最多の延べ3回のEVAを実施。

第3章 有人宇宙飛行

連番	号数 オービタ	打ち上げ年月日 着陸年月日	宇宙飛行士	飛行回数	飛行時間 (日.時:分)	備考
60	STS-60 ディスカバリー	94.2.3 94.2.11	C.ボールデン,Jr.(C) K.ライトラー,Jr.(P) N.デイビス(MS)* R.セガ(MS) F.チャンディアズ(MS) S.クリカレフ(MS)(露)	4 2 2 初 4 初	08.07:10	WSF(航跡を利用した超々高真空実験装置)の放出・回収。SPACEHAB-2。クリカレフはロシア人宇宙飛行士。
61	STS-62 コロンビア	94.3.4 94.3.18	J.キャスパー(C) A.アレン(P) P.スーオット(MS) C.ジェマー(MS) M.アイビンズ(MS)*	3 2 3 3 3	13.23:17	USMP-2。無重力下における農学、薬学、生物工学などの科学実験。SSBUV(シャトル太陽後方紫外線観測装置)。
62	STS-59 エンデバー	94.4.9 94.4.20	S.グチエレス(C) K.チルトン(P) J.アプト(MS) M.クリフォード(MS) L.ゴドウィン(PC)* T.ジョーンズ(MS)	2 2 3 2 2 初	11.05:50	SRL-1(シャトルレーダ実験室)。地球環境の調査。GAS(ゲッタウェイ・スペシャル)。
63	STS-65 コロンビア	94.7.8 94.7.23	R.カバナ(C) J.ハルセル,Jr.(P) R.ヒーブ(PC) C.ウォルツ(MS) L.チャオ(MS) D.トーマス(MS) 向井千秋(PS)(日)*	3 初 3 2 初 初 初	14.17:55	IML-2(82項目の科学実験)。日本人女性が初の搭乗。
64	STS-64 ディスカバリー	94.9.9 94.9.20	R.リチャーズ(C) L.ハモンド,Jr.(P) J.リネンガー(MS) S.ヘルムズ(MS)* C.メアド(MS) M.リー(MS)	4 2 初 2 3 5	10.22:50	LITE-1(ライダ:能動型光学地球観測装置)。SPTN-201-2(シャトル搭載自律指向天文研究装置)。ROMPS-1(半導体材料自動製造実験)。GAS。SAFERの試験(10年ぶり命綱なしの船外活動)。
65	STS-68 エンデバー	94.9.30 94.10.11	M.ベーカー(C) T.ウィルカット(P) T.ジョーンズ(PC) S.スミス(MS) D.バーシュ(MS) P.ウィソフ(MS)	3 初 2 初 2 2	11.05:47	SRL-2(シャトルレーダ実験室)。GAS。
66	STS-66 アトランティス	94.11.3 94.11.14	D.マクモナグル(C) C.ブラウン,Jr.(P) E.オチョア(PC)* J.タナー(MS) J-F.クレルボワ(MS)(仏) S.パラジンスキー(MS)	3 2 2 初 初 初	10.22:35	ATLAS-3。SSBUV(シャトル太陽後方紫外線観測装置)。CRISTA-SPAS(大気観測用低温赤外線分光器・望遠鏡)。ESCAPE-Ⅱ(ATLASペイロード捕捉および教育用太陽実験装置)。クレルボワはフランス人。

136

連番	号数 オービタ	打ち上げ年月日 着陸年月日	宇宙飛行士	飛行回数	飛行時間 (日.時:分)	備考
67	STS-63 ディスカバリー	95.2.3 95.2.11	J.ウェザービー(C) E.コリンズ(P)* B.ハリス,Jr.(MS) M.フォール(MS) J.ボス(MS)* V.チトフ(MS)(露)	3 初 2 3 2 初	08.06:29	SPACEHAB-3。SPTN-204。CGP/ODERACS-02(冷却実験/地上設置レーダ校正プロジェクト)。CONCAP-Ⅱ(宇宙材料開発コンソーシアム)。2月6日ミールとランデブ、11mまで接近。コリンズは初の女性パイロット。チトフはロシア人。
68	STS-67 エンデバー	95.3.2 95.3.18	S.オズワルド(C) W.グレゴリー(P) T.ジャーニガン(MS)* J.グランスフェルド(MS) W.ローレンス(MS)* S.デュランス(PS) R.パライズ(PS)	3 初 3 初 初 2 2	16.15:09	ASTRO-2での天体観測。GAS。
69	STS-71 アトランティス	95.6.27 95.7.7	R.ギブソン(C) C.プリコート(P) E.ベーカー(MS)* G.ハーバー(MS) B.ダンバー(MS)* 〈打ち上げのみ〉 A.ソロビヨフ(露) N.ブダーリン(露) 〈帰還のみ〉 V.ジェジューロフ(露) G.ストレカロフ(露) N.サガード(MS)	5 2 3 3 4 初 初 初 初 5	09.19:23	第1回目のシャトル・ミール・ミッション。ミールと6月29日にドッキングし、その状態で4日21時間10分間飛行、7月4日に分離。米露共同研究実施。ソロビヨフとブダーリンはソユーズで帰還。米露の宇宙船のドッキングは1975年以来20年ぶり。
70	STS-70 ディスカバリー	95.7.13 95.7.22	T.ヘンリックス(C) K.クレーゲル(P) D.トーマス(MS) N.クーリー(MS)* M.ウェーバー(MS)*	3 初 2 2 初	08.22:21	TDRS-G放出。
71	STS-69 エンデバー	95.9.7 95.9.18	D.ウォーカー(C) K.コックレル(P) J.ボス(PC) J.ニューマン(MS) M.ガーンハート(MS)	4 2 3 2 初	10.20:29	WSF-2。SPARTAN-201-03(太陽観測)の放出と回収。予定された7回の実験は6回成功、2名のMSが6時間46分のEVAを実施。
72	STS-73 コロンビア	95.10.20 95.11.5	K.バウアーソックス(C) K.ロミンガー(P) K.ソーントン(MS) C.コールマン(MS)* M.ロペス-アレグリア(MS) F.レスリー(PS) A.サコー(PS)	3 初 4 初 初 初 初	15.21:53	USML-2(米国のスペースラブ実験)。OARE(軌道上加速度実験装置)。地上の学生と宇宙飛行士による教育実験を実施。

第3章　有人宇宙飛行

連番	号数 オービタ	打ち上げ年月日 着陸年月日	宇宙飛行士	飛行回数	飛行時間 (日:時:分)	備考
73	STS-74 アトランティス	95.11.12 95.11.20	K.キャメロン(C) J.ハルセル,Jr.(P) C.ハドフィールド(MS)(加) J.ロス(MS) W.マッカーサー,Jr.(MS)	3 2 初 5 2	08.04:31	第2回目のシャトル・ミール・ミッション。ミールに11月15日ドッキング、18日分離。ドッキング・モジュール、太陽電池パネル等をミールへ輸送。ハドフィールドはカナダ人宇宙飛行士。
74	STS-72 エンデバー	96.1.11 96.1.20	B.ダフィー(C) B.ジェット(P) L.チャオ(MS) D.バリー(MS) W.スコット(MS) 若田光一(MS)(日)	3 初 2 初 初 初	08.22:02	日本のSFU(宇宙実験・観測フリーフライヤ)の回収。OAST-FLYER(SPARTAN衛星を用いたNASAのフリーフライヤ)の放出と回収。2回目のEVA実施。若田は旧宇宙開発事業団の職員。
75	STS-75 コロンビア	96.2.22 96.3.9	A.アレン(C) S.ホロウィッツ(P) J.ホフマン(MS) M.ケリ(伊) C.ニコリエール(MS)(スイス) F.チャンディアズ(MS) U.グイドーニ(PS)(伊)	3 初 5 2 3 5 初	15.17:42	電離層調査のためのTSS-1R(テザー・サテライト・システム)による実験。テザーが切れたため、ミッション達成できず。USMP-3(米国微小重力実験)。ケリとニコリエールはESA、グイドーニはイタリアASIの飛行士。
76	STS-76 アトランティス	96.3.22 96.3.31	K.チルトン(C) R.シーアフォス(P) R.セガ(MS) M.クリフォード(MS) L.ゴドウィン(MS)* (打ち上げのみ) S.ルシッド(MS)*	3 2 2 3 3 5	09.05:16	3回目のシャトル・ミール・ミッション。ミールに3月24日ドッキング、3月28日分離。ルシッドはミールに移乗し、STS-79で帰還。EVA試験をミール外部で実施。SPACEHAB-SM。
77	STS-77 エンデバー	96.5.19 96.5.29	J.キャスパー(C) C.ブラウン,Jr.(P) A.トーマス(MS) D.バーシュ(MS) M.ランコ,Jr.(MS) M.ガルノ(MS)(加)	4 3 初 3 3 2	10.00:40	SPACEHAB-SM。SPARTAN-207/IAE(膨張型アンテナ実験)の放出と回収。TEAMS-01(技術実験)。ガルノはCSA所属のカナダ人宇宙飛行士。
78	STS-78 コロンビア	96.6.20 96.7.7	T.ヘンリックス(C) K.クレーゲル(P) S.ヘルムズ(PC)* R.リネハン(MS) C.ブレディ(MS) J-J.ファビエ(PS)(仏) R.サースク(PS)(加)	4 2 3 初 初 初 初	16.21:48	LMS(生命科学・微小重力宇宙実験室:スペースラブ)。飛行時間の記録更新。ファビエはフランス、サースクはカナダの宇宙飛行士。

138

3-2 世界の有人宇宙飛行全記録

連番	号数 オービタ	打ち上げ年月日 着陸年月日	宇宙飛行士	飛行回数	飛行時間 (日.時:分)	備考
79	STS-79 アトランティス	96.9.16 96.9.26	W.レディ(C) T.ウィルカット(P) T.エーカーズ(MS) J.アプト(MS) C.ウォルツ(MS) 〈打ち上げのみ〉 J.ブラハ(MS) 〈帰還のみ〉 S.ルシッド(MS)*	3 2 4 4 3 5 6	10.03:19	4回目のシャトル・ミール・ミッション。ミールに9月18日ドッキング、9月23日分離。SPACEHAB/DM。ブラハはルシッドに代わってミールに移乗、STS-81で帰還。ルシッドは女性および米国の宇宙滞在最長記録(188日)を達成。NASDAのRRMDを搭載。
80	STS-80 コロンビア	96.11.19 96.12.7	K.コックレル(C) K.ロミンガー(P) T.ジャーニガン(MS)* T.ジョーンズ(MS) F.マスグレイブ(MS)	3 2 4 3 6	17.15:54 (スペースシャトル最長飛行記録)	ORFEUS-SPAS II(回収型遠・極紫外線スペクトロメーター)の放出・回収。WSF-3。ハッチの不具合によりEVA中止(シャトル史上初)。マスグレイブは宇宙飛行最高齢(61歳)、またジョン・ヤングと並んで宇宙飛行回数最多記録(6回)。
81	STS-81 アトランティス	97.1.12 97.1.22	M.ベーカー(C) B.ジェット(P) J.グランスフェルド(MS) M.アイビンズ(MS)* P.ウィソフ(MS) 〈打ち上げのみ〉 J.リネンガー(MS) 〈帰還のみ〉 J.ブラハ(MS)	4 2 2 4 3 2 6	10.04:56	5回目のシャトル・ミール・ミッション。ミールに1月14日ドッキング、1月19日分離。SPACEHAB-DM。Kidsat(第2回目)。リネンガーはミールに移乗、STS-84で帰還。
82	STS-82 ディスカバリー	97.2.11 97.2.21	K.バウアーソックス(C) S.ホロウィッツ(P) M.リー(PC) S.ホウリィ(MS) G.ハーバー(MS) S.スミス(MS) J.タナー(MS)	4 2 4 4 4 2 2	09.23:38	ハッブル宇宙望遠鏡(HST)に対する2回目のサービス・ミッション。5回のEVAで10個の機器を交換。
83	STS-83 コロンビア	97.4.4 97.4.8	J.ハルセル,Jr.(C) S.スティル(P) J.ボス(PC)* M.ガーンハート(MS) D.トーマス(MS) R.クロウチ(PS) G.リンテリス(PS)	3 初 3 2 3 初 初	03.23:14	燃料電池の不具合により12日早く帰還。MSL-1(第1次微小重力科学実験室)による実験を一部実施。NASDAの実験は25中6のみ実施。MSL-1を97年7月に再実施。

139

第3章　有人宇宙飛行

連番	号数 オービタ	打ち上げ年月日 着陸年月日	宇宙飛行士	飛行 回数	飛行時間 (日.時：分)	備考
84	STS-84 アトランティス	97.5.15 97.5.24	C.プリコート(C) E.コリンズ(P)* J-F.クレルボワ(MS)(仏) C.ノリエガ(MS) E.ルー (MS) E.コンダコワ(MS)(露) 〈打ち上げのみ〉 M.フォール(MS) 〈帰還のみ〉 J.リネンガー(MS)	3 2 2 初 初 初 4 3	09.23:20	6回目のシャトル・ミール・ミッション。ミールに5月16日にドッキング、5月21日分離。NASDAの宇宙放射線環境計測計画(RRMD)およびタンパク質結晶実験実施。フォールはミールに移乗、STS-86で帰還。
85	STS-94 コロンビア	97.7.1 97.7.17	J.ハルセル,Jr.(C) S.スティル(P)* J.ボス(PC)* M.ガーンハート(MS) D.トーマス(MS) R.クロウチ(PS) G.リンテリス(PS)	4 2 4 4 4 2 2	15.16:45	97年4月4日に打ち上げられたSTS-83の再飛行。MSL-1 (第1次微小重力科学実験室)。NASA、ESA、NASDA、DLR、DARAの5機関による宇宙実験。SAREX(シャトル・アマチュア無線実験)。
86	STS-85 ディスカバリー	97.8.7 97.8.19	C.ブラウン,Jr.(C) K.ロミンガー(P) N.デイビス(MS) R.カービーム(MS) S.ロビンソン(MS) B.トゥリグベイソン(PS)(加)	4 3 3 初 初 初	11.19:19	JEMのロボットアームの飛行実験のため、MFD(マニピュレータ飛行実証試験)として、船外からの操作実験と地上からの遠隔操作実験をおのおの4回と2回実施。CRISTA-SPAS-2の放出と回収。トゥリグベイソンはカナダ人PS。
87	STS-86 アトランティス	97.9.25 97.10.6	J.ウェザービー(C) M.ブルームフィールド(P) V.チトフ(MS)(露) S.パラジンスキー(MS) J-L.クレティアン(MS)(仏) W.ローレンス(MS)* 〈打ち上げのみ〉 D.ウルフ(MS) 〈帰還のみ〉 M.フォール(MS)	4 初 2 2 初 2 2 5	10.19:21	7回目のシャトル・ミール・ミッション。ミールに9月27日にドッキング、10月3日に分離。5時間のEVAで4個の装置を回収、SPACEHAB-DM。ウルフはミールに移乗、STS-89で帰還。ロシア人宇宙飛行士チトフが、シャトル搭乗の外国人として初めてEVAを実施。クレティアンはフランス人。
88	STS-87 コロンビア	97.11.19 97.12.5	K.クレーゲル(C) S.リンゼイ(P) K.チャウラ(MS)* W.スコット(MS) 土井隆雄(MS)(日) L.カデニューク(PS)(ウクライナ)	3 初 初 2 初 初	15.16:35	スコットと土井は2回目のEVA(計12時間43分)で、SPARTAN衛星の回収、クレーンの軌道上検証試験、自律型船外ロボットカメラの性能実証等を実施。SPARTAN衛星による太陽観測は衛星不具合により断念。EVAは日本人初。USMP-4(米国微小重力実験)。カデニュークはウクライナ人。

140

3-2 世界の有人宇宙飛行全記録

連番	号数 オービタ	打ち上げ年月日 着陸年月日	宇宙飛行士	飛行 回数	飛行時間 (日.時：分)	備考
89	STS-89 エンデバー	98.1.22 98.1.31	T.ウィルカット(C) J.エドワーズ(P) B.ダンバー(MS)* M.アンダーソン(MS) J.レイリー(MS) S.シャリポフ(MS)(露) 〈打ち上げのみ〉 A.トーマス(MS) 〈帰還のみ〉 D.ウルフ(MS)	3 初 5 初 初 初 2 3	08.19:47	ロシアの宇宙ステーションミールと8回目のドッキング(ミールに1月24日ドッキング、1月29日分離)。5日間にわたり、アメリカとロシアの宇宙飛行士達が共同作業。ミールに4ヵ月間滞在していたウルフはトーマスと交代。約10日間の飛行中、様々な科学実験も行う。SPACEHAB-DM。ISSと同一軌道上にある宇宙船内のRRMD(宇宙放射線環境計測計画)3回目。
90	STS-90 コロンビア	98.4.17 98.5.3	R.シーアフォス(C) S.アルトマン(P) R.リネハン(MS) D.ウィリアムズ(MS)(加) K.ハイア(MS)* J.バッキー(PS) J.パウェルツィク(PS)	3 初 2 初 初 初 初	15.21:51	最後のスペースラブミッション。スペースラブで微小重力が生物の神経組織に与える影響を調べる実験「Neurolab計画」を実施(NASDAのがまんこうによる宇宙酔い実験など)。日本やカナダを始めとする9ヵ国の研究チームや企業などによる共同事業。ウィリアムズはカナダ人。
91	STS-91 ディスカバリー	98.6.2 98.6.12	C.プリコート(C) D.ゴーリ(P) W.ローレンス(MS)* F.チャンディアズ(MS)* J.カバンディ(MS)* V.リュミン(MS)(露) 〈帰還のみ〉 A.トーマス(MS)	4 初 初 6 初 初 3	09.19:55	超軽量外部タンクを初めて使用。ロシアの宇宙ステーション・ミールと9回目にして最後のドッキング。6ヵ月ミールに滞在していたトーマスを連れて地球に帰還。RRMD(宇宙放射線環境計測計画)4回目。NASDAのRRMD搭載。チャンディアズは宇宙飛行回数最多記録(6回、米国で3人目)。
92	STS-95 ディスカバリー	98.10.29 98.11.7	C.ブラウン.Jr.(C) S.リンゼイ(P) S.パラジンスキー(MS) S.ロビンソン(MS) P.デュケ(MS)(スペイン) 向井千秋(PS)(日)* J.グレン(PS)	5 2 3 2 初 2 初	09.19:55	向井と史上最高齢のジョン・グレン(77歳)が搭乗(グレンはマーキュリー計画以来36年ぶりの2回目の飛行)。スペースラブで魚の宇宙酔い実験などの約30種類の実験を行う。10日間の飛行中、SPARTAN衛星の放出・回収やIEH実験も行う。デュケはスペイン人。

141

第3章　有人宇宙飛行

連番	号数 オービタ	打ち上げ年月日 着陸年月日	宇宙飛行士	飛行回数	飛行時間 (日.時:分)	備考
93	STS-88 エンデバー	98.12.4 98.12.15	R.カバナ(C) F.スターコウ(P) N.クーリー(MS)* J.ロス(MS) J.ニューマン(MS) S.クリカレフ(MS)(露)	4 初 3 6 3 2	11.19:18	初の国際宇宙ステーション(ISS)建設ミッション。ISS建設用の米国製資材であるノード1「ユニティ」を運ぶ。先に打ち上げられたロシアの基本機能モジュール「ザーリャ」に接近、ロボットアームで接合部分をドッキング。宇宙飛行士が内部に入り、様々な機器の取り付け作業を行う。ロスは宇宙飛行回数最多記録(6回、米国で4人目)。
94	STS-96 ディスカバリー	99.5.27 99.6.6	K.ロミンガー(C) R.ハズバンド(P) E.オチョア(MS)* T.ジャーニガン(MS)* D.バリー(MS) J.パイエット(MS)(加)* V.トカレフ(MS)(露)	4 初 3 5 2 初 初	09.19:14	建設中のISSへの資材搬入作業を行う。居住要員用の食料、衣料、機材など約2tを積み込んだ。また、教育用衛星スターシャインの放出を行った。パイエットはCSAの、トカレフはロシアの宇宙飛行士。
95	STS-93 コロンビア	99.7.23 99.7.27	E.コリンズ(C)* J.アシュビー(P) S.ホウリィ(MS) C.コールマン(MS)* M.トニーニ(MS)(仏)	3 初 5 2 初	04.22:50	史上初の女性船長、アイリーン・コリンズ船長が搭乗。チャンドラX線宇宙天文衛星をはじめとする様々な衛星、モジュールの軌道投入を行う。また、生物学実験、アマチュア無線による地上との交信実験などを行う。トニーニはCNESの宇宙飛行士。
96	STS-103 ディスカバリー	99.12.19 99.12.27	C.ブラウン,Jr.(C) S.ケリー(P) S.スミス(MS) M.フォール(MS) J.グランスフェルド(MS) C.ニコリエール(MS)(スイス) J-F.クレルボワ(MS)(仏)	6 初 3 6 3 4 3	07.23:11	第3回目のハッブル宇宙望遠鏡(HST)修理ミッション。3回のEVAを行う(2000年問題で急ぎ帰還しEVAは1回減)。ニコリエールとクレルボワはスイス人とフランス人のESA宇宙飛行士。ブラウン,Jr.は宇宙飛行回数最多記録(6回、米国で5人目)。

3-2 世界の有人宇宙飛行全記録

連番	号数 オービタ	打上げ年月日 着陸年月日	宇宙飛行士	飛行回数	飛行時間 (日:時:分)	備考
97	STS-99 エンデバー	00.2.11 00.2.22	K.クレーゲル(C) D.ゴーリ(P) J.カバンディ(MS)* J.ボス(MS)* 毛利 衛(MS)(日) G.ティエル(MS)(独)	4 2 2 5 2 初	11.5:39	シャトルに搭載した合成開口レーダを用いて、地表面陸域の約80％の3次元地形図データを取得した。旧NASDAの宇宙飛行士、毛利衛も1992年9月(STS-47)以来2度目の搭乗を果たした。学生向けの宇宙授業(Earth KAM)実施。ティエルはESAのドイツ人宇宙飛行士。
98	STS-101 アトランティス	00.5.19 00.5.29	J.ハルセル(C) S.ホロウィッツ(P) M.ウェーバー(MS)* J.ウイリアムズ(MS) J.ボス(MS) S.ヘルムズ(MS)* Y.ウサチョフ(MS)(露)	5 3 2 初 4 4 初	09.20:10	1999年5月27日以来、約1年ぶりの国際宇宙ステーション4回目の打ち上げ。当初1999年11月に打ち上げが予定されていたロシアのサービスモジュール(ズヴェズダ)打ち上げの遅れにより、宇宙ステーションのドッキングに必要な機器に故障が出るなどしたため、ズヴェズダ打ち上げ前にこれらの機器の交換・修理を行った。J.ボスら2名の宇宙飛行士がEVAを行い、船体にハンドレールなどを取り付けた。ウサチョフはRASAのロシア人宇宙飛行士。
99	STS-106 アトランティス	00.9.8 00.9.20	T.ウィルカット(C) S.アルトマン(P) D.バーバンク(MS) E.ルー(MS) R.マストラキオ(MS) Y.マレンチェンコ(MS)(露) B.モロコフ(MS)(露)	4 2 初 2 初 初 初	11.19:13	ISS組み立て5回目のフライト。搭乗員ヘルスケアシステムに用いる医療用機器を含めて約3700kgの物資をISSへ運搬。また6時間にわたる船外活動(EVA)を行い、ISSの飛行位置を確認するためのナビゲーションシステム、地上と通信するための通信ケーブル等をISSに取り付けた。マレンチェンコとモロコフはRASAのロシア人宇宙飛行士。

第3章　有人宇宙飛行

連番	号数 オービタ	打ち上げ年月日 着陸年月日	宇宙飛行士	飛行回数	飛行時間 (日:時:分)	備考
100	STS-92 ディスカバリー	00.10.11 00.10.24	B.ダフィー(C) P.メルロイ(P)* 若田光一(MS)(日) L.チャオ(MS) P.ウィソフ(MS) M.ロペス-アレグリア(MS) W.マッカーサー(MS)	4 初 2 3 4 2 3	12.21:44	ISS組み立てフライトで、全長15mのロボットアームを操り、基礎構造部にあたるZ-1トラスをISSの米国側モジュール「ユニティ」の上に取り付ける作業を行った。Z-1トラスの名称は、zenith(ゼニス)ポートからとられた。Z-1トラスは橋げたのようなもので、ISSにとっては初めての恒久的格子構造物であり、将来ISSに追加されるトラスもしくは主要部分のための足場となる。若田は1996年1月のSTS-72に続いて2度目の宇宙飛行を経験、ロボットアームの操作を担当した。
101	STS-97 エンデバー	00.11.30 00.12.11	B.ジェット(C) M.ブルームフィールド(P) J.タナー(MS) M.ガルノ(MS)(加) C.ノリエガ(MS)	3 2 3 3 2	10.19:58	ISS組み立てミッション(4A)。P6トラスおよび太陽電池パドルのISSへの取り付け。合計3回のEVA。シャトル打ち上げの際、固体ロケットブースタ(SRB)と外部タンク(ET)をつなぐボルトが正常に破壊されず、SRBの分離に失敗。バックアップにより分離。ISSへの接続した太陽電池パネルが完全に展開せず、クルーがEVAにより修復。JASONオンボード植物実験装置による学生微小重力実験。
102	STS-98 アトランティス	01.2.7 01.2.20	K.コックレル(C) M.ポランスキー(P) R.カービーム(MS) M.アイビンズ(MS)* T.ジョーンズ(MS)	4 初 2 5 4	12.20:21	ISS組み立てミッション(5A)。米国実験棟「デスティニー」のISSへの取り付け。合計3回のEVA(3回目のEVAが米国として100回目)。バイオロジカルタンパク質結晶成長実験。

3-2 世界の有人宇宙飛行全記録

連番	号数 オービタ	打ち上げ年月日 着陸年月日	宇宙飛行士	飛行回数	飛行時間 (日.時:分)	備考
103	STS-102 ディスカバリー	01.3.8 01.3.21	J.ウェザービー(C) J.ケリー (P) A.トーマス(MS) P.リチャード(MS) 〈打ち上げのみ〉 J.ボス(MS) S.ヘルムズ(MS)* Y.ウサチョフ(MS)(露) 〈帰還のみ〉 W.シェパード(MS) Y.ギドゼンコ(MS)(露) S.クリカレフ(MS)(露)	5 初 4 初 5 5 2 4 初 3	12.19:49	ISS組み立てミッション(5A.1)。多目的補給モジュール「レオナルド」により実験ラック等を米国実験棟「デスティニー」内に搬入。第1次搭乗員3名が第2次搭乗員3名と交代。GASによる学生微小重力実験。合計2回のEVAによりカナダのロボットアーム取り付け準備。
104	STS-100 エンデバー	01.4.19 01.5.1	K.ロミンガー(C) J.アシュビー(P) C.ハドフィールド(MS)(加) J.フィリップス(MS) S.パラジンスキー(MS) U.ガイドーニ(MS)(伊) Y.ロンチャコフ(MS)(露)	5 2 2 初 4 2 初	11.12:54	ISS組み立てミッション(6A)。カナダアーム、外部UHFアンテナの米国実験棟「デスティニー」への取り付け。合計2回のEVA。
105	STS-104 アトランティス	01.7.12 01.7.24	S.リンゼイ(C) C.ホーバー(P) M.ガーンハート(MS) J.カバンディ(MS)* J.レイリー(MS)	3 初 4 3 2	12.18:36	ISS組み立てミッション(7A)。7Aミッションをもって ISSの組み立てミッションのフェーズ2が完了。合計3回のEVA。船外活動時の出入り口となる米国・エアロックのノード1「ユニティ」への取り付け。エアロックの外壁への高圧ガスタンクの取り付け。
106	STS-105 ディスカバリー	01.8.10 01.8.22	S.ホロウィッツ(C) F.スターコウ(P) P.フォレスター(MS) D.バリー(MS) 〈打ち上げのみ〉 F.カルバートソン(MS) V.ジェジューロフ(MS)(露) M.チューリン(MS) (露)(ISSコマンダー) 〈帰還のみ〉 Y.ウサチョフ(MS)(露) (ISSコマンダー) J.ボス(MS) S.ヘルムズ(MS)*	4 2 初 3 3 2 初 3 6 6	11.19:38	ISS組み立てミッション(7A.1)。第2次長期滞在クルー3名と第3次長期滞在クルーの交代。多目的補給モジュール(MPLM)「レオナルド」(EXPRESSラック等を搭載)による物資の補給。材料曝露実験装置(MISSE)。合計2回のEVA。初期アンモニア充塡装置(EAS)のP6トラスへの取り付け、実験装置MISSEのクエストエアロックへの取り付け。S0トラス組み立て時に使用する電力ケーブル2本の取り付け、「デスティニー」へのハンドレールの取り付け等。

第3章　有人宇宙飛行

連番	号数 オービタ	打ち上げ年月日 着陸年月日	宇宙飛行士	飛行回数	飛行時間 (日:時:分)	備考
107	STS-108 エンデバー	01.12.5 01.12.17	D.ゴーリ(C) M.ケリー(P) L.ゴドウィン(MS) D.タニ(MS) 〈打ち上げのみ〉 Y.オヌフリエンコ(露) C.ウォルツ D.バーシュ 〈帰還のみ〉 F.カルバートソン V.ジェジューロフ(露) M.チューリン(露)	3 初 4 初 初 4 4 4 3 2	11.19:55	ISS組み立てミッション(UF-1)。第3次滞在クルー3名と第4次滞在クルーの交代。多目的補給モジュール「ラファエロ」を利用した実験装置と補給物資の搭載。MACH-1(Multiple Application Customized Hitchhiker-1)に搭載された実験装置による実験実施。LMC(Lightweight MPESS Carrier)に搭載された実験装置による実験実施ほか。
108	STS-109 コロンビア	02.3.1 02.3.12	S.アルトマン(C) D.キャリィ(P) J.グランスフェルド(PC) N.クーリー(MS)* J.ニューマン(MS) R.リネハン(MS) M.マッシミーノ(MS)	3 初 4 4 4 3 初	10.22:12	ハッブル宇宙望遠鏡(HST)の整備ミッション(4回目のサービスミッション)。5回のEVAを行い、HSTの整備を終了。総EVA時間は35時間55分。コロンビアの改修完了後の初飛行。
109	STS-110 アトランティス	02.4.8 02.4.19	M.ブルームフィールド(C) S.フリック(P) R.ウォルハイム(MS) E.オチョア(MS)* L.モーリン(MS) J.ロス(MS) S.スミス(MS)	3 初 初 4 初 7 4	10.19:43	飛行中に4回の船外活動(EVA)を実施し、S0トラスの取り付けを行った。ロス飛行士は今回の飛行で最多飛行回数を更新。
110	STS-111 エンデバー	02.6.5 02.6.19	K.コックレル(C) P.ロックハート(P) F.チャンディアズ(MS) P.ペリン(MS)(仏) 〈打ち上げのみ〉 V.コルズン(露) P.ウィットソン* S.トレシェフ(露) 〈帰還のみ〉 Y.オヌフリエンコ(露) C.ウォルツ D.バーシュ	5 初 7 初 初 初 初 2 5 5	13.20:36	第4次長期滞在クルーから第5次長期滞在クルーへの交代。多目的補給モジュール「レオナルド」による物資輸送。モービル・トランスポータ(MT)へのモービル・ベース・システム(MBS)の取り付け。ペリンはフランス国立宇宙センター(CNES)の飛行士、コルズンおよびトレシェフはロシア人飛行士。
111	STS-112 アトランティス	02.10.7 02.10.18	J.アシュビー(C) P.メルロイ(P)* D.ウルフ(MS) S.マグナス(MS)* P.セラーズ(MS) F.ヤーチキン(MS)(露)	3 2 4 初 初 初	10.19:59	S1トラスのISSへの取り付け。ヤーチキンはロシア人宇宙飛行士。

3-2 世界の有人宇宙飛行全記録

連番	号数 オービタ	打ち上げ年月日 着陸年月日	宇宙飛行士	飛行回数	飛行時間 (日.時:分)	備考
112	STS-113 エンデバー	02.11.23 02.12.7	J.ウェザービー(C) P.ロックハート(P) M.ロペス-アレグリア(MS) J.ヘリントン(MS) 〈打ち上げのみ〉 K.バウアーソックス N.ブダーリン(露) D.ペティ 〈帰還のみ〉 V.コルズン(露) P.ウィットソン* S.トレシェフ	6 2 3 初 5 2 初 2 2 2	13.18:49	ISSの建設(11A)フライト。P1トラスを取り付け。第5次長期滞在クルーと第6次長期滞在クルーが交代。
113	STS-107 コロンビア	03.1.16 03.2.1 帰還中に 空中分解	R.ハズバンド(C) W.マッコール(P) M.アンダーソン(PC) K.チャウラ(MS)* D.ブラウン(MS) R.クラーク(MS) I.ラモーン(PS) (イスラエル)	2 初 2 2 初 初 初	15.22:21	SPACEHAB-DRM(ダブル研究モジュール)。着陸16分前、高度60kmで空中分解し、7名全員死亡。
114	STS-114 ディスカバリー	05.7.26 05.8.9	E.コリンズ(C)* J.ケリー (P) 野口聡一(MS)(日) S.ロビンソン(MS) A.トーマス(MS) W.ローレンス(MS)* C.カマーダ(MS)	4 2 初 3 5 4 初	13.21:33	STS-107「コロンビア」事故の影響で打ち上げを2年以上延期。飛行再開フライト。ISSの補給(LF1)フライト。ESP-2の取り付け。野口の初飛行。
115	STS-121 ディスカバリー	06.7.4 06.7.17	S.リンゼイ(C) M.ケリー (P) M.フォッサム(MS) L.ノワック(MS) S.ウィルソン(MS)* P.セラーズ(MS) 〈打ち上げのみ〉 T.ライター (MS)(独)	4 2 初 初 初 2 初(ミールの長期滞在を含む)	12.18:38	STS-107「コロンビア」事故後、2回目のシャトル飛行再開ミッション。ISSへの利用補給ミッション(ULF-1.1)。約3300kg以上の機器や補給物資をISSに運び、約2100kgの物品をISSから地球に持ち帰った。ESAのライターをISSへ輸送。ライターは第13次および第14次長期滞在クルーとなる。ミッション中、3回の船外活動(EVA)を実施。総EVA時間は21時間29分。KSCへの帰還は2002年12月7日に帰還したSTS-113/11A以来。

147

第3章　有人宇宙飛行

連番	号数 オービタ	打ち上げ年月日 着陸年月日	宇宙飛行士	飛行 回数	飛行時間 (日.時:分)	備考
116	STS-115 アトランティス	06.9.9 06.9.21	B.ジェット(C) C.ファーガソン(P) J.タナー　(MS) D.バーバンク(MS) H.ステファニソン・バイパー(MS)* S.マクリーン(MS)(加)	4 初 4 2 初 2	11.19:06	ISSへのP3/P4トラスの取り付け。センサ付き検査用延長ブーム(OBSS)。P3/P4トラス取り付け。太陽電池パドル2基(P4トラスに装着)の展開。2002年11月打ち上げのSTS-113/11A以来のISS組み立て飛行。2002年10月のSTS-112/9A以来のアトランティスの飛行3回、合計20時間19分にわたるEVAを実施。脱窒素時間短縮のための「キャンプアウト(Campout)」を初めてEVA前に実施。
117	STS-116 ディスカバリー	06.12.9 06.12.22	M.ポランスキー(C) W.オーフェリン(P) N.パトリック(MS) R.カービーム(MS) C.フューゲルサング(MS)(スウェーデン)* J.ヒギンボトム(MS)* 〈打ち上げのみ〉 S.ウィリアムズ(MS)* 〈帰還のみ〉 T.ライター(MS)(独)	2 初 初 3 初 初 初 2	12.20:45	ISSへのP5トラスの取り付け。太陽電池パドルからISSへの電力を供給しているケーブルの配線変更、ISSの電力供給源の切り替え。ISS長期滞在クルーの交代。ウィリアムズは第14次および第15次長期滞在クルー。2002年11月のSTS-113/11Aミッションの「エンデバー」以来の夜間打ち上げ。合計4回の船外活動(EVA)を実施。フューゲルサングは北欧初の宇宙飛行士。T.ライター帰還。
118	STS-117 アトランティス	07.6.8 07.6.22	F.スターコウ(C) L.アーシャムボウ(P) P.フォレスター(MS) S.スワンソン(MS) J.オリバーニ(MS) J.ライリー(MS) 〈打ち上げのみ〉 C.アンダーソン(MS) 〈帰還のみ〉 S.ウィリアムズ(MS)*	3 初 2 初 初 3 初 2	13.20:11	ISS組み立てミッション13A。ISSへのS3/S4トラスの取り付け。P6トラスの移設準備として、P6トラスの右舷側太陽電池パドルの収納。ISS長期滞在クルーの交代。アンダーソンは第15次及び第16次長期滞在クルー。予定より1回多い合計4回のEVAを実施。EVA実施時間は合計27時間58分。第3回目のEVAで、はがれていた軌道制御システム(OMS)ポッド外壁部の耐熱ブランケット修理作業を実施。ウィリアムズ帰還。同飛行士は、宇宙滞在時間が194日18時間58分となり、女性の宇宙滞在記録を更新。

連番	号数 オービタ	打ち上げ年月日 着陸年月日	宇宙飛行士	飛行回数	飛行時間 (日.時:分)	備考
119	STS-118 エンデバー	07.8.8 07.8.21	S.ケリー(C) C.ホーバー(P) T.カードウェル(MS)* R.マストラキオ(MS) D.ウィリアムズ(MS)(加) B.モーガン(MS)* B.アルヴィン・ドルーJr(MS)	2 2 初 2 2 初 初	12.17:55	ISS組み立てミッション13A.1。ISSへのS5トラス、船外保管プラットフォーム3段取り付け、コントロール・モーメント・ジャイロ3の交換を実施。ISSのStation-Shuttle Power Transfer System (SSPTS)を初めて使用することにより、ミッション期間を3日間延長し、船外活動(EVA)を1回追加。合計4回のEVAを実施。EVA実施時間は合計23時間15分。ハリケーン「Dean」の接近により、ジョンソン宇宙センターの閉鎖の可能性があったため、帰還が1日繰り上げ。
120	STS-120 ディスカバリー	07.10.23 07.11.7	P.メルロイ(C)* G.ザムカ(P) S.パラジンスキー(MS) S.ウィルソン(MS) D.ウィーロック(MS) P.ネスポリ(MS) 〈打ち上げのみ〉 D.タニ(MS) 〈帰還のみ〉 C.アンダーソン(MS)	3 初 5 2 初 初 2 2	15.02:23	ISS組み立てミッション10A。結合モジュール「ハーモニー」の取り付け、P6トラスをZ1トラスからP5トラスへ移設、P6トラスのラジエータ、太陽電池パドル、S1トラスのラジエータの展開。合計4回の船外活動(EVA)を実施。EVA実施時間は合計27時間14分。再展開時に破損したP6トラス太陽電池パドルの修理作業を船外活動により実施。2003年のコロンビア号事故以来初めて帰還時に米国中央部上空を飛行。メルロイは女性として2人目のスペースシャトル機長。アンダーソン帰還。

第3章　有人宇宙飛行

連番	号数 オービタ	打ち上げ年月日 着陸年月日	宇宙飛行士	飛行回数	飛行時間 (日.時:分)	備考
121	STS-122 アトランティス	08.2.7 08.2.20	S.フリック(C) A.ポインデクスター(P) L.メルヴィン(MS) R.ウォルハイム(MS) H.シュリーゲル(MS)(独) S.ラブ(MS) 〈打ち上げのみ〉 L.アイハーツ(MS)(仏) 〈帰還のみ〉 D.タニ(MS)	2 初 初 2 2 初 初 3	12.18:22	欧州実験モジュール「コロンバス(Columbus)」のISSへの輸送および取り付け。合計3回の船外活動(EVA)を実施。ISSでの使用済み窒素タンクおよび故障したジャイロスコープ(CMG)の持ち帰り。今回の飛行でESAのアイハーツがタニと交代してISSに滞在することになった。ISS組み立て関連として104回目のEVAで、合計EVA時間は653時間43分。
122	STS-123 エンデバー	08.3.11 08.3.26	D.ゴーリ(C) G.ジョンソン(P) R.ベンケン(MS) M.フォアマン(MS) 土井隆雄(MS)(日) R.リネハン(MS) 〈打ち上げのみ〉 G.リーズマン(MS) 〈帰還のみ〉 L.アイハーツ(MS)(仏)	4 初 初 初 2 4 初 2	15.18:11	ISS組み立てミッション1J/A。「きぼう」日本実験棟の組み立ての第1便で、船内保管室の輸送組み立て。4人の宇宙飛行士の5回にわたるEVAにより「きぼう」の船内保管室をISSに取り付けた。カナダ(CSA)のデクスター(SPDM：特殊目的ロボットアーム)をISSに輸送・取り付け。このことにより宇宙飛行士がEVAで行っていた複雑な作業がロボットアームで行えることになった。
123	STS-124 ディスカバリー	08.5.31 08.6.14	M.ケリー(C) K.ハム(P) K.ナイバーグ(MS)* R.ギャレン(MS) M.フォッサム(MS) 星出彰彦(MS)(日) 〈打ち上げのみ〉 G.シャミトフ(MS) 〈帰還のみ〉 G.リーズマン(MS)	3 初 初 初 2 初 初 2	13.18:14	ISS組み立てミッション1J。「きぼう」日本実験棟の第2便で、「きぼう」の船内実験室とロボットアームを輸送、2人の宇宙飛行士が3回のEVAによりISSに取り付けた。また、仮設置されていた「きぼう」の船内保管室を船内実験室に移設・設置した。

150

3-2 世界の有人宇宙飛行全記録

連番	号数 オービタ	打ち上げ年月日 着陸年月日	宇宙飛行士	飛行回数	飛行時間 (日:時:分)	備考
124	STS-126 エンデバー	08.11.14 08.11.30	C.ファーガソン(C) E.ボー(P) D.ペティ(MS) S.ボーエン(MS) H.ステファニション・パイパー(MS)* R.キンブロー(MS) 〈打ち上げのみ〉 S.マグナス(MS)* 〈帰還のみ〉 G.シャミトフ(MS)	2 初 2 初 2 初 2 2	15.20:30	ISSの利用・補給ミッションULF2。ISSの滞在クルーを6名体制とするために必要な水再生システム(WRS)や個室、トイレ、エクササイズ機器等を多目的モジュール「レオナルド」に搭載して輸送・設置。3名の宇宙飛行士が4回のEVAにより太陽電池パドルの修復を行う。
125	STS-119 ディスカバリー	09.3.15 09.3.28	L.アーシャムボウ(C) D.アントネリ(P) J.アカバ(MS) S.スワンソン(MS) R.アーノルド(MS) J.フィリップス(MS) 〈打ち上げのみ〉 若田光一(MS)(日) 〈帰還のみ〉 S.マグナス(MS)*	2 初 初 2 初 2 3 3	12.19:30	ISS組み立てミッション15A。日本人宇宙飛行士初の長期滞在クルーとして若田が搭乗。ISSの最後のトラスであるS6トラスをISSに輸送・設置し、3回のEVAですべての太陽電池パドルを展開。長期滞在クルーが6名体制になるための電力を確保。また、水再生システム(WRS)の尿処理装置蒸留装置(DA)の交換パーツを運んで交換し、排水を飲料水として再生することが可能となった。
126	STS-125 アトランティス	09.5.11 09.5.24	S.アルトマン(C) G.ジョンソン(P) M.グッド(MS) M.マッカーサー(MS)* J.グランスフェルド(MS) M.マッシミーノ(MS) A.フューステル(MS)	4 初 初 初 5 2 初	12.21:37	ハッブル宇宙望遠鏡(HST)の修理・サービスミッション(7年ぶり5度目)。ISS関連以外のミッションでの最後の飛行。困難なミッションのため、過去に修理ミッション経験のある飛行士を起用し、2年間の長期訓練を実施。

第3章 有人宇宙飛行

連番	号数 オービタ	打ち上げ年月日 着陸年月日	宇宙飛行士	飛行回数	飛行時間 (日.時:分)	備考
127	STS-127 エンデバー	09.7.15 09.7.31	M.ポランスキー(C) D.ハーリー (P) D.ウルフ(MS) J.パイエット(MS)(加)* T.マーシュバーン(MS) C.キャシディ(MS) 〈打ち上げのみ〉 T.コプラ(MS) 〈帰還のみ〉 若田光一(MS)(日)	3 初 5 2 初 初 初 4	15.16:45	ISS組み立てミッション2J/A。「きぼう」船外実験プラットフォームをISSに運搬して「きぼう」船内実験室に結合。船外実験装置類を船外パレットで運び、船外実験プラットフォームに取り付け。STS-123以来3回に分けて運ばれた「きぼう」日本実験棟が完成。P6トラスの半分のバッテリーを交換。
128	STS-128 ディスカバリー	09.8.28 09.9.11	F.スターコウ(C) K.フォード(P) J.オリバース(MS) P.フォレスター(MS) J.ヘルナンデス(MS) C.フューゲルサング(MS)(スウェーデン) 〈打ち上げのみ〉* N.ストット(MS) 〈帰還のみ〉 T.コプラ(MS)	4 初 2 3 初 2 初 2	13.20:54	ISS組み立てミッション17A。ISSの滞在6名体制のためのクルーの個室、運動器具、空気浄化システム、補給物資やシステムラック、実験ラックがレオナルドに搭載されて運搬・設置された。スペースシャトルによる最後のISSクルー交代フライト。
129	STS-129 アトランティス	09.11.16 09.11.27	C.ホーバー(C) B.ウィルモア(P) M.フォアマン(MS) R.サッチャー(MS) R.ブレスニク(MS) L.メルヴィン(MS) 〈帰還のみ〉 N.ストット(MS)*	3 初 2 初 初 2 2	10.19:17	ISSの利用・補給フライトULF3。ISSの船外で使用する軌道上交換ユニットの予備品を、2台のエクスプレス補給キャリアに搭載して運搬。スペースシャトル退役後5年間のISSの維持に目処を立てた。
130	STS-130 エンデバー	10.2.8 10.2.21	G.ザムカ(C) T.バーツ(P) K.ハイア(MS)* S.ロビンソン(MS) R.ベンケン(MS) N.パトリック(MS)	2 初 2 4 2 2	13.18:07	ISS組み立てミッション20A。ノード3と観測用モジュール・キューポラを運搬し、ISSに取り付け。キューポラの設置により地球観測、天体観測が可能。スペースシャトル130回目のミッション。

152

連番	号数 オービタ	打ち上げ年月日 着陸年月日	宇宙飛行士	飛行 回数	飛行時間 (日.時:分)	備考
131	STS-131 ディスカバリー	10.4.5 10.4.20	A.ポインデクスター(C) J.ダットン(P) D.リデンバーガー(MS)* S.ウィルソン(MS)* R.マストラキオ(MS) 山崎直子(MS)(日)* C.アンダーソン(MS)	2 初 初 3 3 初 3	15.2:48	ISS組み立てミッション19A。多目的モジュール「レオナルド」を搭載して実験ラックや補給品を運搬。山崎は、2人目の日本人女性宇宙飛行士で、ISSに長期滞在していた野口とともに任務を遂行。
132	STS-132 アトランティス	10.5.14 10.5.26	K.ハム(C) D.アントネリ(P) M.グッド(MS) P.セラーズ(MS) S.ボーエン(MS) G.リーズマン(MS)	2 2 2 3 2 3	11.18:30	ISS利用・補給フライトULF4。ロシアのミニリサーチモジュール(MRM-1)、曝露機器輸送キャリアを運搬。初めて、スペースシャトルでロシアのモジュールを運搬。
133	STS-133 ディスカバリー	11.2.24 11.3.9	S.リンゼイ(C) E.ボー(P) S.ボーエン(MS) M.バラット(MS) N.ストット(MS)* B.アルヴィン・ドルーJr(MS)	5 2 3 初 3 2	12.19:05	ISS利用・補給フライトULF5。軌道上交換ユニットの予備品を搭載したエクスプレス補給キャリア(ELC-4)、多目的モジュール「レオナルド」を改修した恒久型多目的モジュール(PMM)などを運搬。ロシアのソユーズ、プログレス、JAXAのHTV、ESAのATV、さらにスペースシャトルがISSに集結。
134	STS-134 エンデバー	11.5.16 11.6.1	M.ケリー(C) G.ジョンソン(P) G.シャミトフ(MS) M.フィンク(MS) R.ビットーリ(MS)(伊) A.フューステル(MS)	4 2 3 初 初 2	15.17:39	ISS利用・補給フライトULF6。素粒子検出器アルファ磁気スペクトロメータ(AMS-02)、エクスプレス補給キャリア(ELC-3)を運搬。

連番	号数 オービタ	打上げ年月日 着陸年月日	宇宙飛行士	飛行回数	飛行時間 (日.時:分)	備考
135	STS-135 アトランティス	11.7.8 11.7.21	C.ファーガソン(C) D.ハーリー (P) S.マグナス(MS)* R.ウォルハイム(MS)	3 2 4 3	12.18:29	スペースシャトル最後のフライト。多目的モジュール「ラファエロ」を運搬。また、故障したアンモニアポンプをISSから回収。軌道上の人工衛星に燃料を補給する技術実験のための「ロボットによる燃料補給ミッション(RRM)」を搭載。本機は、予備機のない状態での打ち上げのため、問題発生の場合はソユーズで帰還するため、クルーは4名のみ搭乗。

(注)・STS-44、53、69、101、102、105のJ.ボスとSTS-57、63、83、94、99のJ.ボスは別人
　　・STS-51-D、34のD.ウィリアムズとSTS-90のD.ウィリアムズは別人
　　・飛行時間の秒はすべて切り上げ
出典：NASAシャトルプレスキット NASA Space Shuttle Launches

3-2-5 中国の有人宇宙飛行

号数 ロケット	打ち上げ年月日	回収年月日	宇宙飛行士	飛行時間	備考
神舟5号 長征2F	03.10.15	03.10.16	楊利偉 (ヤン・リーウェイ)	約21:30	中国初の有人飛行。有人飛行を行った国としては、旧ソ連、アメリカについで3番目。長征2Fロケットで打ち上げ、地球を14周して内モンゴル自治区の草原に帰還。宇宙船質量7.6t。
神舟6号 長征2F	05.10.12	05.10.17	費俊竜 (フェイ・ジュンロン) 聶海勝 (ニエ・ハイシュン)	約119時間	2回目の有人飛行。2名搭乗し、打ち上げの様子は全国にテレビで中継された。長征2Fロケットで酒泉衛星発射中心(発射センター)から打ち上げられた。
神舟7号 長征2F	08.9.25	08.9.28	翟志剛 (ジャイ・ジーガン) 劉伯明 (リウ・ボーミン) 景海鵬 (ジン・ハイポン)	約68:27	3人乗りの宇宙船。翟志剛が19分35秒の船外活動(EVA)実施。劉は軌道モジュールで船外活動を支援。

> コラム

宇宙の脅威「スペースデブリ」

「スペースデブリ」は、運用を終了した人工衛星、最終段のロケット、それらから切り離された部品、衛星・ロケットの破裂によって発生した破片等で、現在確認されている大きさ10cm以上のものだけでも約15000個にのぼる。1～10cmの大きさのものは数十万個、1cm以下のものは数百万個にもなると推定されている。

これらは、高度によって異なるが秒速7km以上の速度で地球を周回している。これがまともに当たったときの破壊力は想像に難くない。まさに、スペースデブリは運用中の衛星や宇宙船、国際宇宙ステーションに重大な損傷を与える脅威となっている。

国際宇宙ステーションのデブリ対策としては、まず、1cm程度のデブリの衝突に耐えられるダンパーを設置している。10cm以上のデブリはその軌道が確認されているため、衝突の可能性がある場合は、国際宇宙ステーションの軌道を変えて回避することになっている。これまでに10回の危険が予想され、デブリ回避のための軌道変更を9回実施した。1回は軌道変更ができず、宇宙飛行士を国際宇宙ステーション内の安全な場所に退避させるということもあった。

これら危険なスペースデブリを取り除くための有効な手段は現時点ではないが、これ以上増やさないためのガイドラインが国連レベルで合意されている。高度2000km以下の人工衛星は、運用終了後25～50年以内に大気圏に突入するよう軌道変更することを要求している。もちろん、人工衛星の打ち上げ、運用にあたり、不必要にデブリを出すことを禁止することなども要求されている。

財団法人日本宇宙フォーラムのホームページに
さらに詳しい解説が掲載されています
http://www.jsforum.or.jp/technic/debris.html

3-3 世界の有人宇宙船

3-3-1 ボストーク宇宙船

開発・運用国	旧ソ連
構造・機能等 概要	宇宙飛行士が乗る帰還モジュールと計器類、酸素・窒素タンク、減速用エンジン、姿勢制御用ロケット等を備えた機械モジュールで構成。再突入カプセルは再突入時の過熱に耐えるため断熱材に覆われている。また、3つのハッチ(降下用パラシュート、機械船との連結、宇宙飛行士の出入り口)がある。気圧、空気組成はほぼ地上と同じに調整。
乗員数	1名
形状等 質量	4725kg
形状等 形状	機械船+帰還船(乗員用)
形状等 全長	帰還船:直径2.3m、機械船:長さ3.1m
形状等 全幅	機械船:直径2.58m
打上げ等 射場	カザフスタン バイコヌール宇宙基地
打上げ等 ロケット	ボストークロケット(A-1ロケット)
打上げ等 主な軌道	高度約160km〜300kmの地球周回低軌道
打上げ等 帰還方法等	宇宙飛行士は、高度約7kmで帰還船から射出座席で脱出し、パラシュートで降下。カプセルはパラシュートにて着地する。打ち上げ時の緊急脱出も射出座席を使用。
運用開始〜終了	1961〜1963年
運用概要	1〜6号の6機。米ソの宇宙開発競争が激化する中で、世界初の有人飛行、1昼夜の飛行、2機の宇宙船による編隊飛行、女性宇宙飛行士の搭乗など、旧ソ連のプロパガンダ的要素が強いが、人類が宇宙で生活できること、ランデブーの基礎技術など大きな成果があった。

3-3 世界の有人宇宙船

概観図

- アンテナ
- 計器類
- 整備用ハッチ
- 窓(姿勢検知用光学装置つき)
- 射出座席
- 酸素・窒素タンク
- 窓
- 搭乗用ハッチ
- 帰還モジュール
- 機器モジュール
- アンテナ
- 減速用エンジン

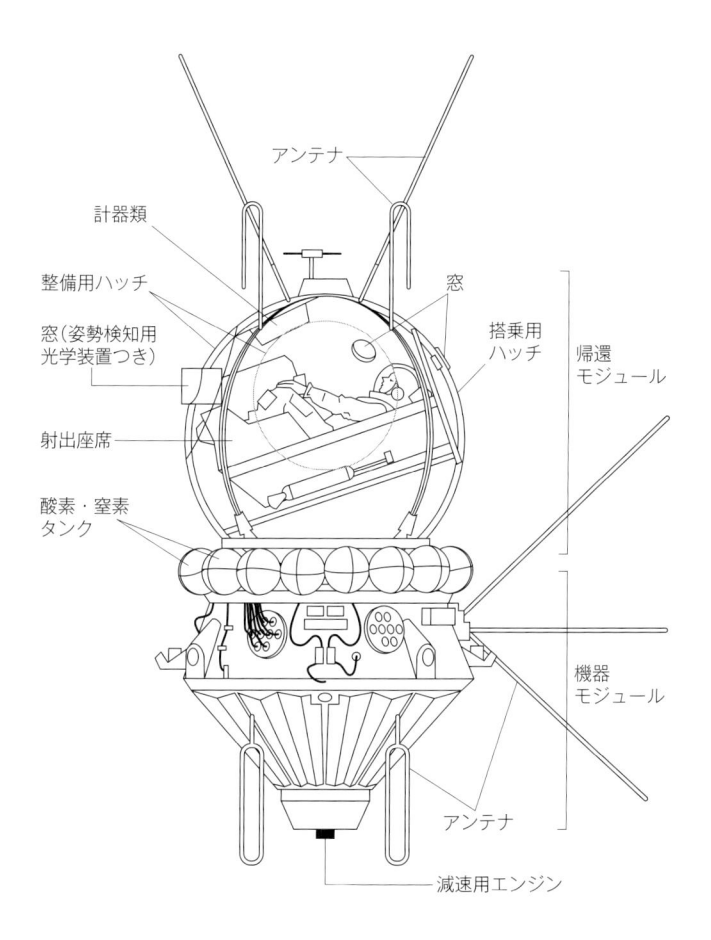

3-3-2 ボスホート宇宙船

開発・運用国	旧ソ連
構造・機能等　概要	構成はボストークと同じ、帰還モジュールと機械モジュール。 帰還モジュールに着陸時の逆噴射の固体ロケットを装備し、2〜3人が乗れるようシートを増加したが、大きさはボストークと同じため、射出座席をやめた。
乗員数	2〜3名

形状等	質量	5.32 t
	形状	機械船+帰還船(乗員用)
	全長	帰還船：直径2.3m、機械船：長さ3.1m
	全幅	機械船：直径2.58m

打ち上げ等	射場	カザフスタン バイコヌール宇宙基地
	ロケット	ボスホートロケット(A-2ロケット)
	主な軌道	高度約160km〜300kmの地球周回低軌道
	帰還方法等	再突入カプセルが機械船から分離、大気圏に再突入して降下。パラシュートにより減速し、着陸寸前にロケットを噴射して着地。

運用開始〜終了	1964〜1965年
運用概要	米国の2人乗りのジェミニ宇宙船に対抗した宇宙船で、1号では3名が搭乗した。また2号では2名が搭乗し、1名が世界初の宇宙遊泳(船外活動)を実行した。 しかし、打ち上げ時と帰還時の緊急脱出の方法がない、リスクの大きな宇宙船で、打ち上げられたのは2機のみ。以後ソユーズ宇宙船に移行していった。

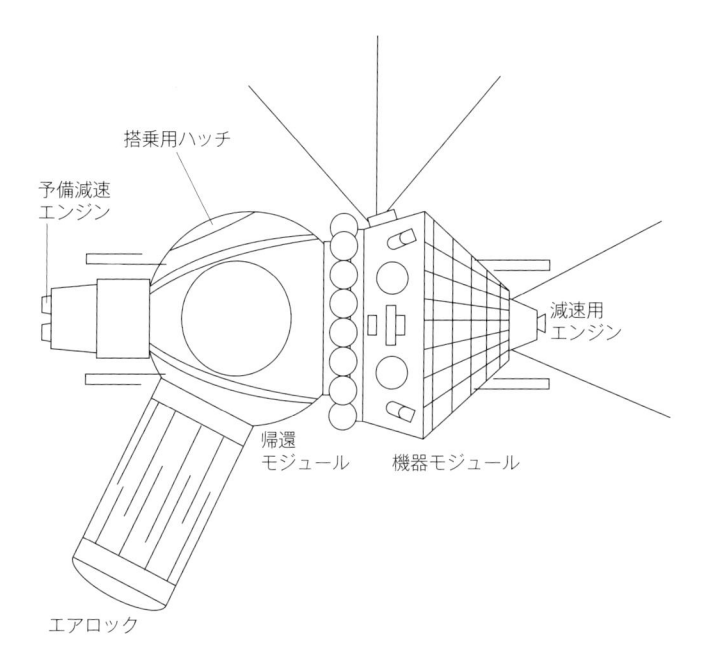

概観図

予備減速エンジン
搭乗用ハッチ
減速用エンジン
帰還モジュール
機器モジュール
エアロック

3-3-3 ソユーズ宇宙船（ソユーズTMA-M）

開発・運用国	旧ソ連／ロシア
構造・機能等　概要	軌道モジュール＋帰還モジュール＋機器／推進モジュールで構成。機械船の左右に太陽電池パドルを装備。ソユーズ宇宙船(Soyuz)1～40号／T-1～T-15号／TM-1～34号／TMA／TMA-Mと進化、細かな改良が加えられている。
乗員数	1～3名

形状等	質量	7.07t
	形状	軌道船＋帰還船＋機械船
	全長	7.2m
	全幅	直径2.7m

打ち上げ等	射場	カザフスタン バイコヌール宇宙基地
	ロケット	ソユーズロケット(A-2ロケット)
	主な軌道	高度数百kmの地球周回低軌道
	帰還方法等	逆噴射により減速し、帰還モジュールが軌道モジュールと機器／推進モジュールを切り離す。大気圏に再突入した帰還船はパラシュートにより減速し、着地直前(地上約1m)に減速ロケットを噴射して着地。

運用開始～終了	1967年～　運用中
運用概要	ソユーズの原型は、米国のアポロ宇宙船と同様に有人月着陸を目的として開発された。旧ソ連の月着陸は行われなかったが、ソユーズ宇宙船は改良が続けられ、サリュート、ミール、国際宇宙ステーションへのドッキングおよび乗員(交代要員)の移乗を行っている。ソユーズ宇宙船の軌道上での運用期間は約半年で、国際宇宙ステーションにドッキングしているソユーズ宇宙船の交換のために半年ごとに打ち上げるなど、運用している。

3-3 世界の有人宇宙船

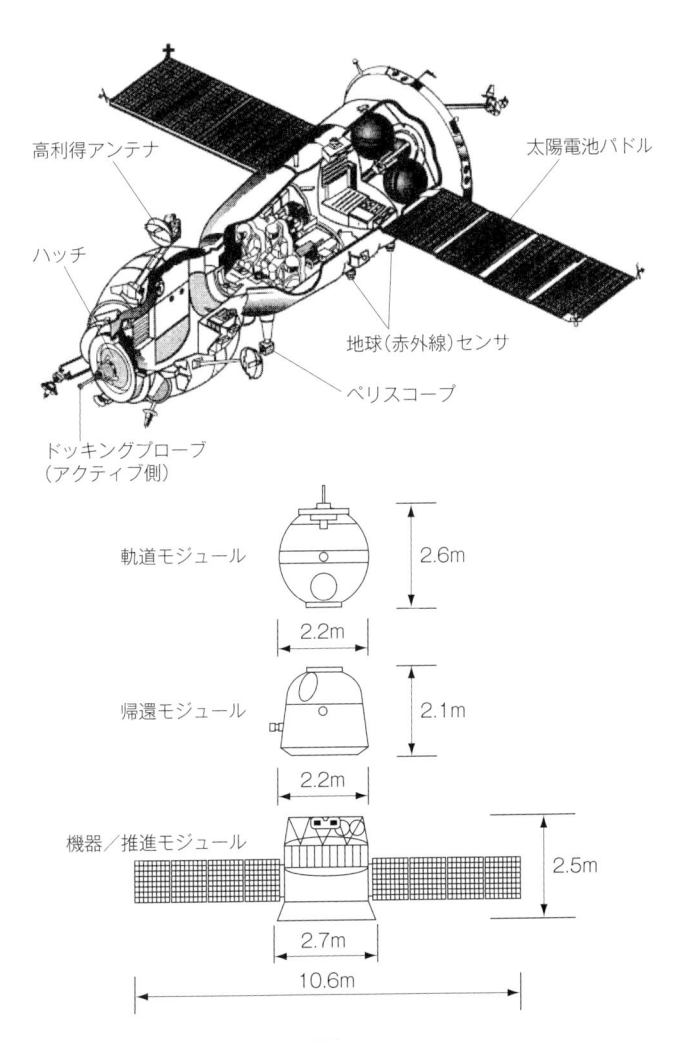

概観図

- 高利得アンテナ
- ハッチ
- ドッキングプローブ（アクティブ側）
- 太陽電池パドル
- 地球（赤外線）センサ
- ペリスコープ

軌道モジュール 2.6m 2.2m

帰還モジュール 2.1m 2.2m

機器／推進モジュール 2.5m 2.7m

10.6m

3-3-4 マーキュリー宇宙船

開発・運用国	アメリカ
構造・機能等　概要	居住空間1.7m^{3}と、飛行士1人用のごく狭い空間に電気スイッチ、ヒューズ、レバーなど合計120個の制御装置。18個の姿勢制御用の小型のガス噴射装置および宇宙船底面に逆噴射等のための減速用エンジンを装備。船内は純酸素で3分の1気圧。
乗員数	1名
形状等 質量	1.93t
形状等 形状	円錐形
形状等 全長	3.51m
形状等 全幅	1.9m
打ち上げ等 射場	ケープカナベラル空軍基地
打ち上げ等 ロケット	レッドストーンおよびアトラスD
打ち上げ等 主な軌道	レッドストーンでは弾道飛行。 アトラスでは高度数百kmの地球周回低軌道。
打ち上げ等 帰還方法等	減速用エンジンにより減速、大気圏再突入。パラシュートにより減速し海上に着水。
運用開始～終了	1961～1963年
運用概要	マーキュリー計画は、旧ソ連に先駆けて史上初の有人飛行を実現することが目的であったが、旧ソ連のボストークに遅れをとった。 合計6機の打ち上げ。最初の2機は弾道飛行のみ。 アメリカ初の地球周回は1962年。最後となる6機目の飛行時間は34時間19分。

3-3 世界の有人宇宙船

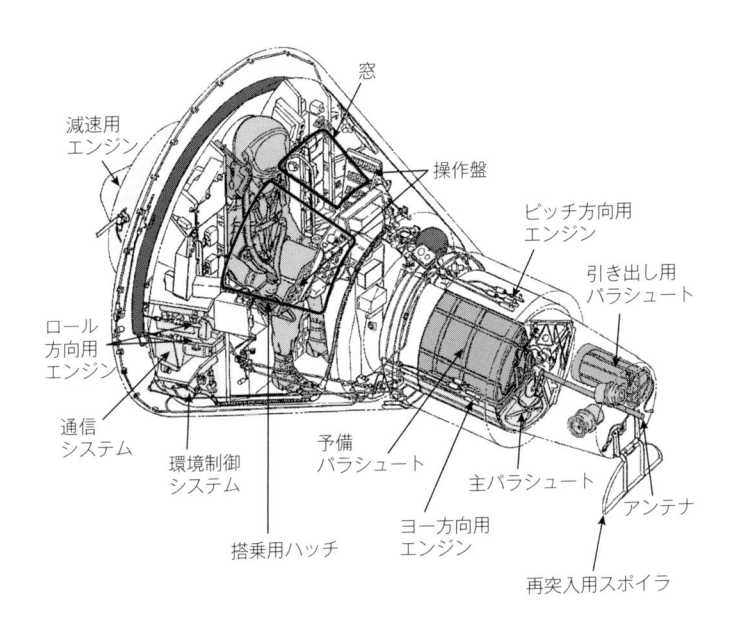

概観図

- 減速用エンジン
- 窓
- 操作盤
- ピッチ方向用エンジン
- 引き出し用パラシュート
- ロール方向用エンジン
- 通信システム
- 環境制御システム
- 搭乗用ハッチ
- 予備パラシュート
- 主パラシュート
- ヨー方向用エンジン
- アンテナ
- 再突入用スポイラ

3-3-5 ジェミニ宇宙船

開発・運用国	アメリカ
構造・機能等　概要	帰還カプセルと機械船で構成。水素と酸素を使用して発電する燃料電池、減速用エンジンや姿勢制御エンジンを搭載。緊急脱出用ロケットは付けず、射出座席を採用。
乗員数	2名
形状等 質量	3.2t
形状等 形状	円錐形
形状等 全長	5.6m
形状等 全幅	3.1m
打ち上げ等 射場	ケープカナベラル空軍基地
打ち上げ等 ロケット	タイタン2
打ち上げ等 主な軌道	高度数百kmの地球周回低軌道
打ち上げ等 帰還方法等	逆推進ロケットが噴射してカプセルが降下をする。機械船が切り離され、帰還カプセルだけで大気圏に再突入。補助パラシュートと主パラシュートを開いて大西洋上に着水する。
運用開始～終了	1965～1966年
運用概要	有人月着陸のアポロ計画のための準備計画であり、月へ人間を送るのに必要な宇宙でのさまざまな技術を完成させるのが目的。そのため、初めて宇宙船のコンピュータを使って軌道修正計算が行われ、高い軌道から低い軌道に移す軌道制御実験や宇宙船同士のランデブー、標的衛星とのドッキング、船外活動などが行われた。合計10機。軌道飛行(4時間53分～13日18時間35分)。

3-3 世界の有人宇宙船

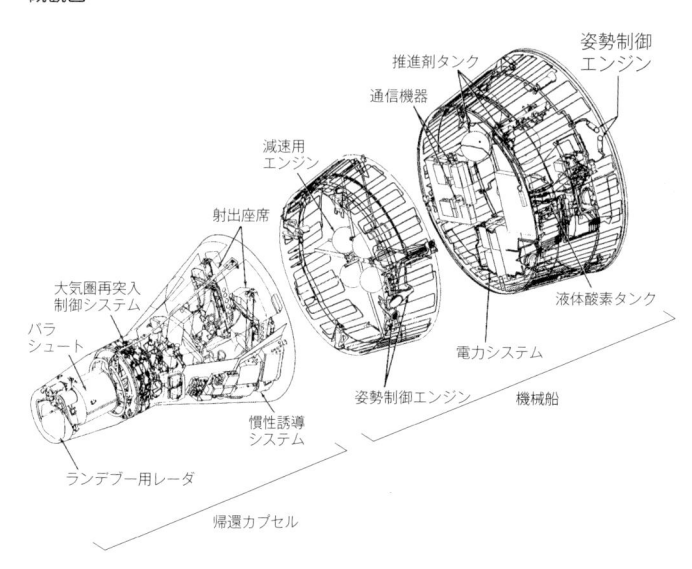

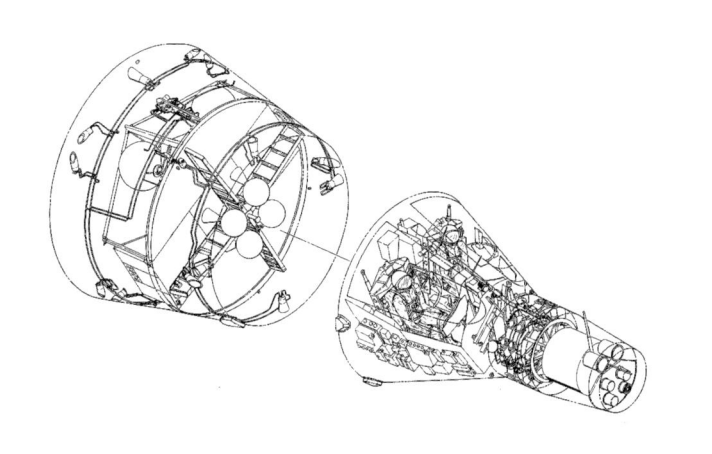

概観図

3-3-6 アポロ宇宙船

開発・運用国	アメリカ
構造・機能等　概要	司令船＋機械船＋月着陸船で構成。司令船は、ミッション全体を管理コントロールする部分であり、宇宙飛行士の居住区でもある。最終的に地球に帰還するのは、この部分のみ。機械船は司令船に酸素や電力を供給し、また推進ロケットの役割を持つ。月着陸船は上昇部と下降部で構成。それぞれに月面への着陸・月面からの上昇のためのエンジンを装備。
乗員数	3名

形状等	質量	43.86t（司令船：5.56t、機械船：23.2t、月着陸船：15.1t）
	形状	円錐形の司令船、円筒形の機械船、月着陸船
	全長	17.8m
	全幅	直径3.91m

打ち上げ等	射場	ケープカナベラル空軍基地
	ロケット	サターンV型
	主な軌道	地球周回軌道、月周回軌道
	帰還方法等	カプセル型（海上に着水）

運用開始〜終了	1968〜1975年
運用概要	有人月着陸計画のアポロ宇宙船は7号から17号まで。 月をめざしたのは8、10〜17号の9機。月着陸をめざしたのは11〜17号の7機。そのうち13号は機械船の事故のため月着陸を断念。計6機が月着陸を行い、380kg以上の月の岩石を採取。 アポロ計画終了後、宇宙ステーションスカイラブ計画で3機、旧ソ連との共同試験飛行で1機を使用。

3-3 世界の有人宇宙船

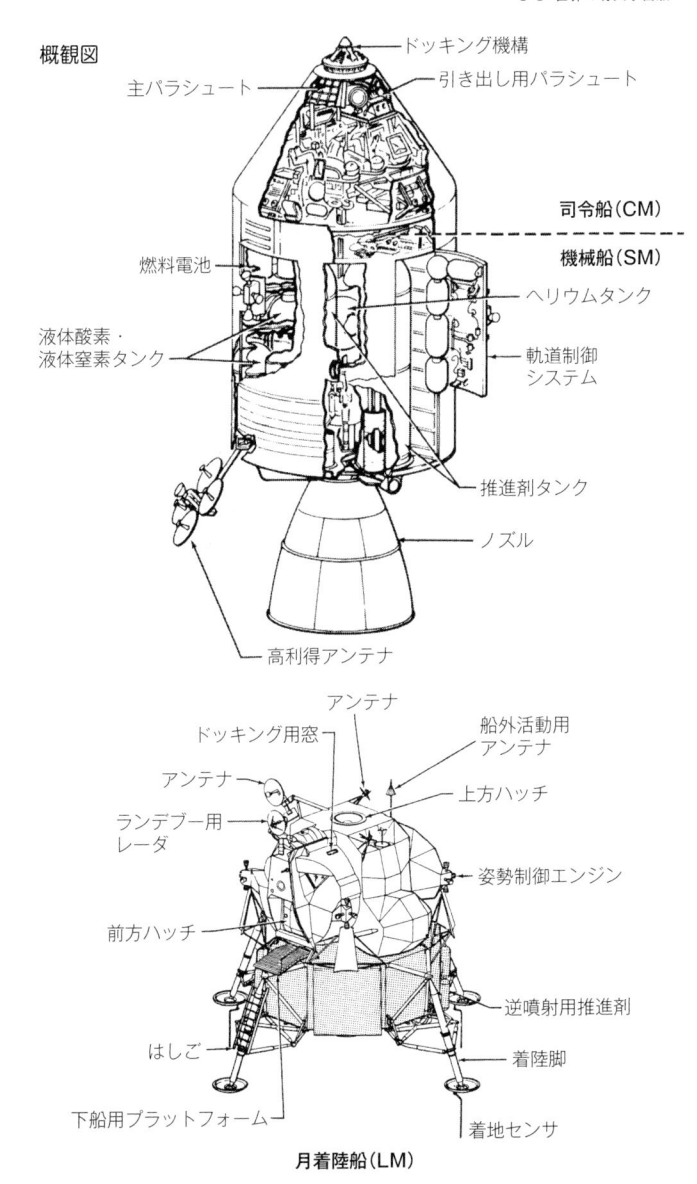

概観図

- ドッキング機構
- 主パラシュート
- 引き出し用パラシュート
- 燃料電池
- ヘリウムタンク
- 液体酸素・液体窒素タンク
- 軌道制御システム
- 推進剤タンク
- ノズル
- 高利得アンテナ

司令船（CM）
機械船（SM）

- アンテナ
- ドッキング用窓
- 船外活動用アンテナ
- アンテナ
- 上方ハッチ
- ランデブー用レーダ
- 姿勢制御エンジン
- 前方ハッチ
- 逆噴射用推進剤
- はしご
- 着陸脚
- 下船用プラットフォーム
- 着地センサ

月着陸船（LM）

3-3-7 スペースシャトル

開発・運用国	アメリカ
構造・機能等 概要	オービタ＋外部燃料タンク＋固体ロケットブースタ(2基)で構成。 オービタに、メインエンジン3基、軌道制御用小型エンジン2基、および姿勢制御のスラスタを装備。外部燃料タンク以外は回収し再使用する。
乗員数	最大7名
形状等 質量	2020t～2050t(ミッションにより異なる)
形状等 形状	再使用型有翼往還機
形状等 全長	56.2m(オービタ37.2m)
形状等 全幅	外部燃料タンク8.4m(オービタ翼幅23.8m)
打ち上げ等 射場	ケネディ宇宙センター
打ち上げ等 ロケット	—
打ち上げ等 主な軌道	高度数百kmの地球周回低軌道
打ち上げ等 帰還方法等	軌道制御用エンジンにより減速、大気圏再突入。滑空状態で高度を下げ、さらに減速し滑走路に着地。パラシュートとブレーキで減速、停止。
運用開始～終了	1981～2011年
運用概要	オービタは「コロンビア」、「チャレンジャー」、「ディスカバリー」、「アトランティス」、「エンデバー」の合計5機が建造され、科学衛星や惑星探査機の打ち上げ、宇宙実験、ロシアの宇宙ステーション「ミール」とのドッキング、国際宇宙ステーションの組み立てなど135回のフライトが行われた。そのうち、「チャレンジャー」、「コロンビア」は事故により爆発・空中分解。14名の犠牲者が出た。

3-3 世界の有人宇宙船

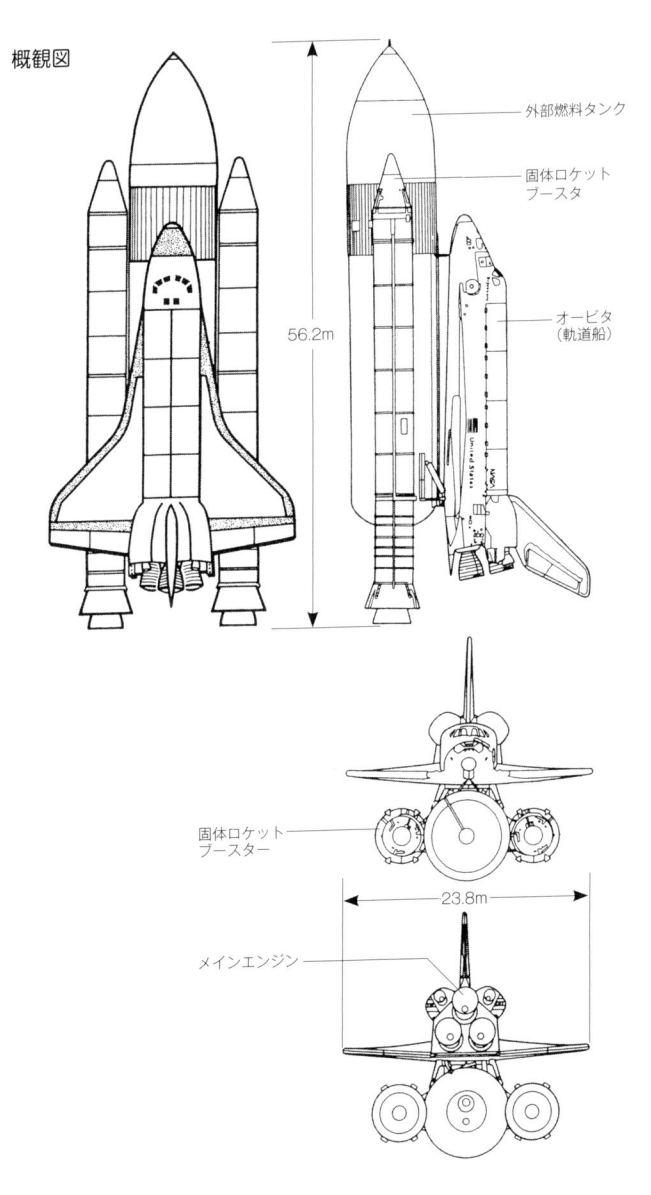

概観図

56.2m

外部燃料タンク

固体ロケット
ブースタ

オービタ
(軌道船)

固体ロケット
ブースター

23.8m

メインエンジン

3-3-8 ブラン

開発・運用国	旧ソ連
構造・機能等　概要	エネルギアロケットによって打ち上げ。ブランには軌道制御用エンジンと姿勢制御用のスラスタを装備(スペースシャトルと違ってブラン自体にはメインエンジンは装備されていない)。
乗員数	最大10名(ただし実際の運用では無人である)
形状等	質量	135t
	形状	再使用型有翼往還機
	全長	36m
	全幅	翼幅23.9m　胴体部の直径5.6m
打ち上げ等	射場	バイコヌール宇宙基地(チュラタム射場)
	ロケット	エネルギア(全長60m、直径8mの第1段に、ブースタロケット4基を装備。質量2419t)
	主な軌道	高度約250kmの地球周回軌道
	帰還方法等	軌道制御用エンジンにより減速、大気圏再突入。滑空状態で高度を下げ、さらに減速し滑走路に着地。パラシュートとブレーキで減速、停止。
運用開始〜終了	1988年11月15日
運用概要	エネルギアの打ち上げは、1987年5月15日と1988年11月15日の2回行われた。1回目は上段エンジン付きのポリュス衛星を打ち上げたが、上段エンジンの不具合で軌道投入失敗。 2回目は、無人のブランを搭載して打ち上げ、ブランは地球を2周回し滑走路に着陸。その後、ソ連の崩壊とともにブランの計画は終了した。

3-3 世界の有人宇宙船

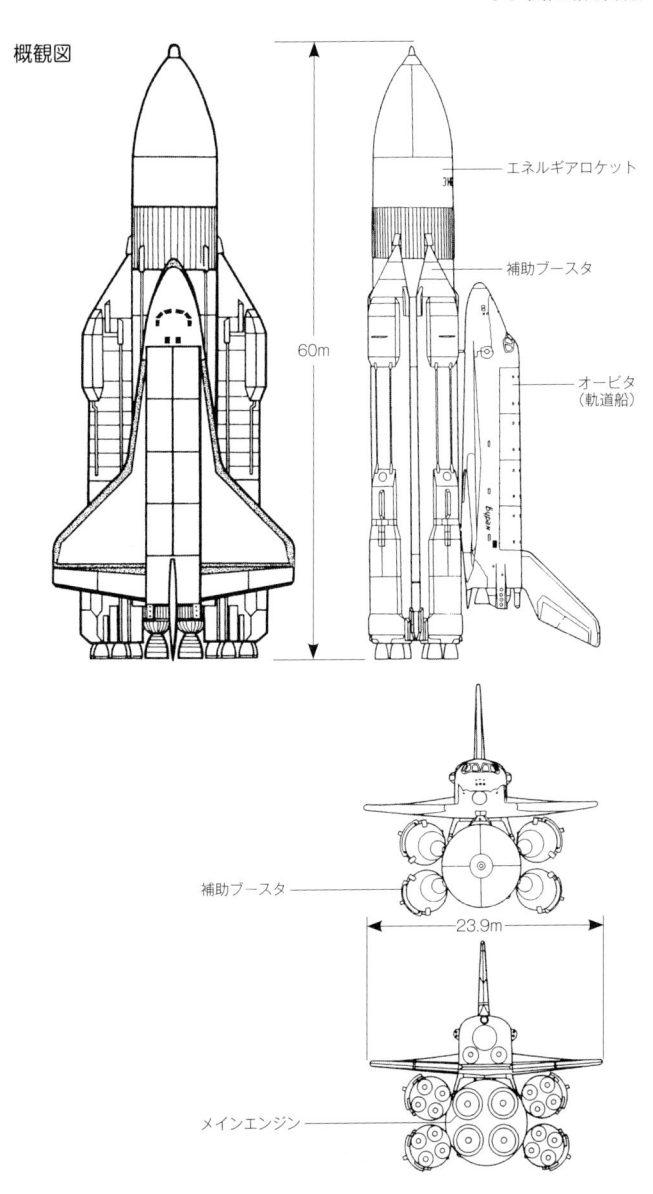

概観図

- エネルギアロケット
- 補助ブースタ
- オービタ（軌道船）
- 60m
- 補助ブースタ
- 23.9m
- メインエンジン

第3章　有人宇宙飛行

3-3-9　神舟宇宙船(シェンチョウ)

開発・運用国	中国
構造・機能等　概要	ソユーズを基本としている。軌道モジュール、帰還モジュール、機器モジュールで構成。軌道船および帰還船にはそれぞれ2枚の太陽電池パドルを装備。また、軌道船は帰還船分離後も単独で地球周回し、長期の無人宇宙実験等が可能であるとともに、次回の有人ミッションの時に回収、ドッキングが可能。
乗員数	1～3名
形状等　質量	7.6t
形状	ほぼ円筒形
全長	8.8m
全幅	最大直径2.8m
打ち上げ等　射場	酒泉衛星発射センター
ロケット	長征2Fロケット
主な軌道	高度数百kmの地球周回低軌道
帰還方法等	ロシアのソユーズとほぼ同じ方式。逆噴射を行った後、帰還モジュールを分離して再突入する。高度8kmでパラシュートを展開、高度1mで4基の固体ロケットを噴射して衝撃を緩和させる。
運用開始～終了	2003年～現在も運用中
運用概要	1～4号は、無人あるいは生物を乗せ実験。5号で有人軌道飛行に成功。6号では2名搭乗。赤外線カメラなどの光学式偵察装置が軌道船に装着されており、分離した後も軌道上を周回し、偵察衛星として活用されている。 7号にて宇宙遊泳を実施。

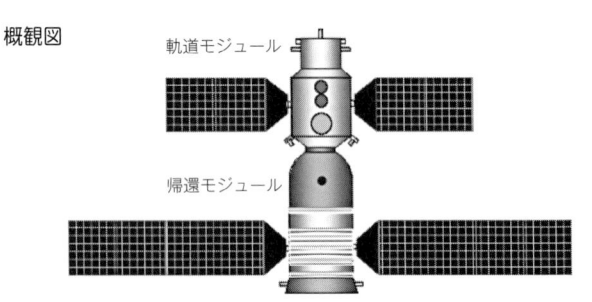

概観図

軌道モジュール

帰還モジュール

機器モジュール

3-4 世界の宇宙ステーション活動全記録

3-4-1 アメリカの宇宙ステーション

名称 ロケット	打ち上げ年月日 消滅年月日	宇宙飛行士	備考
スカイラブ (重量約75t) サターンV	73.5.14 79.7.11	C.コンラッド J.カーウィン P.ワイツ	1973年5月25日にアポロ宇宙船とドッキングして移乗。約28日間生活して6月22日に帰還。
		A.ビーン J.ルースマ O.ギャリオット	1973年7月28日にアポロ宇宙船から移乗。クモの巣実験などをして59日半生活し9月25日に帰還。
		G.カー W.ポーグ E.ギブソン	1973年11月16日にアポロ宇宙船とドッキングして移乗。84日間生活して、74年2月8日に帰還。

3-4-2 旧ソ連／ロシアの宇宙ステーション

宇宙ステーションの名称 打ち上げロケット	打ち上げ年月日 消滅年月日	宇宙飛行士	備考
サリュート1号 (重量約17t) プロトンD-1	71.4.19 71.10.11	V.シャタロフ A.エリセーエフ N.ルカビシニコフ	4月24日にソユーズ10号で5時間半ドッキング。移乗には失敗。
		G.ドブロボルスキー V.ヴォルコフ V.パツアエフ	6月7日にソユーズ11号でドッキングして移乗。約24日間の宇宙生活ののち、6月30日に帰還したが降下の際、窒息死した。
サリュート2号 (重量約18.5t) プロトンD-1	73.4.3 73.5.28		電波も出さず、ドッキングのためのソユーズも打ち上げられなかった。船体破損のためとみられる。
サリュート3号 (重量約18t) プロトンD-1	74.6.25 75.1.24	P.ポポビッチ Y.アルチューヒン	7月5日にソユーズ14号でドッキングして移乗。約15日間生活して、7月19日に帰還。
サリュート4号 (重量約18.5t) プロトンD-1	74.12.26 77.2.3	A.グバレフ G.グレチコ	75年1月12日にソユーズ17号でドッキングして移乗。約29日間の生活ののち2月9日に帰還。
		P.クリムク V.セバスチャノフ	75年5月26日にソユーズ18B号でドッキングして移乗。約63日間生活して7月26日に帰還。
		無人	75年11月19日に、生物を積んだソユーズ20号がドッキング。76年2月16日に帰還。
サリュート5号 (重量約19t) プロトンD-1	76.6.22 77.8.8	B.ボルイノフ V.ツォロボフ	7月6日にソユーズ21号でドッキングして移乗。49日間の宇宙生活をして、8月24日に帰還。
		V.ゴルバトコ Y.グラズコフ	77年2月8日にソユーズ24号でドッキングして移乗、約18日間の宇宙生活ののち、2月25日に帰還。

第3章　有人宇宙飛行

宇宙ステーションの名称 打ち上げロケット	打ち上げ年月日 消滅年月日	宇宙飛行士	備考
サリュート6号 （重量約19t） プロトンD-1	77.9.29 82.7.29	Y.ロマネンコ G.グレチコ	77年12月11日にソユーズ26号でドッキングして移乗、96日と10時間の宇宙生活をして、78年3月16日に帰還。
		V.ジャニベコフ O.マカロフ	78年1月11日にソユーズ27号でドッキングして移乗、6日間の宇宙生活をして、1月16日に帰還。世界初の3連結。
		無人	78年1月22日に、燃料や食料を積んだ無人輸送船プログレス1号がドッキング、15日間結合状態を保って2月8日に太平洋上で大気圏に再突入した。
		A.グバレフ V.レメク	78年3月3日にソユーズ28号でドッキングして移乗、7日間の宇宙生活をして3月10日に帰還。レメクはチェコ人。
		V.コワレノク A.イワンチェンコフ	78年6月17日にソユーズ29号でドッキングして移乗。飛行士は11月2日31号で帰還。140日滞在。
		P.クリムク M.ジェルマシェフスキ	78年6月29日にソユーズ30号でドッキングして移乗。ソユーズ29号のコワレノクらと合流して7日間の宇宙生活をして7月5日に帰還。ジェルマシェフスキはポーランド人。
		無人	78年7月9日に、燃料や食料を積んだ無人輸送船プログレス2号がドッキング。8月2日切り離し、4日消滅。
		無人	78年8月10日にプログレス3号がドッキング。8月21日切り離し、24日消滅。
		V.ブィコフスキー S.イェーン	78年8月27日にソユーズ31号でドッキングして移乗。イェーンは東ドイツ人。飛行士は9月3日29で帰還。
		無人	78年10月4日にプログレス4号がドッキング。8月24日切り離し、27日消滅。
		V.リヤホフ V.リュミン	79年2月26日にソユーズ32号でドッキングして移乗、飛行士はソユーズ34号で8月19日帰還。32号のみ6月13日無人で帰還。
		無人	79年3月12日にプログレス5号がドッキング。4月4日切り離し。
		無人	79年5月15日にプログレス6号がドッキング。6月8日切り離し。
		無人	79年6月7日ソユーズ34号がドッキング。8月19日ソユーズ32号の飛行士を乗せて帰還。175日滞在。
		無人	79年6月30日プログレス7号がドッキング。物資等補給し、サリュート6号の軌道を上げた後切り離し。

3-4 世界の宇宙ステーション活動全記録

宇宙ステーションの名称 打ち上げロケット	打ち上げ年月日 消滅年月日	宇宙飛行士	備考
サリュート6号 (重量約19t) プロトンD-1	77.9.29 82.7.29	無人	79年12月19日ソユーズT-1がドッキング。96日後切り離し。
		無人	80年3月30日プログレス8号がドッキング。4月25日切り離し。
		L.ポポフ V.リュミン	80年4月10日ソユーズ35号でドッキングして移乗。10月11日37号で帰還。185日滞在。
		無人	80年4月29日プログレス9号がドッキング。燃料等補給後切り離し。
		V.クバソフ B.ファルカス	80年5月26日ソユーズ36号でドッキングして移乗。6月3日ソユーズ35号で帰還。ファルカスはハンガリー人。
		Y.マルイシェフ V.アクショーノフ	80年6月7日ソユーズT-2でドッキングして移乗。6月9日帰還。
		無人	80年7月1日プログレス10号がドッキング。燃料等補給後切り離し。
		V.ゴルバトコ P.トアン	80年7月24日ソユーズ37号でドッキングして移乗。7月31日36号で帰還。トアンはベトナム人。
		Y.ロマネンコ A.メンデス	80年9月20日ソユーズ38号でドッキング。9月26日帰還。メンデスはキューバ人。
		無人	80年9月30日プログレス11号がドッキング。燃料等補給。
		L.キジム O.マカロフ G.ストレカロフ	80年11月29日ソユーズT-3でドッキング。12月10日帰還。
		無人	81年1月27日プログレス12号がドッキング。燃料等補給。3月20日切り離し。
		V.コワレノク V.サビヌイフ	81年3月13日ソユーズT-4がドッキング。5月26日帰還。
		V.ジャニベコフ J.グラグチャ	81年3月22日ソユーズ39号がドッキング。3月30日帰還。グラグチャはモンゴル人。
		L.ポポフ D.ブルナリウ	81年5月16日ソユーズ40号がドッキング。5月22日帰還。ブルナリウはルーマニア人。
		無人	81年6月19日コスモス1267号がドッキング。
サリュート7号 (重量約19t) プロトンD-1	82.4.19 91.2.7	A.ベレゾボイ V.レベデフ	82年5月14日ソユーズT-5がドッキング。12月10日T-7で帰還。
		無人	82年5月25日プログレス13号がドッキング。
		V.ジャニベコフ A.イワンチェンコフ J.クレチアン	82年6月25日ソユーズT-6がドッキング。7月2日に帰還。クレチアンはフランス人。

175

第3章 有人宇宙飛行

宇宙ステーションの名称 打ち上げロケット	打ち上げ年月日 消滅年月日	宇宙飛行士	備考
サリュート7号 (重量約19t) プロトンD-1	82.4.19 91.2.7	無人	82年7月12日プログレス14号がドッキング。
		L.ポポフ A.セレブロフ S.サビツカヤ*	82年8月20日ソユーズT-7がドッキング。8月27日T-5で帰還。
		無人	82年9月20日プログレス15号がドッキング。10月14日切り離し。
		無人	82年11月2日プログレス16号がドッキング。12月13日切り離し。13m、4mφ宇宙タグボート。
		無人	83年3月10日コスモス1443号がドッキング(複合宇宙ステーション、計40t)。83年8月14日切り離し。
		V.リヤホフ A.アレクサンドロフ	83年6月28日ソユーズT-9がドッキング。11月23日帰還。
		無人	83年8月19日プログレス17号がドッキング。9月17日切り離し。
		無人	83年10月22日プログレス18号がドッキング。11月13日切り離し。
		L.キジム V.ソロビヨフ O.アチコフ	84年2月9日ソユーズT-10Bがドッキング。10月2日にT-11で帰還。236日22時間50分の滞在記録。
		無人	84年2月23日プログレス19号がドッキング。3月31日切り離し。
		Y.マルイシェフ G.ストレカロフ D.シャルマ	84年4月4日ソユーズT-11がドッキング。4月11日、T-10Bで帰還。
		無人	84年4月17日プログレス20号がドッキング。5月6日切り離し。
		無人	84年5月10日プログレス21号がドッキング。5月26日切り離し。
		無人	84年5月30日プログレス22号がドッキング。7月15日切り離し。
		V.ジャニベコフ I.ウォルク S.サビツカヤ*	84年7月18日ソユーズT-12がドッキング。7月29日帰還。
		無人	84年8月16日プログレス23号がドッキング。8月26日切り離し。
		V.ジャニベコフ V.サビヌイフ	85年6月8日ソユーズT-13がドッキング。9月25日に切り離し、ジャニベコフとT-14のグレチコがT-13で9月26日帰還。
		無人	85年6月23日プログレス24号がドッキング。7月15日切り離し。

3-4 世界の宇宙ステーション活動全記録

宇宙ステーションの名称 打ち上げロケット	打ち上げ年月日 消滅年月日	宇宙飛行士	備考
サリュート7号 (重量約19t) プロトンD-1	82.4.19 91.2.7	無人	85年7月21日コスモス1669号がドッキング。8月29日切り離し。
		V.ワチューチン G.グレチコ A.ヴォルコフ	85年9月18日ソユーズT-14がドッキング。サビヌイフ、ワチューチン、ヴォルコフは11月21日T-14で帰還。
		無人	85年10月2日コスモス1686号がドッキング。
		L.キジム V.ソロビヨフ	86年5月7日、ミールから切り離されたソユーズT-15がドッキング。6月25日切り離し、T-15は再びミールに向かう。
		91年2月7日、大気圏に再突入(一部破片は、アルゼンチンに落下)。	
ミール (重量約19t) プロトンD-1	86.2.19 01.3.23	新型宇宙ステーション。6つのドッキング装置を装備。	
		L.キジム V.ソロビヨフ	86年3月15日、ソユーズT-15がドッキング、5月6日切り離し、T-15はサリュート7号に向かう。
		無人	86年3月21日、プログレス25号がドッキング。4月20日切り離し。
		無人	86年4月26日、プログレス26号がドッキング。6月22日切り離し。
		無人	86年5月23日、ソユーズTM-1がドッキング。5月29日切り離し、30日帰還。
		L.キジム V.ソロビヨフ	86年6月27日、サリュート7号/コスモス1686号から切り離されたソユーズT-15が、再びドッキング。7月16日帰還。
		無人	87年1月18日、プログレス27号がドッキング。2月23日切り離し。
		Y.ロマネンコ A.ラベイキン	87年2月8日、ソユーズTM-2がドッキング。
		無人	87年3月5日、プログレス28号がドッキング。3月26日切り離し。
		無人	87年4月12日、クワントモジュールがドッキング。
		無人	87年4月23日、プログレス29号がドッキング。5月11日切り離し。
		無人	87年5月21日、プログレス30号がドッキング。7月19日切り離し。
		A.ビクトレンコ A.アレクサンドロフ M.ファリス	87年7月24日、ソユーズTM-3がドッキング。7月30日、ラベイキン、ビクトレンコ及びファリスがソユーズTM-2で帰還。

第3章　有人宇宙飛行

宇宙ステーションの名称 打ち上げロケット	打ち上げ年月日 消滅年月日	宇宙飛行士	備考
ミール (重量約19t) プロトンD-1	86.2.19 01.3.23	無人	87年8月5日、プログレス31号がドッキング。9月22日切り離し。
		無人	87年9月26日、プログレス32号がドッキング。11月17日切り離し。
		無人	87年11月23日、プログレス33号がドッキング。88年1月17日切り離し。
		V.チトフ M.マナロフ A.レフチェンコ	87年12月23日、ソユーズTM-4がドッキング。12月28日、ロマネンコ、アレクサンドロフ及びレフチェンコがソユーズTM-3で帰還。
		無人	88年1月23日、プログレス34号がドッキング。3月20日分離。
		無人	88年3月26日、プログレス35号がドッキング。5月5日分離。
		無人	88年5月15日、プログレス36号がドッキング。6月5日分離。
		A.ソロビヨフ V.サビヌイフ A.アレクサンドロフ	88年6月9日、ソユーズTM-5がドッキング。6月17日、TM-4で帰還。アレクサンドロフはブルガリア人。
		無人	88年7月20日、プログレス37号がドッキング。8月12日分離。
		V.リヤホフ V.ポリヤコフ A.モフマンド	88年8月31日、ソユーズTM-6がドッキング。9月7日、ソユーズTM-5でリヤホフとモフマンドが帰還。モフマンドはアフガニスタン人。
		無人	88年9月12日、プログレス38号がドッキング。9月20日分離。
		A.ヴォルコフ S.クリカレフ J.クレチアン	88年11月29日、ソユーズTM-7がドッキング。クレチアンはフランス人。12月21日、TM-4のチトフ、マナロフ及びTM-7のクレチアンがTM-6で帰還。チトフ、マナロフは宇宙滞在366日の記録樹立。
		無人	88年12月27日、プログレス39号がドッキング。89年2月3日分離。
		無人	89年2月12日、プログレス40号がドッキング。3月3日分離。
			89年4月27日、ヴォルコフ、クリカレフ及びTM-6のポリヤコフがTM-7で帰還。
		無人	89年8月25日、プログレスM-1がドッキング(一部、再突入能力があり、回収可能)。
		A.ビクトレンコ A.セレブロフ	89年9月8日、ソユーズTM-8がドッキング。90年2月19日、TM-8で帰還。
		無人	89年12月6日、クワント2モジュールがドッキング。

3-4 世界の宇宙ステーション活動全記録

宇宙ステーションの名称 打ち上げロケット	打ち上げ年月日 消滅年月日	宇宙飛行士	備考
ミール (重量約19t) プロトンD-1	86.2.19 01.3.23	無人	89年12月22日、プログレスM-2がドッキング。90年2月9日分離。
		A.ソロビヨフ A.バランディン	90年2月13日、ソユーズTM-9がドッキング。90年8月9日帰還。
		無人	90年3月3日、プログレスM-3がドッキング。4月28日分離。
		無人	90年5月8日、プログレス42号がドッキング。5月27日分離(旧式モデルの最後)。
		無人	90年6月10日、クリスタルモジュールがドッキング。無重力環境においての結晶成長の実験。
		G.マナコフ G.ストレカロフ	90年8月3日、ソユーズTM-10がドッキング。12月10日帰還。
		無人	90年8月17日、プログレスM-4がドッキング。9月17日分離。
		無人	90年9月27日、プログレスM-5がドッキング。11月28日分離。
		V.アファナシェフ M.マナロフ 秋山豊寛	90年12月4日、ソユーズTM-11がドッキング。秋山は12月10日にTM-10で、アファナシェフ、マナロフは91年5月26日にTM-11で、それぞれ帰還。
		無人	91年1月16日、プログレスM-6がドッキング。3月15日分離。
		無人	91年3月28日、プログレスM-7がドッキング。5月7日分離。
		A.アルセバルスキ S.クリカレフ H.シャーマン*	91年5月20日、ソユーズTM-12がドッキング。シャーマンは5月26日TM-11で帰環。アルセバルスキは、10月10日TM-12で、クリカレフは92年3月25日TM-13で帰還。
		無人	91年6月1日、プログレスM-8がドッキング。8月16日分離。
		無人	91年8月23日、プログレスM-9がドッキング。9月30日分離。
		A.ヴォルコフ T.アウバキロフ F.フィーボック	91年10月4日、ソユーズTM-13がドッキング。ヴォルコフは、92年3月25日TM-13で、他の2人は91年10月10日TM-12で帰還。
		無人	91年10月21日、プログレスM-10がドッキング。92年1月20日分離。
		無人	92年1月27日、プログレスM-11がドッキング。3月13日分離。
		A.ビクトレンコ A.カレリ K.フレード	92年3月19日、ソユーズTM-14がドッキング。フレードは3月25日TM-13で、ビクトレンコとカレリは8月10日にTM-14で帰還。

179

第3章　有人宇宙飛行

宇宙ステーションの名称 打ち上げロケット	打ち上げ年月日 消滅年月日	宇宙飛行士	備考
ミール (重量約19t) プロトンD-1	86.2.19 01.3.23	無人	92年4月23日、プログレスM-12がドッキング。6月27日分離。
		無人	92年7月2日、プログレスM-13がドッキング。7月24日分離。
		A.ソロビヨフ S.アブデエフ M.トニーニ	92年7月29日、ソユーズTM-15がドッキング。トニーニは8月10日TM-14で、ソロビヨフとアブデエフは93年2月1日にTM-15で帰還。
		無人	92年8月18日、プログレスM-14がドッキング。10月21日分離。
		無人	92年10月29日、プログレスM-15がドッキング。93年2月7日分離。
		G.マナコフ A.ポリショック	93年1月26日、ソユーズTM-16がドッキング。7月22日TM-16で帰還。
		無人	93年2月23日、プログレスM-16がドッキング。
		無人	93年4月2日、プログレスM-17がドッキング。
		無人	93年5月24日、プログレスM-18がドッキング。
		V.スピリエフ A.セレブロフ J.ピエール・ハグネア	93年7月3日、ソユーズTM-17がドッキング。ハグネアは7月22日にTM-16で帰還。他の2人はTM-17で94年1月14日に帰還。
		無人	93年8月12日、プログレスM-19がドッキング。
		無人	93年10月13日、プログレスM-20がドッキング。
		V.ポリヤコフ V.アファナシェフ Y.ウサチョフ	94年1月10日、ソユーズTM-18がドッキング。アファナシェフとウサチョフはTM-18で帰還。11月14日、TM-19で帰還。
		無人	94年1月30日、プログレスM-21がドッキング。
		無人	94年3月24日、プログレスM-22がドッキング。
		無人	94年5月24日、プログレスM-23がドッキング。
		Y.マレンチェンコ T.ムサバイエフ	94年7月3日、ソユーズTM-19がドッキング。11月14日、TM-19で帰還。
		無人	94年8月27日および30日にプログレスM-24がドッキングを試みたが失敗、9月2日3度目で成功。

3-4 世界の宇宙ステーション活動全記録

宇宙ステーションの名称 打ち上げロケット	打ち上げ年月日 消滅年月日	宇宙飛行士	備考
ミール (重量約19t) プロトンD-1	86.2.19 01.3.23	A.ビクトレンコ E.コンダコワ* W.メルボルト	94年10月6日、ソユーズTM-20がドッキング。11月4日、マレンチェンコ、ムサバイエフ、ESAのメルボルトはソユーズTM-19で帰還。
		無人	94年11月13日、プログレスM-25がドッキング。
		無人	95年2月17日、プログレスM-26がドッキング。
		V.ジェジューロフ G.ストレカロフ N.サガード(米)	95年3月16日、ソユーズTM-21がドッキング。3月22日、ポリヤコフ、ビクトレンコ、コンダコワはソユーズTM-20で帰還。
		無人	95年4月11日、プログレスM-27がドッキング。
		R.ギブソン(米) C.プリコート(米) E.ベーカー(米)* G.ハーバー(米) B.ダンバー(米)* A.ソロビヨフ N.ブダーリン	95年6月29日にSTS-71がドッキング。7月4日分離。7月7日ソユーズTM-21の3人とともに帰還。ソロビヨフとブダーリンはソユーズTM-21で帰還。
		無人	95年7月22日、プログレスM-28がドッキング。
		Y.ギドゼンコ S.アブデエフ T.ライテル(ESA)	95年9月5日にソユーズTM-22がドッキング。9月11日、STS-71のソロビヨフとブダーリンはソユーズTM-21で帰還。
		無人	95年10月11日、プログレスM-29がドッキング。
		K.キャメロン(米) J.ハルセル, Jr.(米) C.ハドフィールド(カナダ) J.ロス(米) W.マッカーサー, Jr.(米)	95年11月15日にSTS-74がドッキング。11月18日分離。
		無人	95年12月21日、プログレスM-30がドッキング。
		Y.オヌフリエンコ Y.ウサチェフ	96年2月23日、ソユーズTM-23がドッキング。
		K.チルトン(米) R.シーアフォス(米) R.セガ(米) M.クリフォード(米) L.ゴドウィン(米)* S.ルシッド(米)*	96年3月24日にSTS-76がドッキング。3月28日分離。ルシッドがミールに滞在。
		無人	96年4月26日、プリローダがドッキング。
		無人	96年5月7日、プログレスM-31がドッキング。

181

第3章 有人宇宙飛行

宇宙ステーションの名称 打ち上げロケット	打ち上げ年月日 消滅年月日	宇宙飛行士	備考
ミール (重量約19t) プロトンD-1	86.2.19 01.3.23	無人	96年8月3日、プログレスM-32がドッキング。
		V.コルザン A.カレリ C.デエー(仏)*	96年8月19日、ソユーズTM-24がドッキング。
		W.レディ(米) T.ウィルカット(米) T.エーカーズ(米) J.アプト(米) C.ウォルツ(米) J.ブラハ(米)	96年9月18日、STS-79とミールがドッキング。4回目のシャトルとミールのドッキング。ブラハはミールに移乗し、STS-81で帰還。ルシッドは188日間、ミールに滞在し、STS-79で地球に帰還。
		無人	96年11月21日、プログレスM-33がドッキング。目的は物資補給。
		M.ベーカー(米) B.ジェット,Jr.(米) J.グランスフェルド(米) M.アイビンズ(米)* P.ウィソフ(米) J.リネンガー(米)	97年1月14日、STS-81とミールがドッキング。5回目のシャトルとミールのドッキング。リネンガーはミールに移乗し、STS-84で帰還。ブラハはSTS-81で地球に帰還。
		V.ツィブリエフ A.ラズートキン R.エワルト(独)	97年2月12日、ソユーズTM25とミールがドッキング。宇宙開発事業団の宇宙船内微生物相計測実験装置が搭載され、ミールで実験が行われた。
		無人	97年4月8日、プログレスM-34がドッキング、目的は物資補給。
		C.プリコート(米) E.コリンズ(米)* J-F.クレルボワ(仏) C.ノリエガ(米) E.ルー(米) E.コンダコワ* M.フォール(米)	97年5月16日、STS-84とミールがドッキング。6回目のシャトルとミールのドッキング。フォールはミールに移乗、STS-86で帰還。リネンガーはSTS-84で地球に帰還。
		無人	97年7月7日、プログレスM-35がドッキング。目的は物資補給と科学実験モジュール「スペクトル」の部分的修理。スペクトルは6月25日にプログレスM-34と衝突した。
		A.ソロビヨフ P.ビノグラドフ	97年8月7日、手動でソユーズTM-26とミールがドッキング。これら2人の宇宙飛行士は物資補給無人輸送船プログレスが6月25日にミールに衝突したために破損したミールの太陽電池パネルの修理作業に従事した。

3-4 世界の宇宙ステーション活動全記録

宇宙ステーションの名称 打ち上げロケット	打ち上げ年月日 消滅年月日	宇宙飛行士	備考
ミール (重量約19t) プロトンD-1	86.2.19 01.3.23	J.ウェザービー(米) M.ブルームフィールド(米) V.チトフ S.パラジンスキー(米) J-L.クレティアン(仏) W.ローレンス* D.ウルフ(米)	97年9月27日、STS-86とミールがドッキング。7回目のシャトルとのドッキング。ウルフはミールに移乗し、STS-89で帰還。フォールはSTS-86で地球に帰還。
		無人	97年10月5日、プログレスM-36がミールにドッキング。目的は物資補給。
		無人	97年12月20日、プログレスM-37がミールにドッキング。目的は物資補給。
		T.ムサバイエフ N.ブダーリン L.エイハーツ(仏)	98年1月31日、ソユーズTM-27とミールがドッキング。ムサバイエフとブダーリンの両飛行士は、プログレス輸送船との衝突事故により損傷したスペクトル・モジュールや太陽電池パドル補強など、5回の船外活動(EVA)を実施した。
		G.パダルカ S.アブデエフ Y.バトゥリン	98年8月15日、ソユーズTM-28とミールが手動でドッキング。ロシアの元高官としては初のミール滞在を経験したバトゥリンは、ムサバイエフおよびブダーリン両飛行士とともに8月25日、地球に無事帰還。パダルカとアブデエフの両飛行士は、9月16日にスペクトル・モジュール内で太陽電池パドルの太陽指向制御機能修復のため、2本のケーブルを接続する作業を実施した。
		無人	98年10月27日、プログレスM-38が、ミールにドッキング。目的は物資補給。
		V.アファナシェフ J-P.ハグネア I.ベラ	99年2月22日、ソユーズTM-29とミールがドッキング。ベラはミールに6日間滞在し、2月28日、98年8月以来ミールに滞在していたパダルカ飛行士とともにTM-28で帰還。
			99年8月28日、ミールに残っていたアファナシェフ船長とアブデエフ、ハグネアの3名は、地球帰還のために接続していたソユーズTM-29でミールから離脱した。ミールは初の無人自動飛行に切り替わった。
		無人	99年4月4日、プログレスM-41が、ミールにドッキング。目的は物資補給。

183

第3章 有人宇宙飛行

宇宙ステーションの名称 打ち上げロケット	打ち上げ年月日 消滅年月日	宇宙飛行士	備考
ミール (重量約19t) プロトンD-1	86.2.19 01.3.23	無人	99年7月18日、プログレスM-42が、ミールにドッキング。目的は、乗組員が撤退した後、ミールの位置を維持するための誘導コンピュータと物資の補給。
		無人	2000年2月3日、プログレスM1-1がミールにドッキング。目的は物資補給。
		S.ザレーチン A.カレリ	2000年4月6日、ソユーズTM-30とミールがドッキング。2名のロシア人宇宙飛行士が8ヵ月ぶりにミールに搭乗。ミールコープ社による初の民間資金によるミッション。99年7月より発生していた微量の気密もれの修理や、デジタル通信機器の設置などを行った。6月16日TM-30で帰還。
		無人	2000年4月28日、プログレスM1-2がミールにドッキング。目的は物資補給。
		無人	2000年10月21日、プログレスM-43がミールにドッキング。目的は物資補給。
		無人	2001年1月27日、プログレスM1-5がミールにドッキング。エンジンを逆噴射させて速度を落とし、ミールを大気圏に落下させるための燃料補給を行った。
		2001年3月、大気圏に再突入(一部の破片は南太平洋に落下)。	

＊：女性
出典：
・NASA宇宙飛行局(NASA Office of Space Flight)
 http://www.nasa.gov/centers/hq/home/index.html
・JAXAホームページ　ミール宇宙ステーション　ミールステータス情報
 http://iss.jaxa.jp/mir/jmirdoc3.html

●運用が終了したミール●
　1986年2月22日に打ち上げられた宇宙ステーション「ミール」は、1997年ごろから、老朽化にともなう機器の故障、火災、無人輸送船プログレスの衝突などのトラブルが相次いだ。一方、ロシア政府の財政難もあり、ミールの運用を行っているエネルギア社は、民間投資家からの資金協力先を探してきた。
　一時は資金協力先が見つからず廃棄される予定で、1999年8月28日からミールは無人飛行となっていた。しかし、アメリカ企業が資金協力を申し出たことにより、運用が再開されることになった。2000年4月6日から2人の宇宙飛行士が73日間滞在した。しかし、気密もれやバッテリ電力の急激な低下などがあり、2001年3月23日に大気圏に突入させて廃棄された。
　総重量140トンのミールは、世界で唯一の滞在型有人宇宙施設として、長期にわたり宇宙実験の場を提供してきた。15年におよび運用されてきたミールには、9ヵ国、延べ100人以上の宇宙飛行士が滞在した。ミールを通して、人類が宇宙で生活するためのノウハウを得ることができた。ミールで獲得された技術は、今後、国際宇宙ステーションの運用において活かされている。

3-4-3 国際宇宙ステーション(ISS)

フライトNo.	オービタ(ロケット)	打ち上げ年月日 着陸年月日	備考
1	1A/R(プロトン)	98.11.20	ISSの最初の構成要素である基本機能モジュール「ザーリャ」の打ち上げ(無人)。
2	2A STS-88 エンデバー	98.12.4 12.15	アメリカのモジュール、ノード1「ユニティ」、与圧結合アダプタ1、2の打ち上げ。98年12月5日、ノード1とザーリャを結合。電力活動により、電力ケーブルなどの結合を行う。船外活動は3回、合計21時間22分実施。ISSの中に宇宙飛行士が入り、荷物の荷ほどきなどを行う。SAC-A衛星とマイティサット衛星を放出。12月13日、ドッキング解除。
3	2A.1 STS-96 ディスカバリー	99.5.27 6.6	補給艤装フライト。5月28日、ISSにドッキング。2000年10月から開始する3名の長期滞在に備えて、機材や補給物資をISSに搬入。アメリカ、ロシアのクレーンの取り付けと、教育衛星スターシャインの放出。船外活動は1回で7時間55分。6月3日、ドッキング解除。
4	2A.2a STS-101 アトランティス	00.5.19 5.29	補給艤装フライト。5月20日、ISSとドッキング。ザーリャの不具合の修理を行う。滞在クルーが使用する物資を搬入。船外活動は1回で6時間44分。5月26日、ドッキング解除。
5	1R(プロトンK)	00.7.12	サービスモジュール「ズヴェズダ」の打ち上げ(無人)。7月26日、ISSにドッキング。ズヴェズダには、睡眠用の個室、トイレ、冷蔵冷凍庫を含む調理設備、食事用のテーブルなどの設備もあり、アメリカの居住モジュールが接続されるまで、居住スペースとしても使用される。
6	1P プログレス M1-3 (ソユーズU)	00.8.6	物資補給(無人)。8月9日、ISSにドッキング。ISSの推進剤の補給及び軌道高度の引き上げ。食料、衣料品等搭載。11月1日、ドッキング解除。
7	2A.2b STS-106 アトランティス	00.9.8 9.20	補給艤装フライト。9月10日、ISSにドッキング。ISSに入室してズヴェズダ内の装置を点検し、起動された。搭乗員ヘルスケアシステムに用いる医療用機器を搬入するなど、第1次滞在クルーの到着に備えるための作業を行った。船外活動は1回で6時間14分。ナビゲーションシステムや通信ケーブルを取り付けた。9月17日、ドッキング解除。
8	3A STS-92 ディスカバリー	00.10.11 10.24	スペースシャトルの100回目のミッション。2000年10月13日、ドッキング。ユニティにZ1トラスと与圧結合アダプタ3を取り付けた。若田光一宇宙飛行士がロボットアームを操作。船外活動は4回で、合計27時間19分。その他、長期滞在クルーの滞在の準備作業を行った。10月20日、ドッキング解除。
9	2R ソユーズ TM-31	00.10.31 01.5.6	11月2日、ズヴェズダの後部にドッキング。ISSの第1次滞在クルー到着。約4ヵ月滞在し、5A.1(STS-102)で帰還。滞在中、3回の組み立てミッションが実施され、滞在クルーにも作業を支援した。ソユーズTM-31は、2S(TM-32)の到着まで緊急避難用としてISSにドッキングしている。

第3章 有人宇宙飛行

フライトNo.	オービタ（ロケット）	打ち上げ年月日 着陸年月日	備考
10	2P プログレス M1-4 （ソユーズU）	00.11.16	物資補給（無人）。11月18日、ISSにドッキング。12月2日、ドッキング解除。12月26日、ISSに再度ドッキング。2001年2月8日、ドッキング再解除。
11	4A STS-97 エンデバー	00.11.30 12.11	12月2日、ISSとドッキング。太陽電池パドルやバッテリなどを搭載したP6トラスの取り付けを行った。P6トラスの取り付けにより、ISSの発電能力が増強され、01年2月に打ち上げられるアメリカの実験棟「デスティニー」の稼働準備が整った。船外活動は3回、合計19時間20分実施。12月9日、ドッキング解除。
12	5A STS-98 アトランティス	01.2.7 2.20	2月9日、ISSとドッキング。アメリカの実験棟デスティニーを取り付けた。3回の船外活動が実施され、その3回目はアメリカ史上100回目の船外活動であった。3回の合計時間は19時間49分。2月16日、ドッキング解除。
13	3P プログレス M-44 （ソユーズU）	01.2.26	物資補給（無人）。2月28日、ISSにドッキング。4月16日、ドッキング解除。
14	5A.1 STS-102 ディスカバリー	01.3.8 3.21	3月10日、ISSとドッキング。イタリアが開発した多目的補給モジュール「レオナルド」にシステムラックや実験ラックを搭載してISSに輸送し、アメリカの実験棟デスティニー内部に設置した。船外活動は2回で、合計15時間17分実施。3月18日、ドッキング解除。第2次滞在クルーが第1次滞在クルーと交代した。約6ヵ月滞在し、7A.1（STS-105）で帰還。ウサチョフとボスは、6月8日にISS滞在宇宙飛行士として初めての船外活動を19分間行った。
15	6A STS-100 エンデバー	01.4.19 5.1	4月21日、ISSとドッキング。イタリアが開発した多目的補給モジュール「ラファエロ」に実験装置ラック2台や輸送用ラックなどを搭載してISSに搬入。実験棟デスティニー内部に設置した。船外活動を2回、合計14時間51分実施して、カナダが開発したロボットアームとUHFアンテナをISSに取り付けた。4月29日、ドッキング解除。
16	2S ソユーズ TM-32 （ソユーズU）	01.4.28 10.31	4月30日、ISSとドッキング。ISSの緊急脱出用としてドッキングしているソユーズの交換。チトー氏が2000万ドルを支払い、民間人として初めてISSに6日間滞在。2Rで2000年11月2日以来ISSにドッキングしていたTMA-1で帰還。
17	4P プログレス M1-6 （ソユーズFG）	01.5.21	物資補給（無人）。ソユーズUの改良型ロケットであるソユーズFGの初打ち上げ。5月23日、ISSにドッキング。8月22日、ドッキング解除。
18	7A STS-104 アトランティス	01.7.12 7.24	7月13日、ISSにドッキング。エアロック（クエスト）が取り付けられ、スペースシャトルの支援を受けることなく、ISSから直接船外活動をすることができるようになった。7月21日、ドッキング解除。

3-4 世界の宇宙ステーション活動全記録

フライト No.	オービタ (ロケット)	打ち上げ年月日 着陸年月日	備考
19	7A.1 STS-105 ディスカバリー	01.8.10 8.22	8月12日、ISSとドッキング。船外活動を2回、合計11時間45分実施。初期アンモニア充塡装置のP6トラスへの取り付けや、予備のヒータ電力ケーブルの取り付けを行った。第3次滞在クルーが到着し、第2次滞在クルーと交代。約3ヵ月滞在し、UF-1(STS-108)で帰還。8月20日、ドッキング解除。
20	5P プログレス M-45 (ソユーズU)	01.8.21	NASDAの実験装置など物資補給(無人)。8月23日、ISSにドッキング。11月23日、ドッキング解除。
21	4R プログレス M-DC1 (ソユーズU)	01.9.15	9月17日、ISSにドッキング(無人)。ドッキング室DC-1「ピアース」を接続。ドッキング室には、ソユーズまたはプログレスが1機ドッキングすることができる。エアロックの役割も果たすため、DC-1のハッチから船外活動の出入りが可能になる。9月26日、推進モジュールのドッキング解除。
22	3S ソユーズ TM-33 (ソユーズU)	01.10.21 02.5.5	10月23日、ISSにドッキング。ISSの緊急脱出用としてズヴェズダにドッキングしているソユーズの交換。ESAの宇宙飛行士エニェレがフランス人として初めてISSに滞在。8日間の滞在中、材料科学、生命科学、気象の分野の科学実験を行う。2Sで2001年4月30日以降ISSにドッキングしていたTM-32で帰還。
23	6P プログレス (ソユーズU)	01.11.26	物資補給(無人)。11月29日、ISSにドッキング。2002年3月20日、ドッキング解除。
24	UF-1 STS-108 エンデバー	01.12.5 12.17	12月7日、ISSとドッキング。多目的補給モジュール「ラファエロ」を用いてISSに新しい実験機器を届け、終了した実験機器を回収。宇宙開発事業団が開発した船内の中性子を計測する中性子モニタ装置も回収された。この中性子モニタ装置は、日本の実験装置として初めて2001年3月にISSに搭載され、約8ヵ月間計測を行った。船外活動は1回で、4時間12分実施。12月15日、ドッキング解除。ドッキング期間7日21時間25分。第4次滞在クルーが到着し、第3次滞在クルーと交代。第4次滞在クルーは、滞在中、スラスタの噴射ガスの偏向装置をズヴェズダに取り付けるなど、3回、合計17時間49分の船外活動を実施。
25	7P プログレス (ソユーズU)	02.3.21	物資補給(無人)。3月24日、ISSにドッキング。6月25日、ドッキング解除。
26	8A STS-110 アトランティス	02.4.8 4.19	4月10日、ISSとドッキング。船外活動を4回、合計28時間22分実施。S0トラスとモービル・トランスポータの取り付けを行った。4月17日、ドッキング解除。結合期間7日2時間26分。
27	4S ソユーズ TM-34 (ソユーズU)	02.4.25 11.10	4月27日、ISSとドッキング。緊急脱出用のソユーズの交換。史上2人目の宇宙旅行者となる南アフリカの実業家シャトルワース氏が搭乗。宇宙旅行の費用は約2000万ドル。シャトルワース氏は、大学から提案された胚・幹細胞の培養実験などを行った。ESAのイタリア人宇宙飛行士ビットーリが搭乗し、宇宙線粒子の脳機能への影響などの実験ミッション「マルコポーロ」を行った。

187

フライト No.	オービタ (ロケット)	打ち上げ年月日 着陸年月日	備考
28	UF-2 STS-111 エンデバー	02.6.5 6.19	6月7日、ISSとドッキング。多目的補給モジュール「レオナルド」に実験装置や物資などを搭載してISSに搬入。船外活動を3回、合計19時間31分実施。ISSのロボットアームがトラス上を移動する際に使用するモービル・ベース・システム(MBS)の取り付けなどを行った。6月15日、ドッキング解除。結合期間7日22時間7分。第5次滞在クルーが到着し、第4次滞在クルーと交代。第5次滞在クルーはISS滞在中、アマチュア無線アンテナ取り付け、ズヴェズダへのデブリシールド取り付けなど、2回、合計9時間46分の船外活動を実施した。
29	8P プログレス M-46 (ソユーズU)	02.6.26	物資補給(無人)。6月29日、ISSにドッキング。9月24日、ドッキング解除。
30	9P プログレス M1-9 (ソユーズFG)	02.9.25	物資補給(無人)。9月29日、ISSにドッキング。2003年2月1日、ドッキング解除。プログレスM1補給船は、ISSの結合中に軌道上昇のための点火を行うとともに、分離後に軌道離脱するために必要最小限の推進剤を除いて、余剰となった推進剤をザーリャに移送し貯蔵することが可能。
31	9A STS-112 アトランティス	02.10.7 10.18	10月9日、ISSにドッキング。船外活動を3回、合計19時間41分実施。S1トラスの取り付けを行った。S1トラスに固定されているCETAカートをモービル・ベース・システム(MBS)へ連結、試運転を行った。CETAカートは、モービル・トランスポータと呼ばれる台車上を移動し、船外活動をする宇宙飛行士や工具などを、運搬したり、作業台の役割を果たす。10月16日、ドッキング解除、結合期間6日21時間56分。
32	5S ソユーズ TMA-1 (ソユーズFG)	02.10.30 5.4	10月31日、ISSとドッキング。緊急脱出用のソユーズの交換。背の高い宇宙飛行士も利用できるようにソユーズTMの内部を改良した新型機ソユーズTMA宇宙船の初飛行。ESAのベルギー人宇宙飛行士ディベナが搭乗し、生理学や物質化学などの実験ミッション「オデッセア」を行った。
33	11A STS-113 エンデバー	02.11.23 12.7	11月25日、ISSにドッキング。船外活動を3回、合計19時間55分実施。P1トラスの取り付けを行った。12月2日ドッキング解除。結合期間13日18時間47分。第6次滞在クルーが到着し、第5次滞在クルーと交代。
34	10P プログレス M-47 (ソユーズ)	03.2.2	2月4日、ISSとドッキング。物資の補給。NASDAがズヴェズダで実施する「タンパク質機能・構造解析のための高品質タンパク質結晶生成プロジェクト」のタンパク質結晶試料が入っている結晶成長装置(ESAを通じ、スペイン・グラナダ大学より借用)が搭載された。8月28日、ドッキング解除。
35	6S ソユーズ TMA-2 (ソユーズFG)	03.4.26 10.28	スペースシャトル「コロンビア」事故後初の有人ミッション。第7次ISS長期滞在クルー2名の打ち上げ。4月28日、ISSにドッキング。第6次長期滞在クルーは、TMA-1で帰還。

3-4 世界の宇宙ステーション活動全記録

フライトNo.	オービタ（ロケット）	打ち上げ年月日 着陸年月日	備考
36	11P プログレス M1-10 （ソユーズ）	03.6.8	6月11日、ISSとドッキング。11Pの役割は、物資の補給以外に、ISSのピアースにドッキングしてISSのロール方向の姿勢制御を担当すること。9月5日、ドッキング解除。
37	12P プログレス M-48 （ソユーズ）	03.8.29	8月30日、ISSとドッキング。長期滞在クルーの物資の補給。2004年1月28日、ドッキング解除。
38	7S ソユーズ TMA-3 （ソユーズFG）	03.10.18 04.4.30	10月20日、ISSにドッキング。ソユーズ宇宙船の交換と、スペースシャトルに代わって滞在クルーの交代を行う。ISSには滞在クルーの緊急帰還用として、ソユーズ宇宙船を常時ドッキングさせておく必要があるが、ソユーズ宇宙船の軌道上の運用寿命は、200日間であるため、半年ごとに新しいソユーズ宇宙船と交換する必要がある。
39	13P プログレス M1-11 （ソユーズ）	04.1.29	1月31日、ISSにドッキング。長期滞在クルーの水、空気、食料、医薬品、予備品などの輸送。JAXAのタンパク質結晶成長装置などの実験装置。5月24日、ドッキング解除。
40	8S ソユーズ TMA-4 （ソユーズFG）	04.4.19 10.24	4月21日、ISSにドッキング。長期滞在クルーの交代、及びソユーズ宇宙船の交換。フランス国立宇宙研究センター（CNES）の国際共同実験、第1回国際線虫実験（微小重力が生物に及ぼす影響を主に筋肉の発達の観点から研究）を実施。
41	14P プログレス M-49 （ソユーズU）	04.5.25	5月27日、ISSにドッキング。長期滞在クルーの水、空気、食料、医薬品、予備品、実験装置などの輸送。7月30日、ドッキング解除。
42	15P プログレス M-50 （ソユーズU）	04.8.11	8月14日、ISSにドッキング。長期滞在クルーの水、空気、食料、医薬品、予備品、実験装置などの輸送。12月23日、ドッキング解除。
43	9S ソユーズ TMA-5 （ソユーズFG）	04.10.14 05.4.25	10月16日、ISSにドッキング。長期滞在クルー（第10次）を送り、ソユーズ宇宙船の交換を行う。
44	16P プログレス M-51 （ソユーズU）	04.12.24	12月26日、ISSにドッキング。長期滞在クルーの水、空気、食料、医薬品、予備品、実験装置などの輸送。2005年2月28日、ドッキング解除。
45	17P プログレス M-52 （ソユーズU）	05.3.1	3月2日、ISSにドッキング。スペースシャトルの飛行再開に備えて、ISSからスペースシャトルの熱防御システムの状態を撮影するためのデジタルカメラを搭載。長期滞在クルーの水、空気、食料、医薬品、予備品、実験装置などの輸送。6月16日、ドッキング解除。

第3章 有人宇宙飛行

フライト No.	オービタ (ロケット)	打ち上げ年月日 着陸年月日	備考
46	10S ソユーズ TMA-6 (ソユーズFG)	05.4.15 10.11	4月17日、ISSにドッキング。スペースシャトル「コロンビア」の事故により飛行が延期されている長期滞在クルーの交代を行うとともに、ソユーズ宇宙船の交換を行う。ISSに打ち上げられる10回目のソユーズ宇宙船で、ソユーズ宇宙船の交換フライトとしては9回目。ソユーズ宇宙船による長期滞在クルーの交代は、6S、7S、8S、9S、について5回目。
47	18P プログレス M-53 (ソユーズ)	05.6.17	6月19日、ISSにドッキング。長期滞在クルーの水、空気、食料、医薬品、予備品、実験装置などの輸送。9月7日、ドッキング解除。
48	LF1 STS-114 ディスカバリー	05.7.26 8.9	7月28日、ISSにドッキング。「コロンビア」事故後の最初のフライト。野口聡一宇宙飛行士搭乗。スペースシャトルの主翼前縁の耐熱素材である強化炭素複合材(RCC)と、オービタ腹部の耐熱タイルの損傷を、軌道上で点検するための実証試験。ISSへの、交換部品や予備品、食料、衣服などの生活物資の補給。ISSの姿勢制御を行うコントロール・モーメント・ジャイロの交換。船外保管プラットフォームの取り付け。8月6日、ドッキング解除。
49	19P プログレス M-54 (ソユーズ)	05.9.8	9月10日、ISSにドッキング。長期滞在クルーの水、空気、食料、医薬品、予備品、実験装置などの輸送。故障中のエレクトロン(酸素発生装置)の新しい液体ユニットを輸送。ISS内の酸素生成機能を回復。2006年3月3日、ドッキング解除。
50	11S ソユーズ TMA-7 (ソユーズFG)	05.10.1 06.4.9	10月3日、ISSにドッキング。長期滞在クルー(第12次)の輸送、及びソユーズ宇宙船の交換。
51	20P プログレス M-55 (ソユーズ)	05.12.22	12月23日、ISSにドッキング。長期滞在クルーの水、空気、食料、医薬品、予備品、実験装置などの輸送。2006年6月19日、ドッキング解除。
52	12S ソユーズ TMA-8 (ソユーズFG)	06.3.30 9.29	4月1日、ISSにドッキング。長期滞在クルー(第13次)の輸送、及びソユーズ宇宙船の交換。
53	21P プログレス M-56 (ソユーズ)	06.4.24	4月26日、ISSにドッキング。長期滞在クルーの水、空気、食料、医薬品、予備品、実験装置などの輸送。9月19日、ドッキング解除。
54	22P プログレス M-57 (ソユーズ)	06.6.24	6月26日、ISSにドッキング。長期滞在クルーの水、空気、食料、医薬品、予備品、実験装置などの輸送。2007年1月17日、ドッキング解除。
55	ULF-1.1 STS-121 ディスカバリー	06.7.4 7.17	7月6日、ISSにドッキング。ESAのトーマス・ライター飛行士は、第13次・14次長期滞在クルーの一員として残り、長期滞在クルーは2003年5月以来の3名体制に戻った。7月15日、ドッキング解除。

3-4 世界の宇宙ステーション活動全記録

フライト No.	オービタ (ロケット)	打ち上げ年月日 着陸年月日	備考
56	12A STS-115 アトランティス	06.9.9 9.21	9月11日、ISSにドッキング。LF1、ULF-1.1に続き、本格的なISS組み立て再開のフライト。P3、P4トラスが取り付けられ、太陽電池パドルが追加された。ISSの組み立ては、2002年11月のSTS-113(11A)以来。9月17日、ドッキング解除。
57	13S ソユーズ TMA-9 (ソユーズFG)	06.9.18 07.4.21	9月20日、ISSにドッキング。長期滞在クルー(第14次)の輸送、及びソユーズ宇宙船の交換。
58	23P プログレス M-58 (ソユーズ)	06.10.23	10月26日、ISSにドッキング。長期滞在クルーの水、空気、食料、医薬品、予備品、実験装置などの輸送。2007年3月28日、ドッキング解除。
59	12A.1 STS-116 ディスカバリー	06.12.9 12.22	12月11日、ISSにドッキング。ISSの組み立てミッション。ISSのトラスの先端へ、新たにP5トラスを取り付け。12月19日、ドッキング解除。
60	24P プログレス M-59 (ソユーズ)	07.1.18	1月20日、ISSにドッキング。長期滞在クルーの水、空気、食料、医薬品、予備品、実験装置などの輸送。8月1日、ドッキング解除。
61	14S ソユーズ TMA-10 (ソユーズFG)	07.4.7 10.21	4月9日、ISSにドッキング。長期滞在クルー(第15次)の輸送、及びソユーズ宇宙船の交換。
62	25P プログレス M-60 (ソユーズ)	07.5.12	5月15日、ISSにドッキング。長期滞在クルーの水、空気、食料、医薬品、予備品、実験装置などの輸送。9月19日、ドッキング解除。
63	13A STS-117 アトランティス	07.6.8 6.22	6月10日、ISSにドッキング。ISSの組み立てミッション。S3、S4トラスの打ち上げ、S1トラスの先端に設置。6月19日、ドッキング解除。
64	26P プログレス M-61 (ソユーズ)	07.8.2	8月5日、ISSにドッキング。長期滞在クルーの水、空気、食料、医薬品、予備品、実験装置などの輸送。12月21日、ドッキング解除後、スラスタ噴射時に起きるプラズマと地球大気に関する研究を実施。
65	13A.1 STS-118 エンデバー	07.8.8 8.21	8月10日、ISSにドッキング。ISSの組み立てミッション。S5トラスと船外保管プラットフォーム3を打ち上げ、ISSに取り付け。ISSの姿勢制御装置のコントロール・モーメント・ジャイロの交換。8月19日、ドッキング解除。
66	15S ソユーズ TMA-11 (ソユーズFG)	07.10.10 08.4.19	10月12日、ISSにドッキング。長期滞在クルー(第16次)の輸送、及びソユーズ宇宙船の交換。

第3章　有人宇宙飛行

フライトNo.	オービタ(ロケット)	打ち上げ年月日 着陸年月日	備考
67	10A STS-120 ディスカバリー	07.10.23 11.7	10月25日、ISSにドッキング。「ハーモニー」(第2結合部)の打ち上げ、取り付け。「ハーモニー」は、今後のミッションでESAの「コロンバス」(欧州実験棟)や日本の「きぼう」日本実験棟が順次結合される。ISS長期滞在クルー1名が交代。2人の女性コマンダーが同時に作業。11月5日、ドッキング解除。
68	27P プログレス M-62 (ソユーズ)	07.12.23	12月26日、ISSのドッキング。長期滞在クルーの水、空気、食料、医薬品、予備品、実験装置などの輸送。2008年2月4日、ドッキング解除。
69	28P プログレス M-63 (ソユーズ)	08.2.5	2月7日、ISSにドッキング。長期滞在クルーの水、空気、食料、医薬品、予備品、実験装置などの輸送。4月7日、ドッキング解除。
70	1E STS-122 アトランティス	08.2.7 2.20	2月9日、ISSにドッキング。欧州初の宇宙施設、欧州実験棟「コロンバス」の打ち上げと組み立て・設置。P1トラスの窒素タンクの交換、故障したコントロール・モーメント・ジャイロの回収、コロンバス外部への実験装置の取り付けなど。長期滞在クルー1名の交代。2月18日、ドッキング解除。
71	ATV-1 ジュール・ベルヌ (アリアンV ESATV)	08.3.9	4月3日、ISSにドッキング。ESAが開発した無人輸送船で、水、空気、酸素、推進剤、与圧貨物などをISSに定期的(約17ヵ月ごと)に運搬する。ドッキング中に、ATVに搭載している推進剤を使用してISSの軌道上昇を行うとともに、姿勢制御を行う機能がある。9月6日、ドッキング解除。
72	1J/A STS-123 エンデバー	08.3.11 3.26	3月12日、ISSにドッキング。3便にわたって打ち上げられる、日本の「きぼう」日本実験棟の輸送・組み立ての第1便。「きぼう」船内保管室の取り付けが行われた。カナダの「デクスター」(特殊目的ロボットアーム)の取り付け。長期滞在クルー1名の交代。3月24日、ドッキング解除。
73	16S ソユーズ TMA-12 (ソユーズFG)	08.4.8 10.24	4月10日、ISSにドッキング。長期滞在クルー(第17次)の輸送、及びソユーズ宇宙船の交換。韓国初のイ・ソヨン宇宙飛行士搭乗。
74	29P プログレス M-64 (ソユーズ)	08.5.15	5月17日、ISSにドッキング。長期滞在クルーの水、空気、食料、医薬品、予備品、実験装置などの輸送。9月2日、ドッキング解除。
75	1J STS-124 ディスカバリー	08.5.31 6.14	6月2日、ISSにドッキング。「きぼう」日本実験棟の組み立ての第2便。「きぼう」船内実験室およびロボットアームを輸送し・組み立て・設置。星出彰彦宇宙飛行士搭乗。6月11日、ドッキング解除。
76	30P プログレス M-65 (ソユーズ)	08.9.11	9月18日、ISSにドッキング。長期滞在クルーの水、空気、食料、医薬品、予備品、実験装置などの輸送。制振装置付きトレッドミルの交換用ベルト等。11月15日、ドッキング解除。

3-4 世界の宇宙ステーション活動全記録

フライトNo.	オービタ(ロケット)	打ち上げ年月日 着陸年月日	備考
77	17S ソユーズ TMA-13 (ソユーズFG)	08.10.12 09.4.8	10月14日、ISSにドッキング。長期滞在クルー（第18次）の輸送、及びソユーズ宇宙船の交換。
78	ULF2 STS-126 エンデバー	08.11.14 11.30	11月16日、ISSにドッキング。2009年中頃から、ISS滞在クルーを6名体制にするために必要な水再生システム、トイレ、ギャレーなどの機材を、「レオナルド」(多目的補給モジュール)に搭載して運搬。太陽電池パドルの点検修理。11月28日、ドッキング解除。
79	31P プログレス M-01 (ソユーズ)	08.11.26	11月30日、ISSにドッキング。これまでのプログレスMの改良型で、今回初飛行。長期滞在クルーの水、空気、食料、医薬品、予備品、実験装置などの輸送。2009年2月6日、ドッキング解除。
80	32P プログレス M-66 (ソユーズ)	09.2.10	2月13日、ISSにドッキング。長期滞在クルーの水、空気、食料、医薬品、予備品、実験装置などの輸送。5月6日、ドッキング解除後、プラズマ環境の計測実験を実施。
81	15A STS-119 ディスカバリー	09.3.15 3.28	3月17日、ISSにドッキング。ISS最後のトラスの右舷側のS6トラスを打ち上げ、設置。全ての太陽電池パドルが稼働し、長期滞在6名体制の準備。若田光一宇宙飛行士が日本人初の長期滞在。3月25日、ドッキング解除。
82	18S ソユーズ TMA-14 (ソユーズFG)	09.3.26 10.11	3月28日、ISSにドッキング。長期滞在クルー（第19、20次）の輸送、及びソユーズ宇宙船の交換。
83	33P プログレス M-02M (ソユーズ)	09.5.8	5月13日、ISSにドッキング。長期滞在クルーの水、空気、食料、医薬品、予備品、実験装置などの輸送。7月1日、ドッキング解除後、ランデブー機器の試験。
84	19S ソユーズ TMA-15 (ソユーズFG)	09.5.27 12.1	5月29日、ISSにドッキング。ソユーズ宇宙船の交換をするとともに、長期滞在クルー3名を運び、ISS滞在クルーを6名体制にする初めてのミッション。TMA-15には、欧州宇宙機関(ESA)、カナダ宇宙庁(CSA)の飛行士が搭乗したため、ISSに携わる全ての国際パートナーが初めてそろった。
85	2J/A STS-127 エンデバー	09.7.15 7.31	7月17日、ISSにドッキング。「きぼう」日本実験棟建設の第3便。「きぼう」の船外実験プラットフォームと船外パレットが輸送され、設置された。ISSの船外機器の予備品と、P6トラスのバッテリの交換品。7月28日、ドッキング解除。
86	34P プログレス M-67 (ソユーズU)	09.7.24	7月29日、ISSにドッキング。長期滞在クルーの水、空気、食料、医薬品、予備品、実験装置などの輸送。9月21日、ドッキング解除後、プラズマ環境の計測実験を実施。

第3章　有人宇宙飛行

フライトNo.	オービタ(ロケット)	打ち上げ年月日着陸年月日	備考
87	17A STS-128 ディスカバリー	09.8.28 9.11	8月30日、ISSにドッキング。6名体制に必要なクルーの個室、運動器具、空気浄化システムなどの設備や補給物資、システムラック、実験ラック、及び交換用のアンモニアタンク等を「レオナルド」(多目的補給モジュール1)に搭載して運搬。ISS長期滞在クルー1名の交代。スペースシャトルによるISS長期滞在クルーの交代はこのフライトが最後。9月8日、ドッキング解除。
88	HTV1 こうのとり (H-ⅡB)	09.9.11	9月18日、ISSにドッキング。日本初の宇宙ステーション補給機。技術実証を行う。与圧物資、非与圧物資の両方を搭載。ランデブー方式はISSのロボットアームで把持。10月31日、ドッキング解除。
89	20S ソユーズ TMA-16 (ソユーズFG)	09.9.30 10.3.18	10月2日、ISSにドッキング。長期滞在クルー(第21、22次)の輸送、及びソユーズ宇宙船の交換。ISSに打ち上げられるソユーズ宇宙船は今回で20回目、ソユーズ宇宙船の交換ミッションとしては19回目、ソユーズ宇宙船によるISS長期滞在クルーの交代は6Sミッション以降15回目。
90	35P プログレス M-03M (ソユーズU)	09.10.15	10月18日、ISSにドッキング。長期滞在クルーの水、空気、食料、医薬品、予備品、実験装置などの輸送。2010年4月23日、ドッキング解除後、電離層とスラスタの噴射ガスが及ぼす影響を調査。
91	5R プログレス M-MRM2 (ソユーズU)	09.11.10	11月12日、ISSにドッキング。ロシアのMRM2(小型研究モジュール)をISSズヴェズダに結合。プログレスM-MRM2宇宙船は、プログレスM1補給船を改良したもので、MEM2を無人で運搬するための宇宙船。MRM2には、食料、衛生用品、衣服、交換用の機器、科学機器などが搭載されている。12月8日、ドッキング解除。
92	ULF3 STS-129 アトランティス	09.11.16 11.27	11月18日、ISSにドッキング。ISS船外機器の軌道上交換ユニットの予備品を2台のエクスプレス補給キャリアに搭載して運搬。長期滞在クルー1名の帰還。11月25日、ドッキング解除。
93	21S ソユーズ TMA-17 (ソユーズFG)	09.12.21 10.6.2	12月23日、ISSにドッキング。長期滞在クルー(第22、23次)の輸送、及びソユーズ宇宙船の交換。22次、23次長期滞在クルーとして野口宇宙飛行士搭乗。
94	36P プログレス M-04M (ソユーズU)	10.2.3	2月5日、ISSにドッキング。長期滞在クルーの水、空気、食料、医薬品、予備品、実験装置などの輸送。5月10日、ドッキング解除後、8週間にわたりロシアの地球物理学実験実施。
95	20A STS-130 エンデバー	10.2.8 2.21	2月9日、ISSにドッキング。「トランクウィリティ」(第3結合部)とキューポラの運搬、組み立て。2月19日、ドッキング解除。
96	22S ソユーズ TMA-18 (ソユーズFG)	10.4.2 9.25	4月4日、ISSにドッキング。長期滞在クルー(第23、24次)の輸送、及びソユーズ宇宙船の交換。ISSの第23次長期滞在クルー6名体制開始。

3-4 世界の宇宙ステーション活動全記録

フライト No.	オービタ (ロケット)	打ち上げ年月日 着陸年月日	備考
97	19A STS-131 ディスカバリー	10.4.5 4.20	4月7日、ISSにドッキング。実験ラック、クルーの個室、補給物資などを「レオナルド」(多目的補給モジュール)に搭載、また、交換用のアンモニアタンクを軽量型曝露実験装置支援機材キャリアに収容して、ISSに輸送。山崎直子宇宙飛行士搭乗。4月17日、ドッキング解除。
98	37P プログレス M-05M (ソユーズU)	10.4.28	5月1日、ISSにドッキング。長期滞在クルーの水、空気、食料、医薬品、予備品、実験装置などの輸送。10月25日、ドッキング解除後、ロシアの技術試験を実施。
99	ULF4 STS-132 アトランティス	10.5.14 5.26	5月16日、ISSにドッキング。ロシアのソユーズ宇宙船とプログレス補給船のドッキングポート、及び保管スペースとして使用されるロシアの小型研究モジュール1(MRM1)を輸送。また、改良型の軌道上交換ユニット仮置き場、冗長系のKuバンドアンテナ、バッテリ等を曝露機器輸送キャリアに搭載して輸送。5月23日、ドッキング解除。
100	23S ソユーズ TMA-19 (ソユーズFG)	10.6.16 11.26	6月18日、ISSにドッキング。長期滞在クルー(第24、25次)の輸送、及びソユーズ宇宙船の交換。
101	38P プログレス M-06M (ソユーズU)	10.6.30	7月4日、ISSにドッキング。長期滞在クルーの水、空気、食料、医薬品、予備品、実験装置などの輸送。8月31日、ドッキング解除後、軌道上でスラスタ燃焼試験のデータを取得。
102	39P プログレス M-07M (ソユーズU)	10.9.10	9月12日、ISSにドッキング。長期滞在クルーの水、空気、食料、医薬品、予備品、実験装置などの輸送。2011年2月20日、ドッキング解除。
103	24S ソユーズ TMA-M (ソユーズFG)	10.10.8 11.3.16	10月10日、ISSにドッキング。ソユーズTMA-M宇宙船は、従来のソユーズTMA宇宙船の改良型で、コンピュータをデジタル化したことにより約70kg軽量化され、その分搭載質量を増やせることになった。長期滞在クルー(第25、26次)の輸送、及びソユーズ宇宙船の交換。
104	40P プログレス M-08M (ソユーズU)	10.10.27	10月30日、ISSにドッキング。長期滞在クルーの水、空気、食料、医薬品、予備品、実験装置などの輸送。2011年1月24日、ドッキング解除。
105	25S ソユーズ TMA-20 (ソユーズFG)	10.12.16 11.5.24	12月17日、ISSにドッキング。長期滞在クルー(第26、27次)の輸送、及びソユーズ宇宙船の交換。25Sミッションでは、24Sで使用された新型ソユーズTMA-Mではなく、従来のソユーズTMAが使用されている。これは、新型ソユーズに問題があった場合、入れ替えて対応できるよう準備されていた機材である。なお、26Sでも従来のソユーズTMAが使用された。

第3章 有人宇宙飛行

フライト No.	オービタ (ロケット)	打ち上げ年月日 着陸年月日	備考
106	HTV2 こうのとり (H-ⅡB)	11.1.22	1月28日、ISSにドッキング。日本の2番目の補給船。補給キャリア与圧部に、勾配炉ラックと多目的実験ラック、飲料水コンテナなど、また、補給キャリア非与圧部にはNASAの輸送物資であるカーゴ輸送コンテナとフレックス・ホースロータリ・カプラが搭載された。3月28日、ドッキング解除。
107	41P プログレス M-09M (ソユーズU)	11.1.28	1月30日、ISSにドッキング。長期滞在クルーの水、空気、食料、医薬品、予備品、実験装置などの輸送。30kgの質量のアマチュア無線衛星「ARISSat-1」。4月22日、ドッキング解除後、軌道上でロシアの科学技術試験を実施。
108	ATV-2 ヨハネス・ケプラー (アリアン5ESATV)	11.2.17	2月25日、ISSにドッキング。欧州宇宙機関(ESA)の2番目の補給船。水、空気、酸素、推進剤、与圧物資など。6月20日、ドッキング解除。
109	ULF5 STS-133 ディスカバリー	11.2.24 3.09	2月26日、ISSにドッキング。スペースシャトルによるISSの組み立て・補給フライトとして35回目のフライト。「レオナルド」(多目的補給モジュール)を回収した恒久型多目的モジュール、軌道上交換ユニットの予備品を搭載したエクスプレス補給キャリア4などをISSに輸送。3月7日、ドッキング解除。
110	26S ソユーズ TMA-21	11.4.5 9.16	4月7日、ISSにドッキング。長期滞在クルー(第27、28次)の輸送、及びソユーズ宇宙船の交換。TMA-21宇宙船は、人類初の宇宙飛行をしたガガーリン宇宙飛行士にちなんで「ガガーリン」と呼ばれている。これは、26Sのクルーが宇宙滞在を始めてちょうど1週間目が4月12日のガガーリンの飛行50周年にあたるため。また、このソユーズTMA-21は、ガガーリンが宇宙に飛び立った時と同じ射点から打ち上げられた。ISSに打ち上げられるソユーズ宇宙船としては26回目。
111	42P プログレス M-10M (ソユーズU)	11.4.27	4月29日、ISSにドッキング。長期滞在クルーの水、空気、食料、医薬品、予備品、実験装置などの輸送。10月29日、ドッキング解除。
112	ULF6 STS-134 エンデバー	11.5.16 6.1	5月18日、ISSにドッキング。アルファ磁気スペクトロメータ、軌道上交換ユニットの予備品を搭載したエクスプレス補給キャリア3などを輸送。5月29日、ドッキング解除。
113	27S ソユーズ TMA-02M (ソユーズFG)	11.6.8 11.22	6月10日、ISSにドッキング。長期滞在クルー(第28、29次)の輸送、及びソユーズ宇宙船の交換。古川聡宇宙飛行士搭乗。
114	43P プログレス M-11M (ソユーズU)	11.6.21	6月23日、ISSにドッキング。長期滞在クルーの水、空気、食料、医薬品、予備品、実験装置などの輸送。8月23日、ドッキング解除後、軌道上でロシアの技術試験を実施。

3-4 世界の宇宙ステーション活動全記録

フライト No.	オービタ (ロケット)	打ち上げ年月日 着陸年月日	備考
115	ULF7 STS-135 アトランティス	11.7.8 7.21	7月10日、ISSにドッキング。スペースシャトル最後の飛行で、シャトルによるISSの組み立て・補給フライトとしては37回目。補給物資などを「ラファエロ」(多目的補給モジュール)に搭載して輸送。また、ロボットによる燃料補給ミッション実験装置を輸送。7月19日、ドッキング解除。
116	44P プログレス M-12M (ソユーズU)	11.8.24	打ち上げ失敗。打ち上げ5分25秒後に、第3段のエンジンがシャットダウン。5分50秒後にはテレメトリが途絶え、地上に落下。原因は異物により第3段のガスジェネレータの燃料流量が減少し緊急停止したことと判明。
117	45P プログレス M-13M (ソユーズU)	11.10.30	11月2日、ISSにドッキング。44Pの打ち上げに失敗したため、43P以降、約4ヵ月ぶりのプログレス補給船の打ち上げ。
118	28S ソユーズ TMA-22 (ソユーズFG)	11.11.14 12.3.14 (予定)	11月16日、ISSにドッキング。長期滞在クルー(第29、30次)の輸送、及びソユーズ宇宙船の交換。ソユーズTMA-22は従来型の最後の宇宙船。今後のソユーズは新型のTMA-Mが使用される。

A:アメリカのフライト、R:ロシアのフライト、P:プログレス補給船による補給飛行、
S:ソユーズ宇宙船の交換のためのフライト、UF:利用フライト、ULF:利用及び補給フライト、
出典:
・NASA Human Space Flight International Space Station
  http://spaceflight.nasa.gov/station/index.html
・JAXAホームページ国際宇宙ステーションNASAステータスレポート
  http://iss.jaxa.jp/iss/report/
・JAXAホームページISS組立の流れ
  http://iss.jaxa.jp/iss/construct/assemble/
・JAXAホームページ プログレス補給船による国際宇宙ステーションへの補給フライト
  http://iss.jaxa.jp/iss/supply/

3-4-4 中国の宇宙ステーション

名称 ロケット	打ち上げ年月日	宇宙 飛行士	備考
天宮1号 (質量約8.5t) 長征2F	11.9.29	無人	11月3日、長征2Fで打ち上げられた無人宇宙船「神舟8号」がドッキング。11月14日、ドッキングを解除し、さらに2回のドッキング試験を行い、11月16日、最終的にドッキング解除。地球に帰還。

3-5 宇宙ステーション
3-5-1 サリュート宇宙ステーション

開発・運用国	旧ソ連
構造・機能等 概要	世界で初めて宇宙に長期滞在するために作られた。軍事利用目的のアルマースと平和利用のサリュートの2つの計画で成り立っている。7号まで打ち上げられており、うち2・3・5号はアルマースで、偵察目的の大型の光学望遠鏡、自衛用の23ミリ機関砲を搭載。それ以外は、科学研究目的の太陽望遠鏡、X線望遠鏡、太陽を追って方向を変える太陽電池パドルなどを搭載。
滞在人員数	2名以上 延べ人数69名 最長滞在期間185日
形状等 質量	約20t(以下サリュート7号の仕様)
形状等 形状	円筒形の本体と太陽電池パドル
形状等 全長	約14.4m
形状等 全幅	最大直径4.15m
建設 期間	1970年代〜1980年代
建設 使用ロケット	プロトンD-1
建設 方法等	1回で1基のサリュートを打ち上げ
軌道 高度	地球周回軌道:200km〜300km
軌道 傾斜角	51.6度
軌道 周期	約90分
運用開始〜終了	1971〜1991年(1号〜7号)
運用概要	搭乗員の打ち上げ・帰還にはソユーズ宇宙船、荷物の運搬には無人のプログレス補給船が使われた。1号は平和利用を主な目的とした旧ソ連初の宇宙ステーション。4号では大型の太陽望遠鏡やX線望遠鏡による科学観測を行った。6号は前後にドッキングポートを設けた。このことにより緊急帰還用の宇宙船を確保したまま、クルーの引継ぎや無人輸送船プログレスによる物資の補給が可能となり、長期滞在ができるようになった。

3-5 宇宙ステーション

概観図

ソユーズ宇宙船

サリュート4

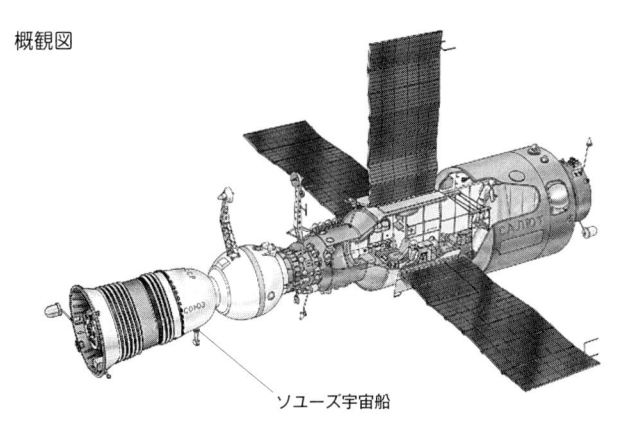

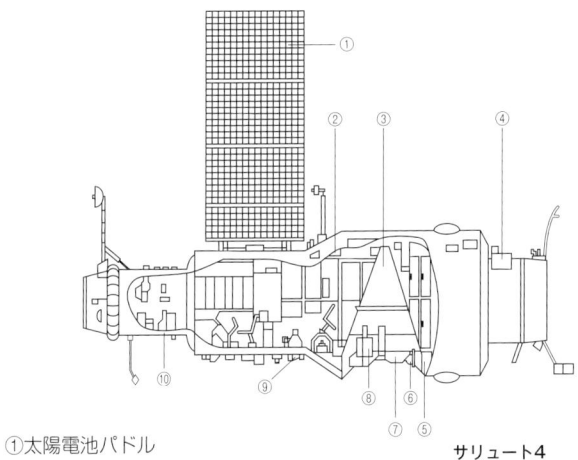

①太陽電池パドル
②分光計
③太陽望遠鏡
④X線分光望遠鏡
⑤X線望遠鏡
⑥回折分光計
⑦太陽分光計
⑧航行用放射線高度計
⑨プリズム式レーザ反射器
⑩地球観測機器

3-5-2 ミール宇宙ステーション

開発・運用国	旧ソ連／ロシア
構造・機能等　概要	コアモジュール(居住区)＋クバント1(X線・紫外線望遠鏡、姿勢制御システム)＋クバント2(EVA用の機器やシステム、エアロック)＋クリスタル(科学研究用の機器、ドッキング装置)＋スペクトル(地球観測機器)＋ドッキングモジュール(スペースシャトル用)＋プリローダ(地球観測用のリモートセンシング機器)
滞在人員数	3名　延べ人数98名　最長滞在期間437日

形状等	質量	124t
	形状	球体区画から5方向に円筒形のモジュールを結合した特徴的な形状
	全長	―
	全幅	最大直径4.35m

建設	期間	1986年2月19日〜1996年4月23日
	使用ロケット	プロトンK
	方法等	別々に打ち上げられた7つのモジュールを接続

軌道	高度	地球周回軌道：384km〜395km
	傾斜角	51.6度
	周期	92.4分

運用開始〜終了	1986〜2001年
運用概要	サリュートに引き続き、旧ソ連によって打ち上げられた。TBSの秋山豊寛やアメリカ・北欧など多くの旧東側諸国以外の宇宙飛行士も訪れた。 1995年から1998年まで、9回にわたりスペースシャトルがドッキングし、共同実験等を実施。 2001年3月23日に南太平洋上の大気圏に再突入、廃棄された。

3-5 宇宙ステーション

概観図

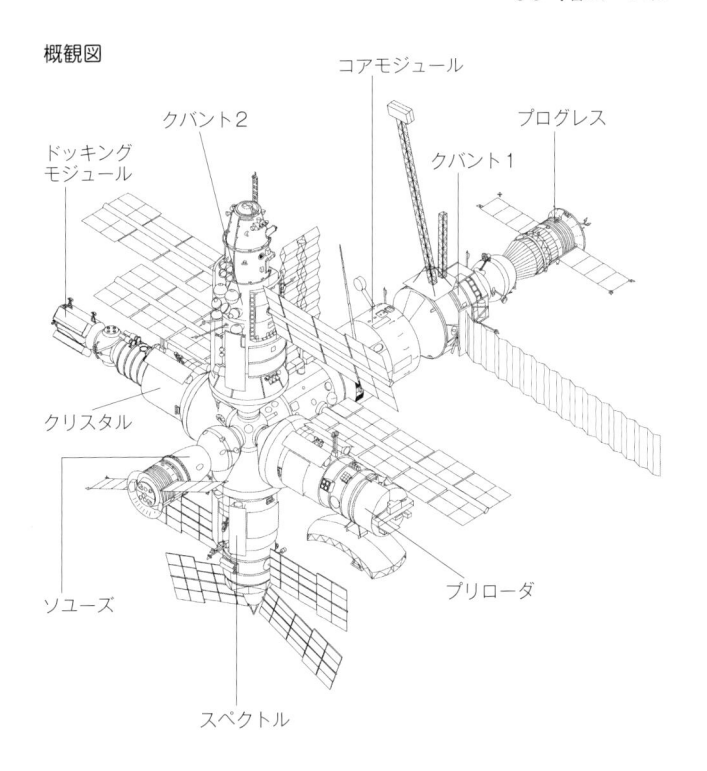

- コアモジュール
- クバント2
- クバント1
- プログレス
- ドッキングモジュール
- クリスタル
- ソユーズ
- スペクトル
- プリローダ

1995年6月29日、ロシアの宇宙ステーション「ミール」とアメリカのスペースシャトル「アトランティス」がドッキング。米・ロのドッキングは1975年以来20年ぶり。

3-5-3 スカイラブ宇宙ステーション

開発・運用国	アメリカ
構造・機能等　概要	アメリカによる、世界で2番目の宇宙ステーション。アポロ計画の予備備品である、サターンVの第3段を改造。軌道作業モジュール(第3段を改造)、エアロックモジュール(中間部)、多目的ドッキングモジュール(先端部)の3つから構成。多目的ドッキングモジュールには宇宙望遠鏡が整備。
滞在人員数	3名　延べ人数9名

形状等	質量	76t
	形状	円筒形と十字型の太陽電池パドルを備える
	全長	36m
	全幅	最大直径6.6m

建設	期間	1973年5月14日
	使用ロケット	サターンV型
	方法等	1回の打ち上げで建設

軌道	高度	地球周回軌道：435km〜442km
	傾斜角	50度
	周期	約90分

運用開始〜終了	1973年5月25日〜1974年2月8日
運用概要	宇宙での長期滞在による無重力状態が人体にもたらす影響、望遠鏡による太陽観測、学生からの公募など多くの実験・観測を行った。 ミッション内容は、地球・太陽の観測、無重力における生理現象の研究、無重力における半導体・金属結晶の生成、生物・微生物の行動観察、など。 アポロ宇宙船で3名が3交代で滞在。 1974年2月に有人滞在計画終了。1979年7月、大気圏に再突入し消滅。

3-5 宇宙ステーション

概観図

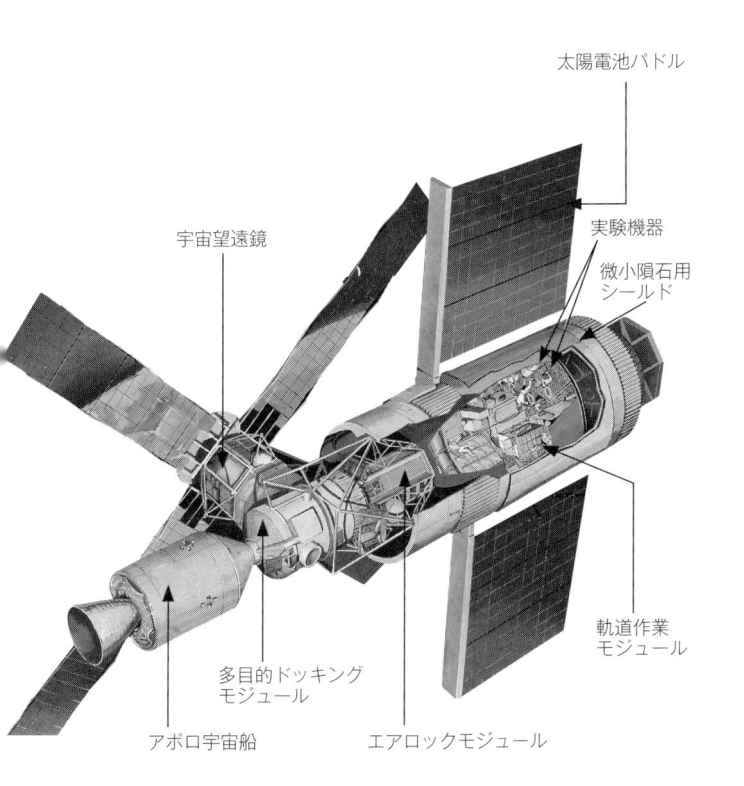

太陽電池パドル
宇宙望遠鏡
実験機器
微小隕石用シールド
軌道作業モジュール
多目的ドッキングモジュール
アポロ宇宙船
エアロックモジュール

第3章　有人宇宙飛行

3-5-4 国際宇宙ステーション

開発・運用国	アメリカ・ロシア・日本・欧州・カナダ　計15ヵ国
構造・機能等　概要	実験モジュール(日本・アメリカ・欧州・ロシア)＋居住モジュール(アメリカ・ロシア)＋補給モジュール(ロシア)＋ロボットアーム(カナダ) 電力供給、生命維持、姿勢制御、高度制御、装甲・放射線制御など、これまでの活動の集大成である。
滞在人員数	6名
形状等 質量	約370t
形状	円筒形を基本とし、巨大な太陽電池パドルを持つ
全長	73m
全幅	109m
建設 期間	1998年11月〜2011年
使用ロケット	スペースシャトル、ソユーズ、プロトンロケット等
方法等	数十回もの打ち上げで、ランデブー、ドッキングにより組み立て
軌道 高度	地球周回軌道：336km〜346km
傾斜角	51度
周期	90分
運用開始〜終了	2000年11月2日〜2020年(予定)
運用概要	世界15ヵ国の共同ミッション。 搭乗員の打ち上げ・帰還にはソユーズ宇宙船、荷物の運搬には無人のプログレス補給船、ATV(欧州)、こうのとり(日本)が現在使われている。スペースシャトルも建設・補給・人員の往還に使用されていた。

概観図

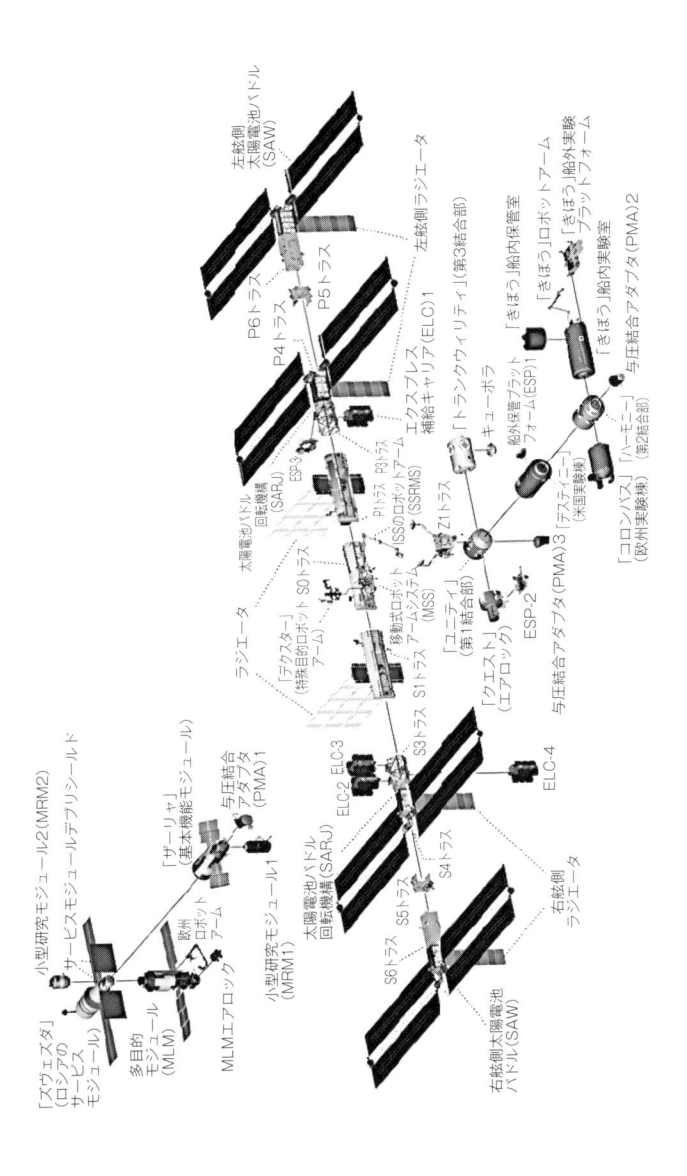

3-5 宇宙ステーション

3-5-5 天宮(テェンゴン)宇宙ステーション

開発・運用国	中国
構造・機能等　概要	実験室＋物資保管室。 厳密にいうと実験機であり、宇宙ステーションではないが、最終的には60tものステーションを建設予定である。
滞在人員数	3名
形状等 質量	8.5t
形状	円筒形の本体＋太陽電池パドル
全長	10.4m
全幅	直径3.35m
建設 期間	2011年9月29日～2020年完成目標
使用ロケット	長征2号FT1
方法等	
軌道 高度	遠地点：382km長期管理軌道 近地点：340kmドッキング軌道
傾斜角	
周期	
運用開始～終了	2011年9月29日～　運用中
運用概要	無人の神舟宇宙船8号とのドッキング実験に成功。 今後、有人の9～10号ともドッキング実験予定。これによりドッキングの技術を修得し、中国独自の宇宙ステーション設立の基礎を固める。

3-5 宇宙ステーション

概観図

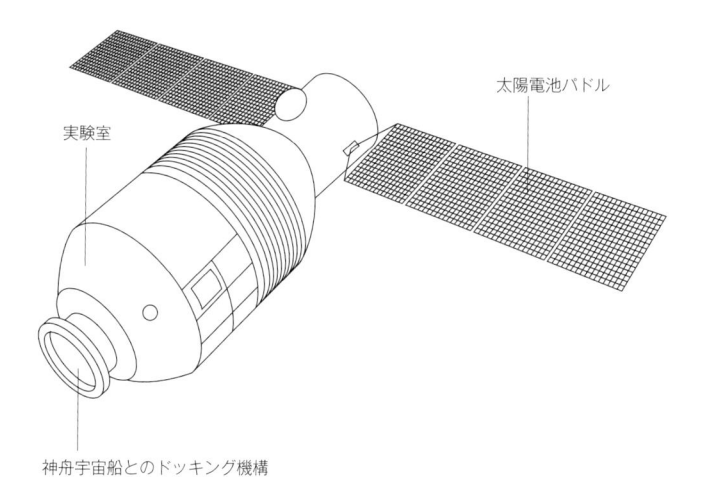

太陽電池パドル

実験室

神舟宇宙船とのドッキング機構

第4章 ロケット

4-1 ロケットの基礎知識

4-1-1 ロケットが飛ぶ仕組み

　巨大なロケットを飛ばすには高度な技術が必要だが、その原理はきわめて簡単だ。ゴム風船を大きく膨らませ、手を放すと音を立てて飛んでいく。このときの状況を少し詳しく見てみると、大きく膨らんだ風船の内部は周囲の空気よりも気圧が高くなっている。そこで風船を押さえていた手を放すと、勢いよく空気が噴き出し、この噴出した空気の反動で風船は飛んでいく。ここで注意しなければいけないのは、噴出した空気が風船の周りの空気を押すことで風船が進むのではないということだ。あくまでも風船の中の空気が飛び出したときの反動で進んでいるのである。

　ピストルや大砲を撃つときの映像を見ると、弾が飛び出す瞬間、反動でピストルや大砲が後退しているのがわかる。風船もまったく同じで、風船本体から空気を噴出することで空気を投げ出しており、その反動を受け、噴出したのと反対方向に飛んでいるのである。

　ロケットの打ち上げもこれと同じで、ロケット内部で作った高温・高圧のガスを噴射し、その反動で上昇している。人間が地面を蹴って走るように、エンジンの力で発射台や周囲の空気を押して上昇しているのではない。

　たとえば、風もなく穏やかな日に、ボートに乗ったあなたは湖の真ん中でオールが流されてしまい漕ぐことができなくなった、と想像してみよう。湖にはピラニアやワニがいるため、手で水面を搔くこともできない。この状態でボートを動かすには、どうすればよいか。

　答えは、自分の持ち物やボートに積んであるものを力いっぱ

いボートの外に投げる、それも次々と投げ続けることである。すると、投げられたものの反動でボートは反対方向にゆっくりと動き出すことになる。このとき、投げ出すものの量が多く、かつ勢いよく投げ出すことで、反動も大きくなる。

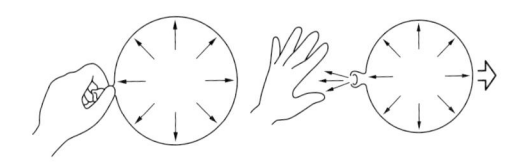

風船が飛ぶとき
空気を入れた風船を放すと、噴射した空気の反動で風船は飛ぶ。

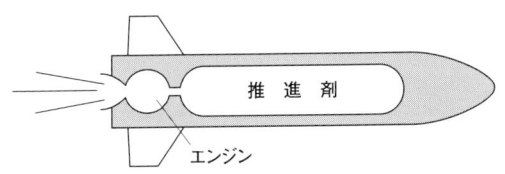

ロケットが飛ぶとき
ロケットには燃料が積んであり、それを燃焼させて高温・高圧のガスを作り、それを噴射し、その反動で進んでいく。風船の原理と同じ。

4-1-2 ロケットの構造と種類

(1)ロケットの構造

ロケットの構造は、大きく「エンジン部分」、「推進剤を収納している部分」、そして「ロケットの積み荷を搭載する部分」とに分けられる。

エンジンは、燃料を燃やして高温・高圧の大量のガスを作り、それを噴射して効果的に運動エネルギーを生み出す部分で、燃焼室とノズルから構成されている。ロケットの中でもっとも大きな容積を占めているのが、推進剤を収納している部分である。ロケットには、実際に燃えてガスを作るための燃料

と、その燃料を燃やすための酸化剤の2種類が搭載されている。燃料と酸化剤を合わせて推進剤という。

ジェット機も、燃料を燃やし、そのガスを噴射して推進する原理はロケットとまったく同じだが、燃料を燃やすための酸素を大気中から取り込んでいる点が異なる。そのため、ジェット機は空気のない宇宙を飛行することはできないが、ロケットの場合は酸素も搭載しているため、空気のない宇宙空間で燃料を燃やしてガスを噴射し飛行することができる。

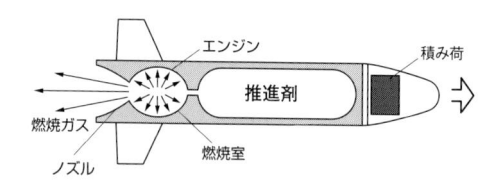

ロケットは、燃料と酸化剤を積んでおり、空気のない宇宙空間でも燃料を燃やして推進できる。

(2)ロケットの種類

現在使用されているロケットは、燃料と酸化剤、または燃料と触媒等による化学反応を利用しているものがほとんどであり、これらのロケットを総称して「化学ロケット」という。化学ロケットは、搭載した推進剤を勢いよく燃やすため大きな力を発生させることができるが、搭載できる量に限りがあるため、燃焼時間も数十秒から長くて数百秒程度である。したがって、大きなパワーが必要な地上からの打ち上げや、衛星などの軌道を大きく変更する場合などには適している。

化学ロケットは、燃料の形態等でさらに3種類に分けられる。燃料と酸化剤を混合して固めたものを使用するロケットを「固体（燃料）ロケット」といい、燃料と酸化剤がそれぞれ液体で別々のタンクに搭載しているロケットを「液体（燃料）ロ

ケット」という。また、固体と液体の両方を使うもの（たとえば固体の燃料に液体の酸化剤など）を、「ハイブリッドロケット」という。現在の大型ロケットのほとんどは「固体ロケット」もしくは「液体ロケット」である。

固体ロケットと液体ロケットの特徴

	固体(燃料)ロケット	液体(燃料)ロケット
長所	・構造が簡単 ・開発が比較的容易 ・取り扱いが容易 ・推進剤の長期保存が容易 ・大きな推力が出せる	・制御が容易 ・推進剤の性能が高い ・大型化しやすい
短所	・一度点火すると制御が難しい ・大型化が難しい ・推進剤の性能が低い	・構造が複雑 ・開発が難しい ・取り扱いが難しい ・推進剤の長期保存が困難

　固体ロケットの推進剤には、一般的に燃料（ポリブタジエン系の合成ゴムなど）と酸化剤（過塩素酸アンモニウムなど）に、燃焼温度を上げるためのアルミニウム粉末を加え、均一に混ぜ合わせて固めたものを使用している。また、推進剤はロケット本体の中で直接成型するが、そのときの形（中空、星形など）を調整することによって、打ち上げ時の燃焼の状態をある程度制御できる。また、推進剤を収納しているロケット本体自身が燃焼室となるため、ロケットの外壁は高温・高圧に耐えられるような処置が必要である。

　液体ロケットの推進剤は、一般的に燃料（液体水素、ケロシン（灯油）など）と酸化剤（液体酸素など）が別々のタンクに入れられている。燃料と酸化剤はそれぞれ別の配管で燃焼室に送られ燃焼することになるが、高圧になっている燃焼室に送り込むための方法として、別途高圧ガスタンクを設け、そのガスの圧力でタンクから燃料や酸化剤を押し出す方式の「ガス圧

式」と、別途タービンポンプを設けタンクから吸い出して燃焼室に送る「タービン式」がある。

ガス圧式は構造は簡単だが、推進剤のタンク内を加圧するため、タンク自体を丈夫に作る必要があり、ロケット全体の質量が大きくなってしまうという難点がある。一方、タービン式は構造は複雑になるが、タンクを軽量化できるため、大型ロケットではほとんどこの方式が採用されている。

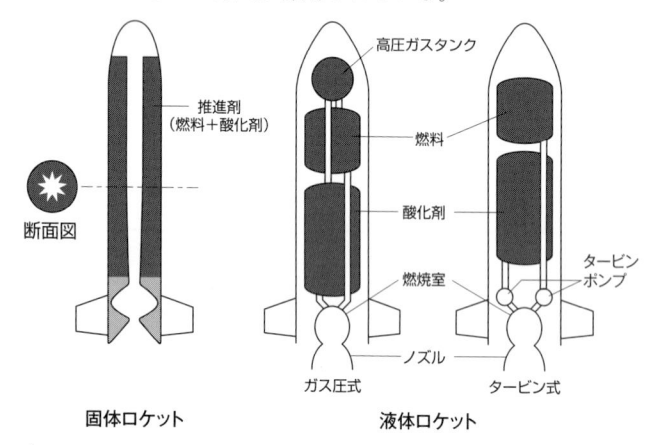

ロケットの構造

4-1-3 ロケットの性能

(1)強く飛ぶために——推力

ロケットが打ち上げられるとき、地球の重力を振り切って巨大な質量を持ち上げ、さらには加速していくことが必要である。そのためには、ロケットがガスを噴射して得られる反動を大きくしなければならない。ロケットのこの力を「推力」といい、これはロケットがどのくらいの重さのものを持ち上げることができるか、つまりロケットの力の強さを示すもので、次の式で表される。

推力＝毎秒噴射される燃焼ガスの量×燃焼ガスの噴射速度

つまり、毎秒噴射される燃焼ガスの量が多ければ多いほど、また、その噴射ガスの速度が速ければ速いほど推力は大きくなり、ロケットの力が強いことになる。

推力の単位は、初期の頃はkgもしくはtで表されていた。たとえばロケット全体の質量が1tで、推力が1tの場合は、ロケットは上昇できない（実際は、燃焼が進むとロケットの推進剤が消費され全体の質量が減るため、結果としてある程度は上昇する）。

しかし、kgやtは重さの単位なので、推力には現在、力の単位であるN（ニュートン）が用いられている。1Nは、1kgの質量の物体に1m/s^{2}の加速度を与える力である。地球の重力加速度は約9.8m/s^{2}なので、1kgの質量を持ち上げるには約9.8N以上の力が必要になる（ただし本書では、直感的なわかりやすさのため、従来どおり重さの単位tを使って解説している）。

(2)速く飛ぶために――**質量比、比推力**

ロケットで人工衛星を打ち上げ、その人工衛星を地球の周りを回る軌道に乗せるためには、最終的に秒速8kmの速度を達成する必要がある。秒速8kmといってもなかなか実感がわかないが、時速にすると約2万8000km。ピストルから発射された弾丸の速度が秒速300〜400mといわれているから、人工衛星打ち上げにあたってロケットは、最終的にその20倍もの速度を出さなければいけないということになる。

ロケットがこのような高速度を達成するためには、「燃焼ガスの噴射速度」と「質量比」の関係が重要になる。

質量比とは、ロケットの推進剤タンクやエンジンなどの構造物（ロケットの機体）が、どのくらい軽く作られているかを示すもので、次の式で表される。

$$質量比 = \frac{推進剤を搭載したときの全体の質量}{燃焼が終了し空になったときの質量}$$

この値が大きいほど、ロケットは推進剤を多く積んでおり、かつ、ロケット全体が軽量化されていることになり、ロケットの最終速度を速くすることができる。現在のロケットの質量比は6〜15くらいである。

一般的に、ロケットの質量比と最終速度の関係は次のようになっている。

ロケットの速度と質量比

質量比	燃料が燃え尽きたときの最終速度	ロケット全体の質量に対する推進剤の割合（燃料比）
2.72	ガスの噴射速度と同じ	63.2%
7.39	ガスの噴射速度の2倍	86.5%
20.1	ガスの噴射速度の3倍	95.0%

燃料比は、ロケットの全質量に対する推進剤の割合である。他の輸送機関と燃料比を比較すると、いかにロケットは大量の推進剤を搭載しているかがわかる。まさに、ロケットの質量のほとんどは推進剤である。

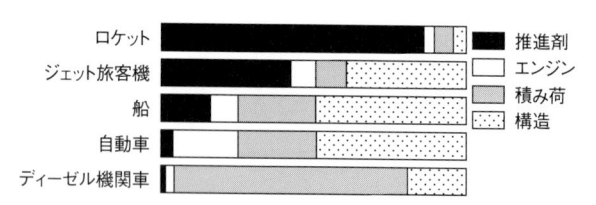

燃料比の違い

しかしながら、ロケットの機体を軽く作り、推進剤を多く積んで最終速度を上げる、つまり「質量比」を上げるのには自ずと限界がある。そこで、もうひとつの速度を上げる方法として「燃焼ガスの噴射速度を大きくする」ことも重要である。燃焼ガスの噴射速度は「比推力」に大きく関係している。

比推力とは、ロケットの推進剤の性能を示し、推力や速度を上げるための重要な数値であり、次の式で表される。

$$比推力 = \frac{推力}{1秒間に消費される推進剤の質量}$$

ロケットの推進剤にはいろいろな種類があるが、これらの推進剤が燃焼するとき、その消費率が同じでも、燃焼ガスの噴射速度が大きいものほど大きな推力を発生する。たとえば、ある推進剤の推力が500tであったとして、1秒間に消費される量が2tであったとすると、その推進剤の比推力は、500（t）÷2（t/秒）で、250（秒）ということになる。比推力の単位は「秒」で表される。

この推進剤を例にして考えると、「1秒間に2t消費して500tの推力を発生する」ということは、「1tを消費すれば250tの推力を1秒間発生できる」と等しく、発生する推力がその半分の125 t であれば2秒間発生でき、さらには1tの推力ならば250秒間発生できる、ということになる。つまり比推力は、単位質量の推進剤が単位質量の推力を出したとすると、何秒間出せるかということを示すもので、まさに推進剤の性能を表している。この値が大きいほど性能が高く、燃焼後のガスの噴射速度が速いことになる。大まかにいって比推力の数字を10倍したものが燃焼ガスの噴射速度（m/秒）であると考えることができる。

	酸化剤	燃料	比推力（秒）
液体推進剤	液体酸素	液体水素	400〜450秒
	四酸化二窒素	エアロジン50	320秒
	液体酸素	ケロシン系	310秒
固体推進剤	過塩素酸アンモニウム	ポリウレタン	270秒
	〃	ポリブタジエン	280〜300秒

さまざまな推進剤の比推力の違い

(3)より速く飛ぶために——多段式ロケット

　人工衛星を地球周回軌道に投入するための最終速度は秒速8kmにもなり、ロケットはその速度の達成には質量比、比推力の向上が重要であることについては前述したとおりである。しかし、質量比と比推力の改善にもやはり限界がある。そこで考えられたのが、段を重ねる、つまり多段式ロケットである。

　たとえば、石炭を満載した車両3両を引いた蒸気機関車があるとする。この蒸気機関車が3両の車両を連結したまま石炭を全部使って運転した場合と、最後部の車両の石炭から使い、空になったらその車両を切り離して身軽になりながら、最後は蒸気機関車だけで走る場合を比較すると、後者のほうがより遠くまで走るであろうことは簡単に想像できる。

　多段式ロケットもこれと同じような発想である。ロケットの上にもう一つロケットを重ねて2段式にし、打ち上げ後、下の1段目のロケットの推進剤がなくなった時点で上の2段目のロケットに点火するようにすると、そのロケットの最終速度は1段目のロケットの速度の2倍になる。3段式にすればその速度は3倍になる。

　燃焼が終了した順に機体を切り離して質量を段階的に減らし

ていけば、残ったロケットの質量比が上がり、したがって最終速度も上がる。単純計算では、1段目の質量比が4であり、その上の2段目の質量比も同じ4とすると、最終速度は質量比の2乗の16となり、同じ条件で3段目を乗せた場合は3乗の64になる。

このように、理論的には段を重ねれば重ねるほどより高速が達成できるが、問題はそれほど簡単ではない。

たとえば、1段目の質量比が6であるとすると、全体の質量の6分の5が推進剤で、6分の1が機体や積み荷など推進剤以外のものになる。このロケットの上に第2段を乗せるとなると、2段目そのものが1段目の積み荷になるため、2段目の質量は1段目の質量の6分の1よりもはるかに少ない質量でなければならなくなる。また、2段目の質量比も6であるとすると、2段目の機体や積み荷などは2段目の質量の6分の1となり、積み荷として搭載できる重さはさらに少なくなってしまう。さらに、段を重ねた場合、結合の機構が複雑になり、技術的な信頼性が低くなるという欠点もある。

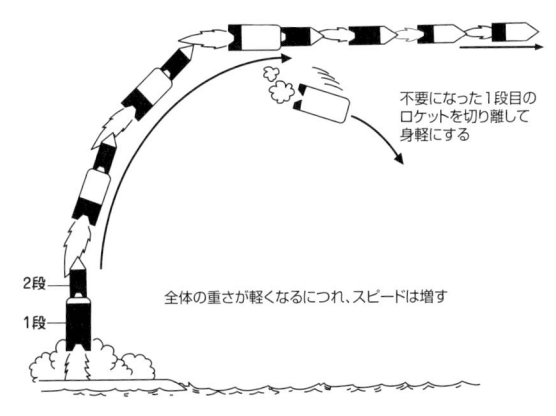

多段式ロケット

現在世界各国のロケットは、段数を3段4段と重ねるのではなく、段数を減らし各段のエンジン性能の向上や機体構造の軽量化などを図っていく傾向にある。

(4)より力強く飛ぶために——クラスターロケット

ロケットは輸送機関である。ということは、どのくらい多くの積み荷を運ぶことができるかという能力も重要になる。多くの積み荷を運ぶためには、大きな力を出すエンジン、つまり推力の大きなエンジンが必要となる。しかしながら、大型のエンジン開発は、小型のエンジン開発に比べてはるかに多くの開発期間、開発経費などがかかる。そこで、すでに開発されて性能や能力が安定しているエンジンを複数並列に束ね、1つのエンジンのように運用するロケットもある。これをクラスター(束ね)ロケットという。

クラスターロケットには次のような特長がある。
①同じ推力の単一の大型エンジンを開発するより、早くかつ安く開発できる。

**エンジンを束ねて推力を大きくしたクラスターロケット
(ロシアのソユーズロケット)**

②いくつか束ねたエンジンの1つが故障しても、飛行を続行できる可能性が高い。
③液体ロケットのクラスター方式の場合は、タンクや構造部など共通部分を1つにすることができ、ロケットをそのまま束にしたときよりも軽くできる。

4-1-4　正確に飛ぶために

人工衛星などの打ち上げでは、あらかじめ決められたコースに沿ってロケットを飛行させ、決められた軌道に乗せなければいけない。また、軌道計算を綿密に行っても、打ち上げられたロケットは、風やロケットそのものの微妙な性能の違いから飛行方向がずれるため、そのずれを修正して目標の飛行コースに戻すことも必要になってくる。

(1)ロケットの誘導

飛行中のロケットの実際のコースを測定して、予定のコースとのずれを計算し、修正を行うことを「ロケットの誘導」という。ロケットの誘導方式には次の3つがある。

プログラム誘導：もっとも初歩的な誘導方式で、ロケットが決められたコースを飛行するよう、タイマーなどにより順次決められたとおりに制御信号を出して誘導していく方式。飛行中に強風などを受けた場合、それに対処できないなどの難点がある。

電波誘導：地上からレーダーなどにより打ち上げられたロケットの飛行コースを測定し、予定されているコースからずれた場合、予定コースとの誤差を計算し修正の指令電波を送信する。地上から見える範囲でしか誘導できないことと、誘導の精度が低いという難点がある。

慣性誘導：ロケットに搭載したジャイロ装置で姿勢を測定し、加速度計からの加速度データによって速度と位置を誘導コンピュータで計算し、誘導コンピュータにあらかじめ記憶している予定コースと比較を行い、制御装置に指令を出して、正常なコースに修正する。これら一連の作業を、ロケットに搭載した機器・装置によって自動的に行う。プログラム誘導や電波誘導に見られる難点がなく、かつ高精度で誘導できるため、多くのロケットで使用されている。

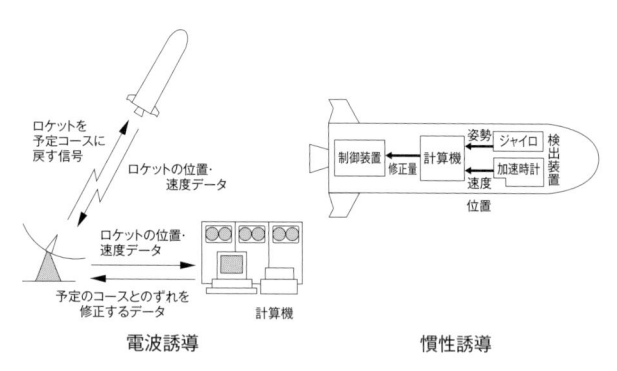

電波誘導と慣性誘導

(2) ロケットの制御

打ち上げられたロケットの誘導は、計算機からの指令に基づいて、飛行中のロケットの速度や飛行方向を修正することで、これを制御という。速度については、液体ロケットの場合は推進剤の流量を変えたり、エンジンを停止したり、再び点火したりなどといったことで自由に制御することができる。固体ロケットの場合は、初期のころは技術的に難しかったが、現在ではかなり制御できるようになってきている。飛行方向の制御には、主に次のものがある。

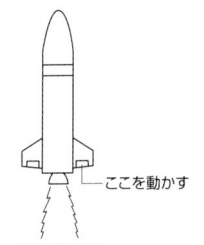

4-1 ロケットの基礎知識

空気翼制御
翼を動かし、空気力を利用して制御する。大気中で、それも飛行速度が十分であるときにしか使用できないため、他の制御装置と併用する場合が多い。

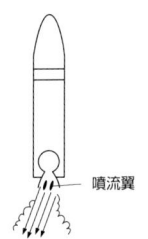

噴流翼制御
ジェットベーン法ともいう。ノズルの中に設置した黒鉛の板（噴流翼）を動かして、噴出ガスの方向を変える。初期のロケットでは使用されていたが、噴流翼に対する熱環境が厳しいため現在では使用されていない。

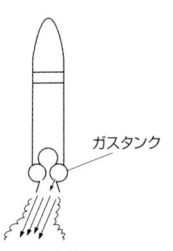

2次噴射制御
ノズルに無数の小さな穴を開けておき、コンピュータの指示によって液体や気体を噴き出し、噴出ガスの方向を変える。主に固体ロケットの制御のために使用されている。

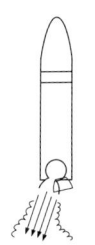

首ふりエンジン制御
ジンバルエンジン法ともいう。エンジン全体、あるいはノズルを可動にしておき、それを動かすことによって噴出ガスの向きを変える。制御の力が大きいため、現在多くのロケットで使用されている。

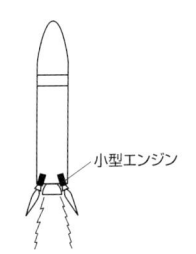

バーニアエンジン制御
主エンジンとは別の複数の小型エンジンを主エンジン周囲に装備し、その噴射によりロケットの向きを変える。大型ロケットの1段目に使用される場合が多い。

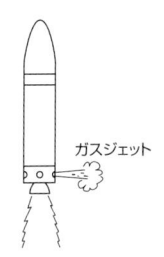

ガスジェット制御
主エンジンの他に、小型のガス噴射装置（ガスジェット装置）を装備し、そこからガスを噴射してロケットの向きを変える。サイドジェット方式ともよばれる。2段目等の上段ロケットに使用される場合が多い。

ロケットのいろいろな制御方法

4-1-5 新しい推進方法

現在実用化されているロケットは、前述のとおり燃料と酸化剤を燃焼させる化学反応を利用した化学ロケットだが、化学反応により燃焼温度を上げることには、技術的な熱の制御の問題も含めて限界がある。そのため噴射速度を上げることが難しく、現在の化学ロケットの噴射ガスの速度はせいぜい秒速数km程度である。

ロケットの性能には、「噴射するガスの速度」が大きく関係する。噴射するガスの分子量が小さいほど良く、かつ、燃焼の温度が高いほど良い。そこで化学ロケットの限界を超えた高性能なロケット推進の仕組みとして、電気や原子力などを利用した「非化学ロケット」が開発され、また研究されている。主な非化学ロケットの仕組みは次のようになっている。

①電気推進（イオンロケット）

推進剤（キセノンやセシウムなど）を電極によってプラスとマイナスのイオンに分離し、プラスのイオンを電気的に加速して噴射する。またプラスのイオンばかりの噴射であると電気的に偏ってしまい能率が落ちるため、噴射口でマイナスのイオン（電子）と混ぜて中和する仕組みになっている。

電気の力での噴射は熱を発生しないため、化学ロケットのような熱による噴射ガスの速度の制限はなく、数十倍もの高速噴射も可能である。化学ロケットと比べると、噴射時間を数万倍にもすることができるが、推力は弱く数万分の1程度になる。そのため、多くは衛星の姿勢制御用として用いられている。

日本の小惑星探査機「はやぶさ」では、4基のイオンロケットを装備し、主推進装置として用いられた。通常、イオンロケットは電極による放電でイオンを生成していたが、電極の摩

4-1 ロケットの基礎知識

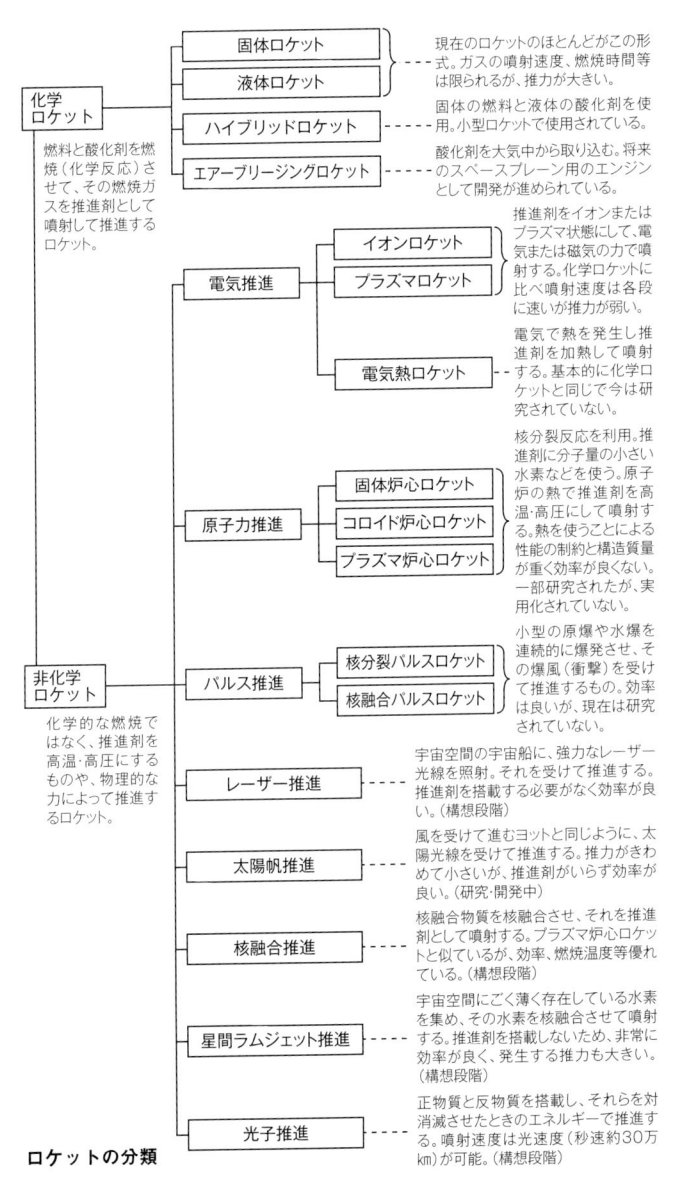

```
化学           ┌─ 固体ロケット ──────────┐ 現在のロケットのほとんどがこの形
ロケット       ├─ 液体ロケット ──────────┘ 式。ガスの噴射速度、燃焼時間等
               │                              は限られるが、推力が大きい。
燃料と酸化剤を ├─ ハイブリッドロケット ── 固体の燃料と液体の酸化剤を使
燃焼（化学反応）│                          用。小型ロケットで使用されている。
させて、その燃 └─ エアーブリージングロケット ─ 酸化剤を大気中から取り込む。将来
焼ガスを推進剤                              のスペースプレーン用のエンジン
として噴射して                              として開発が進められている。
推進するロケット。
```

```
               ┌─ 電気推進 ─┬─ イオンロケット ──────┐ 推進剤をイオンまたは
               │            ├─ プラズマロケット ─────┘ プラズマ状態にして、電
               │            │                             気または磁気の力で噴
               │            │                             射する。化学ロケットに
               │            │                             比べ噴射速度は各段
               │            │                             に速いが推力が弱い。
               │            │
               │            └─ 電気熱ロケット ──────── 電気で熱を発生し推
               │                                         進剤を加熱して噴射
               │                                         する。基本的に化学ロ
               │                                         ケットと同じで今は研
               │                                         究されていない。
               │
               │                                         核分裂反応を利用。推
               │                                         進剤に分子量の小さい
               ├─ 原子力推進 ┬─ 固体炉心ロケット ─────┐ 水素などを使う。原子
               │             ├─ コロイド炉心ロケット ──┤ 炉の熱で推進剤を高
               │             └─ プラズマ炉心ロケット ──┘ 温・高圧にして噴射する。熱を使うことによる
               │                                         性能の制約と構造質量
               │                                         が重く効率が良くない。
               │                                         一部研究されたが、実
               │                                         用化されていない。
非化学         │
ロケット       ├─ パルス推進 ┬─ 核分裂パルスロケット ──┐ 小型の原爆や水爆を
               │             └─ 核融合パルスロケット ──┘ 連続的に爆発させ、その爆風（衝撃）を受け
化学的な燃焼で │                                         て推進するもの。効率
はなく、推進剤 │                                         は良いが、現在は研究
を高温・高圧に │                                         されていない。
するものや、物 │
理的な力によっ ├─ レーザー推進 ────────── 宇宙空間の宇宙船に、強力なレーザー
て推進するロ   │                                光線を照射。それを受けて推進する。
ケット。       │                                推進剤を搭載する必要がなく効率が良
               │                                い。（構想段階）
               │
               ├─ 太陽帆推進 ───────────── 風を受けて進むヨットと同じように、太
               │                                陽光線を受けて推進する。推力がきわ
               │                                めて小さいが、推進剤がいらず効率が
               │                                良い。（研究・開発中）
               │
               ├─ 核融合推進 ───────────── 核融合物質を核融合させ、それを推進
               │                                剤として噴射する。プラズマ炉心ロケッ
               │                                トと似ているが、効率、燃焼温度等優れ
               │                                ている。（構想段階）
               │
               ├─ 星間ラムジェット推進 ───── 宇宙空間にごく薄く存在している水素
               │                                を集め、その水素を核融合させて噴射
               │                                する。推進剤を搭載しないため、非常に
               │                                効率が良く、発生する推力も大きい。
               │                                （構想段階）
               │
               └─ 光子推進 ─────────────── 正物質と反物質を搭載し、それらを対
                                                消滅させたときのエネルギーで推進す
                                                る。噴射速度は光速度（秒速約30万
                                                km）が可能。（構想段階）
```

ロケットの分類

耗による耐久性が問題だった。そこで「はやぶさ」では、電極による放電ではなく「マイクロ波放電式」のイオンロケットを世界に先駆けて開発し、耐久性を著しく向上させた。噴射速度は秒速約30kmだが、1基当たりの推力は紙1枚を支えるほどの力（8mN（ミリ・ニュートン））で、3基の同時駆動で24mNの推力である。「はやぶさ」の場合、3基同時駆動で1日当たり秒速約4mの加速が可能。このイオンロケットの設計寿命（連続燃焼時間）は1万4000時間／基であり、ミッション中の延べ燃焼時間は3万時間を超えた。

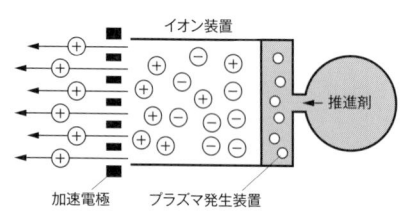

イオンロケットの仕組み

「はやぶさ」のイオンロケット

「はやぶさ」全体写真

②原子力推進(固体炉心ロケット)

　原子力推進は、原子炉の熱で推進剤を加熱し噴射するもので、その原理は化学ロケットと同じである。そのため、化学ロケット同様、熱による噴射ガスの制限が生じることになるが、推進剤の質で大きな利点がある。噴射ガスはその分子量が小さければ小さいほど、同じ熱でも加速しやすい。化学ロケットでは、性能の良い液体酸素・液体水素を使用した場合でも噴射ガスは水であり、その分子量は18になる。原子力推進の場合の推進剤は水素であり、その分子量は2である。そのため、原子力推進での噴射ガスの速度は、秒速10kmを達成できるといわれている。化学ロケットとイオンロケットの中間的な性能である。

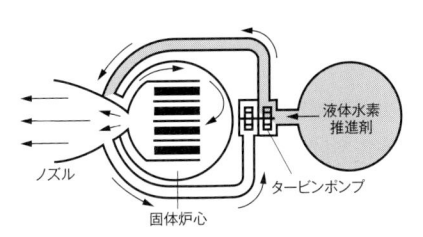

原子力推進の仕組み

③パルス推進(核融合パルスロケット)

　原爆や水爆を爆発させ、その爆風で押してもらい推進するという、かなり乱暴な推進方法。原子力推進に比べて、①原子力エネルギーを直接使うために効率が良い、②原子炉が不要で全体を軽量化できる、③原子燃料以外の燃料を必要としない、④技術的に単純、など利点も多い。原爆のパルスロケットについては1950年代から60年代にかけて研究が行われていたが、現在は研究されていない。

　一方、核融合反応を利用したパルスロケットの構想が1978年に発表された。これは、ダイダロス計画といわれ、光速の

12〜13％まで加速し、50年後、約5.9光年離れたバーナード星に到達し、観測を行うための推進システムとして研究されたものである。この推進システムの核融合物質は、直径3cm程の大きさで、1秒当たり250個を電子ビームにより連続爆発させ、その爆風で推進するというものである。爆発による衝撃（噴射ガスの速度に相当）は、秒速約1万kmにも達する。

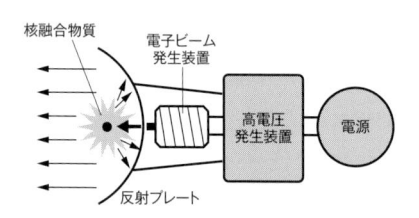

パルスロケットの仕組み

④星間ラムジェット推進

推進剤は、宇宙空間の星間物質（主に水素原子）であり、核融合により噴射する。そのため、推進剤を搭載する必要がなく高効率である。推力は1Gの加速ができると考えられている。水素原子を集めるための磁場吸入口は直径数千kmにもなる。

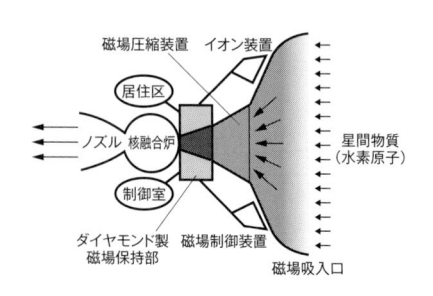

星間ラムジェット推進の仕組み

⑤光子推進

　正物質と反物質の対消滅によって生じる「光」を噴射するため、その噴射速度は秒速約30万kmとなり、最高の噴射速度である。技術的にはきわめて困難で実現は難しい。

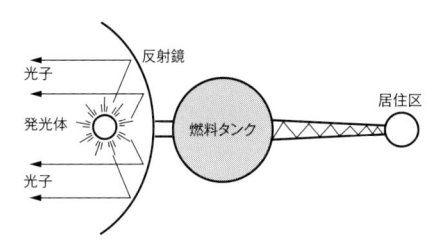

光子推進の仕組み

第4章 ロケット

4-2 ロケットの打ち上げと飛行計画

　ロケットは、人工衛星を目的とする軌道に投入するため、飛行コースなどを誘導・制御して航行していくことになる。したがって同じロケットの打ち上げでも、搭載した人工衛星などの軌道の違いによって飛行コースも異なってくる。ここでは代表的なロケット、代表的な軌道投入コースを紹介する。

4-2-1 H-ⅡA14号機の飛行計画（静止衛星軌道）

超高速インターネット衛星（WINDS）「きずな」の打ち上げ
2008年2月23日打ち上げ

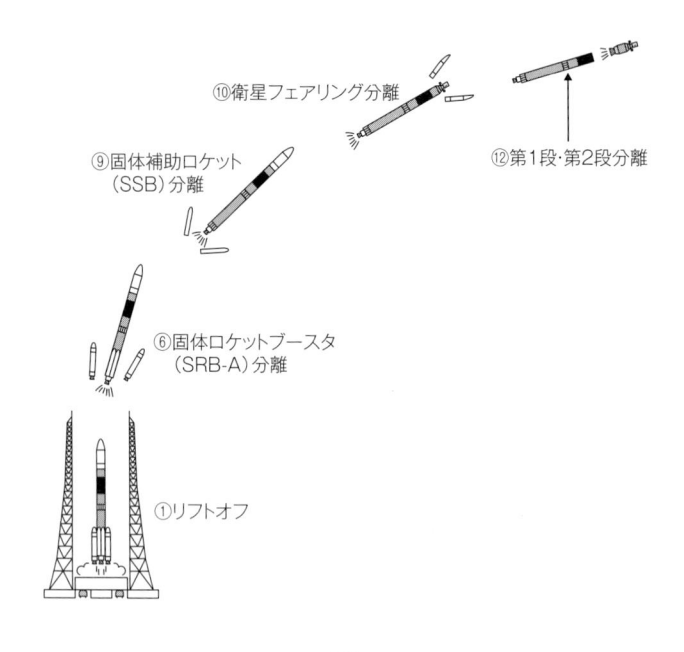

⑩衛星フェアリング分離

⑫第1段・第2段分離

⑨固体補助ロケット
（SSB）分離

⑥固体ロケットブースタ
（SRB-A）分離

①リフトオフ

●打ち上げシーケンス

イベント	打ち上げ後経過時間 (分:秒)	高度 (km)	慣性速度 (km/s)
① リフトオフ	0:00	0	0.4
② 固体補助ロケット第1ペア 点火	0:10	0	0.4
③ 固体補助ロケット第1ペア 燃焼終了	1:09	19	1.1
④ 固体補助ロケット第2ペア 点火	1:16	24	1.2
⑤ 固体ロケットブースタ 燃焼終了	1:39	42	1.5
⑥ 固体ロケットブースタ 分離	1:48	49	1.6
⑦ 固体補助ロケット第1ペア 分離	1:49	50	1.6
⑧ 固体補助ロケット第2ペア 燃焼終了	2:15	72	2.0
⑨ 固体補助ロケット第2ペア 分離	2:24	80	2.0
⑩ 衛星フェアリング分離	4:15	160	3.0
⑪ 第1段主エンジン燃焼停止(MECO)	6:36	242	5.5
⑫ 第1段・第2段分離	6:44	247	5.5
⑬ 第2段エンジン第1回燃焼開始(SEIG1)	6:50	251	5.5
⑭ 第2段エンジン第1回燃焼停止(SECO1)	12:10	313	7.7
⑮ 第2段エンジン第2回燃焼開始(SEIG2)	23:51	255	7.7
⑯ 第2段エンジン第2回燃焼停止(SECO2)	27:12	258	10.2
⑰ きずな(WINDS)分離	28:03	283	10.2

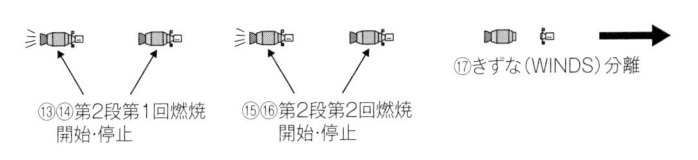

⑬⑭第2段第1回燃焼開始・停止

⑮⑯第2段第2回燃焼開始・停止

⑰きずな(WINDS)分離

●飛行経路

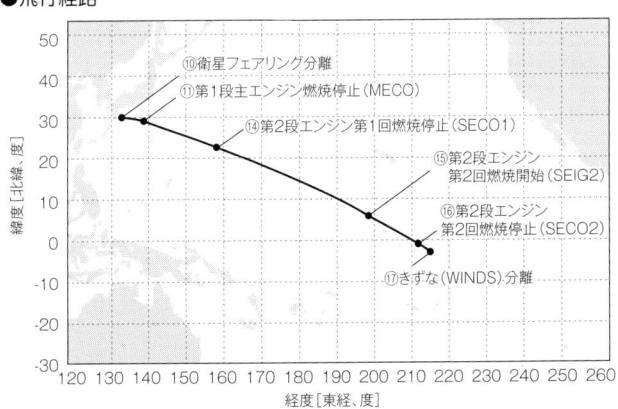

第4章 ロケット

4-2-2 H-ⅡA15号機の飛行計画（太陽同期準回帰軌道）

温室効果ガス観測技術衛星（GOSAT）「いぶき」のほか、副衛星7基を搭載
2009年1月23日打ち上げ

⑥第1段・第2段分離
⑤第1段主エンジン燃焼停止
④衛星フェアリング分離
③固体ロケットブースタ（SRB-A）分離
①リフトオフ

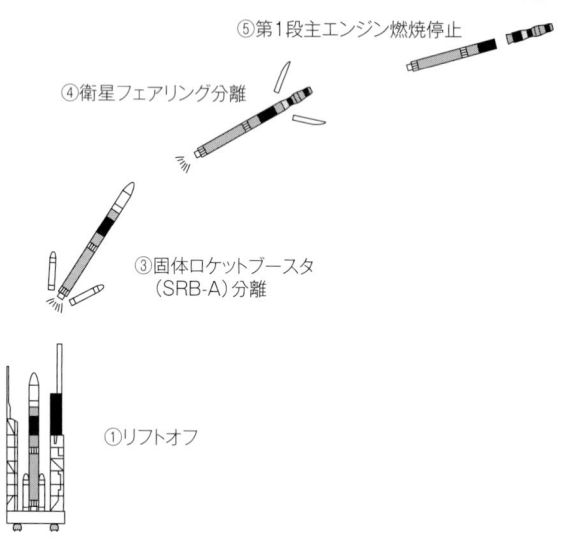

●打ち上げシーケンス

イベント	打ち上げ後経過時間 （分：秒）	高度 （km）	慣性速度 （km/s）
① リフトオフ	0：00	0	0.4
② 固体ロケットブースタ 燃焼終了	1：56	47	1.6
③ 固体ロケットブースタ 分離	2：06	54	1.7
④ 衛星フェアリング分離	4：30	147	2.0
⑤ 第1段エンジン燃焼停止（MECO）	6：36	298	3.2
⑥ 第1段・第2段分離	6：44	311	3.1
⑦ 第2段エンジン燃焼開始（SEIG）	6：50	320	3.1
⑧ 第2段エンジン燃焼停止（SECO）	15：11	671	7.5
⑨ いぶき（GOSAT）分離	16：01	671	7.5
⑩ 小型実証衛星1型分離信号送出	24：21	677	7.5
⑪ スプライト観測衛星分離信号送出	28：31	683	7.5
⑫ SOHLA-1分離信号送出	32：41	689	7.5
⑬ かがやき分離信号送出	36：51	692	7.5
⑭ 航空高専衛星分離信号送出	41：01	694	7.5
⑮ STARS分離信号送出	45：11	692	7.5
⑯ PRISM分離信号送出	49：21	686	7.5

4-2 ロケットの打ち上げと飛行計画

⑦第2段エンジン燃焼開始

⑧第2段エンジン燃焼停止

⑨いぶき（GOSAT）分離

⑩小型実証衛星1型分離

●飛行経路

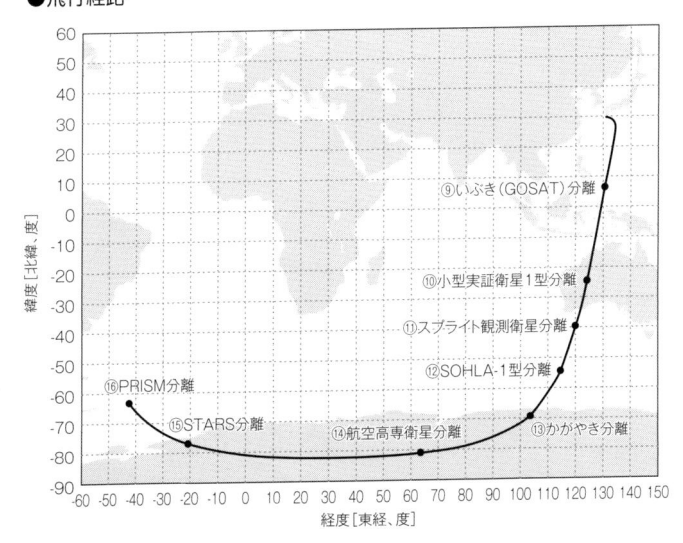

⑨いぶき（GOSAT）分離
⑩小型実証衛星1型分離
⑪スプライト観測衛星分離
⑫SOHLA-1型分離
⑬かがやき分離
⑭航空高専衛星分離
⑮STARS分離
⑯PRISM分離

縦軸: 緯度[北緯、度]
横軸: 経度[東経、度]

233

第4章 ロケット

4-2-3 H-ⅡA17号機の飛行計画（太陽周回軌道）

金星探査機（PLANET-C）「あかつき」、小型ソーラー電力セイル実証機
「IKAROS」（イカロス）等の打ち上げ
2010年5月21日打ち上げ

① リフトオフ
② （省略）
③ 固体ロケットブースタ（SRB-A）分離
④ 衛星フェアリング分離
⑤ 第1段主エンジン燃焼停止
⑥ 第1段・第2段分離
⑦ 第2段エンジン第1回燃焼開始
コースティング

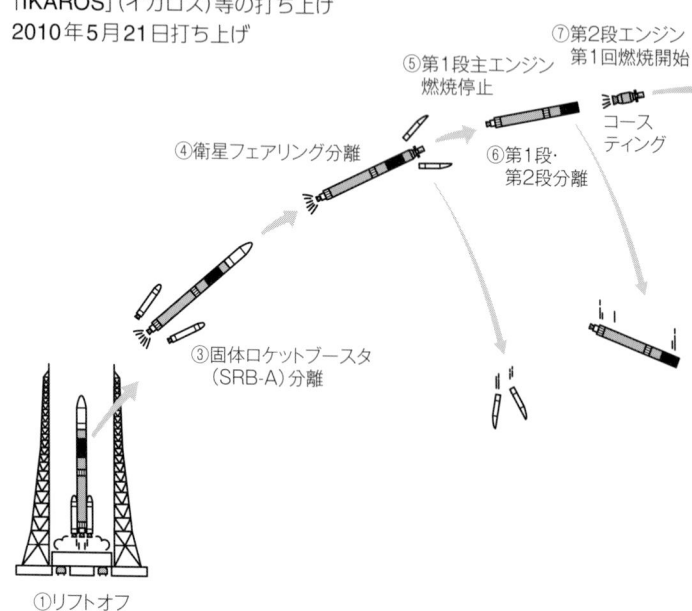

● 飛行経路

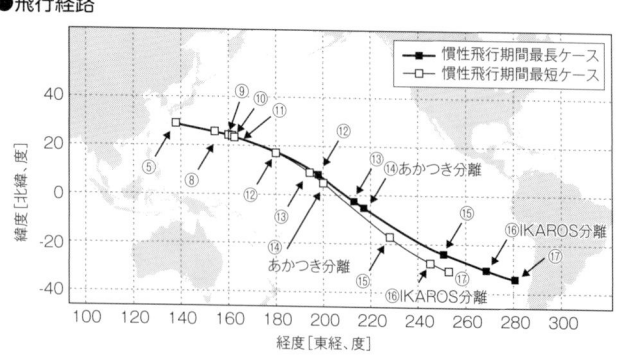

凡例：
- ■ 慣性飛行期間最長ケース
- □ 慣性飛行期間最短ケース

縦軸：緯度[北緯、度]
横軸：経度[東経、度]

⑭ あかつき分離
⑯ IKAROS分離

234

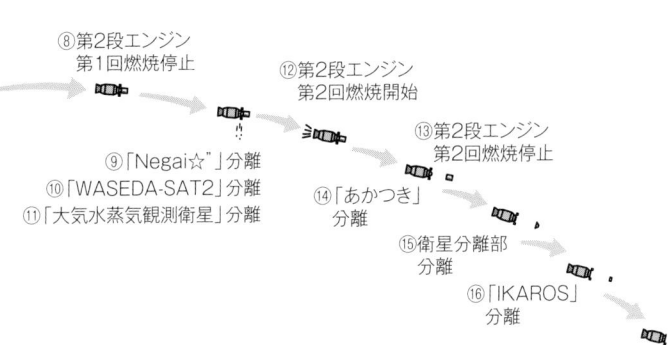

⑧ 第2段エンジン
第1回燃焼停止

⑫ 第2段エンジン
第2回燃焼開始

⑨「Negai☆」分離
⑩「WASEDA-SAT2」分離
⑪「大気水蒸気観測衛星」分離

⑬ 第2段エンジン
第2回燃焼停止

⑭「あかつき」分離

⑮ 衛星分離部分離

⑯「IKAROS」分離

⑰「UNITEC-1」分離

●打ち上げシーケンス

イベント	打ち上げ後経過時間 (分:秒)	高度 (km)	慣性速度 (km/s)
① リフトオフ	0:00	0	0.4
② 固体ロケットブースタ 燃焼終了[*1]	1:55	52	1.6
③ 固体ロケットブースタ 分離[*2]	2:05	60	1.6
④ 衛星フェアリング分離	4:25	147	2.9
⑤ 第1段主エンジン燃焼停止(MECO)	6:36	217	5.5
⑥ 第1段・第2段分離	6:44	223	5.5
⑦ 第2段エンジン第1回燃焼開始(SEIG1)	6:50	226	5.5
⑧ 第2段エンジン第1回燃焼停止(SECO1)	11:37	304	7.7
⑨ Negai☆(J-POD搭載衛星)分離	12:39	304	7.7
⑩ WASEDA-SAT2(J-POD搭載衛星)分離	12:49	304	7.7
⑪ 大気水蒸気観測衛星(J-POD搭載衛星)分離	12:59	304	7.7
<慣性飛行期間最長ケース>[*3]			
⑫ 第2段エンジン第2回燃焼開始(SEIG2)	23:16	299	7.7
⑬ 第2段エンジン第2回燃焼停止(SECO2)	27:09	330	11.7
⑭ あかつき(PLANET-C)分離	28:12	407	11.7
⑮ 衛星分離部(PAF900M)分離	36:32	2302	10.5
⑯ IKAROS分離	43:27	4787	9.5
⑰ UNITEC-1分離	48:37	6812	8.9
<慣性飛行期間最短ケース>[*3]			
⑫ 第2段エンジン第2回始動(SEIG2)	17:59	302	7.7
⑬ 第2段エンジン第2回燃焼停止(SECO2)	21:51	374	11.6
⑭ あかつき(PLANET-C)分離	22:55	478	11.5
⑮ 衛星分離部(PAF900M)分離	31:15	2456	10.3
⑯ IKAROS分離	38:10	4909	9.3
⑰ UNITEC-1分離	43:20	6889	8.7

*1 燃焼圧最大値の2%時点　*2 スラスト・ストラット切断
*3 17号機は金星遷移軌道投入ミッションであり、打ち上げ日によりJ-POD搭載衛星分離後の飛行計画が異なることから、代表ケースとして慣性飛行期間最長ケースと慣性飛行期間最短ケースを示す

第4章 ロケット

4-2-4 H-ⅡB2号機の飛行計画
宇宙ステーション補給機「こうのとり」2号機(HTV2)の打ち上げ
2011年1月22日打ち上げ

① リフトオフ
③ 固体ロケットブースタ
   (SRB-A)
   第1ペア分離
④ 固体ロケットブースタ
   (SRB-A)
   第2ペア分離
⑤ 衛星フェアリング
   分離

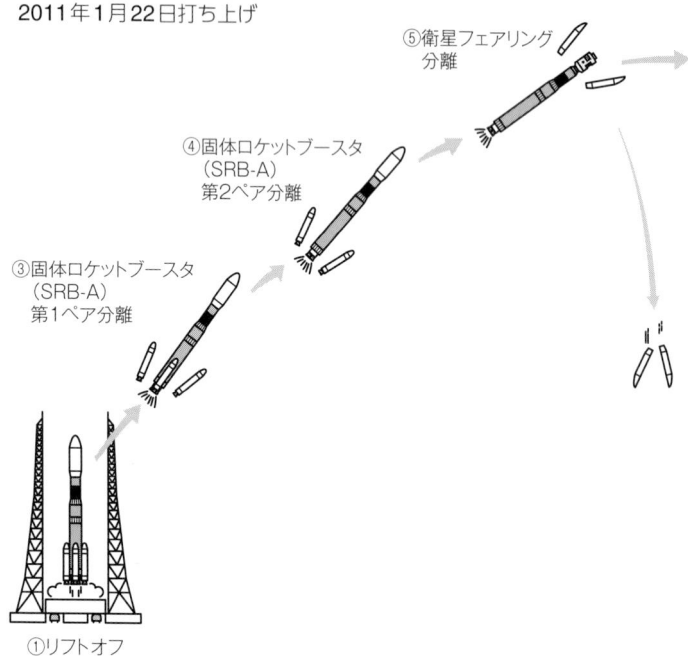

●打ち上げシーケンス

イベント	打ち上げ後経過時間 (分：秒)	高度 (km)	慣性速度 (km/s)
① リフトオフ	0：00	0	0.4
② 固体ロケットブースタ燃焼終了[*1]	1：56	54	1.9
③ 固体ロケット第1ペア分離[*2]	2：06	62	1.9
④ 固体ロケット第2ペア分離[*2]	2：09	65	1.9
⑤ 衛星フェアリング分離	3：40	122	2.9
⑥ 第1段主エンジン燃焼停止(MECO)	5：47	183	5.6
⑦ 第1段・第2段分離	5：54	189	5.6
⑧ 第2段エンジン燃焼開始(SEIG)	6：01	194	5.6
⑨ 第2段エンジン燃焼停止(SECO)	14：21	289	7.7
⑩ 「こうのとり」2号機分離	15：11	287	7.7

＊1　燃焼圧最大値2%時点
＊2　スラスト・ストラット切断

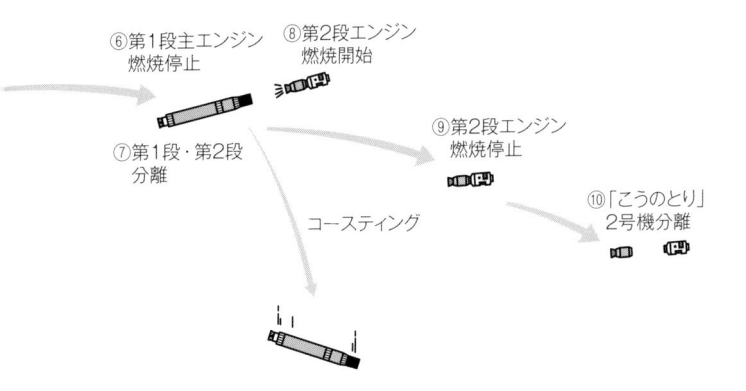

4-2 ロケットの打ち上げと飛行計画

⑥第1段主エンジン燃焼停止
⑧第2段エンジン燃焼開始
⑦第1段・第2段分離
⑨第2段エンジン燃焼停止
⑩「こうのとり」2号機分離
コースティング

● 飛行経路

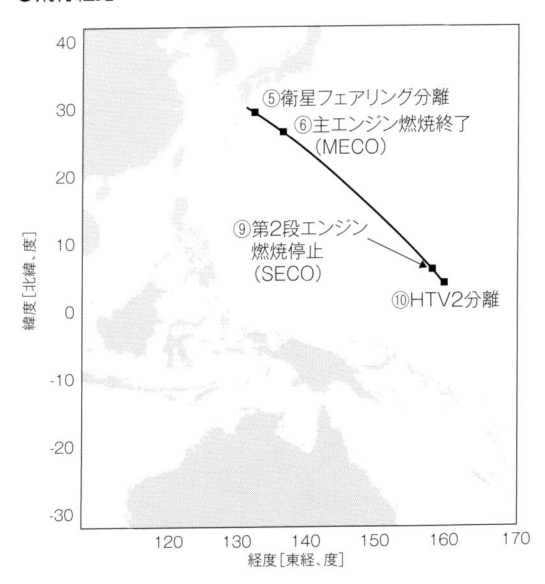

⑤衛星フェアリング分離
⑥主エンジン燃焼終了（MECO）
⑨第2段エンジン燃焼停止（SECO）
⑩HTV2分離

4-2-5 スペースシャトルの飛行計画

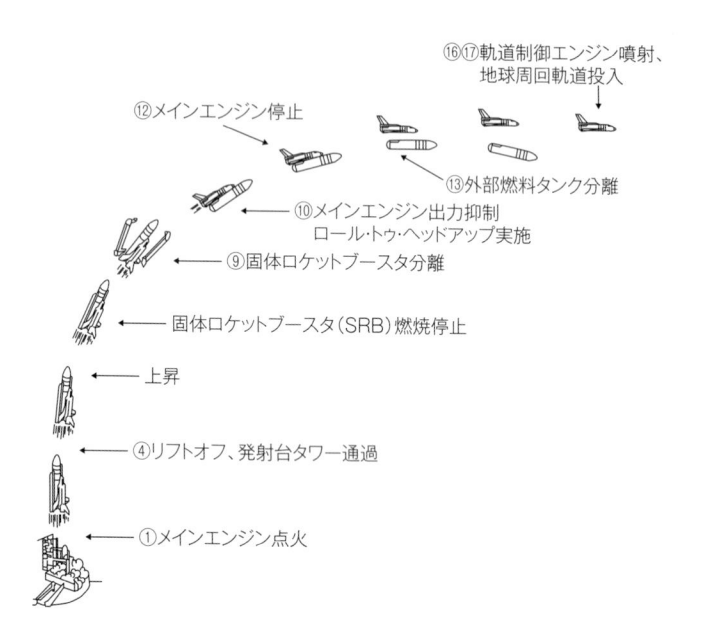

⑯⑰軌道制御エンジン噴射、地球周回軌道投入

⑫メインエンジン停止

⑬外部燃料タンク分離

⑩メインエンジン出力抑制
ロール・トゥ・ヘッドアップ実施

⑨固体ロケットブースタ分離

固体ロケットブースタ(SRB)燃焼停止

上昇

④リフトオフ、発射台タワー通過

①メインエンジン点火

●打ち上げシーケンス

時間 (T±分:秒)	イベント	高度 (km)	慣性速度 (km/時)	地表面距離 (km)
T-00:03・46 〜00:03・22	① メインエンジン点火	0	1471	0
T-00:00	② メインエンジン推力90%	0	1471	0
T+00:02・46	③ 固体ロケットブースタ点火	0	1471	0
T+00:03	④ リフトオフ(上昇)	0	1471	0
T+00:07	⑤ ピッチオーバ開始	0.166	1476	0
T+00:30	⑥ メインエンジンの出力を104%から67%に抑制			
T+01:00	⑦ メインエンジンの出力を104%に復帰			
T+01:09	⑧ 最大動圧	13.4	2662	6.4
T+02:04	⑨ 固体ロケットブースタ分離	47.3	5533	38.1
T+07:40	⑩ 加速度を3G以下に保つため、メインエンジンの出力を抑制			
T+08:20	⑪ メインエンジンの推力を67%に抑制			
T+08:38	⑫ メインエンジン停止	117.5	28163	1335
T+08:50	⑬ 外部燃料タンク分離	118.3	28160	1427
T+10:39	⑭ 軌道制御エンジン1点火	126	28129	2221
T+12:24	⑮ 軌道制御エンジン1停止	133.9	28309	2993
T+43:58	⑯ 軌道制御エンジン2点火	279.4	27682	15731
T+45:34	⑰ 軌道制御エンジン2停止(低軌道投入)	280.3	27875	16526

この表は一例であり、各フライトによりイベント時間は異なる。

① 軌道制御エンジン点火（逆噴射）
② ブラックアウト開始
③ シャトル最大空力加熱（高温の場所では約1649℃に達する）
④ ブラックアウト終了
⑤ 最終エネルギー制御
　（ターミナル・エリア・エネルギーマネジメント開始）
⑥ 着陸86秒前。
マイクロ波による自動着陸モード開始
⑦ 機首引き起こし開始
⑧ 機首引き起こし終了
⑨ 車輪出し
⑩ 着陸

●帰還シーケンス

着地までの時間 （分：秒）	イベント	高度 (km)	対地速度 (km/時)	着地点までの 表面距離(km)
60：00	① 軌道制御エンジン点火(逆噴射)	282	26498	20865
25：00	② ブラックアウト開始(通信途絶)	80.5	26876	5459
20：00	③ 最大空力加熱	70	24200	2856
12：00	④ ブラックアウト終了	55	13317	885
05：30	⑤ ターミナル・エリア・エネルギー マネジメント(TAEM)開始	25.3	2735	96
00：86	⑥ 自動着陸モード開始	4074m	682	12
00：32	⑦ 機首引き起こし開始	526m	576	3200m
00：17	⑧ 機首引き起こし終了 （降下角22°から1.5°へ）	41m	496	1079m
00：14	⑨ 車輪出し	27m	430	335m
00：00	⑩ 着陸	0	346	0

第4章 ロケット

4-2-6 ソユーズ宇宙船の飛行計画

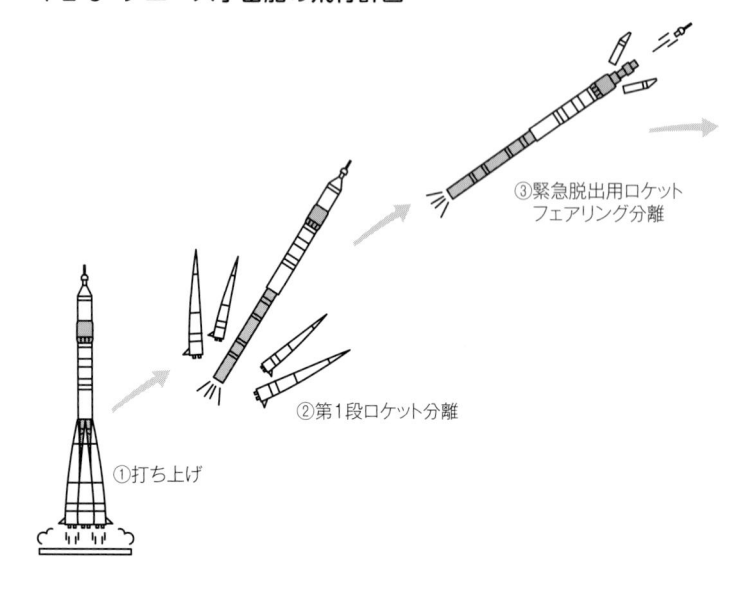

③緊急脱出用ロケット
フェアリング分離

②第1段ロケット分離

①打ち上げ

●打ち上げシーケンス

イベント	打ち上げ後経過時間 (分:秒)	高度 (km)	慣性速度 (km/s)
① 打ち上げ(第1段、第2段ロケット同時点火)	0:00	0	0
	1:10		0.5
② 第1段ロケット(4基)分離	1:58	41.5	1.56
③ 緊急脱出用ロケット、フェアリング分離	2:38	85	1.9
④ 第2段ロケットを分離、第3段ロケットの燃焼開始	4:48	176	3.809
	7:30		6
⑤ 第3段ロケット燃焼終了、ソユーズを分離	8:48	208	7.492
⑥ ソユーズ宇宙船の太陽電池パドルと通信アンテナを自動展開			

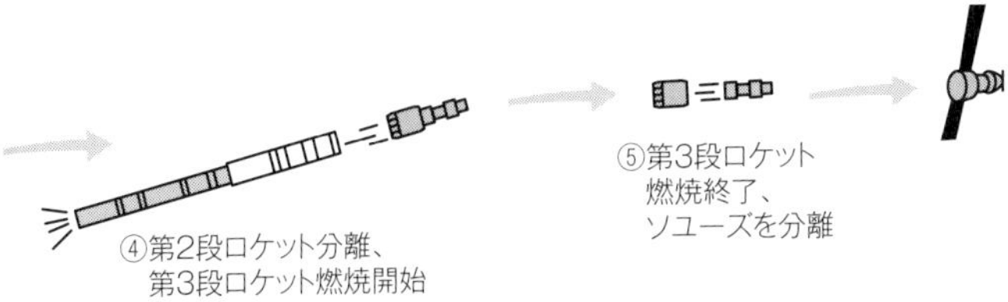

4-2 ロケットの打ち上げと飛行計画

④ 第2段ロケット分離、
第3段ロケット燃焼開始

⑤ 第3段ロケット
燃焼終了、
ソユーズを分離

軌道上で太陽電池パドルと通信アンテナを展開(イメージ)

ソユーズロケットの打ち上げ

● 帰還シーケンス

イベント
① 軌道離脱噴射
② 軌道モジュールと機器／推進モジュールを分離
③ 高度約100kmから再突入開始(ISS分離後、約3時間経過時点)
④ 8つのスラスタ噴射による再突入飛行の制御、スラスタ噴射は着陸の約15分前(パラシュート展開時)に停止
⑤ 誘導パラシュート2個を放ち、減速用パラシュート(drogue chute)を展開。これにより、下降速度は秒速230mから秒速80mにまで減速
⑥ 着陸15分前にメインパラシュート(面積1000m^2)を展開。これにより帰還モジュール下降速度は秒速7.3mに減速
⑦ 着陸1秒前に帰還モジュールの小型ロケット(衝撃緩和ロケット)を噴射。これにより地上にタッチダウン時には秒速1.5m以下の下降速度に減速

第4章 ロケット

4-3 世界の人工衛星打ち上げ用ロケット

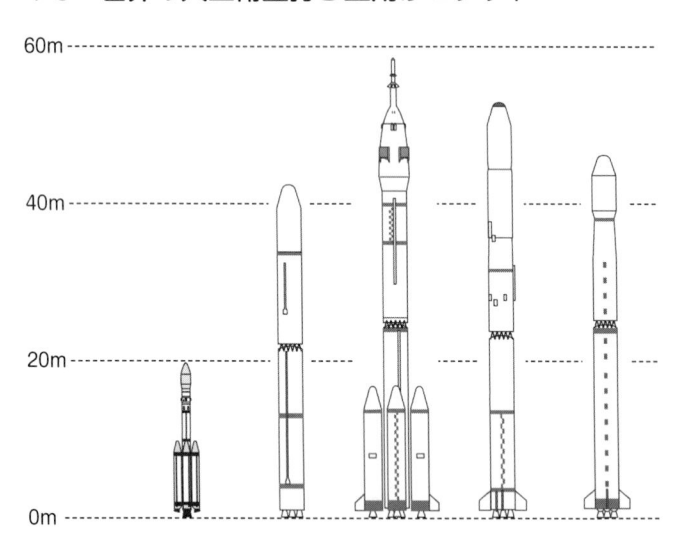

ロケット名		VLS-1	長征(CZ)-2C	長征(CZ)-2F	長征(CZ)-3A	長征(CZ)-4C
国名等		ブラジル	中 国			
段数		3	2	2	3	3
全長(m)		19.46	42	58.34	52.52	45.8
代表直径(m)		1.01	3.35	3.35	3.35	3.35
全備質量(t)		50	233	479.7	241	249.2
打ち上げ能力(t)		0.4 (LEO)	1.4 (900km SSO)	8.4(LEO) 3.37(GTO)	2.65(GTO)	2.705 (600km SSO)
推進剤	補助ブースタ	固体4本	—	UDMH/NTO	—	—
	第1段	固体	UDMH/NTO	UDMH/NTO	UDMH/NTO	UDMH/NTO
	第2段	固体	UDMH/NTO	UDMH/NTO	UDMH/NTO	UDMH/NTO
	第3段	固体	—	—	液体酸素/液体水素	UDMH/NTO
	第4段	—	—	—	—	—
主な打ち上げ衛星		—	イリジウム	神舟(有人)	嫦娥1号	遥感 風雲
初打ち上げ年		1997	1975	1999	1994	2007

GTO：静止トランスファー軌道　LEO：低軌道　MMH：モノメチルヒドラジン　NTO：四酸化二窒素
RP-1：ケロシン系ジェット燃料　SSO：太陽同期軌道　UDMH：非対称ジメチルヒドラジン

4-3 世界の人工衛星打ち上げ用ロケット

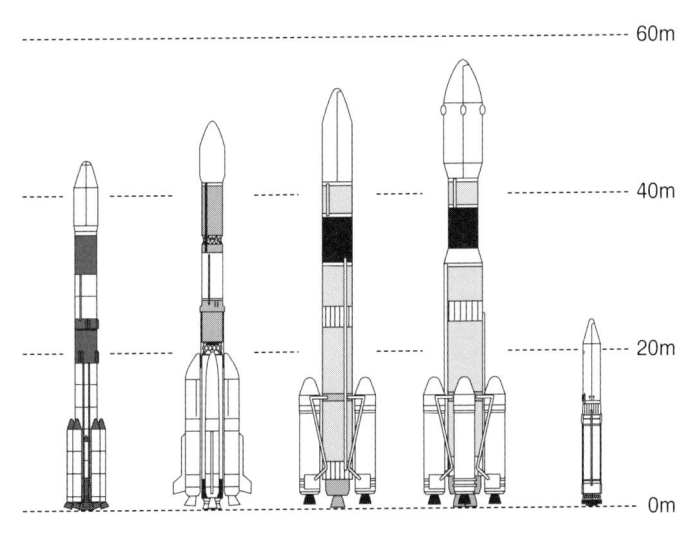

PSLV	GSLV	H-ⅡA202(標準型)	H-ⅡB	イプシロン
インド		日 本		
4	3	2	2	3
44.4	49	53	57	24.4
2.8	2.8	4	5.2	2.5
283-316	402	289	531	91
1.6 (800km SSO)	2.5(GTO)	約10(LEO) 約4.0(GTO)	約8(GTO) 16.5(HTV軌道)	1.2(LEO) 0.45(SSO)
ポリブタジエン系 コンポジット固体推進剤	UDMH/酸化窒素	ポリブタジエン系 固体推進剤	ポリブタジエン系 固体推進剤	
ポリブタジエン系 コンポジット固体推進剤	ポリブタジエン系 コンポジット固体推進剤	液体酸素/液体水素	液体酸素/液体水素	ポリブタジエン系 コンポジット固体推進剤
UDMH/NTO	UDMH/NTO	液体酸素/液体水素	液体酸素/液体水素	ポリブタジエン系 コンポジット固体推進剤
ポリブタジエン系 コンポジット固体推進剤	液体酸素/液体水素	—	—	ポリブタジエン系 コンポジット固体推進剤
MMH/NTO	—	—	—	
IRS チャンドラヤーン OceanSat	GSAT Edusat Insat	いぶき、あかつき イカロス、みちびき	こうのとり 1号機・2号機	(SPRINT-A)
1993	2001	2001	2009	2013年度

第4章 ロケット

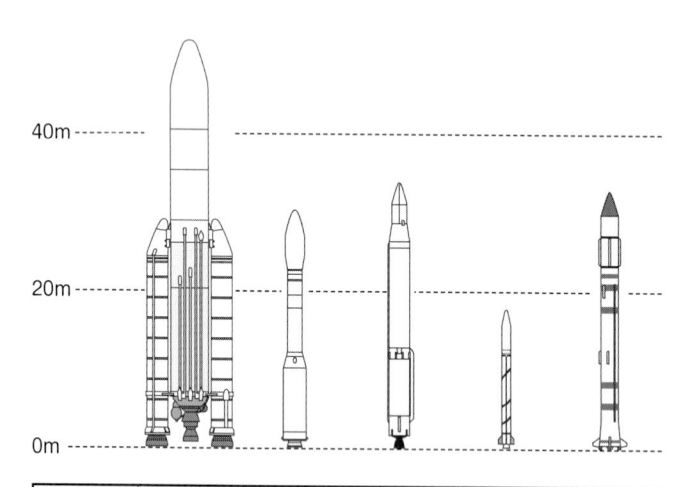

ロケット名		アリアン5ECA	VEGA	KSLV	シャヴィット	コスモス3M
国名等		ヨーロッパ		韓国	イスラエル	ロシア
段数		2	4	2	3	2
全長(m)		52	30.2	33	17.7	32.4
代表直径(m)		5.4	3	2.9	1.352	2.4
全備質量(t)		780	137	140	22-23	109
打ち上げ能力(t)		9.6 (GTO)	2.5 (LEO)	0.1 (80度 300×1500 km)	0.35 (LEO)	1.5 (LEO)
推進剤	補助ブースタ	固体	—	—	—	—
	第1段	液体酸素/液体水素	ポリブタジエン系コンポジット固体推進剤	RP-1/液体酸素	ポリブタジエン系コンポジット固体推進剤	UDMH/赤煙硝酸
	第2段	MMH/NTO	ポリブタジエン系コンポジット固体推進剤	固体	ポリブタジエン系コンポジット固体推進剤	UDMH/赤煙硝酸
	第3段	—	ポリブタジエン系コンポジット固体推進剤	—	ポリブタジエン系コンポジット固体推進剤	—
	第4段	—	UDMH/NTO	—	—	—
主な打ち上げ衛星		Herschel TerraStar Amazonas	—	—	Ofeq	Kosmos
初打ち上げ年		2002	2012	2009	1998	1964

GTO：静止トランスファー軌道　LEO：低軌道　MMH：モノメチルヒドラジン　NTO：四酸化二窒素
Polar：極軌道　RP-1：ケロシン系ジェット燃料　UDMH：非対称ジメチルヒドラジン　ケロシン＝灯油

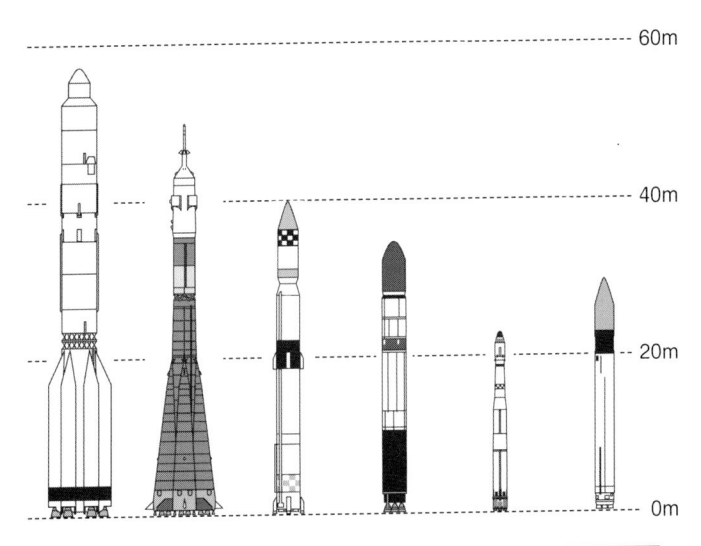

4-3 世界の人工衛星打ち上げ用ロケット

プロトンK	ソユーズU	ツィクロン3	ドニエプル	スタールト	ロッコート
ロシア					
4	3	3	3	4	3
57.2	50.67	39.27	34.3	22.7	29.15
7.4	10.3	3	3	1.8	2.5
690	300.5	186-190	208.9	47	107
4.8(GTO)	6.95(LEO)	1.7(GTO)	3.7(LEO)	0.3 (500km Polar)	1.4 (63度 LEO)
—	ケロシン/液体酸素	—	—	—	—
UDMH/NTO	ケロシン/液体酸素	UDMH/NTO	UDMH/NTO	固体	UDMH/NTO
UDMH/NTO	ケロシン/液体酸素	UDMH/NTO	UDMH/NTO	固体	UDMH/NTO
UDMH/NTO	ケロシン/酸化窒素	UDMH/NTO	UDMH/NTO	固体	UDMH/NTO
ケロシン/NTO	—	—	—	固体	—
Glonass ミール クバント	プログレス ソユーズ(有人) Molniya	Koronas Meteor Okean	きらり れいめい THEOS	EROS-B1	GRACE Cryosat GOCE
1967	1973	1977	1999	1993	1994

第4章 ロケット

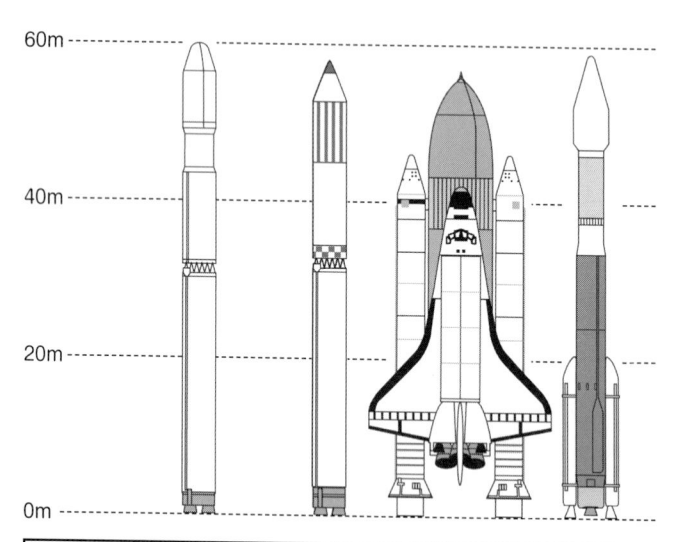

ロケット名	ゼニット3SL	ゼニット2	スペースシャトル	アトラスV
国名等	ウクライナ	ウクライナ	アメリカ	アメリカ
段数	3	2	—	2
全長(m)	59.6	57.4	56.14 オービタ 37.23	58.3
代表直径(m)	3.9	3.9	翼幅23.79	3.81
全備質量(t)	464.82	460	2041	334.5
打ち上げ能力(t)	6(GTO)	13.7 (51.6度 LEO)	28.8	4.75-8.9 (GTO)
推進剤 補助ブースタ	—	—	固体	—
推進剤 第1段	ケロシン/液体酸素	ケロシン/液体酸素	液体酸素/液体水素	ケロシン/液体酸素
推進剤 第2段	ケロシン/液体酸素	ケロシン/液体酸素	—	液体酸素/液体水素
推進剤 第3段	ケロシン/液体酸素	—	—	—
推進剤 第4段	—	—	—	—
主な打ち上げ衛星	Inmarsat Koreasat Intelsat	Tselina Meteor	(有人) ハッブル宇宙望遠鏡	MRO Astra Jumpseat
初打ち上げ年	1999	1985	1981	2002

GTO：静止トランスファー軌道　LEO：低軌道　RP-1：ケロシン系ジェット燃料　ケロシン＝灯油

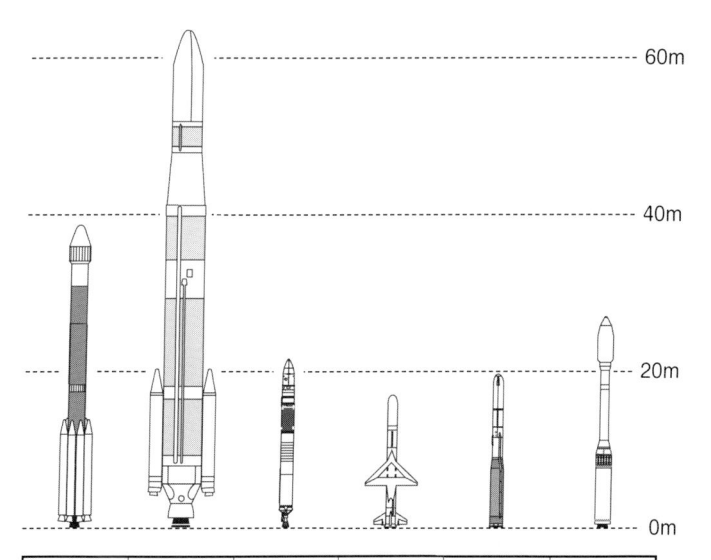

4-3 世界の人工衛星打ち上げ用ロケット

デルタⅡ7925/7920	デルタⅣ-M	ファルコン1	ペガサス	ミノトール1	トーラス
アメリカ					
3	2	2	3	4	4
38.41	63	21.3	16.9	19.21	26.72
2.44	5.1	1.7	1.271	1.67	2.36
231.87	249.5	27.67	23.13	36.2	72.576
1.869(GTO)	4.231(GTO)	0.42(LEO)	0.2 (463kg Polar)	0.58(LEO)	1.25(LEO)
固体	固体	—	—	—	—
RP-1/液体酸素	液体酸素/液体水素	RP-1/液体酸素	固体	固体	固体
エアロジン50/酸化窒素	液体酸素/液体水素	RP-1/液体酸素	固体	固体	固体
固体	—	—	固体	固体	固体
—	—	—	—	固体	固体
GPS Kepler MCO	Eutelsat DSP GOES	Trailblazer RazakSat	HESSI GALEX IBEX	XSS COSMIC	KOMPSAT ROCSAT
1989	2002	2006	1990	2000	1994

Polar：極軌道

第4章 ロケット

4-4 日本の人工衛星打ち上げ用ロケット
●科学衛星打ち上げ用固体ロケット
旧宇宙科学研究所(ISAS)の開発の流れ

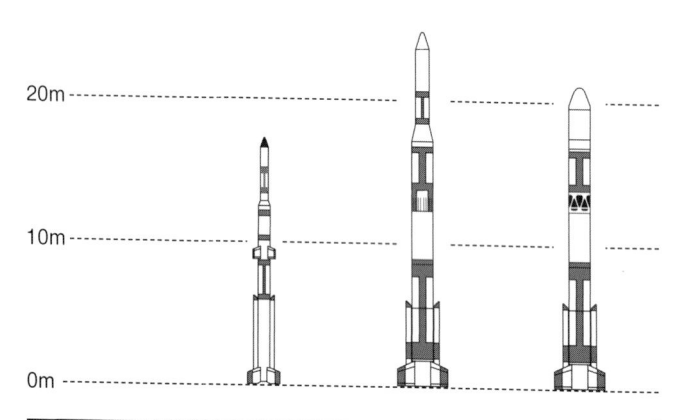

ロケット名		L-4S	M-4S	M-3C
段数		4	4	3
全長(m)		16.5	23.6	20.2
直径(m)		0.767	1.41	1.41
全備質量(t) (人工衛星の質量は含まず)		9.4	43.6	41.6
低軌道打ち上げ能力(t)[*1]		0.026	0.18	0.195
太陽同期軌道投入能力(t)[*2]		—		
推進剤	補助ブースタ	ポリブタジエン系固体推進剤	ポリブタジエン系固体推進剤	ポリブタジエン系固体推進剤
	第1段			
	第2段			
	第3段			
	第4段			—
運用年		1970	1970〜1972	1974〜1979

*1 高度250km、円軌道、傾斜角31度の場合
*2 小型液体推進系を追加搭載した場合

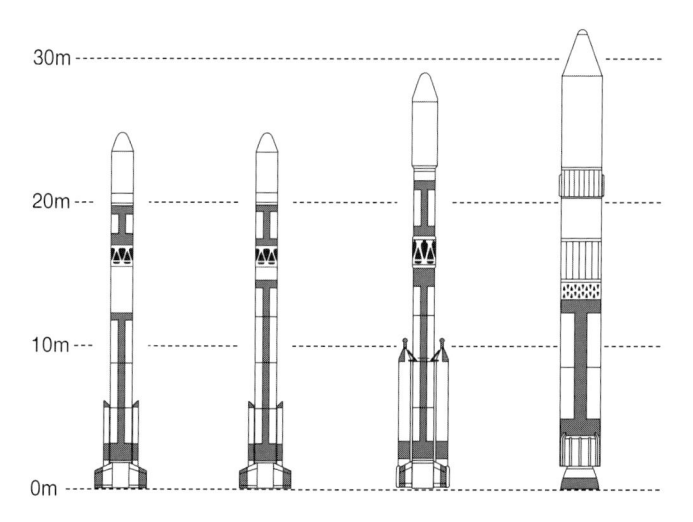

4-4 日本の人工衛星打ち上げ用ロケット

	M-3H	M-3S	M-3SⅡ	M-V
	3	3	3	3
	23.8	23.8	27.8	30.7
	1.41	1.41	1.41	2.5
	48.7	48.7	61	139
	0.3	0.3	0.77	1.8
	—	—	—	—
	ポリブタジエン系固体推進剤	ポリブタジエン系固体推進剤	ポリブタジエン系固体推進剤	ポリブタジエン系固体推進剤
	—	—	—	—
	1977〜1978	1980〜1984	1985〜1995	1997〜2006

L＝ラムダシリーズ、M＝ミューシリーズ　ラムダロケットはミューシリーズの前身となったロケット
(注)M-3H以降のMロケットは3段式が基本で、月・惑星探査などのために4段目(キックステージ)が付け加えられることがある

第4章 ロケット

●実用衛星打ち上げ用液体ロケット
旧宇宙開発事業団(NASDA)の開発の流れ

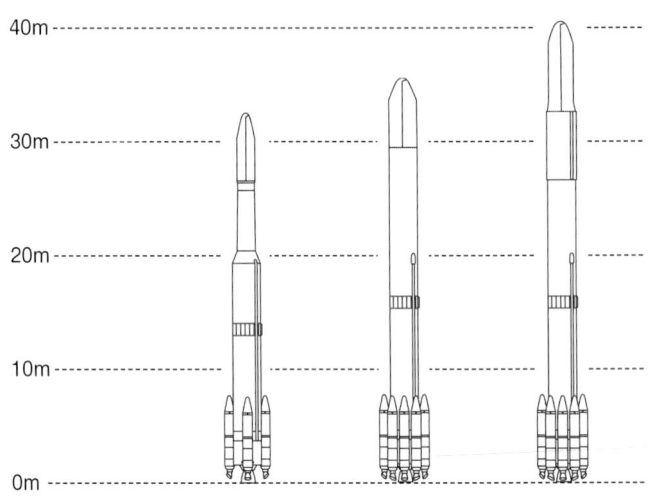

ロケット名		N-I	N-II	H-I
段数		3	3	3
全長(m)		32.6	35.4	40.3
直径(m)		2.4	2.4	2.4
全備質量(t) (人工衛星の質量はきます)		90.4	135	139.3
低軌道打ち上げ能力(t)[*1]		0.8	1.6	2.2
静止軌道打ち上げ能力(t)		0.13	0.35	0.55
推進剤	補助ブースタ	ポリブタジエン系固体推進剤	ポリブタジエン系固体推進剤	ポリブタジエン系固体推進剤
	第1段	液体酸素/RJ-1	液体酸素/RJ-1	液体酸素/RJ-1
	第2段	四酸化二窒素/A-50	四酸化二窒素/A-50	液体酸素/液体水素
	第3段	ポリブタジエン系固体推進剤	ポリブタジエン系固体推進剤	ポリブタジエン系固体推進剤
運用年		1975〜1982	1981〜1987	1986〜1992

RJ-1：石油系燃料　A-50：エアロジン50
*1　高度300km、円軌道、傾斜角30度の場合

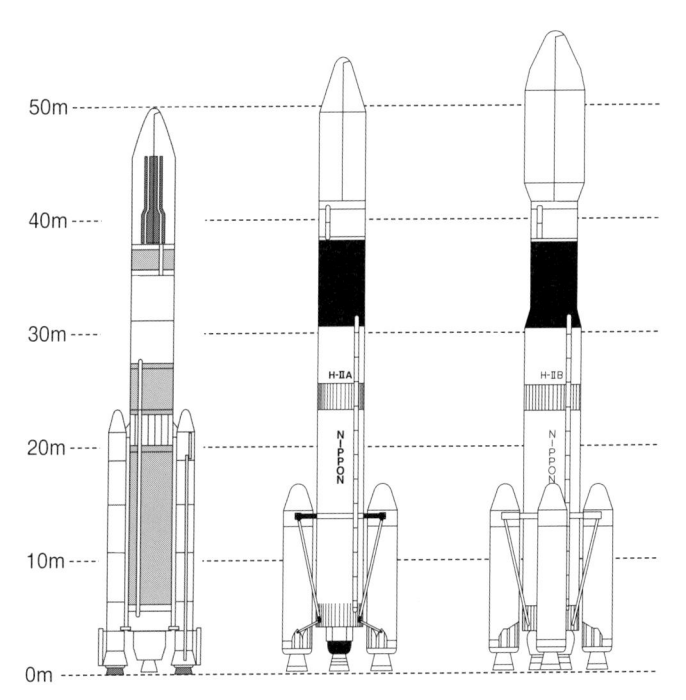

4-4 日本の人工衛星打ち上げ用ロケット

H-Ⅱ	H-ⅡA202(標準型)	H-ⅡB
2	2	2
50	53	56.6
4	4	5.2
260	289	531
10.5	約10	
2.0(4.0*2)	4.0*2	約8*2　約16.5*3
ポリブタジエン系コンポジット固体推進剤	ポリブタジエン系固体推進剤	ポリブタジエン系固体推進剤
液体酸素/液体水素	液体酸素/液体水素	液体酸素/液体水素
液体酸素/液体水素	液体酸素/液体水素	液体酸素/液体水素
—	—	—
1994〜1999	2001	2009

*2　静止トランスファー軌道
*3　HTV軌道

第4章 ロケット

4-4-1 L-4Sロケット

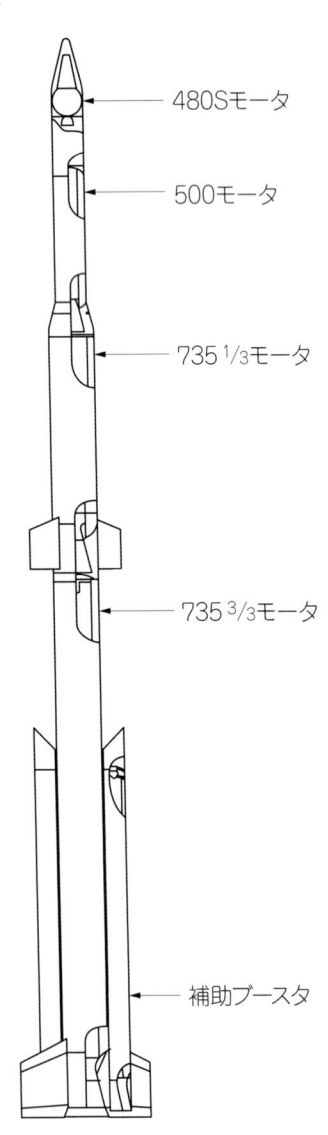

- 480Sモータ
- 500モータ
- 735 1/3モータ
- 735 3/3モータ
- 補助ブースタ

打ち上げ実績
試験衛星「おおすみ」

●主要諸元

	第1段	補助ブースタ	第2段	第3段	第4段
全長(m)	16.522	5.772	8.141	4.067	1.104
最大直径(m)	0.767	0.310	0.767	0.548	0.483
質量(点火時)(kg)	9399.0	1005.0	3417.6	943.1	111.0
質量(燃焼終了時)(kg)	4507.0	381.0	1562.5	394.9	23.05
推進剤質量(kg)	3887.0	624.0	1845.0	547.5	87.95
質量比	1.982	−	2.187	2.388	4.816
比推力(秒)	215.0	220.0	242.9	249.3	254.0
重心位置(点火時)(%)	59.0	52.9	63.0	61.8	64.5
重心位置(燃焼終了時)(%)	43.2	54.3	49.6	44.8	55.7
慣性能率Ix(点火時)(kg、m、sec^2)	79.89	−	25.48	3.52	0.259
慣性能率Iy(点火時)(kg、m、sec^2)	16192	−	1259.4	99.71	0.436
ネット・ペイロード(kg)	−		6.6	36.3	7.62
グロス・ペイロード(kg)	−		7.6	96.1	8.42

第4章　ロケット

4-4-2　M-4Sロケット

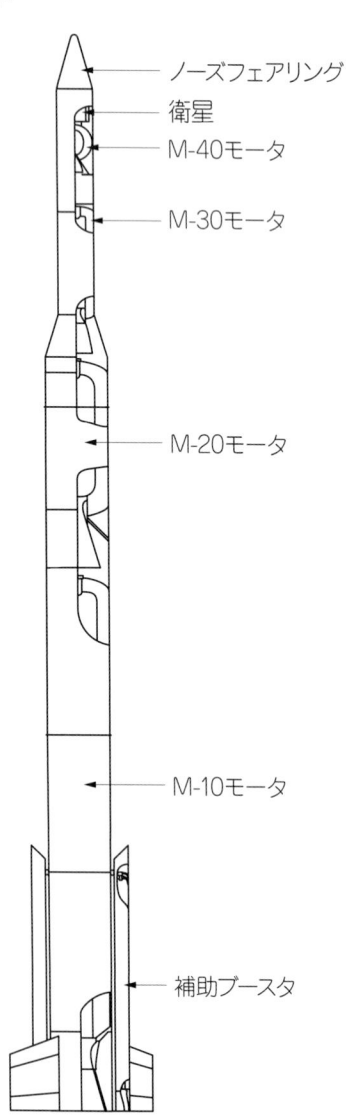

- ノーズフェアリング
- 衛星
- M-40モータ
- M-30モータ
- M-20モータ
- M-10モータ
- 補助ブースタ

打ち上げ実績
試験衛星「たんせい」
科学衛星「しんせい」
電波観測衛星「でんぱ」

●主要諸元

	第1段	補助ブースタ	第2段	第3段	第4段
全長(m)	23.557	5.794	10.595	5.860	1.838
最大直径(m)	1.410	0.310	1.410	0.860	0.786
質量(点火時)(kg)	43710	4166	13211	3273	509.4
質量(燃焼終了時)(kg)	19118	1482	6052	1282	140.5
推進剤質量(kg)	20522	2696	7146	1986	368.6
質量比	2.2031	−	2.1808	2.5491	3.6235
比推力(秒)	219.0	219.0	261.0	265.0	270.0
重心位置(点火時)(%)	61.98	−	63.74	56.74	60.60
重心位置(燃焼終了時)(%)	46.10	−	52.53	43.72	45.82
慣性能率 Ix (点火時)(kg、m、sec^2)	1610.1	−	329.82	34.89	3.445
慣性能率 Ix (燃焼終了時)(kg、m、sec^2)	660.41	−	152.73	12.74	0.8464
慣性能率 Iy (点火時)(kg、m、sec^2)	134206	−	7181.5	563.05	7.8630
慣性能率 Iy (燃焼終了時)(kg、m、sec^2)	62307.6	−	4873.3	329.85	3.9039
ネット・ペイロード(kg)	−	−	−	49.4	62.2(SA)
グロス・ペイロード(kg)	−	−	−	148.2	68.9
ノズル膨張比	5.94	3.57	20.0	17.36	19.9
ノズル出口径(m)	0.8626	0.0716	0.7595	0.3758	0.0745

SA:人工衛星の質量(人工衛星の燃料は除く)

第4章 ロケット

4-4-3 M-3Cロケット

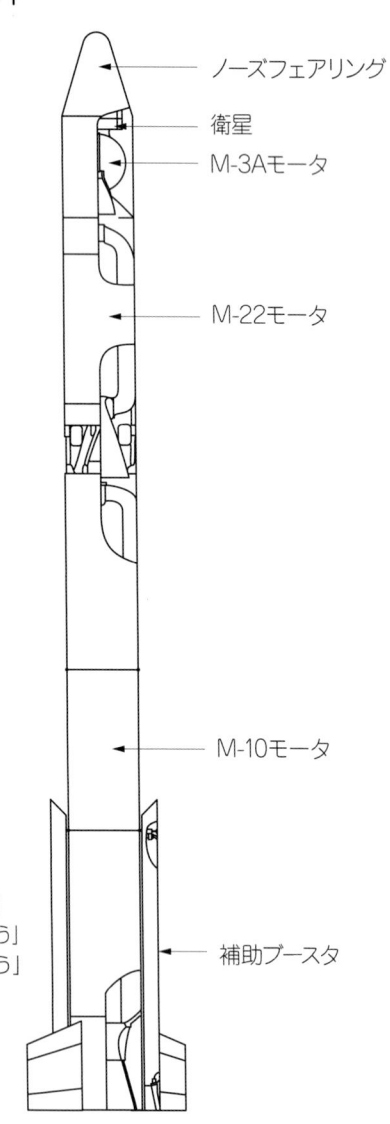

- ノーズフェアリング
- 衛星
- M-3Aモータ
- M-22モータ
- M-10モータ
- 補助ブースタ

打ち上げ実績
試験衛星「たんせい2号」
超高層大気観測衛星「たいよう」
X線天文衛星「はくちょう」

●主要諸元

	第1段	補助ブースタ	第2段	第3段
全長(m)	20.241	5.794	8.395	2.326
最大直径(m)	1.410	0.310	1.410	1.144
質量(点火時)(kg)	37445	4063	11144	1311
質量(燃焼終了時)(kg)	16983	1357	3918	235.6
推進剤質量(kg)	20453	2699	7174	1075
フレオン(kg)	—	—	173	—
過酸化水素(kg)	—	—	55	—
質量比	2.205	—	2.812	5.565
比推力(秒)	222.8	219.0	273.0	283.0
重心位置(点火時)(%)	58.54	—	61.70	57.95
重心位置(燃焼終了時)(%)	41.85	—	54.31	51.12
慣性能率Ix(点火時)(kg、m、sec^2)	1585	—	305.3	17.87
慣性能率Ix(燃焼終了時)(kg、m、sec^2)	639.8	—	112.3	2.675
慣性能率Iy(点火時)(kg、m、sec^2)	105717	—	2960	23.99
慣性能率Iy(燃焼終了時)(kg、m、sec^2)	48690	—	1848	10.82
ネット・ペイロード(kg)	—	—	104.2	65.7 (SA 56.2)
グロス・ペイロード(kg)	—	—	212.6	70.39
ノズル膨張比	5.94	3.56	21.80	43.11
ノズル出口径(mm)	1048	302	1074	696

SA：人工衛星の質量(人工衛星の燃料は除く)

第4章 ロケット

4-4-4 M-3Hロケット

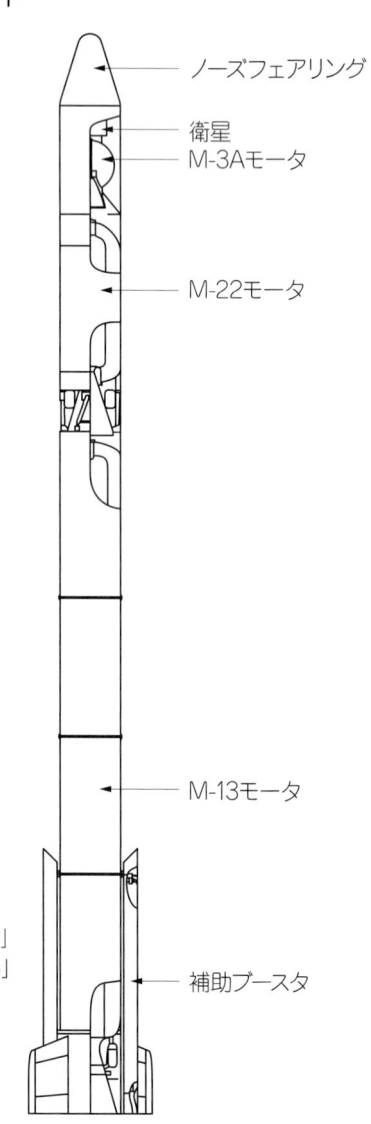

- ノーズフェアリング
- 衛星
- M-3Aモータ
- M-22モータ
- M-13モータ
- 補助ブースタ

打ち上げ実績
試験衛星「たんせい3号」
オーロラ観測衛星「きょっこう」
磁気圏観測衛星「じきけん」

● 主要諸元

	第1段	補助ブースタ	第2段	第3段	第4段
全長(m)	23.80	5.794	8.895	3.059	1.408
最大直径(m)	1.410	0.310	1.410	1.136	0.932
質量(点火時)(kg)	44714	4120	11307	1436.4	187.25
質量(燃焼終了時)(kg)	17597	1371	3960	351.0	141.15
推進剤質量(kg)	27098	2737	7195	1083.7	45.55
フレオン(kg)	—	—	56.0	—	—
過酸化水素(kg)	—	—	84.7	—	—
質量比	2.540	2.996	2.817	4.087	1.323
比推力(秒)	239	219	277	284	281
重心位置(点火時)(%)	60.96		62.90	63.75	58.66
重心位置(燃焼終了時)(%)	42.01		53.02	47.73	67.40
慣性能率Ix(点火時)(kg、m、sec^2)	1839		305.8	18.60	1.281
慣性能率Ix(燃焼終了時)(kg、m、sec^2)	659.9		105.2	3.274	1.210
慣性能率Iy(点火時)(kg、m、sec^2)	188107		3258	46.95	2.638
慣性能率Iy(燃焼終了時)(kg、m、sec^2)	83114		1928	22.96	1.483
ネット・ペイロード(kg)	—	—	149.98	—	SA 128.34
ノズル膨張比	6.34	3.57	21.80	41.53	43.07
ノズル出口径(mm)	1146	302.2	1078.3	696.0	229.7

SA：人工衛星の質量(人工衛星の燃料は除く)

第4章 ロケット

4-4-5 M-3Sロケット

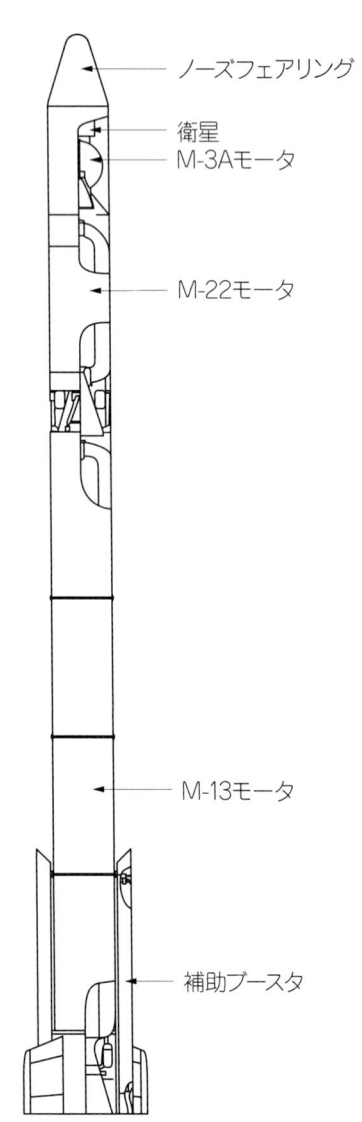

ノーズフェアリング
衛星
M-3Aモータ
M-22モータ
M-13モータ
補助ブースタ

打ち上げ実績
試験衛星「たんせい4号」
太陽観測衛星「ひのとり」
X線天文衛星「てんま」
中層大気観測衛星「おおぞら」

●主要諸元

	第1段	補助ブースタ	第2段	第3段
全長(m)	23.801	5.794	8.895	2.501
最大直径(m)	1.410	0.310	1.410	1.135
質量(点火時)(kg)	45247.4[*1]	4119.2	11043.0[*3]	1425.6
質量(燃焼終了時)(kg)	18030.3[*2]	1378.0	3842.0	341.9
推進剤質量(kg)	27064.0	2741.2	7201.0	1083.7
フレオン(kg)	306.3	—	42.0	—
過酸化水素(kg)	—	—	28.0	—
質量比	2.744	—	2.874	4.170
比推力(秒)	266[*5]	219[*4]	277[*5]	284[*5]
重心位置(点火時)(%)	58.95		66.27	77.97
重心位置(燃焼終了時)(%)	—		—	—
慣性能率Ix(点火時)(kg、m、sec^2)	1839.0		305.8	18.60
慣性能率Ix(燃焼終了時)(kg、m、sec^2)	660.0		105.2	3.30
慣性能率Iy(点火時)(kg、m、sec^2)	188106.0		3257.9	46.90
慣性能率Iy(燃焼終了時)(kg、m、sec^2)	83111.0		1927.8	23.00
ネット・ペイロード(kg)	—	—	145.7	185.0 (SA)
グロス・ペイロード(kg)	—	—	—	148.2
ノズル膨張比	7.75	3.57	21.98	41.53
ノズル出口径(mm)	1267.0	302.2	1078.3	696.0

*1：フレオン306.3kgを含む
*2：フレオン153.15kgを含む
*3：フレオンと過酸化水素を含む
*4：大気中
*5：真空中

SA：人工衛星の質量(人工衛星の燃料は除く)

第4章 ロケット

4-4-6 M-3SⅡロケット

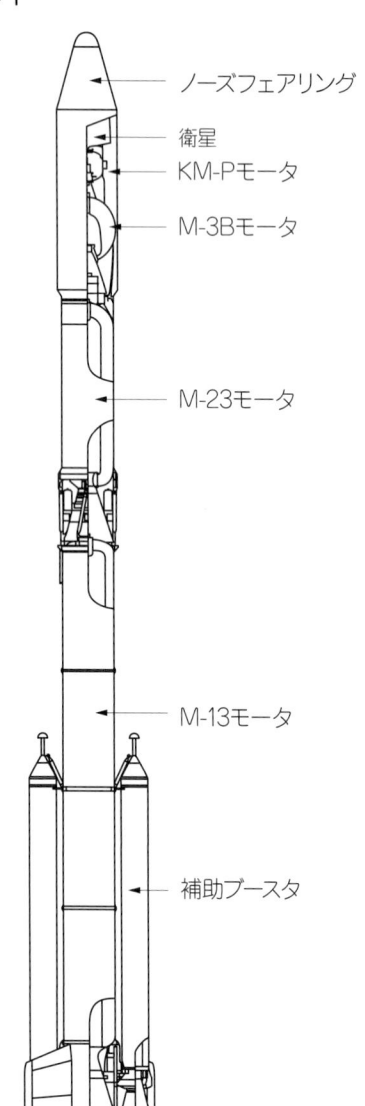

ノーズフェアリング
衛星
KM-Pモータ
M-3Bモータ
M-23モータ
M-13モータ
補助ブースタ

打ち上げ実績
ハレー彗星探査試験機「さきがけ」
ハレー彗星探査機「すいせい」
X線天文衛星「ぎんが」
磁気圏観測衛星「あけぼの」
工学実験衛星「ひてん」
太陽観測衛星「ようこう」
X線天文衛星「あすか」

●主要諸元

	第1段	補助ブースタ	第2段	第3段	第4段
全長(m)	27.785	9.140	13.1235	4.6661	2.0084
最大直径(m)	1.650	0.735	1.650	1.495	1.400
質量(点火時)(kg)	51952.6[*1]	10248.1	17267.2[*3]	4208.8	605.65
質量(燃焼終了時)(kg)	24718.9[*2]	2225.1	6950.2[*3]	910.9	185.05
推進剤質量(kg)	27098.0	8023.0	10317.0	3297.9	420.60
フレオン(kg)	271.46	—	87.6	—	—
ヒドラジン(kg)	—	—	40.0	—	—
比推力(秒)	266[*4]	266[*4]	282.0[*4]	293.1[*4]	284.6[*4]
重心位置(点火時)(%)	63.3		61.7	55.1	49.5
重心位置(燃焼終了時)(%)	44.5		47.0	36.2	29.4
慣性能率Ix(点火時)(kg、m、sec^2)	3537.7		472.5	93.98	6.286
慣性能率Ix(燃焼終了時)(kg、m、sec^2)	919.2		206.0	13.04	3.536
慣性能率Iy(点火時)(kg、m、sec^2)	295110.0		11754.0	304.4	14.27
慣性能率Iy(燃焼終了時)(kg、m、sec^2)	130310.0		5019.0	124.4	6.22
ネット・ペイロード(kg)	—	—	247.4	—	SA 138.1
ノズル膨張比	7.80	9.13	23.24	51.84	49.00
ノズル出口径(mm)	1270.4	725.0	1349.8	1094.4	504.0

*1：フレオン271.46kgを含む
*2：フレオン135.73kgを含む
*3：フレオン87.6kgとヒドラジン40.0kgを含む
*4：真空中
SA：人工衛星の質量(人工衛星の燃料は除く)
第1段、第2段の最大直径は、フェアリングの直径を表示

第4章 ロケット

4-4-7 M-Vロケット

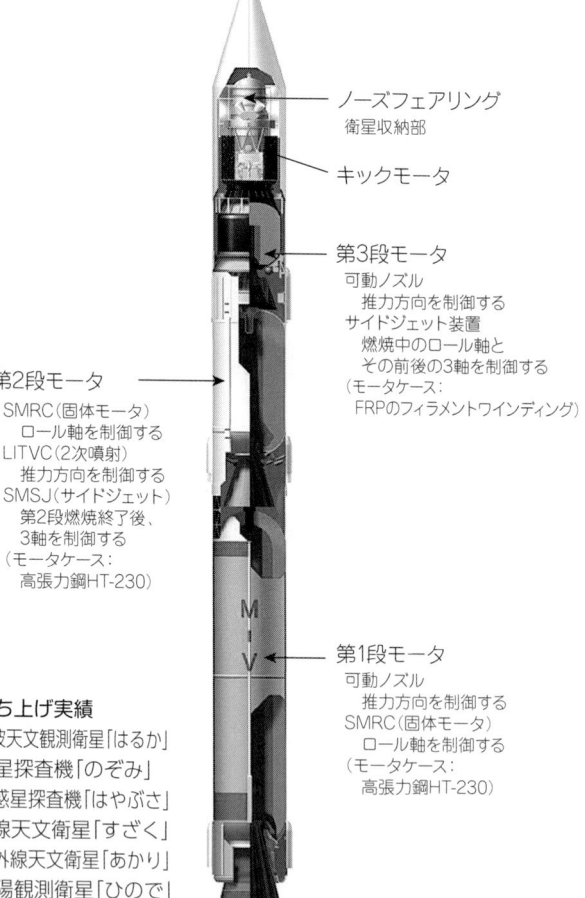

- ノーズフェアリング
  衛星収納部
- キックモータ
- 第3段モータ
  可動ノズル
    推力方向を制御する
  サイドジェット装置
    燃焼中のロール軸と
    その前後の3軸を制御する
  （モータケース：
    FRPのフィラメントワインディング）
- 第2段モータ
  SMRC（固体モータ）
    ロール軸を制御する
  LITVC（2次噴射）
    推力方向を制御する
  SMSJ（サイドジェット）
    第2段燃焼終了後、
    3軸を制御する
  （モータケース：
    高張力鋼HT-230）
- 第1段モータ
  可動ノズル
    推力方向を制御する
  SMRC（固体モータ）
    ロール軸を制御する
  （モータケース：
    高張力鋼HT-230）

打ち上げ実績
電波天文観測衛星「はるか」
火星探査機「のぞみ」
小惑星探査機「はやぶさ」
X線天文衛星「すざく」
赤外線天文衛星「あかり」
太陽観測衛星「ひので」

●主要諸元

		第1段	第2段	第3段
寸法	長さ(m)	14.46	6.35	3.45
	全長(m)	30.7		
	外径(m)	2.5	2.5	2.2
質量	各段質量 (全備)(t)	80.7	33.6	10.9
	全段質量 (全備)(t)	139		
固体 ロケット モータ	型式	固体ロケット* M-14	固体ロケット M-24	固体ロケット M-34
	推進剤種類 (酸化剤/燃料)	固体コンポジット (BP-204J)	固体コンポジット (BP-204J)	固体コンポジット (BP-205J)
	推進剤質量(t)	70	30	10
	平均推力(kN)	430	140	30
	有効燃焼時間(秒)	45	63	101
	真空中比推力(秒)	278	293	301
誘導方法		ストラップダウン方式光ファイバージャイロ (FOG)＋電波誘導方式		
制御システム	ピッチ・ヨー	可動ノズル式	2次液噴射式	可動ノズル式
	ロール	小型固体 ロケットモータ	小型固体 ロケットモータ	ガスジェット

＊モータ型式　M-14のMはM型ロケット、1は1段目、4は4番目に開発されたという意味

●打ち上げ能力

代表的軌道	軌道高度例	打ち上げ可能な人工衛星質量
軌道傾斜角 31度の円軌道	250km×250km	1.8t
〃	500km×500km	1.1t
地球重力脱出		約0.5t (第4段キックステージ使用時)

第4章 ロケット

4-4-8 N-Iロケット

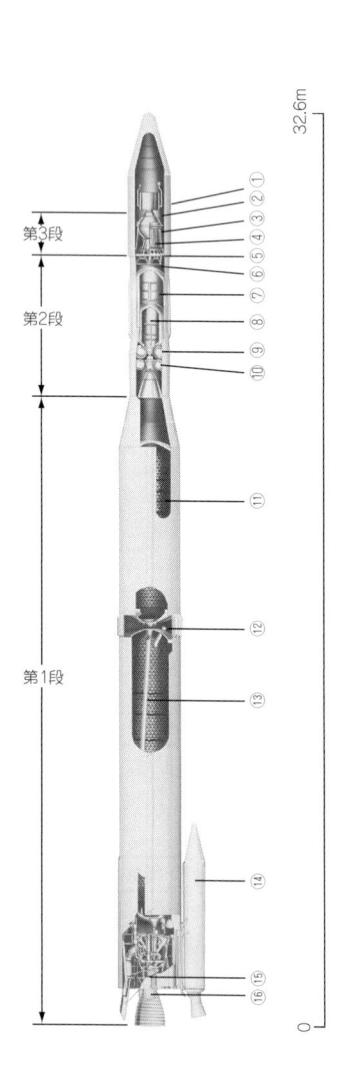

①人工衛星
②衛星フェアリング(MHI)
③衛星分離部(MHI)
④第3段固体ロケットモータ(NM)
⑤スピンテーブル(MHI)
⑥ガイダンス・セクション(MHI)
⑦第2段燃料タンク(エアロジン50)(MHI)
⑧第2段酸化剤タンク(四酸化二窒素)(MHI)
⑨気蓄器(MHI)
⑩第2段エンジン(LE-3)(MHI)
⑪第1段燃料タンク(RJ-1)(MHI)
⑫センタ・ボディ・セクション(MHI)
⑬第1段酸化剤タンク(液体酸素)(MHI)
⑭固体補助ロケット(3本)(NM)
⑮第1段メインエンジン(MHI,IHI)
⑯バーニアエンジン(IHI)

IHI:旧石川島播磨重工業株式会社
MHI:三菱重工業株式会社
NM:日産自動車株式会社

4-4 日本の人工衛星打ち上げ用ロケット

●主要諸元

		第1段	補助ロケット	第2段	第3段
寸法	長さ(m)	21.4	7.3	5.4	1.4 (5.7フェアリングの全長)
	全長(m)		32.6		
	外径(m)	2.4	0.8	1.6	0.9 (1.7フェアリング)
質量	各段質量(全備)(t)	70.2	13.4 (3本)	5.8	0.8 (1.0含フェアリング)
	全段質量(全備)(t)		90.4 (衛星を除く)		
エンジン	型式	液体ロケット	固体ロケット	液体ロケット	固体ロケット
	推進剤種類(酸化剤/燃料)	液体酸素/RJ-1	ポリブタジエン系固体推進剤	四酸化二窒素/A-50	ポリブタジエン系固体推進剤
	推進剤質量(t)	66.5	11.2(3本分)	4.7	0.6
	平均推力(kN)	756(海面上)	221(海面上、1本分)	53(真空中)	39(真空中)
	推進剤供給方式	ターボポンプ		ヘリウムガス押し	
制御システム	ピッチ・ヨー	ジンバル		ジンバル(推力飛行中) ガスジェット(慣性飛行中)	スピン安定
	ロール	バーニアエンジン		ガスジェット	

(注) 第3段の質量にはスピンテーブル質量を含めた。

●打ち上げ能力

代表的軌道	軌道高度例	打ち上げ可能な人工衛星質量
軌道傾斜角30度の円軌道	1000km	800kg(衛星分離部を含む概略値)
静止軌道	約36000km	130kg(数値は、燃焼後のアポジモータを含めた値を示す)
地球重力脱出	(月・惑星探査)	180kg

打ち上げ実績

技術試験衛星Ⅰ型「きく」
電離層観測衛星「うめ」
技術試験衛星Ⅱ型「きく2号」
電離層観測衛星「うめ2号」
実験用静止通信衛星「あやめ」
実験用静止通信衛星「あやめ2号」
技術試験衛星Ⅲ型「きく4号」

第4章 ロケット

4-4-9 N-IIロケット

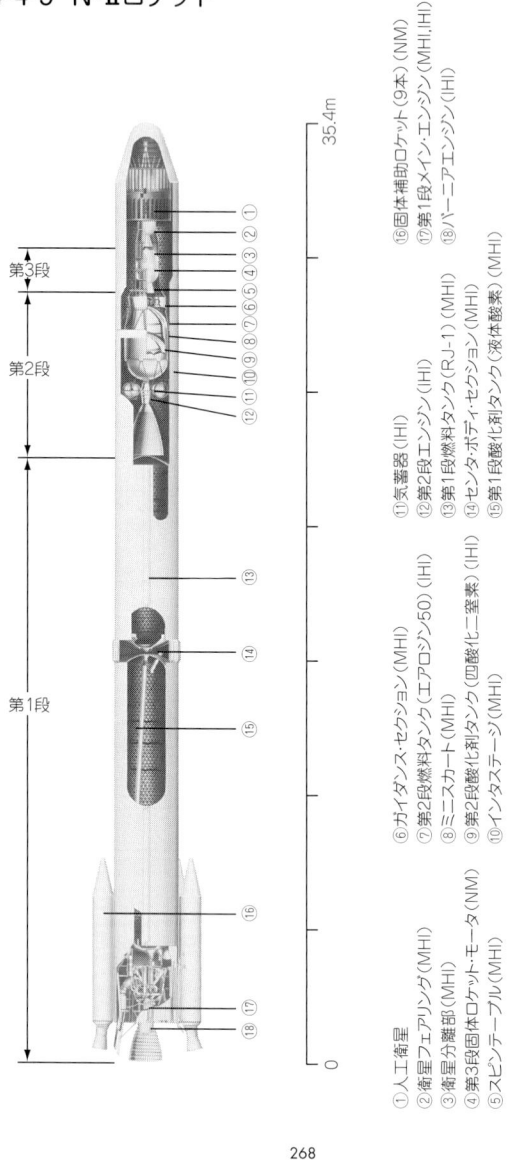

①人工衛星
②衛星フェアリング(MHI)
③衛星分離部(MHI)
④第3段固体ロケットモータ(NM)
⑤スピンテーブル(MHI)
⑥ガイダンス・セクション(MHI)
⑦第2段燃料タンク(エアロジン50)(IHI)
⑧ミニスカート(MHI)
⑨第2段酸化剤タンク(四酸化二窒素)(IHI)
⑩インタステージ(MHI)
⑪気蓄器(IHI)
⑫第2段エンジン(IHI)
⑬第1段燃料タンク(RJ-1)(MHI)
⑭センタボディ・セクション(MHI)
⑮第1段酸化剤タンク(液体酸素)(MHI)
⑯固体補助ロケット(9本)(NM)
⑰第1段メインエンジン(MHI,IHI)
⑱バーニアエンジン(IHI)

IHI：旧石川島播磨工業株式会社
MHI：三菱重工業株式会社
NM：日産自動車株式会社

●主要諸元

		第1段	補助ロケット	第2段	第3段
寸法	長さ(m)	22.4	7.3	6.0	2.1 (7.9フェアリングの全長)
	全長(m)	35.4			
	外径(m)	2.4	0.8	2.4	1.0 (2.4フェアリング)
質量	各段質量 (全備)(t)	86.4 (含インタステージ)	40.3 (9本)	6.7	1.3 (1.8含フェアリング)
	全段質量 (全備)(t)	135.2 (衛星を除く)			
エンジン	型式	液体ロケット	固体ロケット	液体ロケット	固体ロケット
	推進剤種類 (酸化剤/燃料)	液体酸素/RJ-1	ポリブタジエン系 固体推進剤	四酸化二窒素/ A-50	ポリブタジエン系 固体推進剤
	推進剤質量(t)	81.9	33.6(9本分)	5.8(最大)	1.1
	平均推力 (kN)	756 (海面上)	221 (海面上)(1本分)	45 (真空中)	67 (真空中)
	推進剤供給方式	ターボポンプ		ヘリウムガス押し	
制御システム	ピッチ・ヨー	ジンバル		ジンバル (推力飛行中) ガスジェット (慣性飛行中)	スピン安定
	ロール	バーニアエンジン		ガスジェット	

(注)第3段の質量にはスピンテーブル質量を含めた。

●打ち上げ能力

代表的軌道	軌道高度例	打ち上げ可能な人工衛星質量
軌道傾斜角30度の円軌道	1000km	1600kg(衛星分離部を含む概略値)
静止軌道	約36000km	350kg(数値は、燃焼後のアポジモータを含めた値を示す)
地球重力脱出	(月・惑星探査)	500kg

打ち上げ実績

技術試験衛星Ⅳ型「きく3号」
静止気象衛星2号「ひまわり2号」
通信衛星2号「さくら2号-a」
通信衛星2号「さくら2号-b」
放送衛星2号「ゆり2号-a」
放送衛星2号「ゆり2号-b」
静止気象衛星3号「ひまわり3号」
海洋観測衛星1号「もも1号」

第4章 ロケット

4-4-10 H-Iロケット

40.3m

第3段
第2段
第1段

① 衛星フェアリング(MHI)
② 衛星分離部(NM)
③ 第3段固体ロケットモータ(NM)
④ 3段モータ結合部(NM)
⑤ スピンテーブル(MHI)
⑥ ガイダンス・セクション(MHI)
⑦ 極低温ヘリウム気蓄器(MHI)
⑧ 第2段燃料タンク(液体水素)(MHI)
⑨ 第2段酸化剤タンク(液体酸素)(MHI)
⑩ 常温ヘリウム気蓄器(MHI)
⑪ 第2段エンジン(LE-5)(MHI、IHI)
⑫ アダプタ・セクション(MHI)
⑬ 第1段燃料タンク(RJ-1)*(MHI)
⑭ センタ・ボディ・セクション(MHI)
⑮ 第1段酸化剤タンク(液体酸素)(MHI)
⑯ 固体補助ロケット(9本)(NM)
⑰ 第1段メインエンジン(MHI、IHI)
⑱ バーニアエンジン(IHI)

*国産RJ-1

IHI：旧石川島播磨重工業株式会社
MHI：三菱重工業株式会社
NM：日産自動車株式会社

270

4-4 日本の人工衛星打ち上げ用ロケット

●主要諸元

		第1段	補助ロケット	第2段	第3段
寸法	長さ(m)	22.4	7.3	10.3	2.3 (7.9フェアリングの全長)
寸法	全長(m)	40.3			
寸法	外径(m)	2.4	0.8	2.5 (断熱層は除く)	1.3 (2.4フェアリング)
質量	各段質量 (全備)(t)	85.8 (含アダプタセクション)	40.3 (9本)	10.6	2.2 (2.8含フェアリング)
質量	全段質量 (全備)(t)	139.3 (衛星を除く)			
エンジン	型式	液体ロケット	固体ロケット	液体ロケット	固体ロケット
エンジン	推進剤種類 (酸化剤/燃料)	液体酸素/RJ-1*	ポリブタジエン系 固体推進剤	液体酸素/ 液体水素	ポリブタジエン系 固体推進剤
エンジン	推進剤質量(t)	81.4	33.6(9本分)	8.8	1.8
エンジン	平均推力(kN)	756 (海面上)	221 (海面上)(1本分)	103 (真空中)	77 (真空中)
エンジン	推進剤供給方式	ターボポンプ		ターボポンプ	
制御システム	ピッチ・ヨー	ジンバル		ジンバル (推力飛行中) ガスジェット (慣性飛行中)	スピン安定
制御システム	ロール	バーニアエンジン		ガスジェット	

(注)第3段の質量にはスピンテーブル質量を含めた。　＊国産RJ-1

●打ち上げ能力

	代表的軌道	軌道高度例	打ち上げ可能な人工衛星質量
3段式	静止軌道	約36000km	約550kg(数値は、燃焼後のアポジモータを含めた値を示す)
3段式	地球重力脱出	(月・惑星探査)	約770kg(太陽周回軌道)
2段式	軌道傾斜角 30度の円軌道	1000km	約2200kg(衛星分離部を含む概略値)
2段式	軌道傾斜角 50度の円軌道	1500km	約1800kg(衛星分離部を含む概略値)

打ち上げ実績

測地実験衛星「あじさい」
アマチュア衛星「ふじ」
磁気軸受フライホイール実験装置「じんだい」
技術試験衛星Ⅴ型「きく5号」
通信衛星3号「さくら3号-a」
通信衛星3号「さくら3号-b」
静止気象衛星4号「ひまわり4号」
海洋観測衛星1号-b「もも1号-b」
伸展開機能実験ペイロード「おりづる」
アマチュア衛星1号-b「ふじ2号」
放送衛星3号「ゆり3号-a」
放送衛星3号「ゆり3号-b」
地球資源衛星1号「ふよう1号」

第4章　ロケット

4-4-11　H-Ⅱロケット(基本型)

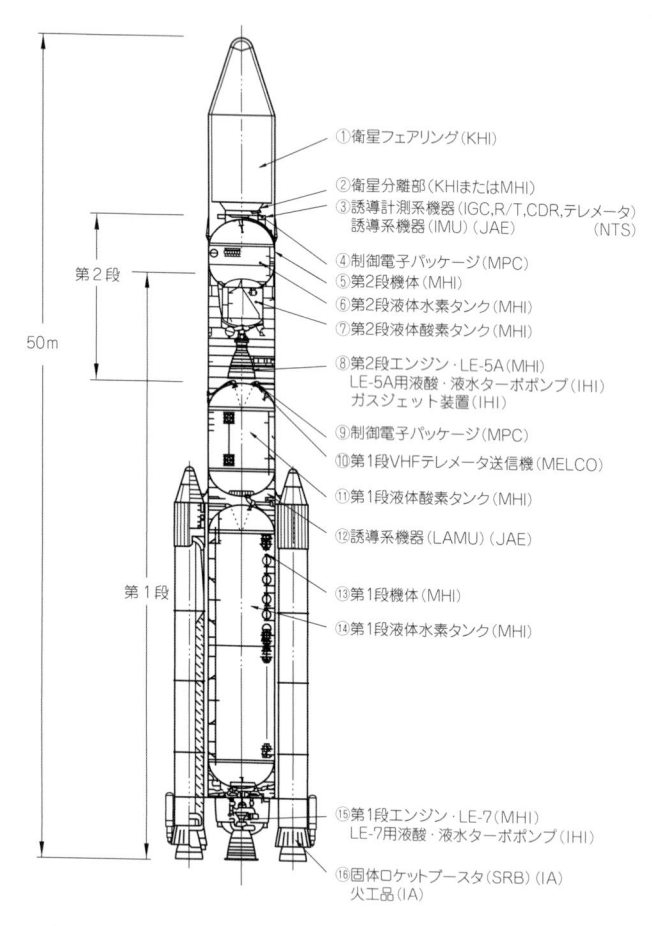

50m
第2段
第1段

① 衛星フェアリング(KHI)
② 衛星分離部(KHIまたはMHI)
③ 誘導計測系機器(IGC,R/T,CDR,テレメータ)
　 誘導系機器(IMU) (JAE)　　　　　　(NTS)
④ 制御電子パッケージ(MPC)
⑤ 第2段機体(MHI)
⑥ 第2段液体水素タンク(MHI)
⑦ 第2段液体酸素タンク(MHI)
⑧ 第2段エンジン・LE-5A(MHI)
　 LE-5A用液酸・液水ターボポンプ(IHI)
　 ガスジェット装置(IHI)
⑨ 制御電子パッケージ(MPC)
⑩ 第1段VHFテレメータ送信機(MELCO)
⑪ 第1段液体酸素タンク(MHI)
⑫ 誘導系機器(LAMU) (JAE)
⑬ 第1段機体(MHI)
⑭ 第1段液体水素タンク(MHI)
⑮ 第1段エンジン・LE-7(MHI)
　 LE-7用液酸・液水ターボポンプ(IHI)
⑯ 固体ロケットブースタ(SRB) (IA)
　 火工品(IA)

MHI：三菱重工業株式会社	NTS　：NEC東芝スペースシステム株式会社
IHI：旧石川島播磨重工業株式会社	JAE　：日本航空電子工業株式会社
KHI：川崎重工業株式会社	MPC　：三菱プレシジョン株式会社
IA　：株式会社アイ・エイチ・アイ・エアロスペース	MELCO：三菱電機株式会社

4-4 日本の人工衛星打ち上げ用ロケット

● 主要諸元

		第1段	固体ロケットブースタ	第2段	フェアリング
寸法	長さ(m)	35	23	11	12(標準)
寸法	全長(m)	50			
寸法	外径(m)	4	1.8	4	4.1(標準)
質量	各段質量(全備)(t)	98(含段間部)	141(2本)	20	1.4(標準)
質量	全段質量(全備)(t)	260(衛星を除く)			
エンジン	型式	液体ロケット	固体ロケット	液体ロケット	
エンジン	推進剤種類(酸化剤/燃料)	液体酸素/液体水素	ポリブタジエン系コンポジット固体推進剤	液体酸素/液体水素	
エンジン	推進剤質量(t)	86	118(2本分)	16.7	
エンジン	平均推力(kN)	843(海面上)	3119(海面上、2本分)	118(真空中)	
エンジン	比推力(秒)(真空中)	445	273	452	
エンジン	燃焼時間(秒)	346	94	609	
エンジン	推進剤供給方式	ターボポンプ		ターボポンプ	
誘導方式		ストラップダウン慣性センサユニットによる慣性誘導方式			
制御システム	ピッチ・ヨー	ジンバル	可動ノズル	ジンバル(推力飛行中)ガスジェット(慣性飛行中)	
制御システム	ロール	補助エンジン	可動ノズル	ガスジェット	

● 打ち上げ能力

代表的軌道	軌道高度例	打ち上げ可能な人工衛星質量
静止軌道(静止トランスファー軌道)	約36000km	約2t(約4t)
軌道傾斜角30度の円軌道	1000km	約5t
太陽同期軌道	約800km	約4t
地球重力脱出	月・惑星探査	約2t

第4章 ロケット

4-4-12 H-IIロケット(8号機)

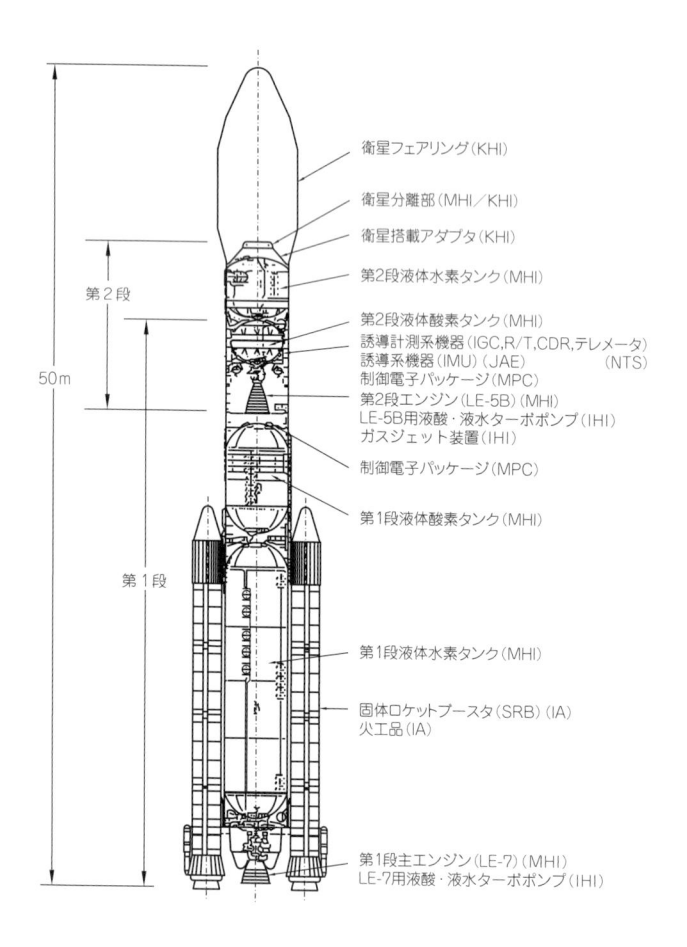

主要ラベル（図中、上から）:
- 衛星フェアリング(KHI)
- 衛星分離部(MHI／KHI)
- 衛星搭載アダプタ(KHI)
- 第2段液体水素タンク(MHI)
- 第2段液体酸素タンク(MHI)
- 誘導計測系機器(IGC,R/T,CDR,テレメータ)
- 誘導系機器(IMU)(JAE)　　(NTS)
- 制御電子パッケージ(MPC)
- 第2段エンジン(LE-5B)(MHI)
- LE-5B用液酸・液水ターボポンプ(IHI)
- ガスジェット装置(IHI)
- 制御電子パッケージ(MPC)
- 第1段液体酸素タンク(MHI)
- 第1段液体水素タンク(MHI)
- 固体ロケットブースタ(SRB)(IA)
- 火工品(IA)
- 第1段主エンジン(LE-7)(MHI)
- LE-7用液酸・液水ターボポンプ(IHI)

寸法:
- 50m
- 第2段
- 第1段

MHI：三菱重工業株式会社
IHI：旧石川島播磨重工業株式会社
KHI：川崎重工業株式会社
IA　：株式会社アイ・エイチ・アイ・エアロスペース
NTS：NEC東芝スペースシステム株式会社
JAE：日本航空電子工業株式会社
MPC：三菱プレシジョン株式会社

●主要諸元

		第1段	固体ロケットブースタ	第2段	フェアリング
寸法	長さ(m)	35	23	11	12
	全長(m)	50			
	外径(m)	4	1.8	4	5.1
質量	各段質量 (全備)(t)	98 (含段間部)	141 (2本)	20	1.8
	全段質量 (全備)(t)	260 (衛星を除く)			
エンジン	型式	液体ロケット	固体ロケット	液体ロケット	
	推進剤種類 (酸化剤/燃料)	液体酸素/ 液体水素	ポリブタジエン系 コンポジット固体推進剤	液体酸素/ 液体水素	
	推進剤質量(t)	86	118(2本分)	16.7	
	平均推力 (kN)	843 (海面上)	3119 (海面上、2本分)	137 (真空中)	
	比推力 (秒)(真空中)	445	273	447	
	燃焼時間(秒)	345	93	534	
	推進剤供給方式	ターボポンプ		ターボポンプ	
誘導方式		ストラップダウン慣性センサユニットによる慣性誘導方式			
制御システム	ピッチ・ヨー	ジンバル	可動ノズル	ジンバル (推力飛行中) ガスジェット (慣性飛行中)	
	ロール	補助エンジン		ガスジェット	

H-Ⅱロケットの打ち上げ実績

軌道再突入実験機「りゅうせい」
H-Ⅱロケット性能確認用ペイロード「みょうじょう」
技術試験衛星Ⅵ型「きく6号」
宇宙実験・観測フリーフライヤー
静止気象衛星5号「ひまわり5号」
地球観測プラットフォーム技術衛星「みどり」
アマチュア衛星3号「ふじ3号」
熱帯降雨観測衛星
技術試験衛星Ⅶ型「きく7号」
通信放送技術衛星「かけはし」

第4章 ロケット

4-4-13 H-ⅡAロケット

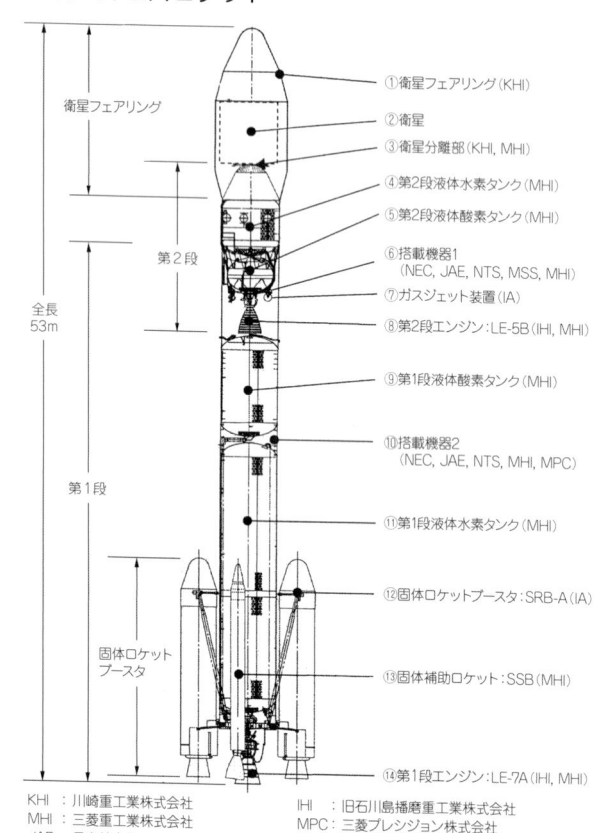

- 衛星フェアリング
- 第2段
- 全長 53m
- 第1段
- 固体ロケットブースタ

① 衛星フェアリング(KHI)
② 衛星
③ 衛星分離部(KHI, MHI)
④ 第2段液体水素タンク(MHI)
⑤ 第2段液体酸素タンク(MHI)
⑥ 搭載機器1 (NEC, JAE, NTS, MSS, MHI)
⑦ ガスジェット装置(IA)
⑧ 第2段エンジン:LE-5B(IHI, MHI)
⑨ 第1段液体酸素タンク(MHI)
⑩ 搭載機器2 (NEC, JAE, NTS, MHI, MPC)
⑪ 第1段液体水素タンク(MHI)
⑫ 固体ロケットブースタ:SRB-A(IA)
⑬ 固体補助ロケット:SSB(MHI)
⑭ 第1段エンジン:LE-7A(IHI, MHI)

KHI ：川崎重工業株式会社
MHI ：三菱重工業株式会社
JAE ：日本航空電子工業株式会社
NTS ：NEC東芝スペースシステム株式会社
IHI ：旧石川島播磨重工業株式会社
MPC ：三菱プレシジョン株式会社
IA ：株式会社アイ・エイチ・アイ・エアロスペース
MSS ：三菱スペースソフトウェア株式会社

打ち上げ実績

H-ⅡAロケット性能確認用ペイロード2型
高速再突入実験機「DASH」
民生部品・コンポーネント実証衛星「つばさ」
次世代型無人宇宙実験システム「USERS」
データ中継技術衛星「こだま」
環境観測技術衛星「みどりⅡ」
小型実証衛星「マイクロラブサット1号機」
豪州小型衛星 Federation Satellite
鯨生態観測衛星「観太くん」
情報収集衛星
運輸多目的衛星新1号「ひまわり6号」
陸域観測技術衛星「だいち」
運輸多目的衛星新2号「ひまわり7号」

4-4 日本の人工衛星打ち上げ用ロケット

●主要諸元(H2A2022)

		第1段	固体ロケットブースタ	固体補助ロケット※	第2段	フェアリング
寸法	長さ(m)	37.2	15.1	14.9	9.2	12(標準)
	全長(m)	53				
	外径(m)	4.0	2.5	1.0	4.0	4.1(標準)
質量	各段質量(全備)(t)	114	151(2本)	31(2本)	20	1.4(標準)
	全段質量(全備)(t)	約320.4(衛星除く)				
エンジン	型式	液体ロケット	固体ロケット	固体ロケット	液体ロケット	
	推進剤種類(酸化剤/燃料)	液体酸素/液体水素	ポリブタジエン系コンポジット固体推進剤	ポリブタジエン系コンポジット固体推進剤	液体酸素/液体水素	
	推進剤質量(t)	101.0	130(2本分)	52.4(2本分)	16.9	
	真空中推力(kN)	1098(短ノズル)	5040(最大、2本分)	1490(最大、2本分)	137	
	比推力(秒)(真空中)	440	283	282	448	
	燃焼時間(秒)	約390	約100	約60	約530	
	推進剤供給方式	ターボポンプ			ターボポンプ	
誘導方式		ストラップダウン慣性センサユニットによる慣性誘導方式				
制御システム	ピッチ・ヨー	ジンバル	可動ノズル		ジンバル(推力飛行中)ガスジェット(慣性飛行中)	
	ロール	補助エンジン			ガスジェット	

※ H-ⅡA標準型で打ち上げ能力を高めるためSRB-Aと組み合わせて使用

●打ち上げ能力(H2A202)

代表的軌道	軌道高度例	打ち上げ能力
静止軌道(静止トランスファ軌道)	約36000km	約2.5t(約3.8t)
低高度軌道(軌道傾斜角30度)	約300km	約10t
太陽同期軌道(夏季/夏季以外)	約800km	約3.8t／約4.4t
地球重力脱出	月・惑星探査	約2.5t

技術試験衛星Ⅷ型「きく8号」
月周回衛星「かぐや」
超高速インターネット衛星「きずな」
温室効果ガス観測技術衛星「いぶき」
小型実証衛星1型(SDS-1)
金星探査機「あかつき」
小型ソーラー電力セイル実証機「IKAROS」

UNITEC-1
WASEDA-SAT2
大気水蒸気観測衛星「KSAT」
Negai☆"
準天頂衛星初号機「みちびき」
第一期水循環変動観測衛星「しずく」

第4章 ロケット

4-4-14 H-ⅡAロケットファミリー

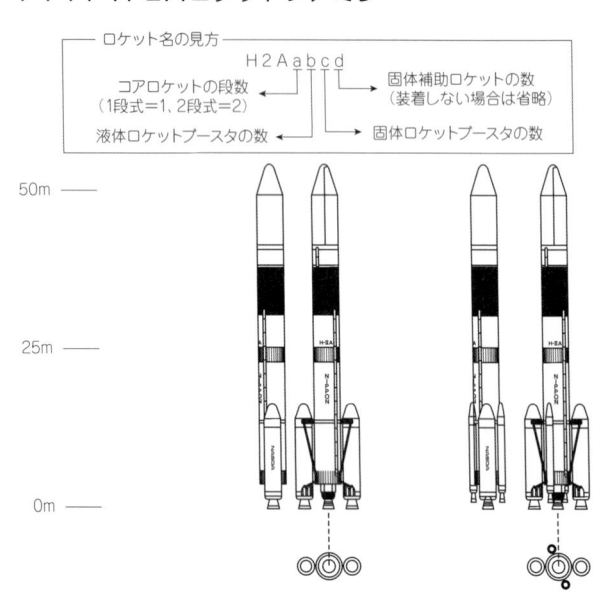

```
─ ロケット名の見方 ─
         H 2 A a b c d
    コアロケットの段数        固体補助ロケットの数
    (1段式=1、2段式=2)      (装着しない場合は省略)
    液体ロケットブースタの数   固体ロケットブースタの数
```

ロケット名		H2A202(標準型)	H2A2022(標準型)
段数		2	2
全長(m)		53	53
直径(m)		4	4
全備質量(t)		289	321
低軌道打ち上げ能力(t)*		10	—
静止トランスファ軌道打ち上げ能力(t)		3.7	4.2
推進剤	固体ロケットブースタ	ポリブタジエン系固体推進剤	ポリブタジエン系固体推進剤
	固体補助ロケット	—	ポリブタジエン系固体推進剤
	液体ロケットブースタ	—	—
	第1段	液体酸素／液体水素	液体酸素／液体水素
	第2段	液体酸素／液体水素	液体酸素／液体水素
主な打ち上げ衛星		「みどりⅡ」	「ひまわり6号」「かぐや」「だいち」
運用開始年		2001	2003

＊高度300km、円軌道、傾斜角30度の場合

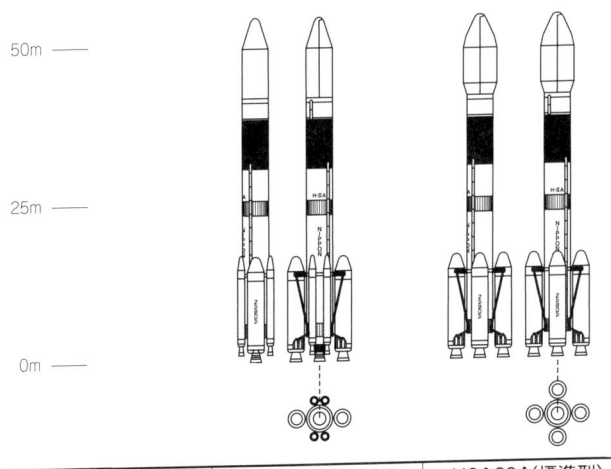

4-4 日本の人工衛星打ち上げ用ロケット

ロケット名		H2A2024(標準型)	H2A204(標準型)
段数		2	2
全長(m)		53	53
直径(m)		4	4
全備質量(t)		351	445
低軌道打ち上げ能力(t)*		—	—
静止トランスファ軌道打ち上げ能力(t)		4.6	5.7
推進剤	固体ロケットブースタ	ポリブタジエン系固体推進剤	ポリブタジエン系固体推進剤
	固体補助ロケット	ポリブタジエン系固体推進剤	—
	液体ロケットブースタ	—	—
	第1段	液体酸素／液体水素	液体酸素／液体水素
	第2段	液体酸素／液体水素	液体酸素／液体水素
主な打ち上げ衛星		「こだま」「つばさ」「ひまわり7号」	「きずな」「きく8号」
運用開始年		2002	2006

第4章 ロケット

4-4-15 H-IIBロケット

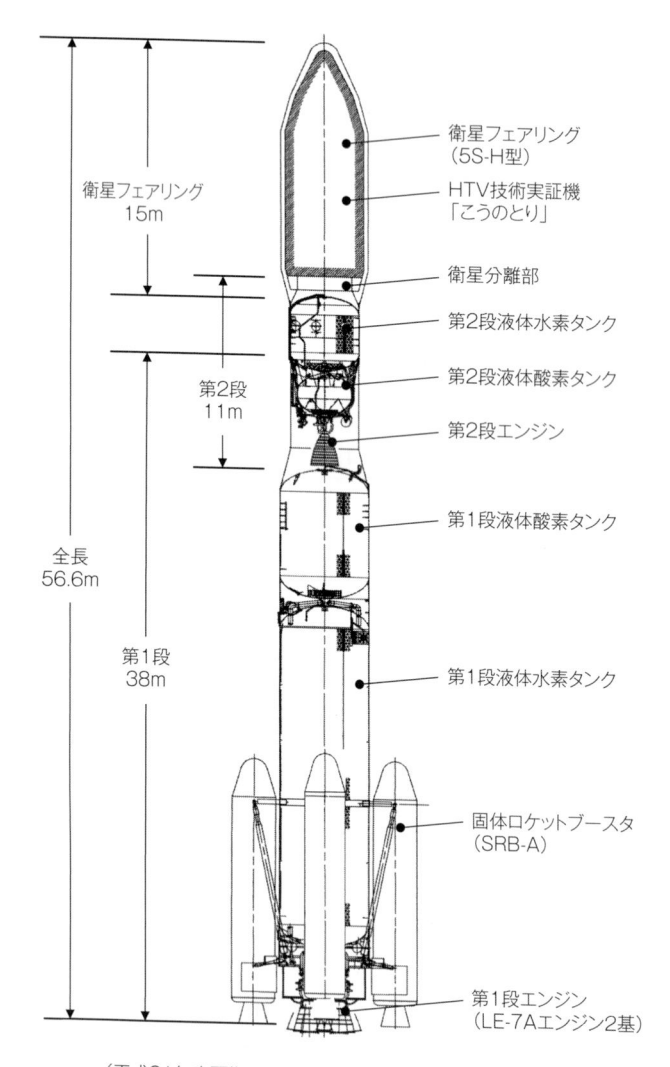

- 衛星フェアリング 15m
- 第2段 11m
- 全長 56.6m
- 第1段 38m

- 衛星フェアリング（5S-H型）
- HTV技術実証機「こうのとり」
- 衛星分離部
- 第2段液体水素タンク
- 第2段液体酸素タンク
- 第2段エンジン
- 第1段液体酸素タンク
- 第1段液体水素タンク
- 固体ロケットブースタ（SRB-A）
- 第1段エンジン（LE-7Aエンジン2基）

（平成21年度夏期 ロケット打ち上げ及び運用管制計画書より）

●主要諸元

		第1段	固体ロケット ブースタ	第2段	衛星 フェアリング
寸法	長さ(m)	38	15	11	15
	全長(m)	56.6			
	外径(m)	5.2	2.5	4	5.1
質量	各段質量(t)	202	306(4本分)	20	3.2
	全段質量(t)	531(ペイロード除く)			
エンジン	型式				―
	推進剤種類 (酸化剤/燃料)	液体酸素 液体水素	ポリブタジエン 系コンポジット 固体推進剤	液体酸素 液体水素	―
	推進剤質量(t)	177.8	263.8(4本分)	16.6	
	真空中推力(kN)	2196	9220	137	
	比推力* (秒)(真空中)	440	283.6	448	―
	燃焼時間(秒)	352	114	499	
	推進剤共有方式	ターボポンプ	―	ターボポンプ	―

誘導方式

制御システム	ピッチ・ヨー	ジンバル	可動ノズル	ジンバル (推力飛行中) ガスジェット (慣性飛行中)	
	ロール	補助エンジン	可動ノズル	ガスジェット	

*固体ロケットブースタは最大推力で規定

●打ち上げ能力

代表的軌道	軌道高度例	打ち上げ能力
静止軌道 (静止トランスファ軌道)	約36000km	約8t
HTV軌道 (軌道傾斜角51.6度)	約350km～460km	約16.5t

打ち上げ実績
宇宙ステーション補給機(HTV1)「こうのとり」1号機
宇宙ステーション補給機(HTV2)「こうのとり」2号機

第4章 ロケット

4-4-16 J-Iロケット

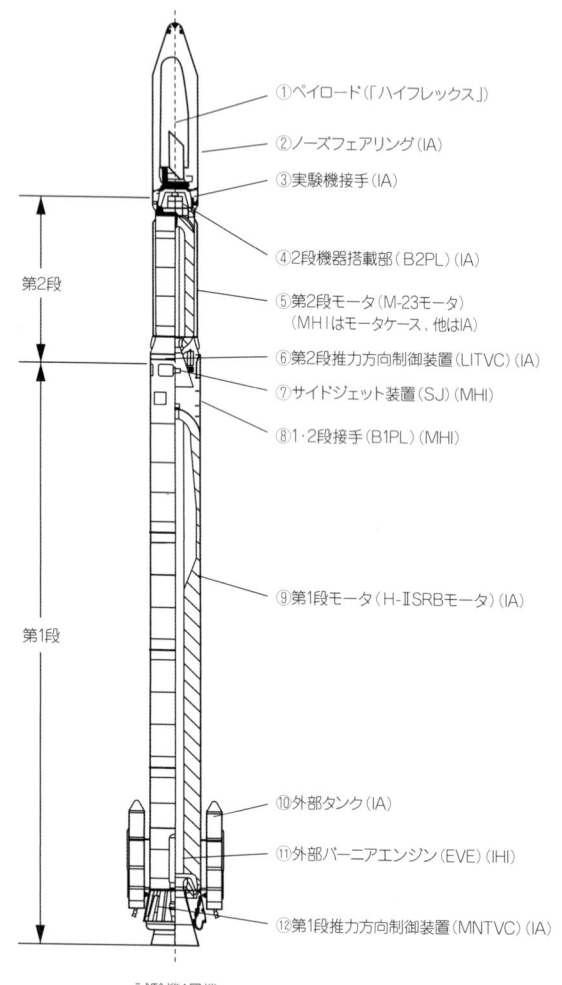

① ペイロード(「ハイフレックス」)
② ノーズフェアリング(IA)
③ 実験機接手(IA)
④ 2段機器搭載部(B2PL)(IA)
⑤ 第2段モータ(M-23モータ)
　(MHIはモータケース、他はIA)
⑥ 第2段推力方向制御装置(LITVC)(IA)
⑦ サイドジェット装置(SJ)(MHI)
⑧ 1・2段接手(B1PL)(MHI)
⑨ 第1段モータ(H-IISRBモータ)(IA)
⑩ 外部タンク(IA)
⑪ 外部バーニアエンジン(EVE)(IHI)
⑫ 第1段推力方向制御装置(MNTVC)(IA)

第2段
第1段

試験機1号機

IA ： 株式会社アイ・エイチ・アイ・エアロスペース
MHI ： 三菱重工業株式会社
IHI ： 旧石川島播磨重工業株式会社

●主要諸元(試験機1号機)

ステージ数	2		
全長(m)	33.1		
最大外径(m)	1.8		
全備質量(t)	88.5(衛星を除く)		
誘導方式	電波誘導方式		
ステージ	第1段	第2段	ノーズフェアリング
推進系名称	H-ⅡSRB	M-23	—
全長(m)	21.1	6.7	6.9
外径(m)	1.8	1.4	1.7
全備質量(t)	70.9	16.5	0.6
推進剤質量(t)	59.1	10.3	—
平均推力(t)	159[*1]	53.5[*2]	—
燃焼時間(秒)	94	73	—
比推力(秒)	273[*1]	282[*2]	—
姿勢制御方式	MNTVC/EVE	LITVC/SJ	—

[*1]：海面上　[*2]：真空中

MNTVC：可動ノズル式推力方向制御装置
LITVC：液体噴射式推力方向制御装置
EVE：外部バーニアエンジン
SJ：サイドジェット装置

打ち上げ実績
極超音速飛行実験機「ハイフレックス」(弾道飛行)

4-5 日本の試験・実験・観測用ロケット
4-5-1 観測用ロケット
(1)現在活躍中のロケット

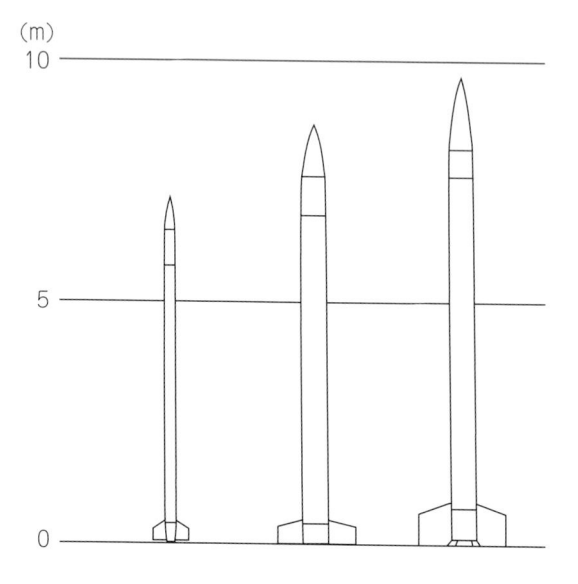

	S-310	S-520	SS-520
全長(m)	7.1	8.0	9.65
直径(m)	0.31	0.52	0.52
全備質量(t)	0.7	2.11	2.6
到達高度(km)	180	300	800
ペイロード(kg)	50	95/150	140

(2)過去の主なロケット

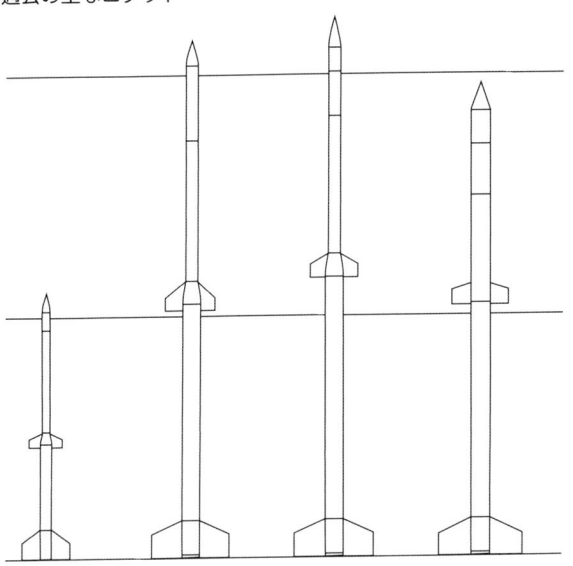

K-6	K-8	K-9M	K-10
5.5	10.68	11.145	9.82
0.245/0.15	0.42/0.25	0.428/0.255	0.42
0.26	1.5	1.51	1.78
60	182	330	240
15	70	55	132

第4章 ロケット

4-5-2 試験用ロケット(TR-I)

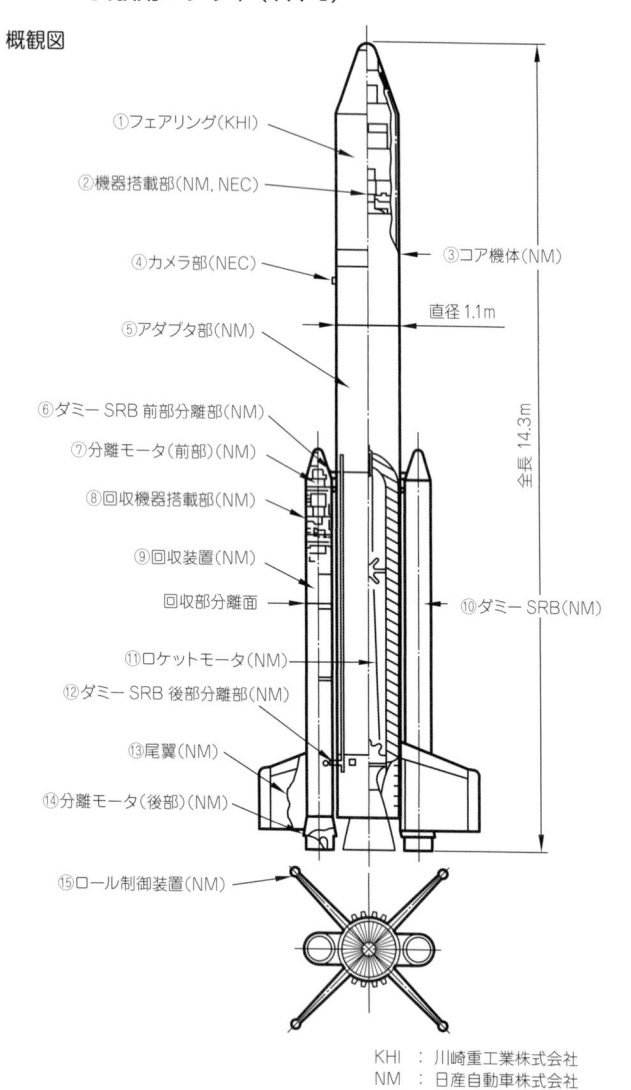

概観図

①フェアリング(KHI)
②機器搭載部(NM, NEC)
③コア機体(NM)
④カメラ部(NEC)
⑤アダプタ部(NM)
⑥ダミーSRB前部分離部(NM)
⑦分離モータ(前部)(NM)
⑧回収機器搭載部(NM)
⑨回収装置(NM)
回収部分離面
⑩ダミーSRB(NM)
⑪ロケットモータ(NM)
⑫ダミーSRB後部分離部(NM)
⑬尾翼(NM)
⑭分離モータ(後部)(NM)
⑮ロール制御装置(NM)

直径1.1m
全長14.3m

KHI ： 川崎重工業株式会社
NM ： 日産自動車株式会社
NEC ： 日本電気株式会社

主要諸元

	ロケットモータ(尾翼部含む)	アダプタ部	機器搭載部(フェアリング部含む)	ダミーSRB
全長(m)	14.3			
	6.5	4.2	3.6	7.3
外径(m)	1.1			
	1.1	1.1	1.1	0.5
全備質量(t)	11.9			
	8.7	0.6	1.6	0.5×2
推進剤	固体推進剤	−	−	−
推進薬質量(t)	7.0	−	−	−
初期推力(kN)	608	−	−	−
比推力(秒)	271	−	−	−
燃焼時間(秒)	51	−	−	−
発射上下角(度)	78			
発射方位角(度)	95			
到達高度(km)	約85			約78
水平飛行距離(km)	約170			約140
搭載機器等	・ロール制御装置	・カメラ部(ダミーSRB分離挙動のモニタ用)	・電池・電力シーケンス分配器 ・制御電子装置 ・慣性センサパッケージ ・UHFテレメータ送信装置(2200MHz帯) ・SHFテレメータ送信装置(14.8GHz帯) ・C_1系レーダトランスポンダ装置(5600MHz帯) ・制振材料試験装置(宇宙実験用緩衝材料の機能確認、2号機のみ)	・電池・データレコーダ ・電力分配器 ・VHFテレメータ送信装置(290MHz帯) ・ビーコン送信装置(290MHz帯) ・回収装置

4-5-3 実験用ロケット(TT-500A)

概観図

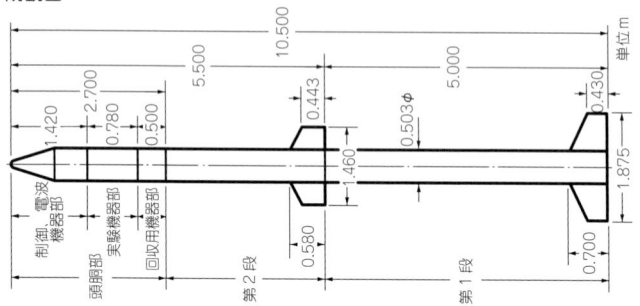

主要諸元

	TT-500A型ロケット8号機		
	第1段	第2段	頭胴部
形式	固体	固体	—
全長(m)	10.500		
	5.000	2.800	2.700
外径(m)	0.503		
	0.503	0.503	0.503
全備質量(t)	2.359		
	1.324	0.719	0.316
推進剤質量(t)	1.021	0.508	—
平均推力(kN)	111[注1]	60[注2]	—
燃焼時間(秒)	21.2	23.0	—
発射上下角(度)	78		
発射方位角(度)	95		
到達高度(km)	約20	約326	約326
水平飛行距離(km)	約23	約495	
搭載機器等		1)テレメータ送信装置2200MHz帯 2)タイマー	1)制御、電波機器 　C_1系レーダトランスポンダ5600MHz帯 　C_2系レーダトランスポンダ5400MHz帯 　テレメータ送信装置290MHz帯 　ビーコン送信装置290MHz帯 　制御電子機器 2)実験装置 3)回収用機器

(注1)海面上公称値 (注2)真空中公称値

4-5-4 実験用ロケット(TR-IA)

概観図

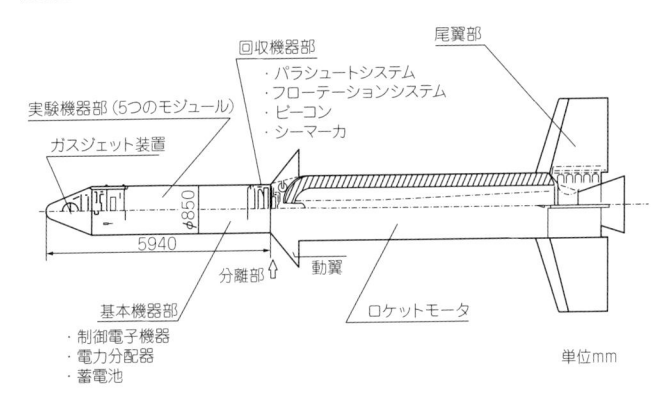

図中ラベル:
- 尾翼部
- 回収機器部
  - パラシュートシステム
  - フローテーションシステム
  - ビーコン
  - シーマーカ
- 実験機器部(5つのモジュール)
- ガスジェット装置
- φ850
- 5940
- 分離部
- 動翼
- 基本機器部
  - 制御電子機器
  - 電力分配器
  - 蓄電池
- ロケットモータ
- 単位mm

主要諸元

項　　　目	主　要　諸　元
打ち上げ能力	750kgの実験装置を10^{-4}G以下で6分間以上
到達高度	約263km
到達水平距離	約178km
回収能力	約1500kgの回収部をフローテーションバッグおよび自己水密性により浮遊可能 実験装置は水密構造内に収納し再使用可能
全長	13.47m
最大直径	1.13m
全備質量	10.42t
第1段質量	8.79t
第1段推進剤質量	7.0t
ペイロード部直径	0.85m
ペイロード部質量	1.63t(実験機器部0.7tを含む)

第5章 人工衛星

5-1 人工衛星の基礎知識

5-1-1 人工衛星の原理

　人工衛星は地球のまわりを回っている。では、回り続けている人工衛星の燃料がなくなったらどうなるのだろうか？　地球に落ちてきてしまうのだろうか？　一般の方からそんな質問を受けることがあるが、じつは人工衛星には、地球を回り続けるための燃料や推進剤は必要ない。ロケットから分離される際に与えられた速度を維持しながら、慣性で回り続けているのである。

　ボール投げを例に、その原理を少し詳しく見てみよう。水平に投げられたボールは、ゆるい下降線のカーブを描きながら徐々に地上に落ちてくる。より強く、つまり速く投げれば投げるほど、遠くまで飛んでいって、遠くに落ちる。野球の投手であれば、時速150kmの速度で投げることができるので、ボールは一般の人よりもかなり遠くまで届く。弾よりも速く飛べるスーパーマンよりももっと速いウルトラスーパーマンがいたとして、そのウルトラスーパーマンがさらに速くボールを投げたとすると、当然さらに遠くまで飛んで地上に落ちる。言い換えれば、速く投げるほどボールは遠くまで飛び、その軌跡は地球の丸みのカーブに近づいていく。

　仮に空気抵抗を考慮しなければ、秒速約7.9kmでボールを投げると、ボールの軌跡はついに地球のカーブと同じになり、地上に落ちることなく地球を一周して戻ってきてしまう。このとき、戻ってきたボールは投げたときと同じ速度を維持しているので、ふたたび地球一周の旅に出て、また同じ速度で戻ってくる。そう、ボールは地球を回る人工衛星になった。

　実際の人工衛星の場合、ロケットで地上数百〜数万kmの高

さまで持ち上げられ、放出される。放出された人工衛星は、重力によって徐々に地球に向かって落ちて行くのだが、地球は球体であるため、人工衛星から見ると前方の地面が曲がって落ち込んでいて、落ちても落ちても地球に届かず、落ち続けて行くうちにやがて地球を回ってしまう、ということになる。

ところで、地表で投げたボールが地球を回り続けるスピードを秒速約7.9kmと書いたが、時速に直すと約2万8440kmもの高速である。最高時速270kmの東海道新幹線の105倍の速さ、ピストルの弾の20倍もの速さで、東京から新大阪まで1分程度で行くことができるスピードだ。

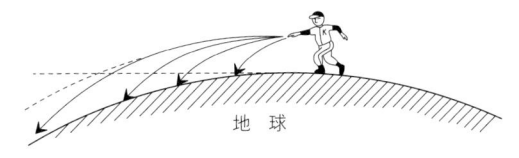

ボールを投げたとき
速い速度で投げるほど遠くへ飛ぶ

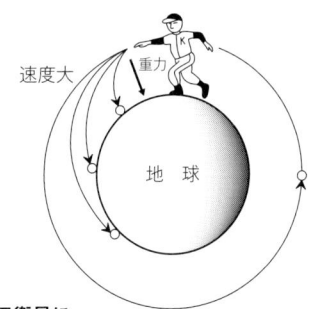

投げたボールが人工衛星に
投げる速度が、秒速約7.9kmになると地上に落ちないで地球を回り始める

ただし、地球から離れれば離れるほど地球の重力は弱くなるため、人工衛星として地球のまわりを回るために必要な速度は、地表からの高度によって異なってくる。つまり、高いところを回る人工衛星ほど、遅い速度で地球を回ることができる。

この人工衛星になる速度を「第1宇宙速度」という。

また、人工衛星が地球を一周する時間を「周期」というが、高いところを回る人工衛星ほど周期が長くなる。人工衛星の地球からの距離（高度）、必要な速度、周期の関係は次の表のようになる。

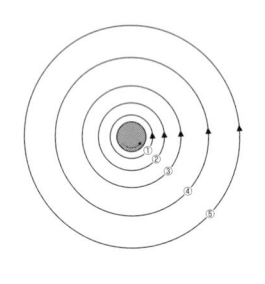

	高度(km)	速度(km/秒)	周期(時：分：秒)
	0	7.906	01：24：28
	100	7.844	01：26：29
①	200	7.778	01：28：29
	300	7.725	01：30：32
②	500	7.612	01：34：37
	700	7.503	01：38：47
③	1000	7.350	01：45：08
	2000	6.987	02：07：12
	3000	6.519	02：30：39
	5000	5.918	03：21：19
	10000	4.934	05：47：40
	30000	3.310	19：10：51
④	35786	3.075	23：56：04
⑤	40000	2.932	27：36：39

人工衛星の高度・速度・周期の関係（円軌道）

ところで、私たちの生活になじみの深い月は地球の唯一の衛星で、地球から約38万km離れたところを、秒速約1kmで、約27日かけて回り続けている。たとえば、この月が現在の距離よりも10分の1くらい近いところ（地表から約4万km）を回ると、その速度は秒速約2.9km、周期は27時間36分程度になる。人工衛星とは、まさに人間が作った「月」である。

5-1-2 人工衛星の軌道と特徴

(1)人工衛星の軌道

人工衛星が地球のまわりを回る道筋を「軌道」という。打ち上げられた人工衛星は、それぞれ決まった軌道に乗せられ地球を周回することになる。

軌道の形は次の4つの要素によって表される。まず人工衛星がいちばん地球に近づく地点である「近地点」と、逆にいちば

ん遠く離れる地点である「遠地点」。さらに、地球一周に要する時間を表す「周期」、そしてその軌道が地球の赤道に対してどのくらい傾いているのかを表す「軌道傾斜角」(単に「傾斜角」ともいう)である。

遠地点と近地点の差がない軌道は、ほとんど円を描いて周回しているため「円軌道」といい、その差が大きい軌道を「楕円軌道」という(前項の高度、速度、周期の関係の図表は円軌道の例である)。

また、軌道傾斜角が0度の場合の人工衛星は、赤道と平行に

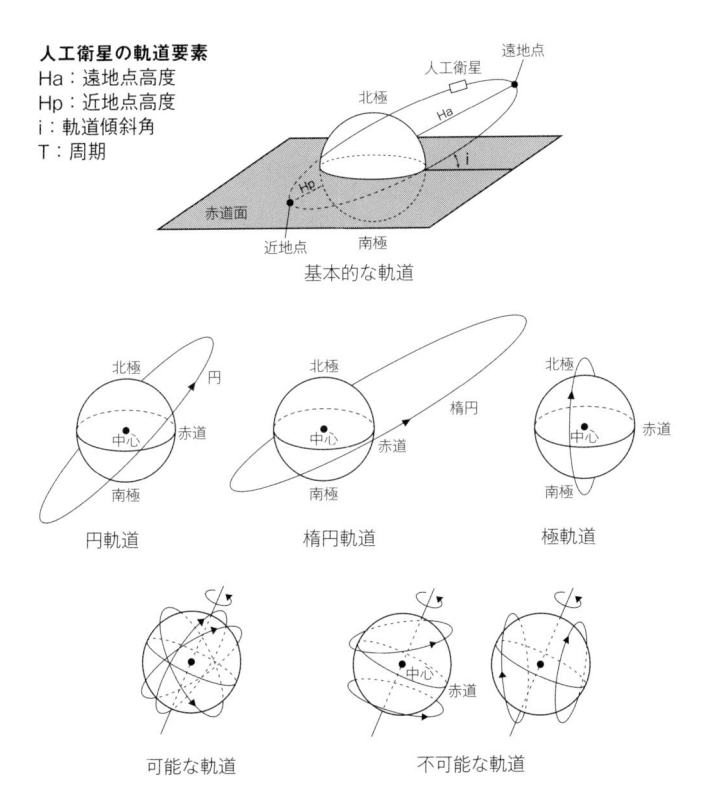

人工衛星の軌道要素
Ha：遠地点高度
Hp：近地点高度
i：軌道傾斜角
T：周期

基本的な軌道

円軌道　　　楕円軌道　　　極軌道

可能な軌道　　　不可能な軌道

赤道上空を飛行することになる。そして軌道傾斜角が大きいほど、地球の北半球から南半球にかけて、たすき掛けに周回することになり、さらに軌道傾斜角が90度になると、赤道と直角に交わるように周回する。この場合、北極と南極上空を通る軌道になるため、「極軌道」と呼んでいる。

軌道が作る平面を「軌道面」という。軌道面で地球を切った場合、その軌道面には必ず地球の中心（重力の中心）が入る。つまり、北半球だけを回る人工衛星などは存在しない。

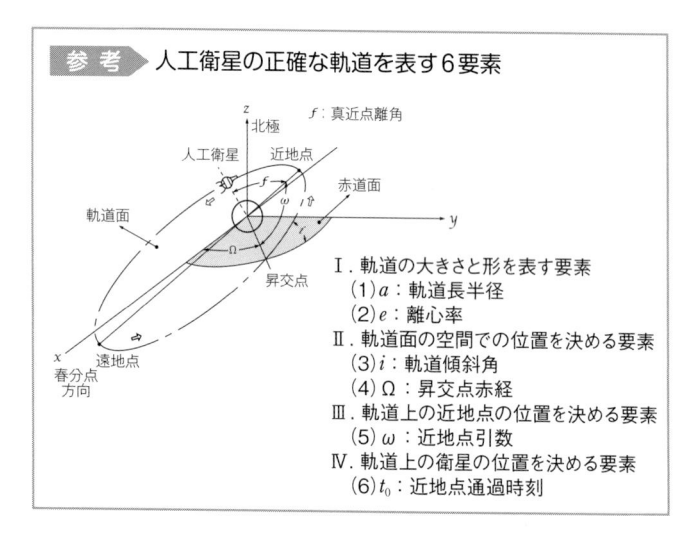

参考 人工衛星の正確な軌道を表す6要素

I. 軌道の大きさと形を表す要素
(1) a：軌道長半径
(2) e：離心率
II. 軌道面の空間での位置を決める要素
(3) i：軌道傾斜角
(4) Ω：昇交点赤経
III. 軌道上の近地点の位置を決める要素
(5) ω：近地点引数
IV. 軌道上の衛星の位置を決める要素
(6) t_0：近地点通過時刻

(2) 楕円軌道

人工衛星を軌道に乗せるためには、ある高度まで運んで、その高度に見合う円軌道速度で水平に打ち出すことが必要である。こうするとその高度で円軌道を周回する。このとき、打ち出す速度が円軌道速度に必要な速度よりも速かったり、逆に遅かったりすると、人工衛星の軌道は楕円軌道となる。また、打ち出す方向が水平でない場合も、その軌道は楕円軌道になる。

打ち出す速度が速い場合は、打ち出した地点の反対側が遠地点となるような楕円軌道を周回する。打ち出し速度が速ければ速いほど、反対側の遠地点は遠くに延びて、楕円軌道はますます長楕円軌道になっていく。

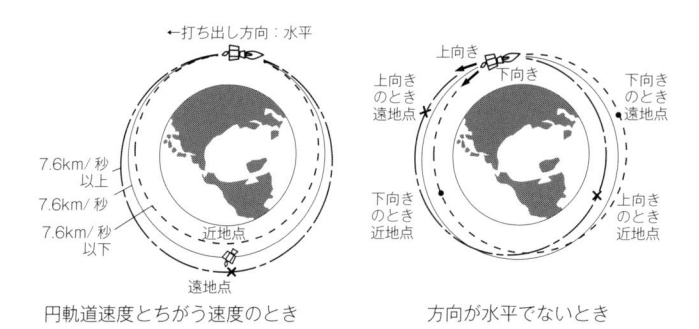

円軌道速度とちがう速度のとき　　**方向が水平でないとき**

高度500kmの例

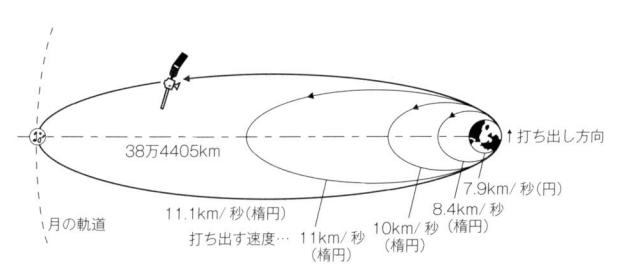

速度による軌道の変化

5-1-3　人工衛星の主な軌道

　当然のことながら、人工衛星はそれぞれ目的を持って打ち上げられる。そのため、目的を達成するのにもっとも適した軌道に投入されることになる。現在さまざまな目的で人工衛星が打ち上げられているが、その目的を達成するために適した代表的な軌道を紹介する。

①静止軌道

　高度約3万6000kmの円軌道で周期は約24時間。さらに、軌道傾斜角は0度で、赤道上空を周回する軌道。周期が24時間ということは、地球の自転と同じであるため、この軌道に打ち上げられた人工衛星は地球から見て赤道上空に止まって見える。極端に言うと、3万6000kmの高さのタワーを建てたのと同じ効果がある。そのため、通信衛星や気象衛星などに適した軌道である。

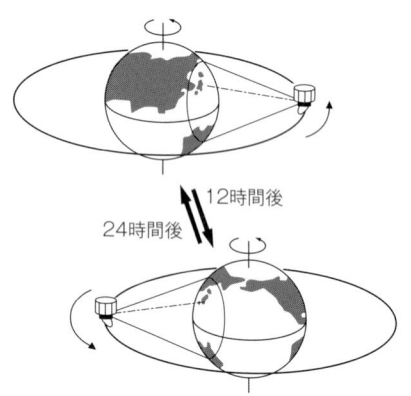

衛星の周期が地球の自転周期と同じ約24時間のため、地上からは止まっているように見える。

②同期軌道

　周期は24時間で、地球を一周して、また元の位置の上空に戻ってくる軌道。静止軌道も同期軌道の一種だが、静止軌道との違いは、軌道傾斜角は0度でなくてもよく、さらに楕円軌道でもよい。静止軌道では困難な高緯度地方の観測や通信に適している。

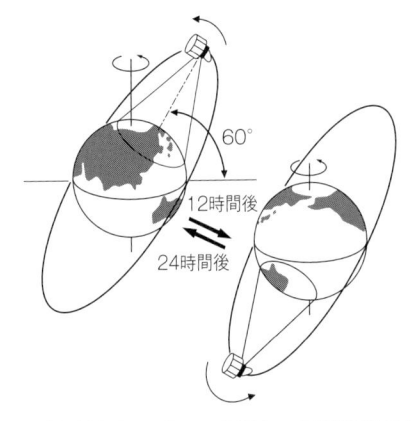

軌道傾斜角を60度にした場合、北緯60度の上空を飛んでいた衛星が12時間後には南緯60度の上空を、さらに12時間後には北緯60度の同一地点の上空に戻ってくる(円軌道の場合)。

③回帰軌道

1日に地球を何回か周回し、その日のうちにまた元の上空に戻ってくる軌道。つまり、人工衛星の地球周回の周期が、地球

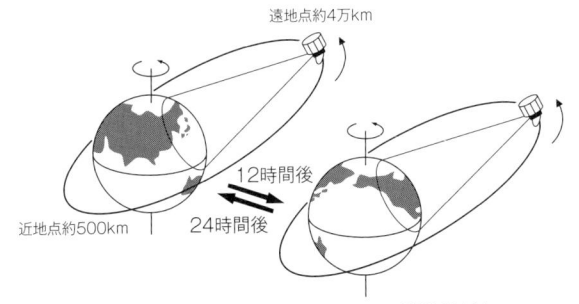

近地点約500km、遠地点約4万km、軌道傾斜角63.4度、周期約12時間の軌道をとくに「モルニア軌道」と呼び、ロシアの通信衛星「モルニア」の軌道として使われている。静止軌道に打ち上げられた通信衛星ではカバーが困難な高緯度のシベリア地域の通信などに使用されている。

の自転周期（1日）の整数分の1になるような軌道。この軌道に打ち上げられた衛星は、1日に1回、同一地点上空を通過することになる。軌道傾斜角の取り方によって、高緯度地方の通信や観測に適している。

④準回帰軌道

1日に地球を何周かして、数日後には定期的に元の地表面上空に戻ってくる軌道。たとえば、陸域観測技術衛星「だいち」の軌道は、高度約690kmのほぼ円軌道で周期は約99分、1日に地球を15回程度周回し、46日後にまた元の位置の上空を通過する。この場合、回帰日数46日の準回帰軌道、という。定期的に任意の同じ場所に戻ってくるため、地球の観測に適している。

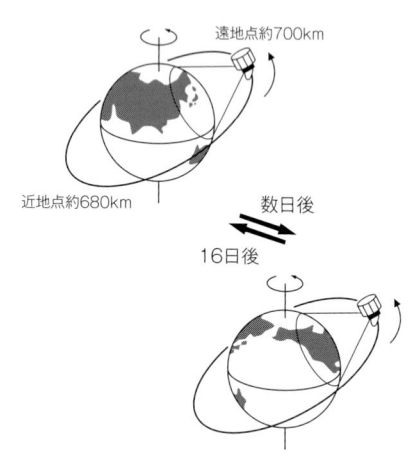

地球を何周も飛行し、16日後に再び同一地点の上空に戻ってくる（「ランドサット」の例）。

⑤太陽同期軌道

衛星の軌道面の回転方向と周期が、地球の公転方向と公転周期に等しい軌道。つまり、地球を回る衛星の軌道面全体が1年

に1回転することによって、衛星の軌道面と太陽方向との角度がつねに一定になる。この軌道を周回している衛星の任意の直下の地点から見ると、つねに衛星と太陽との角度が一定となる。

1年に1回の衛星の軌道面の回転は、極軌道衛星でのみ可能であるが、完全な極軌道（軌道傾斜角90度）では起きずに、90度よりも大きな軌道傾斜角の場合に地球の公転方向と同じ方向に回転する。また、この軌道傾斜角は軌道高度によっても異なる。たとえば高度800kmの円軌道の場合、傾斜角を98.4度にすると太陽同期軌道になる。この軌道に乗った衛星から地表を見た場合、地表に当たる太陽光線が一定の角度となり、どの地点でも同一の太陽光線条件（角度）で観測することができるため、地球観測などに適している。

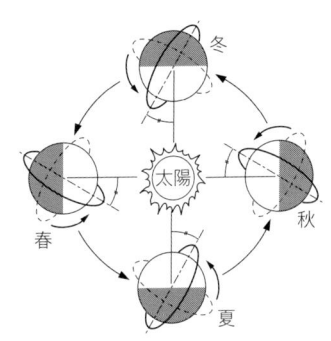

つねに太陽との角度が同じになるように、衛星の軌道面が回転する（軌道面の回転は1年に1回）。

⑥太陽同期準回帰軌道

太陽同期軌道と準回帰軌道を組み合わせた軌道。この軌道に打ち上げられた衛星は、何日かごと（回帰日数ごと）に同一地点の上空を、前回通過したときと同じ太陽光線の角度という同じ状況で通過する。つまり、地球上どこでも、同一の太陽光線の条件で繰り返し観測できるため、地球の広範囲にわたる定期

的な観測に適しており、世界の多くの地球観測衛星はこの軌道に打ち上げられている。

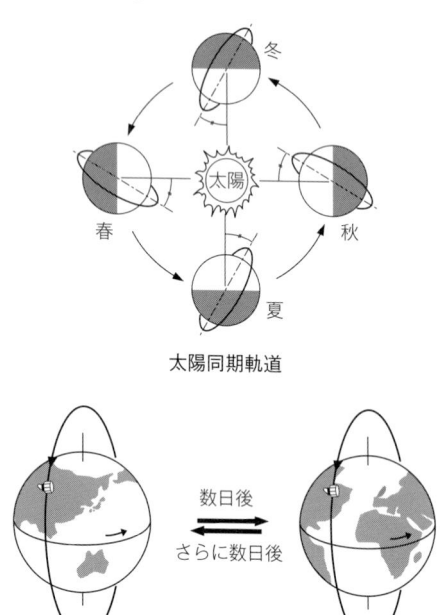

太陽同期軌道

準回帰軌道

数日後に同一地点の上空に定期的に戻ってくる(準回帰軌道)。このときには必ず前回と同じ時間帯に通過する(太陽同期軌道)。

⑦準天頂軌道

　同期軌道の一種で、楕円軌道にすることによって、地上の特定の地域の天頂（遠地点直下）付近に長時間とどまるように見える。複数の衛星を打ち上げ、同時に運用することによって、つねに1基の衛星が特定地域の天頂付近に長時間とどまることもできる。

　静止軌道は赤道上空のため、中緯度地方や高緯度地方から見

302

た場合、かなり低い位置にしか見えない場合がある。その場合、山やビルなどによる通信障害の原因になる。準天頂軌道の場合はかなり高い高度で見ることができるため、通信障害などは激減する。

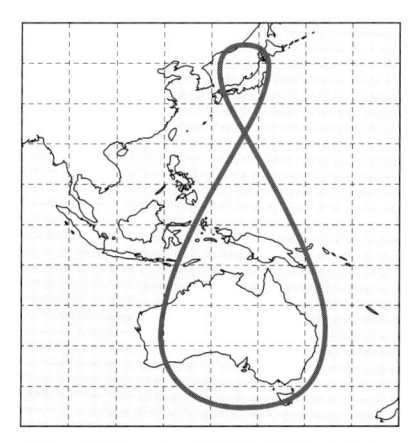

JAXAが開発している準天頂衛星システムでは、非対称の8の字形の軌道を通る。

5-1-4 姿勢・軌道の制御

(1) 姿勢制御

軌道上の人工衛星は、そのミッションを達成するため、たとえばアンテナを地球に向けたり、観測機器を観測対象に向けたり、また太陽電池パドルを太陽に向けたりと、姿勢をつねに決められた方向に保つ必要がある。しかし、地球の地磁気や重力、月や太陽の重力、さらには太陽光の圧力など外乱を受けており、衛星の姿勢が乱されてしまう。したがって、軌道上の衛星はつねにその姿勢を制御(安定化)することが重要である。主な姿勢制御方式は次のものがある。

①重力傾度安定方式

　地球の重力を利用して衛星の姿勢を安定させる方式。衛星の各部に作用する重力の差（重力傾度）が大きくなるように、長手を衛星に付ける。重力傾度により衛星の長手は地球の方角に向き、姿勢は安定する。安定するまでふらつきが多く、かつその状態が長時間続くなど、高い精度は望めないが、姿勢制御のための複雑な装置などは必要なく、シンプルな構造のため、故障などの心配がない。

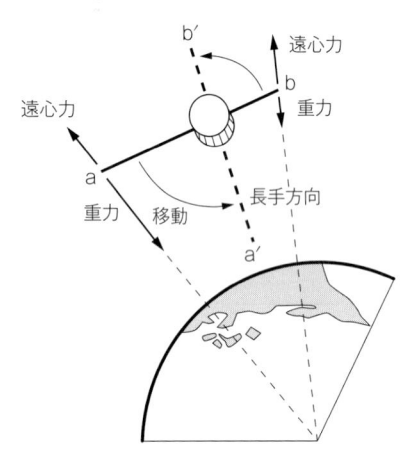

重力傾度安定方式

②スピン安定方式

　衛星の本体あるいは衛星全体をコマのように回転させて姿勢を安定させる方式。地球ゴマの原理で、回転しているものはその姿勢を保とうとする性質を利用している。主に円筒形の衛星はこの方式を取るものが多い。衛星の姿勢安定の方式としては信頼性が高い。ただ、アンテナや観測機器など、回転しては困る装置などは、円筒形の本体とは別に逆回転させて対象を向くような機構が必要となる。また、太陽電池の面積を大きくでき

ない（円筒形の表面だけしか使えない）ため、大電力が得られないという難点がある。

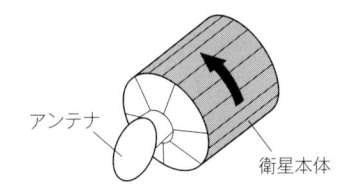

スピン安定方式

③3軸制御方式

　大きく分けて、「バイアス・モーメンタム安定化3軸制御方式」と「ゼロ・モーメンタム3軸制御方式」がある。

　バイアス・モーメンタム安定化3軸制御方式は、一定の速さで高速回転するホイール（フライホイール）の軸方向が一定に保たれるという、まさに地球ゴマの性質を利用したものである。この性質により、X、Y、Z軸それぞれにホイールを設置し高速回転させて安定させたり、2つのホイールで1軸方向の姿勢を安定させたり、ホイール1つで1軸を決め他の2軸についてはガスジェットや地磁気を使用した磁気トルク制御を行ったりするシステムもある。

　ゼロ・モーメンタム3軸制御方式は、衛星のX、Y、Z軸それぞれの姿勢を計測するための姿勢センサーやジャイロを設置し、つねに姿勢を計測し、姿勢の乱れや修正の必要なときに、ガスジェット装置やホイールを使用して制御する。ガスジェット装置やホイールはそれぞれ3軸方向に整備されており、衛星の姿勢が乱れたときに、その軸に対応するホイール（リアクションホイール）を回転させ、本体の姿勢の変化を吸収し安定化させる。高い精度での姿勢制御が可能だが、衛星本体の姿勢の乱れをリアクションホイールの回転数を上げることによって

吸収するため、続けていると吸収できるリアクションホイールの回転数に限界がくる。その場合はリアクションホイールの回転数を元に戻し0にするためのアンローディング操作が必要となる。

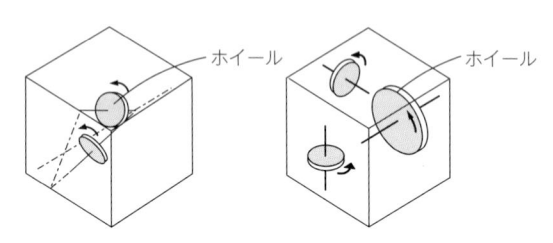

バイアス・モーメンタム方式

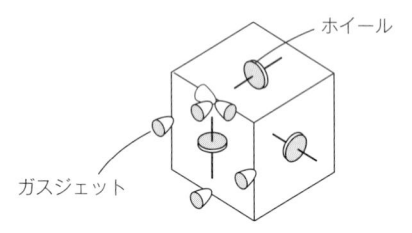

ゼロ・モーメンタム方式

(2)軌道制御

軌道上の人工衛星は、姿勢のみならず、地球を周回している軌道そのものが外乱により乱され、やがては軌道を外れ、衛星の目的を達成できなくなる場合がある。また、外乱ではないが、目的とする軌道に乗せるため、あるいはランデブー、ドッキングなどのために、あえて軌道を修正・変更しなければいけないときもある。人工衛星の軌道を変更することを、軌道制御（修正）という。軌道制御方法は、大きく分けて面内制御と軌道面制御がある。

①面内制御

人工衛星の軌道面内で、加速あるいは減速のためのエンジンを噴射し、速度を変えることにより、遠地点、近地点を変え、軌道の大きさと形を変える。当然のことながらこの制御で周期も変わる。この制御は軌道面での制御であるため、軌道傾斜角は変わらない。

図で軌道①から軌道②に移る場合、遠地点がbになるように近地点aで加速する。また、軌道②から③に移る場合は、円軌道③の軌道速度に見合う速度になるように遠地点bで加速する。

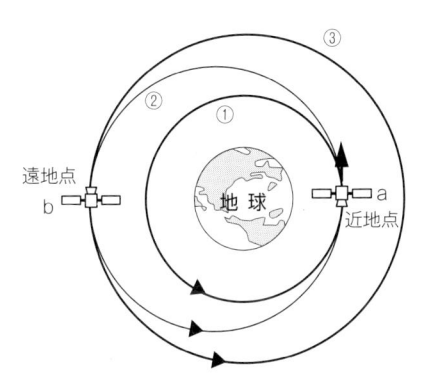

②軌道面制御

地球を周回している人工衛星の外乱は、軌道傾斜角をも乱す場合があり、その修正が必要な場合もある。また、静止衛星打ち上げ等の場合、打ち上げ射場の緯度の関係で、地球周回軌道に乗ってから軌道傾斜角を変更する場合がある。軌道傾斜角の修正・変更は、人工衛星の軌道面に垂直に力を加えるようにエンジンを噴射する。この制御は面内制御よりも多くのエネルギーが必要となる。

第5章 人工衛星

参考 静止衛星打ち上げの場合の軌道制御の例

打ち上げロケットの第2段燃焼終了時点で、低軌道(たとえば高度200kmの円軌道)に投入される。1周回る前に、第2段を再点火し、遠地点が約3万6000kmになるような楕円軌道(トランスファ軌道:近地点は約200kmのまま)に修正(面内制御)する。

次に、近地点を高くするため、遠地点でアポジモータを点火し、約3万6000kmのドリフト軌道)に修正(面内制御)するのと同時に軌道傾斜角を変更(軌道面制御)する。

ドリフト軌道上の衛星は完全な静止衛星ではなく、約1ヵ月かけて衛星に装着されている小型ジェット装置で軌道を微調整(面内制御)し、完全な静止軌道に投入する。

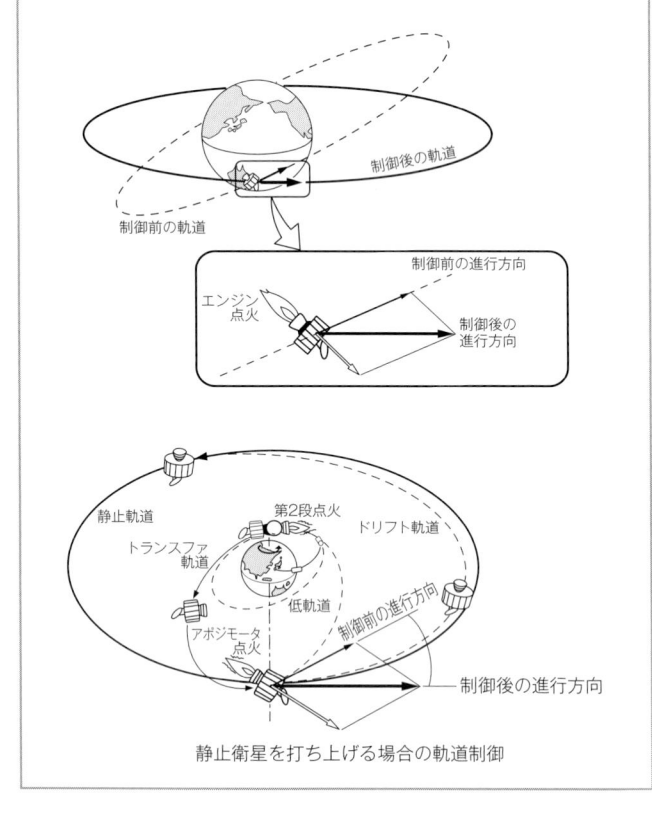

静止衛星を打ち上げる場合の軌道制御

コラム

人工衛星の金色の服

　人工衛星をよく見ると、金色のゴージャスなもので包んでいるものが多い。この金色をしたものは、「サーマルブランケット」といって、太陽からの輻射熱が衛星の内部に侵入することを防ぐための、いわば、消防士が着用する耐熱服のような役割をしている。

　「サーマルブランケット」の素材や構造は以下のようなものである。

　カプトン（透明な薄いセルロイドのようなもの）の裏面に銀あるいはアルミニウムを蒸着させる（鏡を作る感じ）。厚さは10マイクロメートルから20マイクロメートルという薄さ。このカプトンを何枚も重ねるが、カプトン同士の接触による熱伝導を防ぎ、断熱効果を高めるために、「ダクロン（紙のようなもの）」を間にはさみ込み、糸で縫いあわせる。つまり、カプトンとダクロンのサンドイッチ構造になる。このカプトンとダクロンを、10層から20層も重ねるが、何層にするかはそれぞれの衛星の熱設計によって異なってくる。

　このように、人工衛星の設計では、熱を考慮することが非常に重要な要素となる。

　衛星に張ってあるサーマルブランケットはシワになっているが、これは、宇宙での熱の変化による衛星本体の膨張・収縮の影響などで破損しないよう、余裕を持って張っているためである。

サーマルブランケットに覆われた人工衛星（温室効果ガス観測技術衛星（GOSAT）「いぶき」）

5-2 世界の人工衛星等打ち上げ個数集計表

	1 技術試験衛星	2 科学衛星	3 ステーション・有人	4 宇宙環境利用	5 航行・測位衛星	6 地球観測衛星	
ロシア/CIS	52	115	269	8	34	52	
アメリカ	98	207	166	21	4	34	
日本	55	26	2	1	1	17	
中国	21	12	10	5	14	28	
フランス	9	14	0	1	0	9	
インド	11	5	0	2	1	22	
ドイツ	12	13	1	1	0	13	
イギリス	5	9	0	0	0	3	
イタリア	5	13	0	0	0	3	
カナダ	3	1	0	0	0	3	
ルクセンブルク	0	0	0	0	0	0	
ブラジル	0	2	0	1	0	2	
イスラエル	1	2	0	0	0	3	
韓国	1	6	0	0	0	1	
インドネシア	0	0	0	0	0	1	
オーストラリア	2	1	0	0	0	0	
スペイン	2	3	0	0	0	1	
オランダ	1	2	0	0	0	0	
サウジアラビア	3	0	0	0	0	1	
スウェーデン	1	6	0	0	0	0	
アルゼンチン	0	2	0	0	0	3	
台湾	0	7	0	0	0	1	
メキシコ	1	1	0	0	0	0	
タイ	0	0	0	0	0	2	
チェコ/スロバキア	0	6	0	0	0	1	
トルコ	1	0	0	0	0	2	

5-2 世界の人工衛星等打ち上げ個数集計表

(2011年12月現在)

7 宇宙葬	8 気象衛星	9 教育	10 測地衛星	11 探査機	12 通信放送衛星	13 その他	14 軍需	合計
0	76	0	1	38	288	51	2541	3525
5	64	11	5	51	399	26	1044	2135
0	8	2	1	4	50	1	0	168
0	11	0	0	1	43	5	13	163
0	0	0	6	1	14	1	14	69
0	8	0	0	0	16	0	0	65
0	0	0	0	0	13	2	7	62
0	0	0	0	0	7	0	15	39
0	0	1	1	0	5	1	2	31
0	0	0	0	0	23	0	1	31
0	0	0	0	0	21	0	0	21
0	0	0	0	0	12	0	0	17
0	0	0	0	0	3	0	7	16
0	1	1	0	0	6	0	0	16
0	0	0	0	0	14	0	0	15
0	0	0	1	0	9	0	0	13
0	0	0	0	0	7	0	0	13
0	0	0	0	0	9	0	0	12
0	0	0	0	0	8	0	0	12
0	0	0	0	0	5	0	0	12
0	0	1	0	0	5	0	0	11
0	0	0	0	0	0	0	0	8
0	0	0	0	0	6	0	0	8
0	0	0	0	0	5	0	0	7
0	0	0	0	0	0	0	0	7
0	0	0	0	0	4	0	0	7

	1 技術試験衛星	2 科学衛星	3 ステーション・有人	4 宇宙環境利用	5 航行・測位衛星	6 地球観測衛星
ノルウェー	2	0	0	0	0	0
マレーシア	0	0	0	0	0	2
アラブ首長国連邦	0	0	0	1	0	1
ナイジェリア	0	0	0	0	0	3
エジプト	0	0	0	0	0	1
シンガポール	1	0	0	0	0	0
デンマーク	2	2	0	0	0	0
イラン	3	0	0	0	0	0
チリ	0	0	0	0	0	1
パキスタン	2	0	0	0	0	0
アルジェリア	0	0	0	1	0	1
スイス	2	0	0	0	0	0
南アフリカ	0	0	0	0	0	2
コロンビア	0	0	0	1	0	0
フィリピン	0	0	0	0	0	0
ブルガリア	0	1	0	0	0	0
ベトナム	0	0	0	0	0	0
ベネズエラ	0	0	0	0	0	0
ポルトガル	1	0	0	0	0	0
モロッコ	1	0	0	0	0	0
国際協力	0	0	0	0	0	0
国際機関	20	34	2	0	3	7
多国籍企業	0	1	0	0	0	0
合計	318	491	450	43	57	220

・衛星数には打ち上げに失敗した衛星や軌道上で分離した衛星も計上
・複数の目的を持つ衛星については、主と思われるものに分類した
・ESAやNATO等の国際機関の衛星は「国際機関」に分類
・インテルサットは「多国籍企業」に分類
・「ロシア／CIS」にはウクライナを含む

7 宇宙葬	8 気象衛星	9 教育	10 測地衛星	11 探査機	12 通信放送衛星	13 その他	14 軍需	合計
0	0	1	0	0	4	0	0	7
0	0	0	0	0	4	0	0	6
0	0	0	0	0	3	0	0	5
0	0	0	0	0	2	0	0	5
0	0	0	0	0	3	0	0	4
0	0	0	0	0	3	0	0	4
0	0	0	0	0	0	0	0	4
0	0	0	0	0	0	0	0	3
0	0	0	0	0	0	0	2	3
0	0	0	0	0	1	0	0	3
0	0	0	0	0	0	0	0	2
0	0	0	0	0	0	0	0	2
0	0	0	0	0	0	0	0	2
0	0	0	0	0	0	0	0	1
0	0	0	0	0	1	0	0	1
0	0	0	0	0	0	0	0	1
0	0	0	0	0	1	0	0	1
0	0	0	0	0	1	0	0	1
0	0	0	0	0	0	0	0	1
0	0	0	0	0	0	0	0	1
0	0	0	0	0	2	0	0	2
0	10	0	0	4	42	0	8	130
0	0	0	0	0	142	0	1	144
5	178	17	15	99	1181	87	3655	6816

第5章 人工衛星

5-3 日本の人工衛星等 打ち上げ年別一覧表

国が開発・運用・打ち上げに関与した人工衛星を集計。第6章掲載の探査機も含めた(2011年12月現在)。

打ち上げ年月日		衛星・実験機名
1970年	2月11日	試験衛星「おおすみ」
1971年	2月16日	試験衛星(MS-T1)「たんせい」
	9月28日	科学衛星(MS-F2)「しんせい」
1972年	8月19日	電波観測衛星(REXS)「でんぱ」
1974年	2月16日	試験衛星(MS-T2)「たんせい2号」
1975年	2月24日	超高層大気観測衛星(SRATS)「たいよう」
	9月9日	技術試験衛星Ⅰ型(ETS-Ⅰ)「きく」
1976年	2月4日	X線天文衛星(CORSA)
	2月29日	電離層観測衛星(ISS)「うめ」
1977年	2月19日	試験衛星(MS-T3)「たんせい3号」
	2月23日	技術試験衛星Ⅱ型(ETS-Ⅱ)「きく2号」
	7月14日	静止気象衛星(GMS)「ひまわり」
	12月15日	実験用中容量静止通信衛星(CS)「さくら」
1978年	2月4日	オーロラ観測衛星(EXOS-A)「きょっこう」
	2月16日	電離層観測衛星(ISS-b)「うめ2号」
	4月8日	実験用中型放送衛星(BS)「ゆり」
	9月16日	磁気圏観測衛星(EXOS-B)「じきけん」
1979年	2月6日	実験用静止通信衛星(ECS)「あやめ」
	2月21日	X線天文衛星(CORSA-b)「はくちょう」
1980年	2月17日	試験衛星(MS-T4)「たんせい4号」
	2月22日	実験用静止通信衛星(ECS-b)「あやめ2号」
1981年	2月11日	技術試験衛星Ⅳ型(ETS-Ⅳ)「きく3号」
	2月21日	太陽観測衛星(ASTRO-A)「ひのとり」
	8月11日	静止気象衛星2号(GMS-2)「ひまわり2号」
1982年	9月3日	技術試験衛星Ⅲ型(ETS-Ⅲ)「きく4号」
1983年	2月4日	通信衛星2号(CS-2a)「さくら2号-a」
	2月20日	X線天文衛星(ASTRO-B)「てんま」
	8月6日	通信衛星2号(CS-2b)「さくら2号-b」

5-3 日本の人工衛星等 打ち上げ年別一覧表

打ち上げ年月日		衛星・実験機名
1984年	1月23日	放送衛星2号(BS-2a)「ゆり2号-a」
	2月14日	中層大気観測衛星(EXOS-C)「おおぞら」
	8月3日	静止気象衛星3号(GMS-3)「ひまわり3号」
1985年	1月8日	ハレー彗星探査試験機(MS-T5)「さきがけ」
	8月19日	ハレー彗星探査機(PLANET-A)「すいせい」
1986年	2月12日	放送衛星2号(BS-2b)「ゆり2号-b」
	8月13日	測地実験衛星(EGS)「あじさい」
		アマチュア衛星(JAS-1)「ふじ」
	8月13日	磁気軸受フライホイール実験装置(MABES)「じんだい」
1987年	2月5日	X線天文衛星(ASTRO-C)「ぎんが」
	2月19日	海洋観測衛星1号(MOS-1)「もも1号」
	8月27日	技術試験衛星V型(ETS-V)「きく5号」
1988年	2月19日	通信衛星3号(CS-3a)「さくら3号-a」
	9月16日	通信衛星3号(CS-3b)「さくら3号-b」
1989年	2月22日	磁気圏観測衛星(EXOS-D)「あけぼの」
	9月6日	静止気象衛星4号(GMS-4)「ひまわり4号」
1990年	1月24日	工学実験衛星(MUSES-A)「ひてん」
	2月7日	海洋観測衛星1号-b(MOS-1b)「もも1号-b」
		伸展開機能実験ペイロード(DEBUT)「おりづる」
		アマチュア衛星1号-b(JAS-1b)「ふじ2号」
	8月28日	放送衛星3号(BS-3a)「ゆり3号-a」
1991年	8月25日	放送衛星3号(BS-3b)「ゆり3号-b」
	8月30日	太陽観測衛星(SOLAR-A)「ようこう」
1992年	2月11日	地球資源衛星1号(JERS-1)「ふよう1号」
	7月24日	磁気圏尾部観測衛星(GEOTAIL)「ジオテイル」
1993年	2月20日	X線天文衛星(ASTRO-D)「あすか」
1994年	2月4日	軌道再突入実験機(OREX)「りゅうせい」
		H-Ⅱロケット性能確認用ペイロード(VEP)「みょうじょう」
	8月28日	技術試験衛星Ⅵ型(ETS-Ⅵ)「きく6号」
1995年	1月15日	エクスプレス(EXPRESS)
	3月18日	宇宙実験・観測フリーフライヤー(SFU)／SFU搭載実験機器部(EFFU)

第5章 人工衛星

打ち上げ年月日		衛星・実験機名
1995年	3月18日	静止気象衛星5号(GMS-5)「ひまわり5号」
1996年	2月12日	極超音速飛行実験機(HYFLEX)「ハイフレックス」
	8月17日	地球観測プラットフォーム技術衛星(ADEOS)「みどり」
		アマチュア衛星3号(JAS-2)「ふじ3号」
1997年	2月12日	電波天文観測衛星(MUSES-B)「はるか」
	11月28日	熱帯降雨観測衛星(TRMM)
		技術試験衛星Ⅶ型(ETS-Ⅶ)「きく7号」
1998年	2月21日	通信放送技術衛星(COMETS)「かけはし」
	7月4日	火星探査機(PLANET-B)「のぞみ」
1999年	11月15日	運輸多目的衛星(MTSAT)
2000年	2月10日	X線天文衛星(ASTRO-E)
2001年	8月29日	H-ⅡAロケット性能確認用ペイロード(VEP-2)
2002年	2月4日	民生部品・コンポーネント実証衛星(MDS-1)「つばさ」
		高速再突入実験機(DASH)
	5月4日	極軌道プラットフォーム(EOS-PM1(Aqua))
	9月10日	次世代型無人宇宙実験システム(USERS)
		データ中継技術衛星(DRTS)「こだま」
	12月14日	環境観測技術衛星(ADEOS-Ⅱ)「みどりⅡ」
		Federation Satellite(FedSat)
		鯨生態観測衛星(WEOS)「観太くん」
		マイクロラブサット1号機(μ-LabSat)
2003年	3月28日	情報収集衛星
	5月9日	小惑星探査機(MUSES-C)「はやぶさ」
	11月29日	情報収集衛星
2005年	2月26日	運輸多目的衛星新1号(MTSAT-1R)「ひまわり6号」
	7月10日	X線天文衛星(ASTRO-EⅡ)「すざく」
	8月24日	光衛星間通信実験衛星(OICETS)「きらり」
		小型高機能科学衛星(INDEX)「れいめい」
2006年	1月24日	陸域観測技術衛星(ALOS)「だいち」
	2月18日	運輸多目的衛星新2号(MTSAT-2)「ひまわり7号」
	2月22日	赤外線天文衛星(ASTRO-F)「あかり」

5-3 日本の人工衛星等 打ち上げ年別一覧表

打ち上げ年月日		衛星・実験機名
2006年	9月11日	情報収集衛星
	9月23日	太陽観測衛星(SOLAR-B)「ひので」
	12月18日	技術試験衛星VIII型(ETS-VIII)「きく8号」
2007年	2月24日	情報収集衛星
	9月14日	月周回衛星(SELENE)「かぐや」
2008年	2月23日	超高速インターネット衛星(WINDS)「きずな」
2009年	1月23日	温室効果ガス観測技術衛星(GOSAT)「いぶき」
		小型実証衛星1型「SDS-1」
	9月11日	宇宙ステーション補給機(HTV1)「こうのとり」1号機
	11月28日	情報収集衛星
2010年	5月21日	金星探査機(PLANET-C)「あかつき」
		小型ソーラー電力セイル実証機「IKAROS」
	9月11日	準天頂衛星初号機「みちびき」
2011年	1月22日	宇宙ステーション補給機(HTV2)「こうのとり」2号機
	9月23日	情報収集衛星
	12月12日	情報収集衛星

2012年度以降の打ち上げ予定

1. 技術開発・試験衛星	
2. 通信・放送衛星	
3. 気象・地球観測衛星	第一期水循環変動観測衛星「しずく」(GCOM-W1) 全球降水観測計画/二周波降水レーダ(GPM/DPR) 雲エアロゾル放射ミッション/雲プロファイリングレーダ(EarthCARE/CPR) 第一期気候変動観測衛星「GCOM-C1」 陸域観測技術衛星2号「ALOS-2」
4. 技術実証衛星	小型実証衛星4型「SDS-4」
5. 宇宙実験衛星	
6. 天文観測衛星	X線天文衛星「ASTRO-H」
7. 太陽・地球系科学衛星	小型科学衛星1号機「SPRINT-A」
8. 宇宙ステーション補給機	「こうのとり」3～5号機(HTV3～5)

5-4 日本の人工衛星

運用目的別(および打ち上げ予定別)に分類して掲載。国が開発・運用に関与した科学衛星、実用衛星を取り上げた。データの日時は特に記載のないかぎり日本時間。

●掲載人工衛星　愛称別五十音順一覧
（愛称のないものは英語略称の順）

〈日本語愛称〉

赤外線天文衛星(ASTRO-F)「あかり」	454
磁気圏観測衛星(EXOS-D)「あけぼの」	472
測地実験衛星(EGS)「あじさい」	394
X線天文衛星(ASTRO-D)「あすか」	444
実験用静止通信衛星(ECS)「あやめ」	362
実験用静止通信衛星(ECS-b)「あやめ2号」	364
温室効果ガス観測技術衛星(GOSAT)「いぶき」	422
電離層観測衛星(ISS)「うめ」	384
電離層観測衛星(ISS-b)「うめ2号」	388
エクスプレス(EXPRESS)	350
試験衛星「おおすみ」	320
中層大気観測衛星(EXOS-C)「おおぞら」	470
伸展展開機能実験ペイロード(DEBUT)「おりづる」	342
通信放送技術衛星(COMETS)「かけはし」	374
技術試験衛星Ⅰ型(ETS-Ⅰ)「きく」	326
技術試験衛星Ⅱ型(ETS-Ⅱ)「きく2号」	330
技術試験衛星Ⅳ型(ETS-Ⅳ)「きく3号」	334
技術試験衛星Ⅲ型(ETS-Ⅲ)「きく4号」	336
技術試験衛星Ⅴ型(ETS-Ⅴ)「きく5号」	340
技術試験衛星Ⅵ型(ETS-Ⅵ)「きく6号」	348
技術試験衛星Ⅶ型(ETS-Ⅶ)「きく7号」	352
技術試験衛星Ⅷ型(ETS-Ⅷ)「きく8号」	356
超高速インターネット衛星(WINDS)「きずな」	380
オーロラ観測衛星(EXOS-A)「きょっこう」	464
光衛星間通信実験衛星(OICETS)「きらり」	378
X線天文衛星(ASTRO-C)「ぎんが」	442
宇宙ステーション補給機(HTV)「こうのとり」	480
データ中継技術衛星(DRTS)「こだま」	376
実験用中容量静止通信衛星(CS)「さくら」	358
通信衛星2号(CS-2a,2b)「さくら2号-a,-b」	366
通信衛星3号(CS-3a,3b)「さくら3号-a,-b」	370
磁気圏尾部観測衛星(GEOTAIL)「ジオテイル」	476
磁気圏観測衛星(EXOS-B)「じきけん」	466
科学衛星(MS-F2)「しんせい」	458
磁気軸受フライホイール実験装置(MABES)「じんだい」	338
X線天文衛星(ASTRO-EⅡ)「すざく」	450
陸域観測技術衛星(ALOS)「だいち」	418
超高層大気観測衛星(SRATS)「たいよう」	462
試験衛星(MS-T1)「たんせい」	322

項目	ページ
試験衛星(MS-T2)「たんせい2号」	324
試験衛星(MS-T3)「たんせい3号」	328
試験衛星(MS-T4)「たんせい4号」	332
民生部品・コンポーネント実証衛星(MDS-1)「つばさ」	424
電波観測衛星(REXS)「でんぱ」	460
X線天文衛星(ASTRO-B)「てんま」	440
X線天文衛星(CORSA-b)「はくちょう」	438
電波天文観測衛星(MUSES-B)「はるか」	446
太陽観測衛星(SOLAR-B)「ひので」	478
太陽観測衛星(ASTRO-A)「ひのとり」	468
静止気象衛星(GMS)「ひまわり」	386
静止気象衛星2号(GMS-2)「ひまわり2号」	390
静止気象衛星3号(GMS-3)「ひまわり3号」	392
静止気象衛星4号(GMS-4)「ひまわり4号」	398
静止気象衛星5号(GMS-5)「ひまわり5号」	404
運輸多目的衛星新1号(MTSAT-1R)「ひまわり6号」	416
運輸多目的衛星新2号(MTSAT-2)「ひまわり7号」	420
地球資源衛星1号(JERS-1)「ふよう1号」	402
マイクロラブサット1号機(μ-LabSat)	428
準天頂衛星初号機「みちびき」	382
地球観測プラットフォーム技術衛星(ADEOS)「みどり」	406
環境観測技術衛星(ADEOS-II)「みどりII」	414
H-IIロケット性能確認用ペイロード(VEP)「みょうじょう」	344
海洋観測衛星1号(MOS-1)「もも1号」	396
海洋観測衛星1号-b(MOS-1b)「もも1号-b」	400
実験用中型放送衛星(BS)「ゆり」	360
放送衛星2号(BS-2a,2b)「ゆり2号-a,-b」	368
放送衛星3号(BS-3a,3b)「ゆり3号-a,-b」	372
太陽観測衛星(SOLAR-A)「ようこう」	474
軌道再突入実験機(OREX)「りゅうせい」	346
小型高機能科学衛星(INDEX)「れいめい」	452

〈英語略称〉

項目	ページ
陸域観測技術衛星2号(ALOS-2)	489
X線天文衛星(ASTRO-E)	448
電波天文衛星(ASTRO-G)	456
X線天文衛星(ASTRO-H)	490
X線天文衛星(CORSA)	436
高速再突入実験機(DASH)	426
雲・エアロゾル放射ミッション「EarthCARE」	488
極軌道プラットフォーム(EOS-PM1(Aqua))	412
地球環境変動観測ミッション(GCOM)	482
全球降水観測計画／二周波降水レーダ(GPM/DPR)	486
運輸多目的衛星(MTSAT)	410
小型実証衛星1型(SDS-1)	430
小型実証衛星4型(SDS-4)	484
宇宙実験・観測フリーフライヤー(SFU)／SFU搭載実験機器部(EFFU)	432
小型科学衛星1号機(SPRINT-A)	491
熱帯降雨観測衛星(TRMM)	408
次世代型無人宇宙実験システム(USERS)	434
H-IIAロケット性能確認用ペイロード(VEP-2)	354

5-4-1 技術開発・試験衛星

1-1 試験衛星「おおすみ」
国際標識番号：1970-011A

開発の目的と役割		ミューロケットによる人工衛星打ち上げ技術の修得と衛星についての工学的試験
打ち上げ	日時	1970年(昭和45年)2月11日　13：25
	場所	内之浦
	打ち上げロケット	L-4Sロケット5号機
構造	質量	24kg(第4段モータの燃焼後)
	形状	全長1000mm 最大直径480mm(ロケットの第4段モータ部) 2本のフック型アンテナ、4本のベリリウム・カッパーのホイップ型アンテナ(円偏波)を備えている
軌道	高度	近地点350km　遠地点5140km
	傾斜角	31度
	種類	楕円軌道
	周期	145分
姿勢制御方式		スピン安定方式
設計寿命		30時間以上(電源寿命)
主要ミッション機器		縦方向精密加速度計 縦方向加速度計 ストレーンゲージ型温度計 テレメータ送信機 ビーコン送信機 パイロット送信機 電源として容量5AHの酸化銀-亜鉛電池を搭載
運用停止年月日		1970年(昭和45年)2月12日

追跡管制結果	発射後約2時間半を経過した15時56分10秒から16時06分54秒までの間、内之浦で信号電波を受信することができ、地球を1周してきたことが確認された。その後電波の受信レベルがだんだんと低下し、翌2月12日第6周の受信はきわめて微弱な信号を捉えたのみで、第7周目では受信できなかった。この結果、「おおすみ」の信号は発射後14〜15時間で途絶したものと思われる。原因は予想以上の高温になったため、電源容量が急激に低下したものと考えられた。衛星はその後も地球を周回し続けたが、2003年(平成15年)8月2日5時45分、大気圏に突入し、消滅した。再突入した位置の直下は、北緯30.3度、東経25.0度で、北アフリカ(エジプトとリビアの国境あたり)である。

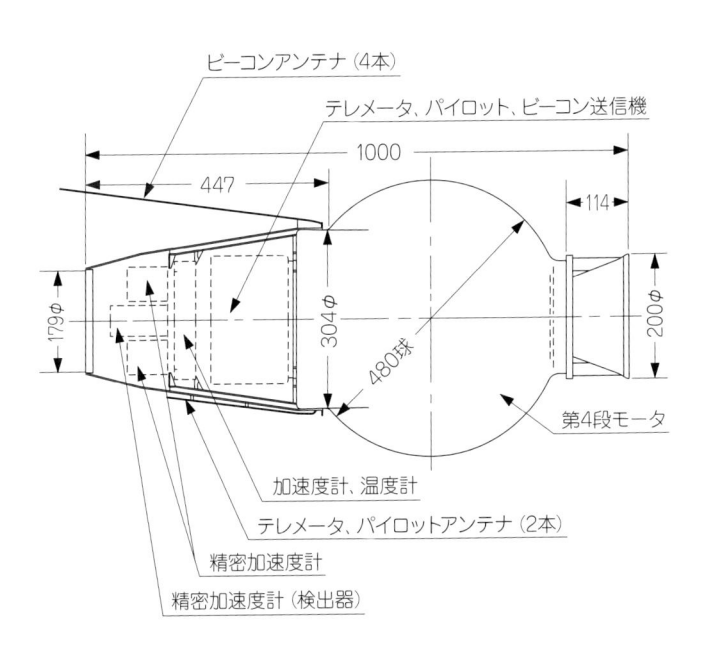

1-2 試験衛星(MS-T1)「たんせい」
国際標識番号：1971-011A

開発の目的と役割	M-4Sロケットの性能確認、軌道投入後の宇宙環境の研究および衛星の性能試験
打ち上げ 日時	1971年(昭和46年)2月16日　13：00
打ち上げ 場所	内之浦
打ち上げ 打ち上げロケット	M-4Sロケット2号機
構造 質量	63kg
構造 形状	直径約75cmの球に内接する26面体
軌道 高度	990km〜1100km
軌道 傾斜角	30度
軌道 種類	略円軌道
軌道 周期	106分
姿勢制御方式	スピン安定方式
設計寿命	1週間(電源寿命)
主要ミッション機器	テレメータ送信機 コマンド受信機とデコーダ 磁気テープ方式データレコーダ等 衛星表面に6個の反射鏡を備える 電源として酸化銀-亜鉛電池を搭載
運用停止年月日	1971年(昭和46年)2月23日

追跡管制結果	打ち上げ後第1周の受信が14時50分40秒から15時9分12秒の間に行われ、軌道に乗ったことが確認された。その後、内之浦での観測は2月23日15時(第96周)まで実施できた。この間、太陽電池の性能を計測する機器以外の搭載各機器はいずれも正常に作動、37回行ったデータレコーダの再生データから、衛星各部の温度、電源電圧・電流、衛星の姿勢やスピンの状態など、豊富な資料が入手できた。テレメータ、コマンド系の試験も良好に行われた。解析の結果、衛星内部の温度、環境がほぼ予測通りの良好な状態に保たれ、姿勢も安定していたことが確認された。

概観図

(単位mm)

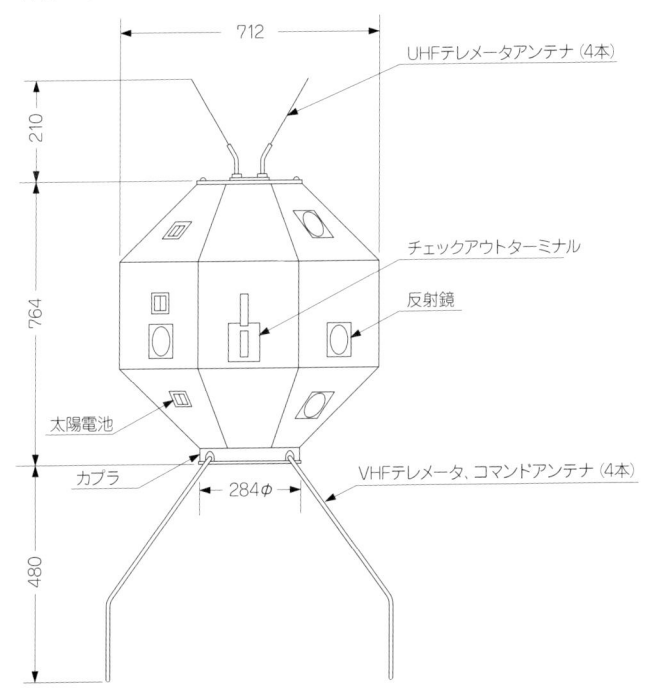

1-3 試験衛星(MS-T2)「たんせい2号」
国際標識番号：1974-008A

開発の目的と役割	M-3C型ロケットの性能試験、電波誘導システムの確認、第3号科学衛星に要求される地球磁場を利用した衛星姿勢制御方式の事前テスト
打ち上げ 日時	1974年(昭和49年)2月16日　14：00
打ち上げ 場所	内之浦
打ち上げ 打ち上げロケット	M-3Cロケット1号機
構造 質量	56kg
構造 形状	対向面間隔75cm、高さ45cmの八角柱型 全長約1.3m(センサ、アンテナ含む)
軌道 高度	近地点290km　遠地点3240km
軌道 傾斜角	31度
軌道 種類	楕円軌道
軌道 周期	122分
姿勢制御方式	スピン軸磁気トルク制御
設計寿命	2週間(電源寿命)
主要ミッション機器	(1)衛星のスピンを落とすためのヨーヨーデスピナ (2)衛星のスピン軸方向を制御する地磁気利用スピン軸方向制御装置 (3)姿勢変化を補償するキーピング・マグネット
運用停止年月日	1983年(昭和58年)1月23日大気圏突入により消滅

追跡管制結果	内之浦における軌道投入後第1周の受信（16時8分6秒〜16時18分44秒）時、地上からのコマンドでヨーヨーデスピナを作動させ、衛星のスピンを毎秒2.3回から毎分11.3回に低下させた。また、打ち上げ当初軌道面にあった衛星のスピン軸を軌道面に対して垂直にするホイールモード実験、キーピング・マグネットを用いて軌道面の回転に追随してホイールモードを保持する実験、スピン軸を地軸に対して平行にする実験を行った。

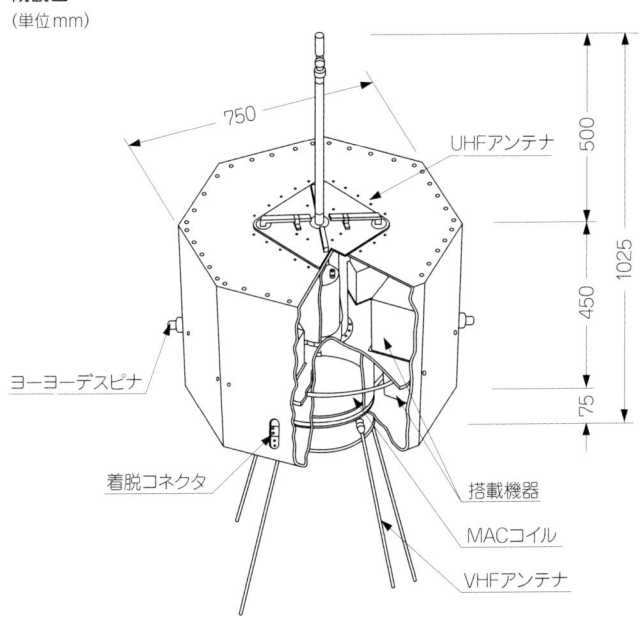

概観図

（単位mm）

図中ラベル：
- 750
- UHFアンテナ
- 500
- 1025
- 450
- 75
- ヨーヨーデスピナ
- 着脱コネクタ
- 搭載機器
- MACコイル
- VHFアンテナ

1-4 技術試験衛星Ⅰ型(ETS-Ⅰ)「きく」
(Engineering Test Satellite-Ⅰ)国際標識番号：1975-082A

主要ミッション		(1)打ち上げ時の環境の測定 (2)定常時の衛星動作特性および環境の測定 (3)姿勢の測定 (4)距離および距離変化率の測定 (5)伸展アンテナの伸展実験
打ち上げ	日時	1975年(昭和50年)9月9日　14:30
	場所	種子島
	打ち上げロケット	N-Iロケット1号機(N1F)
構造	質量	約82.5kg
	形状	直径約80cmの26面体
軌道(初期)	高度	約1000km〔約980km〜1100km〕
	傾斜角	約47度〔47.0度〕
	種類	円軌道
	周期	約106分
姿勢制御方式		スピン安定方式
設計寿命		3ヵ月(ミッション期間)
主要ミッション機器		伸展アンテナ実験装置(STEM)
運用停止年月日		1982年(昭和57年)4月28日

追跡管制結果	衛星軌道投入後、機能性能の確認を行い、正常であることを確認した。また初回打ち上げの目的であったNロケットの性能確認、打ち上げおよび追跡管制技術の確立等に所期の成果が得られた。1982年(昭和57年)4月28日運用を停止した。

〔 〕は実測値

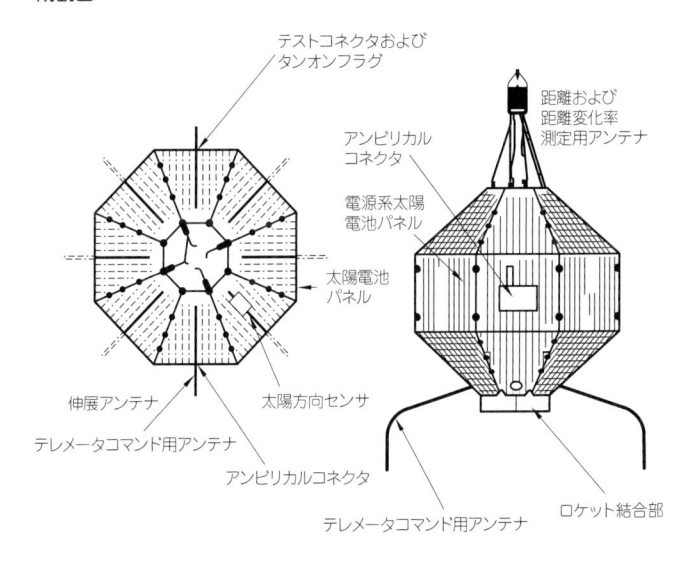

概観図

1-5 試験衛星(MS-T3)「たんせい3号」
国際標識番号：1977-012A

開発の目的と役割	M-3H型ロケットの性能試験、沿磁力線姿勢安定化方式、コールドガスジェットによるスピン軸制御実験など、第5号以降の科学衛星に求められる新技術の実証
打ち上げ 日時	1977年(昭和52年)2月19日　14：15
打ち上げ 場所	内之浦
打ち上げ 打ち上げロケット	M-3Hロケット1号機
構造 質量	129kg
構造 形状	直径93.1cm、高さ80cmの略円柱形
軌道 高度	近地点790km　遠地点3810km
軌道 傾斜角	66度
軌道 種類	楕円軌道
軌道 周期	134分
姿勢制御方式	地磁気利用の姿勢安定
設計寿命	15日(電池寿命)
主要ミッション機器	(1)赤外水平線検出器 (2)デジタル太陽センサ (3)地磁気姿勢計 (4)コールドガスジェット装置 (5)ニューテーションダンパ (6)トルキングマグネット (7)紫外線光計測器
運用停止年月日	1977年(昭和52年)3月8日

追跡管制結果	約2週間の前半をコールドガスジェット装置による実験、後半を沿磁力線姿勢安定化実験に予定していたが、シャットオフバルブの誤動作のため、ガスジェットによる実験は途中で中止、沿磁力線姿勢安定化実験に入った。第32周目から39周目にかけてのオペレーションにより、第41周目では衛星基準軸と地磁気磁力線のなす角の最大値が6度から18度の値になり、沿磁力線姿勢安定化制御システムが正常にその機能を果たしていることが実証された。

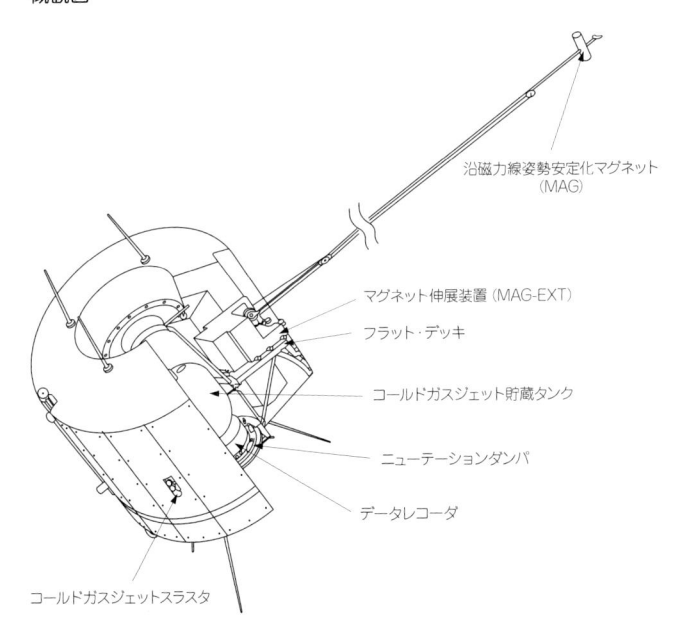

概観図

- 沿磁力線姿勢安定化マグネット（MAG）
- マグネット伸展装置（MAG-EXT）
- フラット・デッキ
- コールドガスジェット貯蔵タンク
- ニューテーションダンパ
- データレコーダ
- コールドガスジェットスラスタ

1-6 技術試験衛星Ⅱ型(ETS-Ⅱ)「きく2号」
（Engineering Test Satellite-Ⅱ）国際標識番号：1977-014A

主要ミッション		(1)静止衛星打ち上げ技術の修得 (2)静止衛星の追跡管制技術の修得 (3)静止衛星の姿勢制御機能の試験 (4)メカニカル・デスパンアンテナ(MDA)の試験 (5)伝播実験用発振器の試験
打ち上げ	日時	1977年(昭和52年)2月23日　17：50
	場所	種子島
	打ち上げロケット	N-Iロケット3号機(N3F)
構造	質量	約130kg(静止軌道上初期)
	形状	直径約140cm 高さ約90cm 円筒形
軌道	高度	約36000km
	傾斜角	0度
	種類	静止衛星軌道(東経130度)
	周期	約24時間
姿勢制御方式		スピン安定方式
設計寿命		基本機器1年　搭載用実験機器6ヵ月
主要ミッション機器		(1)Sバンドトランスポンダ(R & RR測定用) (2)伝播実験用発振器(Sバンド、12GHz、35GHz)
運用停止年月日		1990年(平成2年)12月10日

追跡管制結果	静止衛星軌道投入後、軌道上における衛星の機能確認試験が実施され、1977年(昭和52年)5月8日には初期段階を終了し、所定の機能性能を有していることが確認された。その後、定常段階に移行し、旧郵政省電波研究所における伝播実験が開始され、8月22日所定のミッションを達成して定常段階を終了した。そして、1990年(平成2年)12月10日にすべての運用を終了し、静止軌道外へ移動させた。

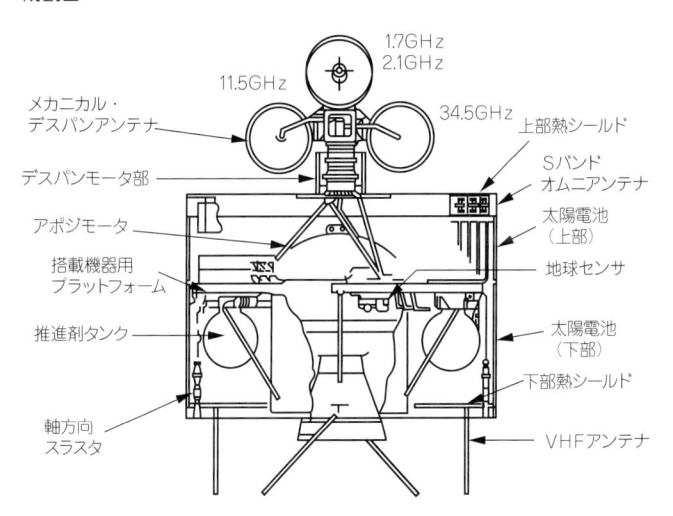

概観図

図中ラベル:
- メカニカル・デスパンアンテナ
- デスパンモータ部
- アポジモータ
- 搭載機器用プラットフォーム
- 推進剤タンク
- 軸方向スラスタ
- 11.5GHz
- 1.7GHz
- 2.1GHz
- 34.5GHz
- 上部熱シールド
- Sバンドオムニアンテナ
- 太陽電池(上部)
- 地球センサ
- 太陽電池(下部)
- 下部熱シールド
- VHFアンテナ

1-7 試験衛星(MS-T4)「たんせい4号」
国際標識番号：**1980-015A**

開発の目的と役割	M-3S型ロケットの性能試験、磁気力によるスピン軸太陽オフセット指向自動制御、フライ・ホイールによる姿勢制御試験など、将来の衛星制御方式の実験
打ち上げ 日時	1980年(昭和55年)2月17日　9：40
打ち上げ 場所	内之浦
打ち上げ 打ち上げロケット	M-3Sロケット1号機
構造 質量	185kg
構造 形状	対面寸法最大92.8cm　高さ85cm 4枚の太陽電池パドルのついた八角柱型
軌道 高度	近地点521.7km　遠地点605.6km
軌道 傾斜角	38.7度
軌道 種類	略円軌道
軌道 周期	96分
姿勢制御方式	スピン軸磁気トルク制御およびホイールによる姿勢安定
設計寿命	2〜3ヵ月
主要ミッション機器	(1)太陽電池パドル (2)1Sバンドテレメトリ (3)太陽センサ (4)地磁気センサ (5)太陽ブラッグX線分光器 (6)電流積算計 (7)磁気バブルデータレコーダ
運用停止年月日	1983年(昭和58年)5月13日　大気圏突入

追跡管制結果	第1周でヨーヨーデスピナを起動しスピン数を毎秒2.1回から毎分18回に落とし、太陽電池パドルを展開。その後、磁気姿勢制御、ホイール姿勢制御、レーザ反射器による追尾、レーダトランスポンダによる追尾、MPDアークジェットによるスピンアップおよび磁気バブルデータレコーダの記録・再生などの各種工学実験や、太陽ブラッグX線分光器による太陽フレアの観測などを行った。また、スターマッパーやSバンドテレメータの試験、新形式の太陽電池の性能評価、熱制御用材料の性能評価、電源系管理用AH積算計の試験を行い、良好な結果を得た。

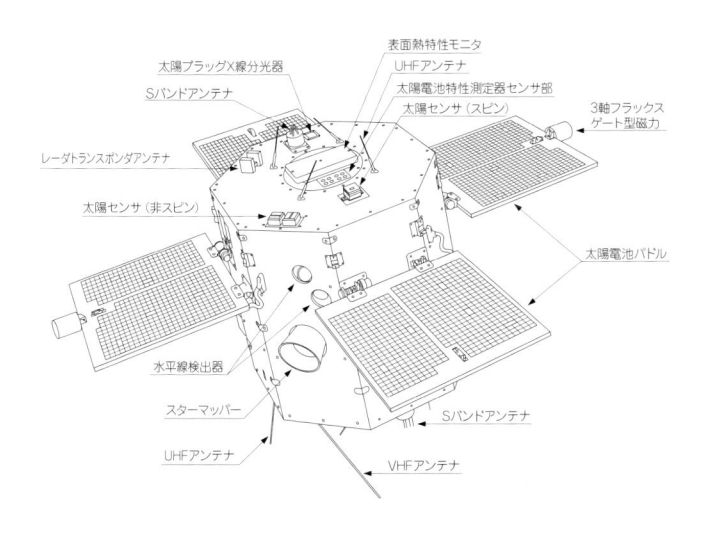

概観図

1-8 技術試験衛星Ⅳ型(ETS-Ⅳ)「きく3号」
(Engineering Test Satellite-Ⅳ) 国際標識番号:1981-012A

主要ミッション	(1)N-Ⅱロケットの遷移軌道投入能力の確認 (2)N-Ⅱロケットの打ち上げ環境条件の修得 (3)大型衛星の製作・取扱技術の修得 (4)搭載機器の宇宙環境下での機能試験
打ち上げ 日時	1981年(昭和56年)2月11日　17:30
打ち上げ 場所	種子島
打ち上げ 打ち上げロケット	N-Ⅱロケット1号機(N7F)
構造 質量	約638kg
構造 形状	直径約210cm 高さ約280cm 円筒形
軌道(初期) 高度	約225km～　約36000km〔223km～36011km〕
軌道(初期) 傾斜角	約28.5度〔28.6度〕
軌道(初期) 種類	長楕円軌道(静止軌道投入のための遷移軌道)
軌道(初期) 周期	約10時間36分
姿勢制御方式	スピン安定方式
設計寿命	3ヵ月(ミッション期間)
主要ミッション機器	(1)テープレコーダ (2)スキャン型地球センサ (3)ガリウムひ素FET増幅器 (4)パルス型プラズマエンジン
運用停止年月日	1984年(昭和59年)12月24日

追跡管制結果	搭載機器機能点検等を目的とした初期段階を1981年(昭和56年)3月12日に終了し、結果は良好であった。続いて、定常段階に移り、搭載実験機器を用いた実験等が正常に実施された。同年5月12日をもって予定の運用を終了し、3ヵ月のミッション期間を終了したが、その後も搭載機器機能点検等を適宜行った。1984年(昭和59年)12月24日、太陽電池の発生電力の低下が著しくなったため、運用を停止した。

〔 〕は実測値

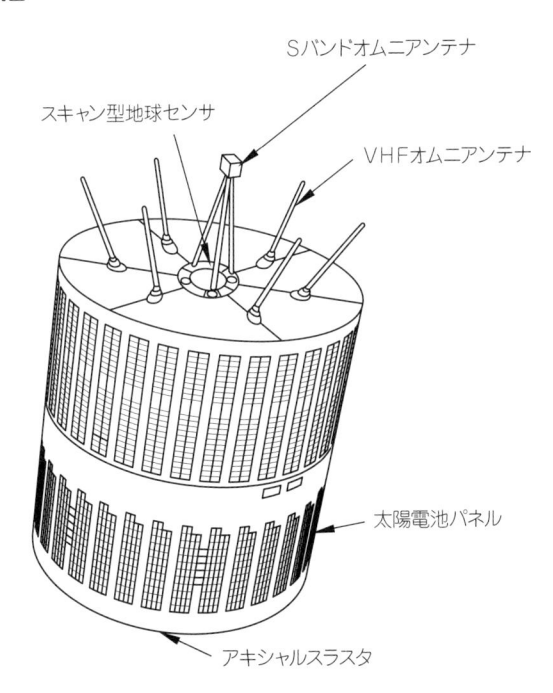

概観図

- Sバンドオムニアンテナ
- スキャン型地球センサ
- VHFオムニアンテナ
- 太陽電池パネル
- アキシャルスラスタ

1-9 技術試験衛星Ⅲ型(ETS-Ⅲ)「きく4号」
(Engineering Test Satellite-Ⅲ) 国際識別番号:1982-087A

主要ミッション		(1)三軸姿勢制御機能の確認 (2)太陽電池パドル展開機能の確認 (3)能動式熱制御機能の確認 (4)搭載実験機器の宇宙環境下での機能試験
打ち上げ	日時	1982年(昭和57年)9月3日　14:00
	場所	種子島
	打ち上げロケット	N-Ⅰロケット7号機(N9F)
構造	質量	約385kg
	形状	約85cm×85cm×195cm(展開型太陽電池パドルを有する箱形)
軌道(初期)	高度	約1000km〔968km〜1229km〕
	傾斜角	約45度〔44.6度〕
	種類	円軌道
	周期	約105分〔107分〕
姿勢制御方式		三軸姿勢制御方式(ゼロモーメンタム)
設計寿命		1年(ミッション期間)
主要ミッション機器		(1)ビジコンカメラ (2)能動式熱制御装置 (3)イオンエンジン装置 (4)磁気姿勢制御装置
運用停止年月日		1985年(昭和60年)3月8日

追跡管制結果	衛星軌道投入後、衛星は正常に動作し、デスピン、太陽電池パドル展開、地球サーチ・捕捉、ヨー捕捉および太陽捕捉・追尾の一連の制御を経て、衛星分離後約56分で所定の三軸姿勢を確立した。その後、約70日間の初期段階において基本機器および搭載実験機器が所期の機能性能を発揮していることを確認した。1982年(昭和57年)11月中旬から定常段階に移行し、搭載実験機器の実験を主として実施した。1983年(昭和58年)9月2日の後期利用段階に入った後も引き続き実験を実施し、また、軌道制御を実施し、ほぼ円軌道に軌道修正を行った。1985年(昭和60年)3月8日、姿勢制御燃料が枯渇状態となったため運用を終了した。

〔 〕は実測値

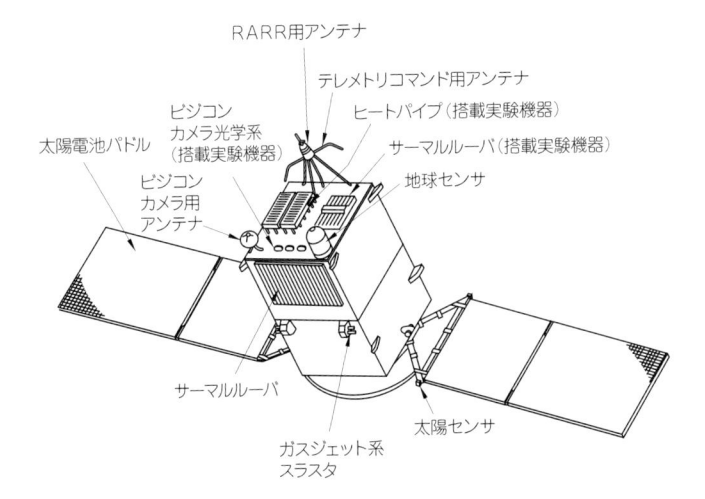

概観図

- RARR用アンテナ
- テレメトリコマンド用アンテナ
- ビジコンカメラ光学系(搭載実験機器)
- ヒートパイプ(搭載実験機器)
- 太陽電池パドル
- サーマルルーバ(搭載実験機器)
- ビジコンカメラ用アンテナ
- 地球センサ
- サーマルルーバ
- 太陽センサ
- ガスジェット系スラスタ

1-10 磁気軸受フライホイール実験装置(MABES)「じんだい」
(Magnetic Bearing Flywheel Experimental System)
国際標識番号：1986-061C

開発者		旧航空宇宙技術研究所
主要ミッション		(1)無重力下での浮上特性 (2)無重力下での振動特性 (3)無重力下での回転特性 (4)打ち上げ環境に耐えるためのロンチロック機構
打ち上げ	日時	1986年(昭和61年)8月13日　5：45
	場所	種子島
	打ち上げロケット	H-Iロケット試験機1号機(EGSと相乗り)
構造	質量	約295kg(2段ロケット含まず)
	形状	1m×1m×1.5m
軌道	高度	約1500km〔1483km〜1599km〕
	傾斜角	約50度
	種類	円軌道
	周期	117分
設計寿命		約3日間(内部1次電池の消耗により)

〔　〕は実測値

5-4 日本の人工衛星

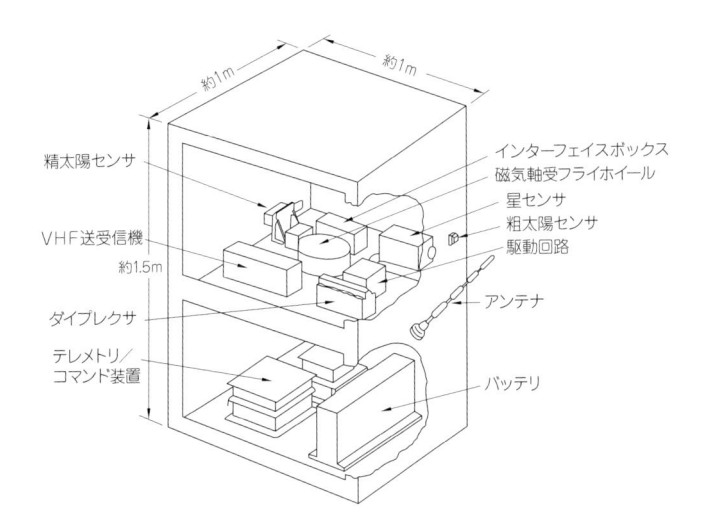

概観図

1-11 技術試験衛星V型(ETS-V)「きく5号」
(Engineering Test Satellite-V) 国際標識番号：1987-070A

開発の目的と役割	(1) H-Iロケット(3段式)試験機の性能確認 (2) 静止三軸衛星バスの基盤技術の確立 (3) 次期大型実用衛星開発に必要な自主技術の蓄積 　(a) データバス方式 　(b) 非安定電源バス方式 　(c) 軽量太陽電池パドル 　(d) 軽量スラストシリンダ 　(e) ヒートパイプおよびオプティカルソーラレフレクタを用いた熱制御系 　(f) 表面張力型タンク (4) アポジモータの性能確認 (5) 航空機の太平洋域の洋上管制、船舶の通信・航空援助・捜索救難等のための移動体通信実験
打ち上げ 日時	1987年(昭和62年)8月27日　18:20
打ち上げ 場所	種子島
打ち上げ 打ち上げロケット	H-Iロケット試験機2号機(H17F)
構造 質量	約550kg(静止軌道上初期)
構造 形状	本体は約1.4m×1.7m×1.7m (展開型太陽電池パドルを有する箱形)
軌道 高度	約36000km
軌道 傾斜角	0度
軌道 種類	静止衛星軌道(東経150度)
軌道 周期	約24時間
姿勢制御方式	三軸姿勢制御方式(コントロールド・バイアスモーメンタム)
設計寿命	1.5年(ミッション期間)
主要ミッション機器	(1) 移動体通信実験機器(AMEX) 　中継機能 　Lバンド(1.6/1.5GHz帯)系：現用2系統 　Cバンド(6/5GHz)系：現用および予備の2系統
運用停止年月日	1997年(平成9年)9月12日

追跡管制結果	静止衛星軌道投入後、初期段階における追跡管制および衛星機能確認試験を経て、1987年(昭和62年)11月末以降利用機関による本格的な運用に供された。1989年(平成元年)3月31日、打ち上げ後約1年半の定常段階を終了した。その後も移動体通信実験機器(AMEX)は静止軌道においてCバンドおよびLバンド帯回線を用いて陸上の基地局と航空機・船舶等の移動体間通信および移動体相互間通信の信号を中継する機能をもち、音声・データの通信実験、移動体の測距、救難信号の中継実験等の移動体通信実験が実施された。また、衛星技術データの取得を実施した。 1992〜1995年度(平成4〜7年度)には汎太平洋情報通信ネットワーク実験計画(パートナーズ計画)に利用された。 1997年(平成9年)9月12日に停波し、運用を停止した。

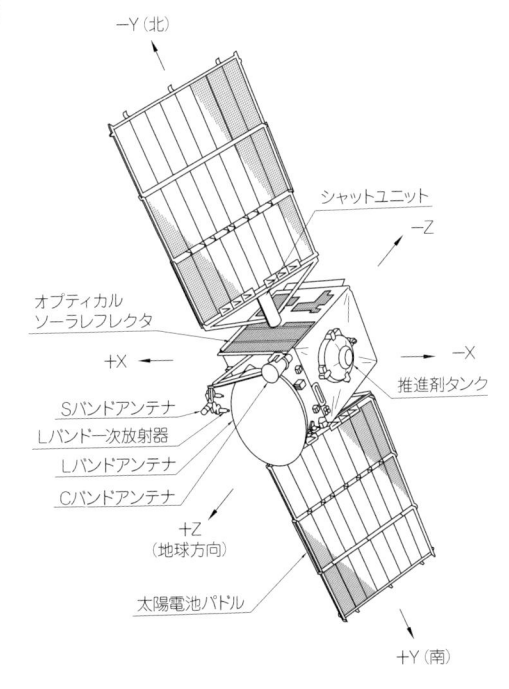

概観図

1-12 伸展展開機能実験ペイロード(DEBUT)「おりづる」
(Deployable Boom and Umbrella Test)
国際標識番号：1990-013B

開発者	旧航空宇宙技術研究所、日本電気(株)、日産自動車(株)、日本飛行機(株)
主要ミッション	微小重力環境を得るためのテザー／ブーメラン衛星の主要機構要素の実証 (1)ブームの伸展・展開実験 (2)空力傘の展開・収納実験 (3)伸展・展開時の振動特性の測定
打ち上げ 日時	1990年(平成2年)2月7日　10：33
打ち上げ 場所	種子島
打ち上げ 打ち上げロケット	H-Iロケット(MOS-1bと相乗り)
構造 質量	約50.3kg
構造 形状	収納時：対辺 440mm(構体26面体) 　　　　 高さ 470mm(構体＋ブーム＋空力傘) 展開時：対辺 950mm(空力傘展開) 　　　　 高さ 1935mm(構体＋ブーム伸展＋空力傘展開)
軌道 高度	約900km〜1600km
軌道 傾斜角	約99度
軌道 種類	楕円軌道
軌道 周期	106分
設計寿命	約10日間(内部1次電池の消耗により)

5-4 日本の人工衛星

概観図

空力傘

ブーム
(ヒンジレスマスト)

衛星バス

1-13 H-Ⅱロケット性能確認用ペイロード(VEP)「みょうじょう」
(Vehicle Evaluation Payload) 国際標識番号：1994-007B

開発の目的と役割	(1)新射場設備との適合性の確認 (2)H-Ⅱロケットの軌道投入精度の確認 (3)H-Ⅱロケット打ち上げ時の機械環境条件の測定
打ち上げ 日時	1994年(平成6年)2月4日　7：20
打ち上げ 場所	種子島
打ち上げ 打ち上げロケット	H-Ⅱロケット試験機1号機 (軌道再突入実験機(OREX)と相乗り)
構造 質量	約2400kg
構造 形状	本体部は約2m×3m×0.8mの箱形 (アダプタとアポジ推進系(ダミー)を有する)
軌道 高度	約450km(近地点)、約36200km(遠地点)
軌道 傾斜角	28.6度
軌道 種類	静止トランスファ軌道
軌道 周期	約11時間
姿勢制御方式	姿勢制御は実施せず
設計寿命	約100時間(バッテリ容量による)
主要ミッション機器	打ち上げ環境測定装置
運用停止年月日	1996年(平成8年)2月7日
追跡管制結果	VEPは1988年(昭和63年)から設計が開始され、1990年(平成2年)には軌道再突入実験機「りゅうせい」(OREX)との相乗り打ち上げに伴う設計・製作に着手された。開発コスト低減のため技術試験衛星Ⅵ型(ETS-Ⅵ)等の設計および製作品を利活用している。VEPはOREXとともに2月4日に打ち上げられ、静止トランスファ軌道に投入された。 この間にH-Ⅱロケット打ち上げ環境データの取得と投入軌道の確認を行い、計画通り2月7日、第7周回目に停波しミッションを達成した。

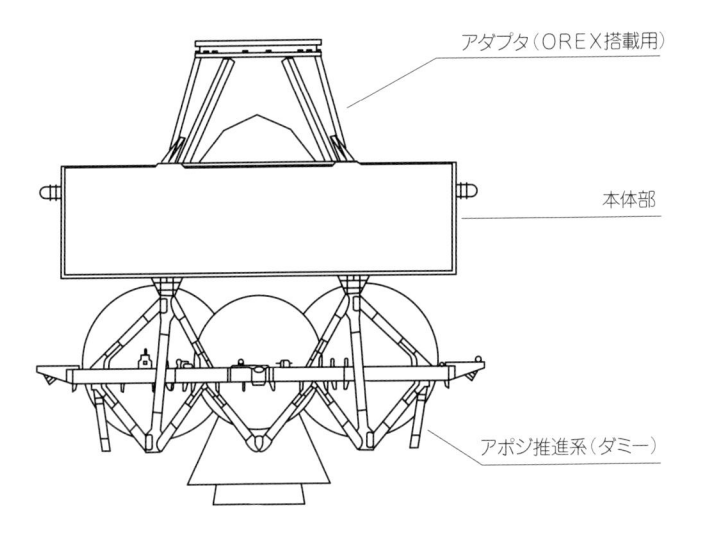

概観図

アダプタ（OREX搭載用）

本体部

アポジ推進系（ダミー）

1-14 軌道再突入実験機(OREX)「りゅうせい」
(Orbital Reentry Experiment Vehicle) 国際標識番号：1994-007A

開発の目的と役割		(1) 再突入飛行環境下での空気力および空力加熱基礎データの取得 (2) 再突入飛行環境下での耐熱構造基礎データの取得 (3) 再突入時の通信途絶現象(通信ブラックアウト現象)に関する基礎データの取得 (4) 再突入時におけるGPS受信機による航法基礎データの取得
打ち上げ	日時	1994年(平成6年)2月4日　7：20
	場所	種子島
	打ち上げロケット	H-Ⅱロケット試験機1号機F(H-Ⅱ・1F) (H-Ⅱロケット性能確認用ペイロード(VEP)と相乗り)
構造	質量	約865kg(打ち上げ時)、約761kg(再突入時)
	形状	鈍頭円錐形状　機体外径 3.4m 高さ(先端から分離面まで) 1.46m 再突入時に空力加熱を受ける機体前面には耐熱・熱防護材料(カーボン・カーボン材、セラミックタイル/HOPEで使用予定)を使用
軌道	高度	約450kmの円軌道、1周回後軌道離脱し、大気圏再突入を経て、洋上に着水
	傾斜角	30.5度
	種類	円軌道
	周期	―
姿勢制御方式		軌道上：ガスジェットによる三軸姿勢制御方式 大気圏再突入後：空力安定による受動型姿勢制御方式を主とし、補助的にガスジェットによる姿勢制御を行う
設計寿命		約3時間
主要ミッション機器		(1) 温度センサ (2) 中高度用圧力センサ (3) 高高度用圧力センサ (4) 微小加速度センサ (5) 解離再結合加熱センサ (6) アブレータセンサ (7) 静電プローブ/熱電対プローブ (8) GPS受信機システム
運用停止年月日		1994年(平成6年)2月4日

追跡管制結果	H-Ⅱロケット試験機1号機により軌道高度約450kmの円軌道に投入された後、地球を1周回してきたところで(打ち上げ約1時間40分後)、旧NASDA種子島局および小笠原局の可視範囲内で軌道離脱のための逆噴射を行い、大気圏に再突入中(打ち上げ約2時間後)に各種データを取得した。 再突入中、実験機の前面は空力加熱により最高約1570℃に加熱され、地上との交信が不可能となり(通信ブラックアウト現象)、この間の機体の状態等は実験機各部に取り付けたセンサにより計測され、実験機搭載のデータメモリに記録された。このデータは通信ブラックアウトを終えた後、着水域近傍に待機中の船舶局および航空機局に対して送信された。実験機はクリスマス島の南方約460kmの洋上に着水し(打ち上げ約2時間10分後)運用を終了した。

概観図

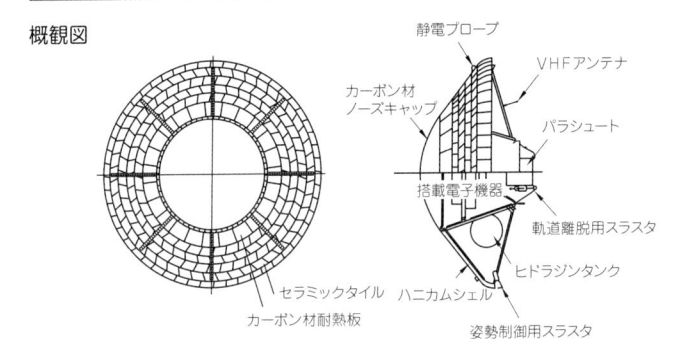

実験機の飛行概要

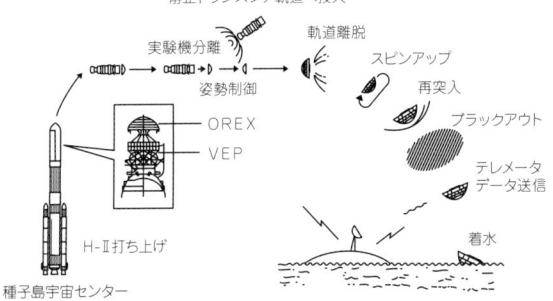

1-15 技術試験衛星Ⅵ型(ETS-Ⅵ)「きく6号」
(Engineering Test Satellite-Ⅵ) 国際標識番号：1994-056A

開発の目的と役割		(1) 1990年代の通信・放送分野の要求に適合する2トン級実用静止三軸衛星バス技術の確立 ETS-Ⅵバスの技術的な特長は以下のとおり。 (a) 二液式アポジエンジンの採用 (b) 南北軌道制御用イオンエンジンの採用 (c) 三軸安定トランスファ姿勢制御方式の採用 (d) 姿勢制御精度の向上 (e) 大電力の供給 (f) 長寿命化のシステム設計 (g) 大型軽量構体の採用 (2) 高度な衛星通信のための技術開発およびその実験
打ち上げ	日時	1994年(平成6年)8月28日　16：50
	場所	種子島
	打ち上げロケット	H-Ⅱロケット試験機2号機
構造	質量	約2000kg
	形状	本体は約2m×3m×3m(展開型太陽電池パドルを有する箱形)
軌道	高度	近地点：約8600km 遠地点：約38600km(約36000km)*
	傾斜角	約13度(0度)*
	種類	楕円軌道(静止衛星軌道：東経153.8度)*
	周期	約14時間22分(約24時間)*
姿勢制御方式		三軸姿勢制御方式(ゼロモーメンタム)
設計寿命		10年(衛星バスシステム)
主要ミッション機器		(1) バス系実験機器：打ち上げ環境測定装置 　　　　　　　　　技術データ取得装置 　　　　　　　　　ニッケル水素バッテリ搭載実験機器 　　　　　　　　　電熱式ヒドラジンスラスタ搭載実験機器 　　　　　　　　　姿勢制御系搭載実験機器 (2) 通信系実験機器：固定通信および移動体通信用実験機器 　　　　　　　　　Sバンド衛星間通信用機器 　　　　　　　　　Kバンド衛星間通信用機器 　　　　　　　　　Oバンド通信用機器 　　　　　　　　　光通信基礎実験装置 　　　　　　　　　衛星間通信用フィーダリンク機器
運用停止年月日		1996年(平成8年)7月9日

追跡管制結果	予定のトランスファ軌道に投入されたが、二液式アポジエンジンの不具合により、静止軌道には投入できず、楕円軌道を周回することとなった。このため近地点高度を約720km上昇させ、通信実験に適した3日5周回の回帰軌道に変更した。 1994年(平成6年)12月15日以降、定常運用に移行して、この軌道上で通信系実験およびバス系実験を実施した。1996年(平成8年)1月12日、定常段階を終了し、後期利用段階に移行して運用を実施した。7月5日長期不可視帯における姿勢喪失と発生電力低下のため、1996年(平成8年)7月9日停波コマンドを送信して運用を終了した。

＊(　)内は当初計画値

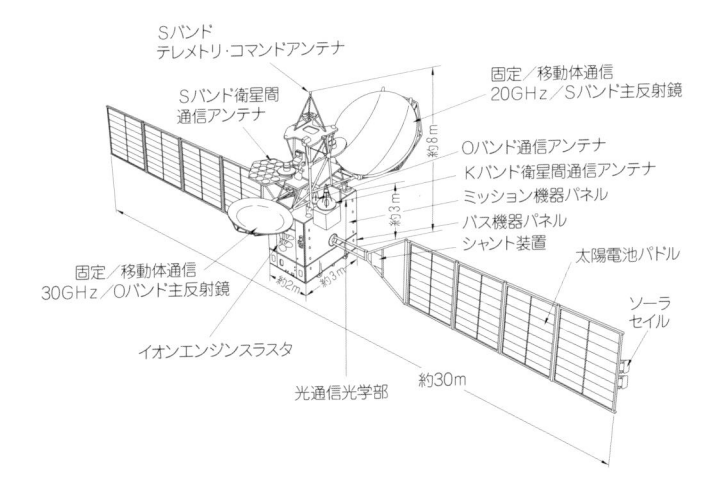

概観図

主要部ラベル:
- Sバンド テレメトリ・コマンドアンテナ
- Sバンド衛星間通信アンテナ
- 固定／移動体通信 20GHz／Sバンド主反射鏡
- Oバンド通信アンテナ
- Kバンド衛星間通信アンテナ
- ミッション機器パネル
- バス機器パネル
- シャント装置
- 太陽電池パドル
- 固定／移動体通信 30GHz／Oバンド主反射鏡
- イオンエンジンスラスタ
- 光通信光学部
- ソーラセイル

寸法: 約8m、約3m、約2m、約3m、約30m

1-16 エクスプレス(EXPRESS)
(EXPeriment RE-entry Space System)
国際標識番号：1995-NONED

開発の目的と役割	(1)機動的、主体的な宇宙環境利用実験の実施機会の確保 (2)宇宙環境の産業利用促進のための技術開発 (3)軌道再突入、回収技術の修得
主要ミッション	微小重力環境下における石油精製用高性能触媒の創製実験と再突入実験の実施(本計画は日独科学技術協力協定に基づいた宇宙開発分野における初の日独共同プロジェクトである)

打ち上げ	日時	1995年(平成7年)1月15日　22：45
	場所	内之浦
	打ち上げロケット	M-3SⅡロケット8号機
構造	質量	770kg
	形状	全長2.2m　直径1m(リエントリモジュール・サービスモジュール結合時) 軌道離脱用の固体ロケット含む
軌道	高度	(近地点210km　遠地点400km)*
	傾斜角	(31度)*
	種類	(楕円軌道)*
	周期	(90分)*
姿勢制御方式		―
設計寿命		―
主要ミッション機器		触媒創製実験(CATEX)のための加熱炉等
運用停止年月日		1995年(平成7年)1月15日

追跡管制結果	軌道投入後、石油精製用の触媒創製実験を5日間実施し、その約10時間後に固体ロケットモータに点火、リエントリモジュールが地球周回軌道を離脱して回収される計画であったが、M-3SⅡ第2段ロケットの姿勢異常により、軌道投入を達成できなかった。その後、アフリカのガーナに落下していることが確認され、回収された。回収後の解析により、カプセルの耐熱性能や搭載機器の健全性、飛行結果についてのデータを得ることができた。

*(　)内は当初計画値

概観図
(単位mm)

図中ラベル:
- RTEXサンプル
- φ660
- φ1010
- 2226
- C-バンドアンテナ
- HIPMEXテストピース
- S-バンドエンコーダ/デコーダ
- Sバンドアンテナ
- バッテリ
- CATEX HP3
- サービスポート
- N₂タンク
- 地球センサ
- 85
- 83
- スラスタ

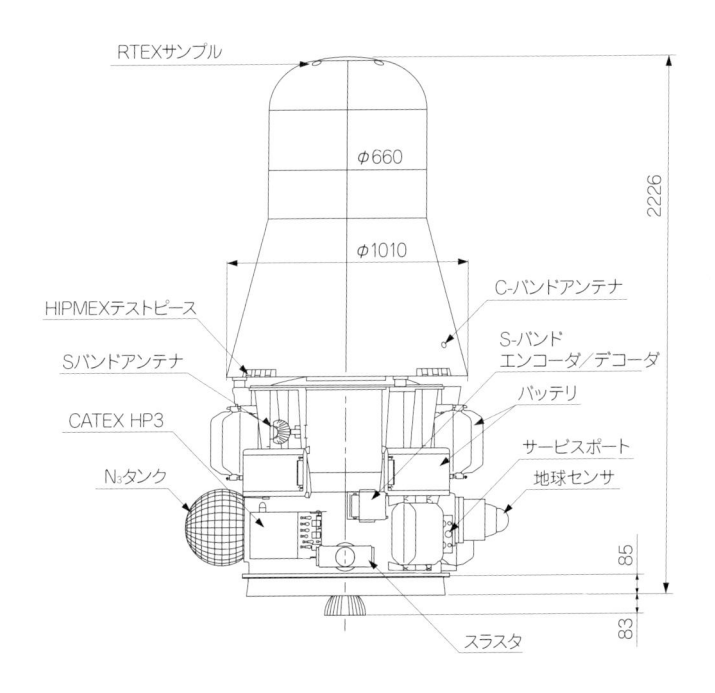

1-17 技術試験衛星Ⅶ型(ETS-Ⅶ)「きく7号」
(チェイサ衛星「ひこぼし」、ターゲット衛星「おりひめ」)
(Engineering Test Satellite-Ⅶ)
国際標識番号：ひこぼし1997-074B　おりひめ1997-074E

開発の目的と役割	(1) ランデブ・ドッキング技術実験 (2) 宇宙用ロボット技術実験 (3) 外部機関によるロボット実験 　(a) 高機能ハンド実証実験(通産省・電子技術総合研究所、当時) 　(b) アンテナ結合機構基礎実験(通信総合研究所、当時) 　(c) トラス構造物遠隔操作実験(航空宇宙技術研究所、当時) (4) 原子状酸素モニタ (5) 通信放送技術衛星(COMETS)およびNASAデータ中継衛星(TDRS)を用いた運用技術の修得
打ち上げ 日時	1997年(平成9年)11月28日　6：27
打ち上げ 場所	種子島
打ち上げ 打ち上げロケット	H-Ⅱロケット6号機(熱帯降雨観測衛星(TRMM)と相乗り)
構造 質量	約2900kg(チェイサ衛星、ターゲット衛星を含む)
構造 形状	チェイサ衛星「ひこぼし」：本体2.6 m×2.3m×2.0m ターゲット衛星「おりひめ」：0.7m×1.7m×1.5m (展開型太陽電池パドルを有する箱形)
軌道 高度	約550km
軌道 傾斜角	35度
軌道 種類	円軌道
軌道 周期	約96分
姿勢制御方式	三軸姿勢制御方式
設計寿命	1.5年
主要ミッション機器	(1) ランデブ・ドッキング実験系：誘導制御計算機 　　(RVD実験系)　ランデブ・レーザ・レーダ 　　　　　　　　近傍センサ 　　　　　　　　ドッキング機構 　　　　　　　　GPS受信機

主要ミッション機器	(2)ロボット実験系：ロボット実験系搭載計算機（RBT実験系） ロボットアーム 実験用ORU（Orbital Replacement Unit） タスクボード 高機能ハンド実証実験装置 アンテナ結合機構基礎実験装置 トラス構造物遠隔操作実験装置
運用停止年月日	2002年（平成14年）10月30日
追跡管制結果	打ち上げ後、1998年（平成10年）5月28日から定常段階に移行し、NASAのデータ中継衛星（TDRS）を利用したスペースネットワークにより、将来の宇宙活動に必須なランデブ・ドッキング技術および宇宙ロボット技術の基礎を修得するための実験運用を行った。1999年（平成11年）5月末で定常段階における実験運用を終了したが、実験期間を追加してランデブ実験、ロボット利用実験等を行い、同年12月に実験運用を終了した。その後、バス機器の経年変化データ取得のための運用を継続していたが、姿勢制御系の動作停止により運用の継続が困難となったため、2002年（平成14年）10月30日に停波し、運用を終了した。

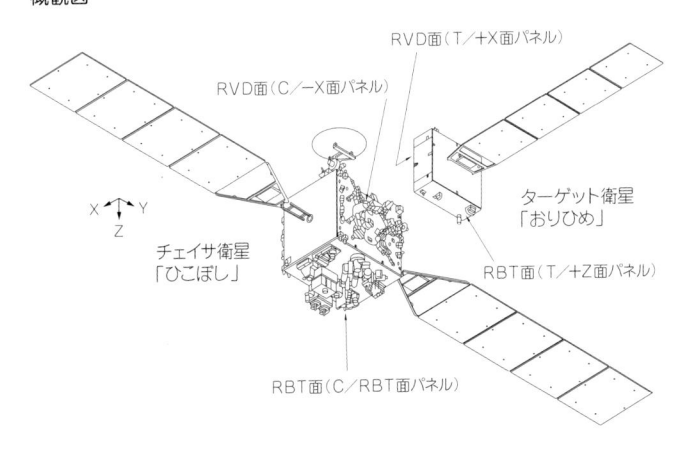

概観図

1-18　H-ⅡAロケット性能確認用ペイロード(VEP-2)
(Vehicle Evaluation Payload-2) 国際標識番号：2001-038B

開発の目的	H-ⅡAロケット基本形態での打ち上げ時のペイロード環境計測を実施するため、衛星とのインターフェイス条件となる温度・加速度環境・軌道投入精度を検証
主要ミッション	レーザ測距装置(LRE)をVEP-2本体の軌道投入後に分離し、H-ⅡAロケット試験機1号機の軌道を高精度で決定するほか、将来の衛星の高精度軌道決定のための事前実証実験を行う
打ち上げ 日時	2001年(平成13年)8月29日　16：00
打ち上げ 場所	種子島
打ち上げ 打ち上げロケット	H-ⅡAロケット試験機1号機
構造 質量	約3000kg(LREは約90kg)
構造 形状	H-ⅡAロケット衛星搭載アダプタ上に固定された直径約2.2m、高さ1mの円錐形
軌道 高度	近地点279.9km　遠地点36137.1km(LRE実測値)
軌道 傾斜角	28.63度(LRE実測値)
軌道 種類	静止トランスファ軌道(LRE)
軌道 周期	
姿勢制御方式	―
設計寿命	―
主要ミッション機器	温度センサ4個 3軸加速度センサ ドップラー測距装置(DRE) レーザ測距装置(LRE)(VEP-2本体より分離)
運用停止年月日	
追跡管制結果	VEP-2を搭載した第2段ロケットは静止トランスファ軌道に投入され、その間の各種データは良好に得ることができた。また、発射約39分47秒後にレーザ測距装置(LRE)を分離したことが確認された。その後、宇宙開発事業団(当時)からの支援要請を受け、レーザ測距装置(LRE)の測距を行っていたコートダジュール天文台グラース月レーザ測距局(フランス)が、日本時間12月18日6時50分から18時20分にかけて、初のレーザ測距に成功した。長楕円軌道上のレーザ測距は、世界的に例もなく、将来の静止軌道衛星レーザ測距および高精度軌道決定のための貴重な事前実証となった。

5-4 日本の人工衛星

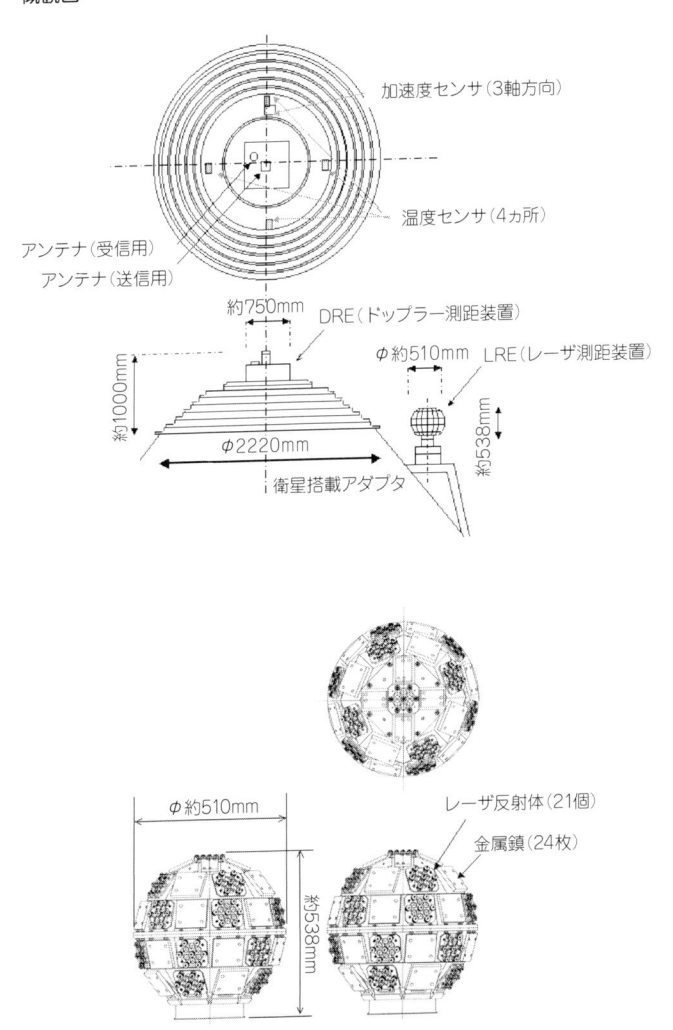

概観図

加速度センサ（3軸方向）

温度センサ（4ヵ所）

アンテナ（受信用）
アンテナ（送信用）

約750mm

DRE（ドップラー測距装置）

φ約510mm　LRE（レーザ測距装置）

約1000mm

φ2220mm

約538mm

衛星搭載アダプタ

φ約510mm

レーザ反射体（21個）

金属鏡（24枚）

約538mm

1-19 技術試験衛星Ⅷ型(ETS-Ⅷ)「きく8号」
(Engineering Test Satellite-Ⅷ) 国際標識番号：2006-059A

主要ミッション	(1) 3トン級静止衛星バス技術の宇宙実証 　ペイロード質量比40%以上を実現するモジュール構造 　軽量構体、統合化衛星制御器、100V電源バス、等 (2) 大型展開アンテナ技術の開発 　モジュール構造の19m×17mサイズ・Sバンド対応高精度メッシュ鏡面アンテナ (3) 日本およびその近海領域をカバーし、小型携帯端末で静止衛星と直接通信する移動体通信システム技術の宇宙実証 　アクティブフェーズドアレイ給電部によるビームフォーミングネットワーク、衛星搭載交換機、等 (4) 静止衛星を用いた測位システムの基盤技術の修得 　高精度時刻基準装置、高精度時刻比較装置、等
打ち上げ 日時	2006年(平成18年)12月18日　15：32
打ち上げ 場所	種子島
打ち上げ 打ち上げロケット	H-ⅡAロケット11号機
構造 質量	約3000kg(静止軌道上初期)
構造 形状	本体は約2.4m×2.5m×3.8m (外径19m×17mの大型展開アンテナ2面搭載)
軌道(初期) 高度	約36000km
軌道(初期) 傾斜角	0度
軌道(初期) 種類	静止衛星軌道(東経146度)(暫定)
軌道(初期) 周期	約24時間
姿勢制御方式	三軸姿勢制御方式
設計寿命	ミッション機器 3年、バス機器 10年
主要ミッション機器	(1) 移動体衛星通信・音声放送用実験機器 　アンテナ給電部* 　中継器部* 　搭載交換機部* (2) 大型展開アンテナ (3) 高精度時刻基準装置 (4) 打ち上げ環境・展開モニタ装置 (5) フィーダリンク装置
運用停止年月日	運用中

追跡管制結果	打ち上げ後、ロケットから分離後に太陽電池パドルの展開を実施し、4回のアポジエンジン噴射を経てドリフト軌道に投入後、三軸姿勢確立を実施した。ドリフト軌道において大型展開アンテナの展開を実施した後、クリティカルフェーズを終了した。静止化軌道制御を6回実施し、2007年(平成19年)1月8日の所定の静止軌道(東経146度)に投入した。バス系の各サブシステムおよびミッション系のチェックアウトを実施し、同年4月25日に定常段階移行前審査を実施し、初期段階から定常段階へ移行した。以降、基本実験並びに利用実験を実施。2009年(平成21年)12月18日、3年間のミッション期間を超えて運用を継続。2010年(平成22年)1月8日、ミッション期間における運用・実験成果の達成状況を確認し、後期利用段階に移行。 2011年(平成23年)3月11日の東日本大震災における災害対策支援の一環として、「きく8号」を用いたブロードバンド環境を提供し、被災地でのインターネットによる情報収集や情報発信に利用。

*開発担当は　NICT：独立行政法人情報通信研究機構
　　　　　　　NTT：日本電信電話(株)

概観図

5-4-2 通信・放送衛星

2-1 実験用中容量静止通信衛星(CS)「さくら」
(Medium-capacity Communications Satellite for Experimental Purpose)
国際標識番号：1977-118A

主要ミッション	(1)衛星通信システムとしての伝送実験 (2)衛星通信システムとしての運用技術の確立 (3)通信衛星管制技術の確立
打ち上げ 日時	1977年(昭和52年)12月15日　9：47(日本標準時)
打ち上げ 場所	米国(ETR)
打ち上げ 打ち上げロケット	デルタ2914型ロケット137号機
構造 質量	約350kg(静止軌道上初期)
構造 形状	直径約220cm 高さ約350cm(通信用アンテナを含む)　円筒形
軌道 高度	約36000km
軌道 傾斜角	0度
軌道 種類	静止衛星軌道(東経135度)
軌道 周期	約24時間
姿勢制御方式	スピン安定方式
設計寿命	3年
主要ミッション機器	(1)通信用中継器 　　チャンネル数　準ミリ波(30/20GHz)6(予備なし) 　　　　　　　　　マイクロ波(6/4GHz)2(予備なし)
運用停止年月日	1985年(昭和60年)11月25日

追跡管制結果	静止衛星軌道投入後、初期段階における衛星点検を経て、1978年(昭和53年)5月15日定常段階に移行し、1981年(昭和56年)5月15日まで旧郵政省を中心とした各種の利用実験が行われた。引き続いて後期利用段階に入り、1983年(昭和58年)9月16日からCS-2bとの電波干渉を避けるため東経約150度に置かれていたが、1985年(昭和60年)11月25日にすべての後期利用を終え約8年間にわたる運用を終了した。なお、運用停止に際しては静止軌道外へ軌道位置の変更を行った。

概観図

2-2 実験用中型放送衛星(BS)「ゆり」
(Medium-scale Broadcasting Satellite for Experimental Purpose)
国際標識番号:1978-039A

主要ミッション		(1)衛星放送システムの技術的条件の確立のための実験 (2)衛星放送システムの制御・運用技術の確立のための実験 (3)衛星からの電波の受信効果の確認実験
打ち上げ	日時	1978年(昭和53年)4月8日　7:01(日本標準時)
	場所	米国(ETR)
	打ち上げロケット	デルタ2914型ロケット140号機
構造	質量	約350kg(静止軌道上初期)
	形状	約130cm×130cm×300cm(展開型太陽電池パドルを有する箱形)
軌道	高度	約36000km
	傾斜角	0度
	種類	静止衛星軌道(東経110度)
	周期	約24時間
姿勢制御方式		三軸姿勢制御方式(ゼロモーメンタム)
設計寿命		3年
主要ミッション機器		(1)放送用中継器　2チャンネル(出力各100W) 　　(他に予備用TWTA1式) (2)放送用アンテナ　1基
運用停止年月日		1982年(昭和57年)1月

追跡管制結果	静止軌道投入後、初期段階における衛星の機能・性能確認の後、定常段階に移行し1978年（昭和53年）7月20日から旧郵政省電波研究所を中心として衛星放送に関する各種実験が行われた。しかしながら、1980年（昭和55年）6月、搭載中継器の送信機能停止に伴い以降は伝播実験、管制／開発実験等が行われ、これらの実験により数々の成果が得られてきたが、1982年（昭和57年）1月には搭載燃料を消費し尽くし3年10ヵ月にわたる運用を終了した。

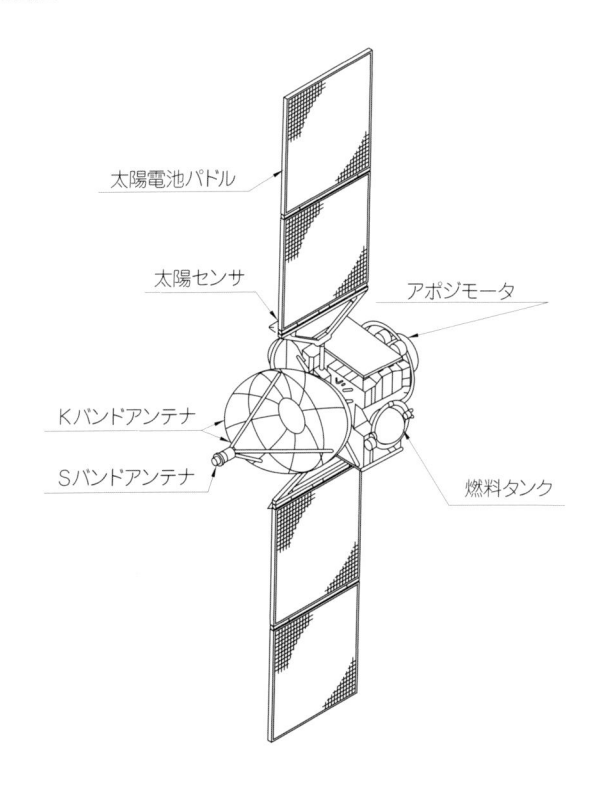

概観図

2-3 実験用静止通信衛星(ECS)「あやめ」
(Experimental Communications Satellite)
国際識別番号：1979-009A

主要ミッション	(1)静止衛星打ち上げ技術の確立 (2)静止衛星の追跡管制技術の確立 (3)静止衛星の姿勢制御技術の確立 (4)ミリ波等周波数帯の通信実験および電波伝播特性の調査
打ち上げ 日時	1979年(昭和54年)2月6日　17：46
場所	種子島
打ち上げロケット	N-Iロケット5号機(N5F)
構造 質量	約130kg
形状	直径約141cm　高さ約95cm　円筒形
軌道 高度	(約36000km)*
傾斜角	(0度)*
種類	(静止衛星軌道)*(東経145度)*
周期	(約24時間)*
姿勢制御方式	スピン安定方式
設計寿命	1年
主要ミッション機器	(1)通信用中継器 　チャンネル数　準ミリ波(35/31GHz)1(予備なし) 　　　　　　　　マイクロ波(6/4GHz)1(予備なし)
運用停止年月日	1979年(昭和54年)2月9日

追跡管制結果	予定のトランスファ軌道に投入されたが、2月9日11時33分第7アポジ点(赤道上東経125度付近)でアポジモータ点火、約10秒後にCバンドビーコン電波が、また約12秒後にVHFテレメトリ電波がそれぞれ途絶した。原因として、衛星分離後、第3段ロケットが衛星に接触したことが一次原因となって種々の異常が発生し、電波が途絶するに至ったものと考えられる。

＊( )は当初計画値

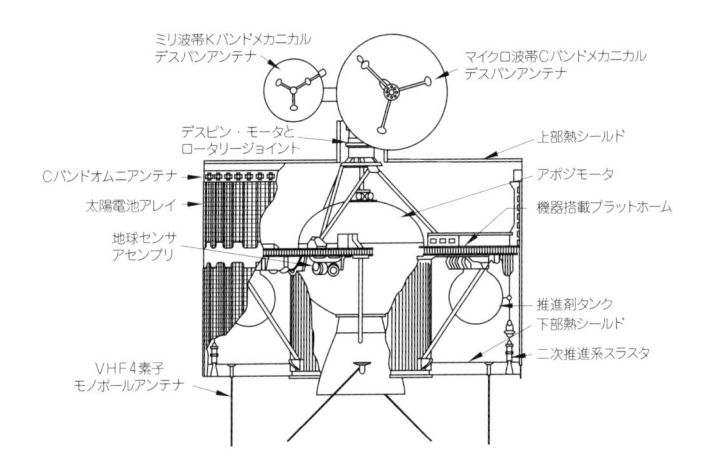

概観図

2-4 実験用静止通信衛星(ECS-b)「あやめ2号」
(Experimental Communications Satellite-b)
国際標識番号:1980-018A

主要ミッション		(1)静止衛星打ち上げ技術の確立 (2)静止衛星の追跡管制技術の確立 (3)静止衛星の姿勢制御技術の確立 (4)ミリ波等周波数帯の通信実験および電波伝播特性の調査
打ち上げ	日時	1980年(昭和55年)2月22日　17:35
	場所	種子島
	打ち上げロケット	N-Ⅰロケット6号機(N6F)
構造	質量	約130kg
	形状	直径約141cm　高さ約95cm　円筒形
軌道	高度	(約36000km)*
	傾斜角	(0度)*
	種類	(静止衛星軌道)*(東経145度)*
	周期	(約24時間)*
姿勢制御方式		スピン安定方式
設計寿命		1年
主要ミッション機器		(1)通信用中継器 　チャンネル数　準ミリ波(35/31GHz)1(予備なし) 　　　　　　　　マイクロ波(6/4GHz)1(予備なし)
運用停止年月日		1980年(昭和55年)2月25日

追跡管制結果	予定のトランスファ軌道に投入されたが、1980年(昭和55年)2月25日13時46分18秒アポジモータ点火のコマンドを送信したところ、約8秒後に衛星からの信号が途絶した。これは、アポジモータの異常燃焼が原因になって衛星が破損し、電波の途絶に至ったものと考えられる。

＊( )は当初計画値

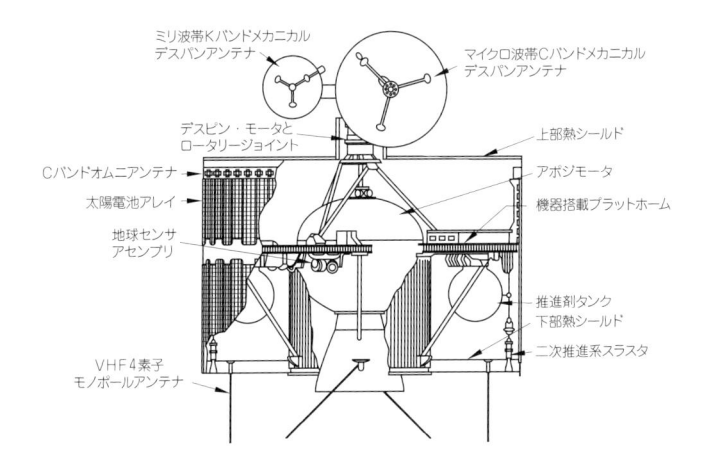

概観図

- ミリ波帯Kバンドメカニカルデスパンアンテナ
- マイクロ波帯Cバンドメカニカルデスパンアンテナ
- デスピン・モータとロータリージョイント
- 上部熱シールド
- Cバンドオムニアンテナ
- アポジモータ
- 太陽電池アレイ
- 機器搭載プラットホーム
- 地球センサアセンブリ
- 推進剤タンク
- 下部熱シールド
- 二次推進系スラスタ
- VHF4素子モノポールアンテナ

2-5 通信衛星2号(CS-2a,-2b)「さくら2号-a,-b」
(Communications Satellite-2a, -2b)
国際標識番号：さくら2号-a 1983-006A　さくら2号-b 1983-081A

主要ミッション		(1)非常災害時における通信の確保 (2)離島との通信回線の設定 (3)臨時の通信回線の設定 (4)通信衛星に関する技術の開発
打ち上げ	日時	CS-2a：1983年(昭和58年)2月4日　17：37 CS-2b：1983年(昭和58年)8月6日　5：29
	場所	種子島
	打ち上げロケット	CS-2a：N-Ⅱロケット3号機(N10F) CS-2b：N-Ⅱロケット4号機(N11F)
構造	質量	約350kg(静止軌道上初期)
	形状	直径約220cm　高さ約206cm(通信用アンテナは除く)　円筒形
軌道	高度	約36000km
	傾斜角	0度
	種類	静止衛星軌道 (CS-2a：東経132度、CS-2b：東経136度)
	周期	約24時間
姿勢制御方式		スピン安定方式
設計寿命		3年以上5年目標
主要ミッション機器		(1)通信用中継器 　　チャンネル数：準ミリ波(30/20GHz)6(予備なし) 　　　　　　　　マイクロ波(6/4GHz)2(他に予備1)
運用停止年月日		CS-2a：1990年(平成2年)12月3日 CS-2b：1990年(平成2年)1月23日

追跡管制結果	静止衛星軌道投入後、初期段階における追跡管制および衛星機能確認試験を経て、CS-2aは1983年(昭和58年)5月5日から、CS-2bは同年11月1日から、それぞれ通信・放送機構により追跡管制が行われるとともに利用機関の運用に供されてきたが、CS-2aはその通信サービスをCS-3aに引き継ぎ、1988年(昭和63年)6月20日に定常段階を終了した。その後、1990年(平成2年)12月3日にすべての運用を終了し、静止軌道外へ移動させた。 また、CS-2bはその通信サービスをCS-3bに引き継ぎ、1988年(昭和63年)12月8日に定常段階を終了した。その後、1990年(平成2年)1月23日にすべての運用を終了し、静止軌道外へ移動させた。

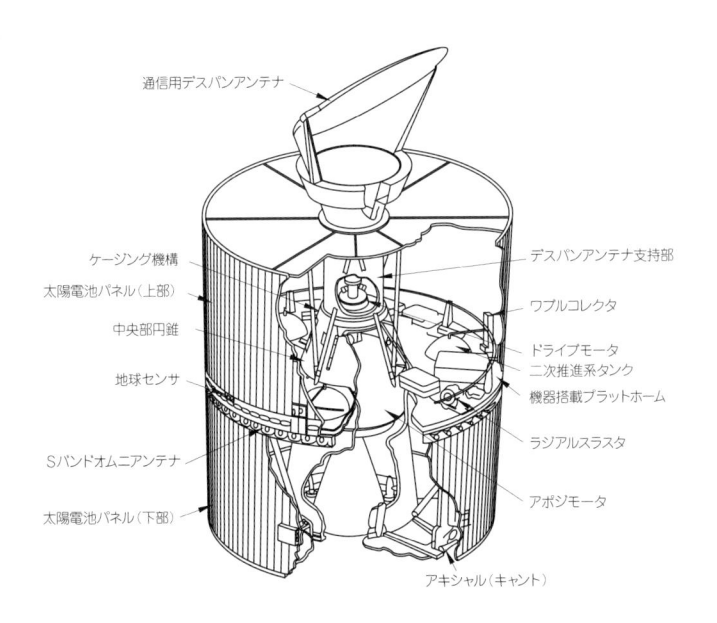

概観図

2-6 放送衛星2号(BS-2a,-2b)「ゆり2号-a,-b」
(Broadcasting Satellite-2a, -2b)
国際標識番号：ゆり2号-a 1984-005A　ゆり2号-b 1986-016A

主要ミッション	(1)テレビジョン放送難視聴の解消等 (2)放送衛星に関する技術の開発
打ち上げ 日時	BS-2a：1984年(昭和59年)1月23日16：58 BS-2b：1986年(昭和61年)2月12日16：55
打ち上げ 場所	種子島
打ち上げ 打ち上げロケット	BS-2a：N-Ⅱロケット5号機(N12F) BS-2b：N-Ⅱロケット8号機(N14F)
構造 質量	約350kg(静止軌道上初期)
構造 形状	約130cm×120cm×300cm(展開型太陽電池パドルを有する箱形)
軌道 高度	約36000km
軌道 傾斜角	0度
軌道 種類	静止衛星軌道 (BS-2a、BS-2bともに東経110度)
軌道 周期	約24時間
姿勢制御方式	三軸姿勢制御方式(ゼロモーメンタム)
設計寿命	5年
主要ミッション機器	(1)放送用中継器：2チャンネル(出力各100W) 　　　　　　　(他に予備用TWTA1式) (2)放送用アンテナ：1基
運用停止年月日	BS-2a：1989年(平成元年)4月 BS-2b：1991年(平成3年)10月24日

5-4 日本の人工衛星

追跡管制結果	静止衛星軌道投入後、初期段階における追跡管制および衛星機能確認試験を経て、BS-2aは1984年(昭和59年)4月21日24時に、また、BS-2bは1986年(昭和61年)7月11日24時に通信・放送機構に引き渡され、その後同機構により追跡管制が行われるとともに利用機関(NHK)の運用に供された。 BS-2aは、当初予定した寿命を全うする時期に来たことから、1988年(昭和63年)8月より衛星各部の動作状況等のデータ取得を行い、1989年(平成元年)4月には、搭載燃料が枯渇状態になったため静止軌道外に移動させ5年3ヵ月にわたる運用を終了した。 また、BS-2bはその放送サービスをBS-3に引き継ぎ、1991年(平成3年)10月24日静止軌道外に移動させ、すべての運用を終了した。

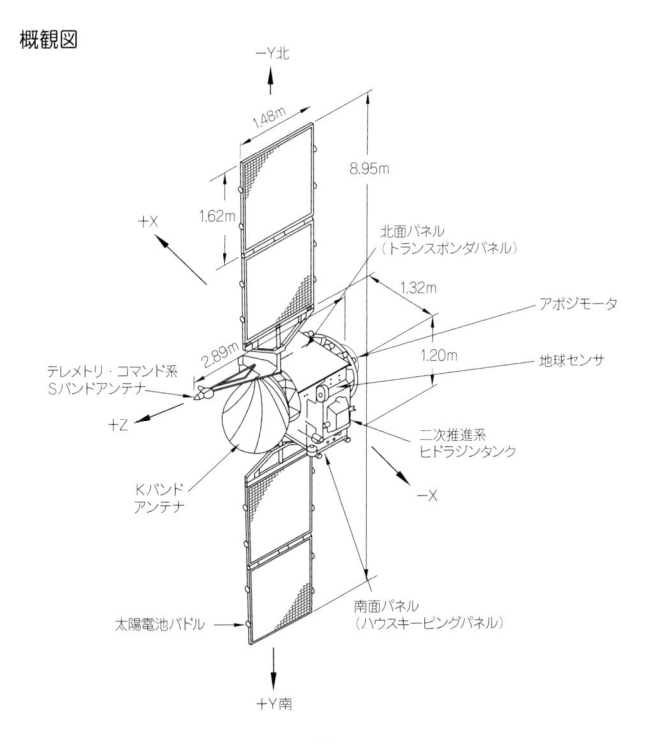

概観図

主要寸法:
- 1.48m
- 1.62m
- 8.95m
- 2.89m
- 1.32m
- 1.20m

ラベル:
- −Y 北
- +X
- +Z
- −X
- +Y 南
- 北面パネル(トランスポンダパネル)
- アポジモータ
- 地球センサ
- 二次推進系ヒドラジンタンク
- テレメトリ・コマンド系Sバンドアンテナ
- Kバンドアンテナ
- 太陽電池パドル
- 南面パネル(ハウスキーピングパネル)

2-7 通信衛星3号(CS-3a,-3b)「さくら3号-a,-b」
(Communications Satellite-3a, -3b)
国際標識番号:さくら3号-a 1988-012A　さくら3号-b 1988-086A

開発の目的と役割		(1)通信衛星2号(CS-2)による通信サービスの継続 (2)増大かつ多様化する通信需要に対処 　(a)離島を含む国内の中継回線 　(b)臨時通信回線 　(c)新しい形態の回線サービス等を提供する国内通信業務 　(d)公共用通信 (3)通信衛星に関する技術の蓄積を図るためCS-2と比較して以下のような特色をもつ 　(a)通信性能・経済性・信頼性の向上 　(b)国産技術の大幅採用 　(c)搭載中継器数の増加(8系統から12系統へ) 　(d)長寿命化(3年から7年)
打ち上げ	日時	CS-3a：1988年(昭和63年)2月19日　19：05 CS-3b：1988年(昭和63年)9月16日　18：59
	場所	種子島
	打ち上げロケット	CS-3a：H-Iロケット3号機(H18F) CS-3b：H-Iロケット4号機(H19F)
構造	質量	約550kg(静止軌道上初期)
	形状	直径約218cm　高さ約243cm(通信用アンテナは除く)　円筒形
軌道	高度	約36000km
	傾斜角	0度
	種類	静止衛星軌道 (CS-3a：東経132度、CS-3b：東経136度)
	周期	約24時間
姿勢制御方式		スピン安定方式
設計寿命		7年
主要ミッション機器		(1)通信用中継器 チャンネル数 30/20GHz帯準ミリ波(Kaバンド)10(他に予備5) 　　　　　　6/4GHz帯マイクロ波(Cバンド)2(他に予備1)
運用停止年月日		CS-3a：1996年(平成8年)5月31日 CS-3b：1997年(平成9年)10月24日

追跡管制結果	初期段階における追跡管制および暫定軌道上での機能確認試験終了後、本静止軌道に移動し、CS-3aは1988年(昭和63年)5月16日から、CS-3bは同年12月8日から、それぞれ通信・放送機構により追跡管制が行われ、CS-2a、CS-2bに代わって利用機関の運用に供されてきたが、CS-3aは1995年(平成7年)11月30日をもって定常運用を終了し、1996年(平成8年)5月31日に運用を停止した。また、CS-3bは1996年(平成8年)5月31日をもって定常運用を終了し、東経154度で後期利用段階の追跡管制を行っていたが、1997年(平成9年)10月24日に停波し、運用を終了した。

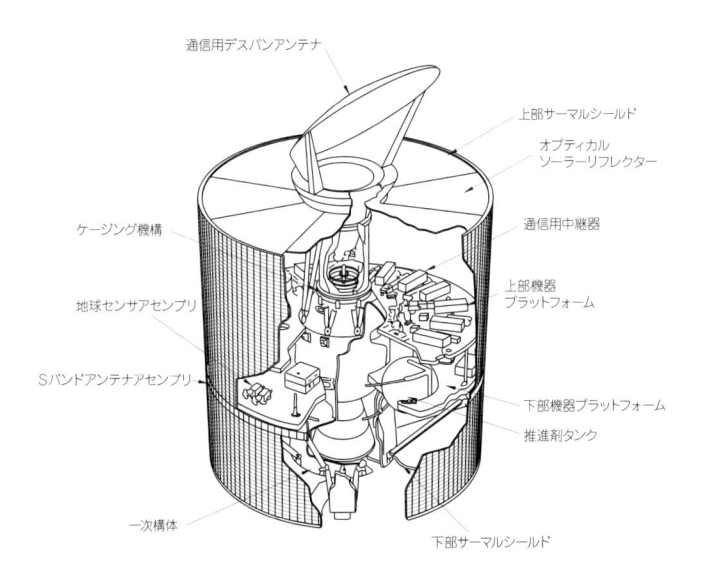

概観図

2-8 放送衛星3号(BS-3a,-3b)「ゆり3号-a,-b」
(Broadcasting Satellite-3a, -3b)
国際標識番号：ゆり3号-a 1990-077A　ゆり3号-b 1991-060A

開発の目的と役割	(1) 放送衛星2号(BS-2)による放送サービスの継承 　沖縄、小笠原等の離島を含む日本全土に対する一般家庭向けの直接衛星放送(DBS)サービス (2) 増大かつ多様化する放送需要に対処 (3) 放送衛星に関する技術開発のためBS-2と比較して以下の特色をもつ 　(a) 高出力化(100Wから120W以上) 　(b) 多チャンネル化(2チャンネルから3チャンネル) 　(c) 長寿命化 　(d) 国産技術の大幅採用(放送用アンテナ・中継器・AKM等)
打ち上げ　日時	BS-3a：1990年(平成2年)8月28日　18：05 BS-3b：1991年(平成3年)8月25日　17：04
打ち上げ　場所	種子島
打ち上げ　打ち上げロケット	BS-3a：H-Iロケット7号機(H22F) BS-3b：H-Iロケット8号機(H23F)
構造　質量	約550kg
構造　形状	約130cm×160cm×320cm(展開型太陽電池パドルを有する箱形)
軌道　高度	約36000km
軌道　傾斜角	0度
軌道　種類	静止衛星軌道(BS-3a、BS-3bともに東経110度)
軌道　周期	約24時間
姿勢制御方式	三軸姿勢制御方式(バイアスモーメンタム)
設計寿命	7年
主要ミッション機器	(1) 放送用中継器…3チャンネル(出力各120W) 　　(他に予備用TWTA3式) (2) 広帯域中継器…1チャンネル(出力20W) (3) 放送用アンテナ…1基
運用停止年月日	BS-3a：1998年(平成10年)4月20日 BS-3b：1998年(平成10年)11月30日

追跡管制結果	BS-3aは、初期段階における追跡管制と暫定軌道および静止軌道上での機能確認試験を終了し、1990年(平成2年)11月28日通信・放送機構へ引き渡された。BS-3bは、1991年(平成3年)10月24日通信・放送機構に引き渡され、BS-3aとともに、利用機関の運用に供された。BS-3a、BS-3bの放送サービスについては、1997年(平成9年)8月1日からB-SAT1aに引き継がれ、BS-3aは、静止衛星軌道外に移動の後、1998年(平成10年)4月20日、停波、運用を終了した。BS-3bについても、静止衛星軌道外への移動後、同年11月30日、停波、運用を終了した。

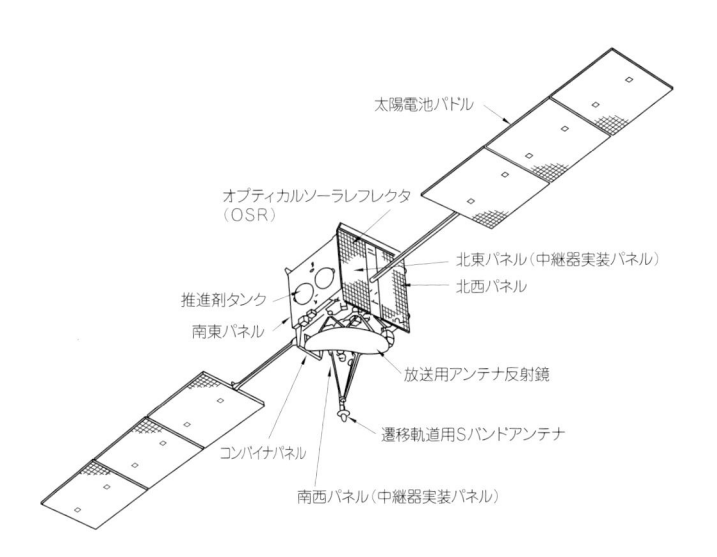

概観図

2-9 通信放送技術衛星(COMETS)「かけはし」
(Communications and Broadcasting Engineering Test Satellite)
国際標識番号：1998-011A

開発の目的と役割		(1)衛星間通信技術の開発およびその実験・実証 開発担当/旧NASDA 静止軌道上に配置された中継衛星を経由して、低・中高度の周回軌道上にある観測衛星等と地球局間の通信を中継する技術の開発 　(a)周回軌道上を移動する衛星の捕捉・追尾機能 　(b)通信の中継機能 　　SバンドおよびKaバンドの一部はNASA、ESAとの相互運用を考慮した(SNIP)通信諸元を有する (2)21GHz帯高度衛星放送技術の開発およびその実験・実証 開発担当/送信部およびアンテナ：旧NASDA 　　　　　受信部：CRL ・目的/広域帯の地域別放送・高精細度テレビジョン放送等を行う技術の開発 ・周波数/Kaバンド ・開発機器/200W級電力増幅器、低サイドローブのマルチビーム・アンテナ 　(関東甲信越と九州本島の2ビーム) (3)Ka/ミリ波帯高度移動体衛星通信技術の開発およびその実験・実証 地上の移動局間で直接通信する技術の開発 開発担当/中継器：CRL 　　　　　アンテナ：旧NASDA(フィーダリンク用アンテナと共用) ・周波数：Kaバンド(関東・東海)ミリ波帯(関東) ・開発機器/再生中継およびビーム間接続機能を有する中継器 (4)多周波数帯インテグレーション技術の開発およびその実証 (5)大型静止衛星バスの高性能化技術の開発
打ち上げ	日時	1998年(平成10年)2月21日　16：55
	場所	種子島
	打ち上げロケット	H-Ⅱロケット5号機
構造	質量	約2000kg
	形状	本体約2m×3m×3m箱形(3つの大型展開型アンテナとフレキシブル太陽電池パドルを有する箱形)

5-4 日本の人工衛星

軌道	高度	アポジ：約17000km、近地点：約480km(約36000km)*
	傾斜角	約30度(0度)*
	種類	楕円軌道：2日9周準回帰軌道(静止衛星軌道(東経121度))*
	周期	約319分(約24時間)*
姿勢制御方式		三軸姿勢制御方式
設計寿命		3年
主要ミッション機器		(1)衛星間通信機器 (2)21GHz帯高度衛星放送機器 (3)Ka/ミリ波帯高度移動体衛星通信機器
運用停止年月日		1999年(平成11年)8月6日
追跡管制結果		打ち上げ後、ロケットの第2段エンジンの燃焼時間が短かったため、COMETSを予定した静止衛星軌道に投入することはできなかった。 予定されていた通信実験に使用できるように衛星に搭載された液体アポジエンジンを噴射して、7回にわたる軌道変換を行い、2日間で9周回する準回帰軌道に投入した。 1998年(平成10年)7月23日以降、定常運用に移行し、衛星間通信実験、高度衛星放送実験、高度移動体衛星通信実験を実施した。1999年(平成11年)2月1日、後期利用段階に移行して実験を継続した。同年8月6日に運用を停止した。

＊( )は当初計画値

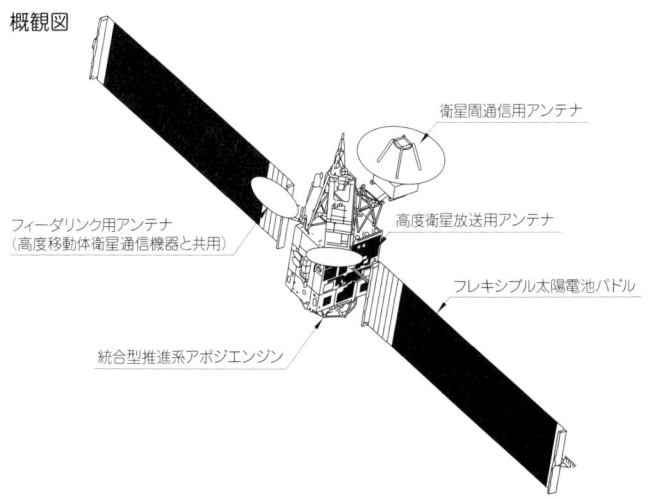

概観図

2-10 データ中継技術衛星(DRTS)「こだま」
(Data Relay Test Satellite)
国際標識番号:2002-042B

主要ミッション	(1)高度データ中継技術の開発 地球周回軌道上の複数宇宙機との間で捕捉追尾を行い、SバンドおよびKaバンドの通信リンクを確立し、地上局とこれら宇宙機間のデータ中継実験を実施する。 ・大容量データの通信技術 ・高精度捕捉追尾技術 ・宇宙ネットワーク運用技術 (2)中型静止衛星バス技術の開発

打ち上げ	日時	2002年(平成14年)9月10日　17:20
	場所	種子島
	打ち上げロケット	H-IIAロケット3号機(USERSと相乗り)
構造	質量	約1500kg(静止軌道上初期)
	形状	本体約2.2m×2.4m×2.2(高さ)m　箱形
軌道	高度	約36000km
	傾斜角	0度
	種類	静止衛星軌道(東経90.75度)
	周期	約24時間
姿勢制御方式		三軸姿勢制御方式(コントロールド・バイアスモーメンタム)
設計寿命		7年(ミッション期間)
主要ミッション機器		(1)衛星間通信機器 ①衛星間通信用アンテナ ②フィーダリンクアンテナ ③Kaバンド/Sバンド中継器
運用停止年月日		運用中

追跡管制結果	打ち上げ後、初期段階の追跡管制を経て2002年(平成14年)10月11日所定の軌道位置に静止化させた。その後、初期チェックアウトを経て2003年(平成15年)1月に定常段階へ移行し、模擬衛星局(筑波)を使用した衛星間通信の試行実験運用を行った。続いて、同年2月から10月にかけて軌道上の環境観測技術衛星(ADEOS-II)とのデータ中継実験運用を実施し、SバンドおよびKaバンドの衛星間通信に成功した。さらに、宇宙ステーション日本実験モジュール(JEM：きぼう)実機との適合性確認を実施し、Kaバンド降雨減衰特性データの取得を継続するとともに、2005年(平成17年)8月に打ち上げた光衛星間通信実験衛星(OICETS)、および陸域観測技術衛星(ALOS)との適合性確認を実施した。2009年(平成21年)10月、6年半におよぶ定常運用を終え、後期利用段階に移行、「だいち」および「きぼう」の衛星間通信を中心に運用を継続。

概観図

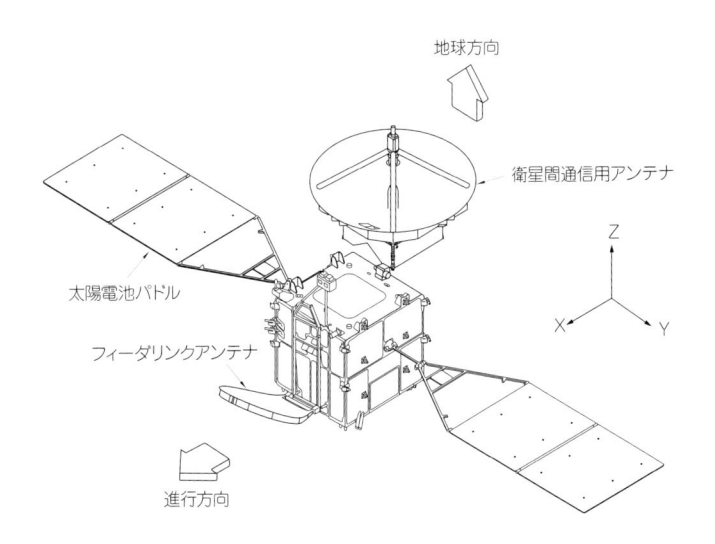

2-11 光衛星間通信実験衛星(OICETS)「きらり」
(Optical Inter-orbit Communications Engineering Test Satellite)
国際標識番号：2005-031A

開発の目的と役割		OICETSは、(1)捕捉、追尾および指向技術を中心とする光衛星間通信の要素技術を開発し、(2)欧州宇宙機関(ESA)との協力により、同機関の静止衛星ARTEMISと光衛星間通信実験を行うことを目的とする。 　開発する要素は、 　(a)高出力の半導体レーザ素子、高感度の光検出素子 　(b)通信開始時に相手衛星からのレーザ光を±2マイクロラジアン以内の精度に捉える「捕捉」技術 　(c)「捕捉」に続き、相手衛星からのレーザ光を±1マイクロラジアン以内の精度に捉え続ける「追尾」技術 　(d)両衛星間の相対運動に起因する光行差補正角を見込み、到達時点での相手衛星の方向へ正確にレーザ光を送信する「指向」技術 等があり、ARTEMISとの光通信実験では、上記の「捕捉」「追尾」および「指向」技術を実証するとともに、以下のデータ取得を行う。 　a. 衛星微小振動環境 　b. 光通信回線のビット誤り率
打ち上げ	日時	2005年(平成17年)8月24日　6：10(日本標準時)
	場所	カザフスタン共和国　バイコヌール宇宙基地
	打ち上げロケット	ドニエプルロケット(「れいめい」と相乗り)
構造	質量	約570kg
	形状	本体 1.1m×0.78m×1.5m (展開型太陽電池パドルを有する箱形)
軌道	高度	約610km
	傾斜角	約98度
	種類	円軌道
	周期	約97分
姿勢制御方式		三軸姿勢制御方式
設計寿命		1年(ミッション期間)

主要ミッション機器	(1)光衛星間通信機器 　(a)光アンテナ 　(b)2軸ジンバル 　(c)内部光学部 (2)微小振動測定装置
運用停止年月日	2009年(平成21年)9月24日
追跡管制結果	所定の軌道に投入され、2005年(平成17年)8月25日、クリティカルフェーズを終了し初期機能確認段階へと移行。同年12月9日、欧州宇宙機関(ESA)の先端型データ中継技術衛星(ARTEMIS)との双方向光衛星間通信実験に成功。12月16日より定常段階に移行し、ミッション期間として予定していた約1年間にわたりARTEMISとの双方向光衛星間通信実験、情報通信研究機構(NICT)およびドイツ航空宇宙センター(DLR)の光地上局との光通信実験を実施。2006年(平成18年)10月16日、後期利用段階へ移行。「きらり」は世界で初めて双方向の光衛星間通信や低軌道周回衛星と光地上局を結ぶ通信の実験に成功するなど、光宇宙通信に関する多くの成果をあげた。

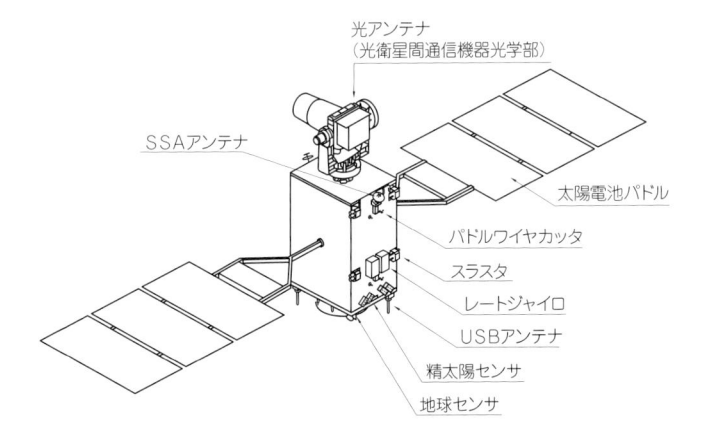

概観図

2-12　超高速インターネット衛星(WINDS)「きずな」
(Wideband InterNetworking engineering test and Demonstration Satellite)
国際標識番号：2008-007A

主要ミッション		高度情報通信ネットワーク社会の形成に関する重点計画(e-Japan重点計画)における世界最高水準の高度情報通信ネットワークの形成のための研究開発推進の一環として、固定超高速衛星通信技術の開発・実証および固定超高速衛星通信ネットワーク機能の検証を行う。 超高速インターネット衛星は、この位置付けのもと、広域性、同報性、耐災害性といった衛星通信の特性を活かした超高速大容量衛星通信技術等の世界最先端の技術開発を行うとともに、新たな衛星利用に向けた実験の推進を行うことを目的とした衛星である。
打ち上げ	日時	2008年(平成20年)2月23日　17：55
	場所	種子島
	打ち上げロケット	H-ⅡAロケット14号機(H-ⅡA・F14)
構造	質量	約2700kg(静止軌道上初期)
	形状	縦3m×横2m×高さ(タワー含む)8m　箱形
軌道	高度	約36000km
	傾斜角	0度
	種類	静止衛星軌道(東経143度：暫定)
	周期	約24時間
姿勢制御方式		三軸姿勢制御方式
設計寿命		5年(目標)
主要ミッション機器		(1)超高速アンテナ部 　(Ka帯マルチビームアンテナ/マルチポートアンプ) (2)広域電子走査アンテナ部 　(Ka帯アクティブフェーズドアレイアンテナ) (3)IF交換部 (4)ベースバンド交換部(ATM交換方式)*
運用停止年月日		運用中

追跡管制結果	ロケットから分離後、太陽電池パドルの展開を実施。2008年(平成20年)2月24日から29日にかけて、4回のアポジエンジン噴射(AEF)と20Nスラスタ噴射を実施し、計画通りのドリフト軌道に投入した。3月1日、マルチビームアンテナ(MBA)を展開後、ホイールランアップ、姿勢制御を定常モードに移行し太陽電池パドル回転を開始、これによりクリティカル運用期間から初期機能確認運用期間に移行した。 6月30日には初期機能確認段階を終了、定常段階に移行し引き続き基本実験開始。10月からは利用実験を開始した。2011年(平成23年)3月11日の東日本大震災における災害対策支援の一環として、「きずな」を用いた通信回線を提供した。

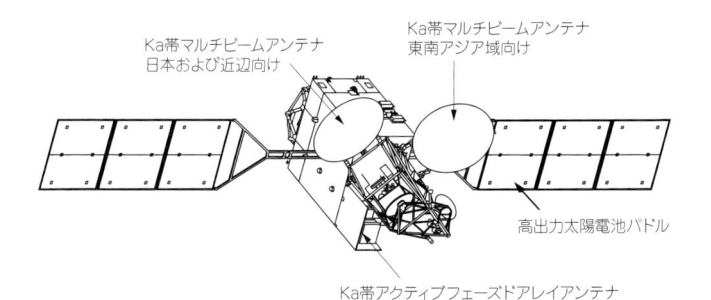

＊開発担当は独立行政法人情報通信研究機構(NICT)

概観図

2-13 準天頂衛星　初号機「みちびき」
(First Quasi-Zenith Satellite "MICHIBIKI")
国際標識番号：2010-045A

主要ミッション	①GPS補完・補強技術の開発及び軌道上実証 準天頂軌道を利用して衛星の幾何学的配置を改善することによる、都市部や山間部における測位可能エリア・時間を増大、GPS 近代化相当の測位信号を送信することによる、測位精度の向上に関する実験を行う。【GPS補完】 また、測位補正情報の送信による高信頼性化に関する実験を行う。【GPS補強】 ②次世代衛星測位システムの基盤技術の開発および軌道上実験 実験用信号による衛星測位実験や擬似時計技術の研究開発及び軌道上実験を行う。
打ち上げ 日時	2010年(平成22年)9月11日　20：17
打ち上げ 場所	種子島
打ち上げ 打ち上げロケット	H-ⅡAロケット18号機(H-ⅡA・F18)
構造 質量	約4t(打ち上げ時)
構造 形状	2翼式太陽電池パドルを有する箱形 高さ6.2m×約3.1m×奥行き2.9m (太陽電池パドル両翼端間：25.3m)
軌道 高度	約32000～40000km
軌道 傾斜角	約40度
軌道 種類	準天頂軌道
軌道 周期	23時間56分
姿勢制御方式	三軸姿勢制御方式
設計寿命	10年以上
主要ミッション機器	高精度測位実験システム搭載系 ○衛星に搭載されたルビジウム原子時計を原振とし、地上の準天頂衛星追跡管制局から送信される航法メッセージを基に測位信号を生成して、Lバンドアンテナ(L-ANT)から5信号(L1-C／A、L1C、L2C、L5、およびLEX信号)、L1-SAIFアンテナ(LS-ANT)から1信号(L1-SAIF信号)を送信する。また、レーザ反射器(LRA)を有し、国内外のSLR局からのレンジングを実施することで、高精度測位実験システム地上系により推定される軌道推定精度の検証を行う。なお、NICTが担当する基準時刻管理部では、衛星－地上間の時刻比較等を行う。

主要ミッション機器	準天頂衛星モニタカメラ(CAM) ○太陽電池パドルの展開状況をカラーカメラによりモニタする(1翼につき1台)。また、衛星本体の挙動等を把握するため地球方向をモニタする(1台)。 技術データ取得装置(TEDA) ○衛星搭載装置の誤動作の評価や不具合時の原因究明に資するデータを取得するとともに、取得したデータを将来的には準天頂衛星設計に反映することを観測の目的とする。軽粒子観測装置センサ(LPT-S)、帯電電位センサ(POMS)、磁力計センサ(MAM-S)の3種類のセンサを搭載する。
運用停止年月日	運用中
追跡管制結果	打ち上げ後遷移軌道に投入された「みちびき」は、5回のアポジエンジン噴射によりドリフト軌道に投入され、2010年(平成22年)9月19日に定常制御モードへ移行したことを確認、クリティカル運用期間を終了した。9月21日から、ドリフト軌道から準天頂軌道に投入するための軌道制御を行い、9月27日に日本上空を通る中心経度約135度の準天頂軌道に投入され、12月13日まで初期機能確認を実施した。引き続き定常運用に移行し、全関係機関による技術実証・利用実証が本格的に開始された。その中で、JAXAと三菱電機株式会社の共同研究である、「みちびき」の測位信号を使用した測位実験により、測位率が大幅に改善することが確認された。 2011年6月、「みちびき」の一部の測位信号の提供を開始し、7月にはすべての測位信号の提供を開始した。

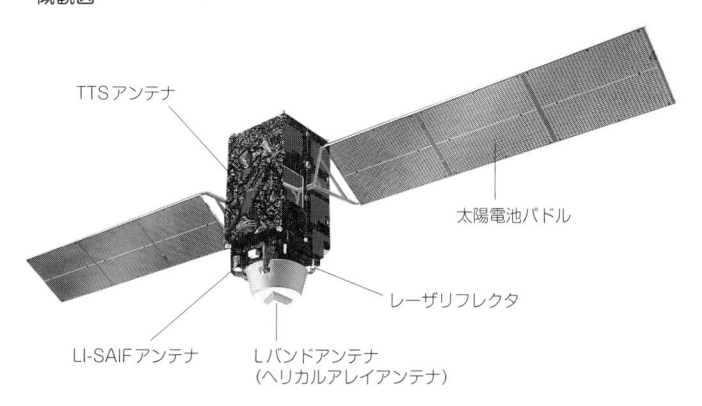

概観図

5-4-3 気象・地球観測衛星

3-1 電離層観測衛星(ISS)「うめ」
(Ionosphere Sounding Satellite)
国際標識番号：1976-019A

主要ミッション	(1)電離層臨界周波数の世界的分布の観測 (2)電波雑音源の世界的分布の観測 (3)電離層上部の空間におけるプラズマ特性の測定 (4)電離層上部の空間における正イオン密度の測定
打ち上げ 日時	1976年(昭和51年)2月29日　12：30
打ち上げ 場所	種子島
打ち上げ 打ち上げロケット	N-Iロケット2号機(N2F)
構造 質量	約139kg
構造 形状	直径約94cm　高さ約82cm　円筒形
軌道(初期) 高度	約1000km〔999km〜1018km〕
軌道(初期) 傾斜角	約70度〔69.7度〕
軌道(初期) 種類	円軌道
軌道(初期) 周期	約105分
姿勢制御方式	スピン安定方式
設計寿命	打ち上げ1.5年後の残存確率70%以上
主要ミッション機器	(1)電離層観測装置(トップサイド・サウンダ) (2)電波雑音観測装置 (3)プラズマ測定器 (4)イオン質量測定器
運用停止年月日	1976年(昭和51年)4月2日

追跡管制結果	衛星軌道投入後、機能性能の確認を行い、正常であることを確認したが、全日照に近づいた1976年(昭和51年)3月末以降、電池温度が許容値を超え上昇し、地上局からの衛星コマンドに対して応答が得られず、運用が不可能となった。4月2日、運用を終了した。

〔　〕は実測値

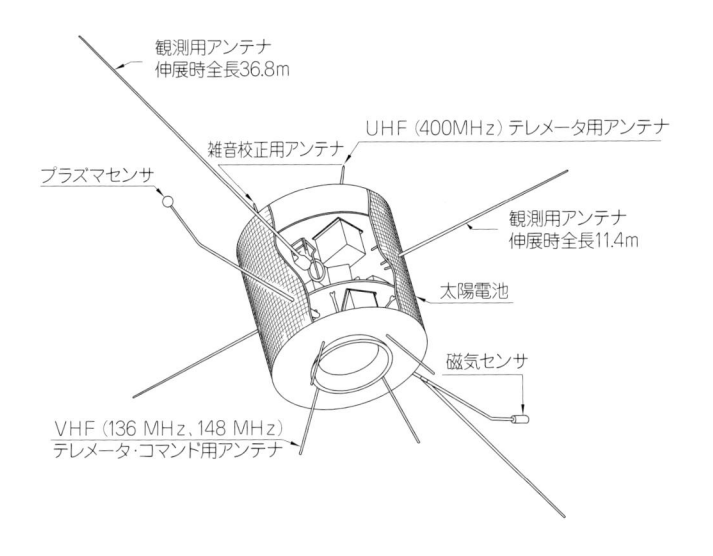

概観図

観測用アンテナ
伸展時全長36.8m

UHF（400MHz）テレメータ用アンテナ

雑音校正用アンテナ

プラズマセンサ

観測用アンテナ
伸展時全長11.4m

太陽電池

磁気センサ

VHF（136 MHz、148 MHz）
テレメータ・コマンド用アンテナ

3-2 静止気象衛星(GMS)「ひまわり」
(Geostationary Meteorological Satellite)
国際標識番号：1977-065A

主要ミッション	(1) 可視赤外走査放射計(VISSR)による地球画像、海面および雲頂面温度等の観測 (2) VISSR処理画像の利用者への配信 　　(高分解能ファクシミリ信号および低分解能ファクシミリ信号の中継) (3) ブイ、船舶、離島観測所等(通報局)からの気象観測データの収集 (4) 太陽プロトン、アルファ粒子およびエレクトロンの観測

打ち上げ	日時	1977年(昭和52年)7月14日　19：39
	場所	米国(ETR)
	打ち上げロケット	デルタ2914型ロケット132号機

構造	質量	約325kg(静止軌道上初期)
	形状	直径約220cm 高さ約270cm(アポジモータ分離後)　円筒形

軌道	高度	約36000km
	傾斜角	0度
	種類	静止衛星軌道(東経140度)
	周期	約24時間

姿勢制御方式	スピン安定方式
設計寿命	3年
主要ミッション機器	(1) 可視赤外走査放射計(VISSR) 　　可視　1バンド　距離分解能　1.25km 　　赤外　1バンド　距離分解能　5km (2) 通信系機器(VISSR処理画像の中継) (3) 通信系機器(通報局データの中継) (4) 宇宙環境モニタ(SEM)
運用停止年月日	1989年(平成元年)6月30日

追跡管制結果	静止衛星軌道投入後、初期段階における運用・試験を経て、1978年(昭和53年)4月6日から気象庁による本格運用に供されてきたが、1981年(昭和56年)12月21日GMS-2と交代した。その後、軌道上待機衛星として1982年(昭和57年)1月24日から東経約160度に置かれていたが、搭載機器の劣化が顕著となり、1989年(平成元年)6月26日から29日にかけて、静止軌道外の軌道に移した後、同年6月30日に停波し、運用を停止した。

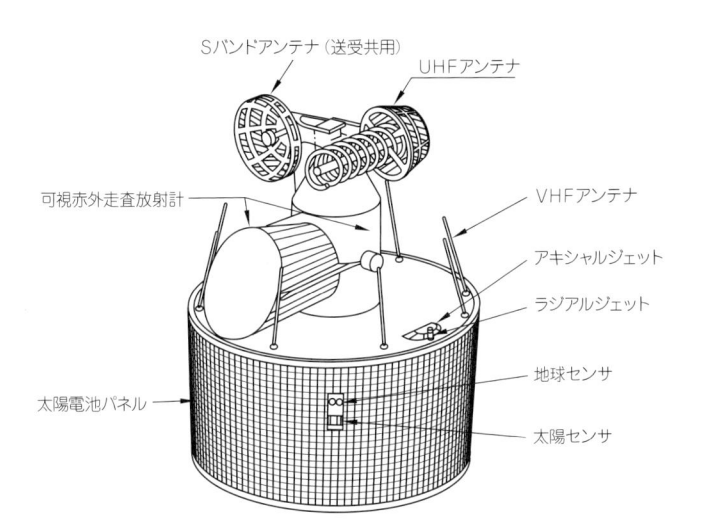

概観図

図中ラベル:
- Sバンドアンテナ（送受共用）
- UHFアンテナ
- 可視赤外走査放射計
- VHFアンテナ
- アキシャルジェット
- ラジアルジェット
- 地球センサ
- 太陽電池パネル
- 太陽センサ

3-3 電離層観測衛星(ISS-b)「うめ2号」
(Ionosphere Sounding Satellite-b)
国際標識番号：1978-018A

主要ミッション		(1)電離層臨界周波数の世界的分布の観測 (2)電波雑音源の世界的分布の観測 (3)電離層上部の空間におけるプラズマ特性の測定 (4)電離層上部の空間における正イオン密度の測定
打ち上げ	日時	1978年(昭和53年)2月16日　13：00
	場所	種子島
	打ち上げロケット	N-Iロケット4号機(N4F)
構造	質量	約141kg
	形状	直径約94cm　高さ約82cm　円筒形
軌道(初期)	高度	約1000km〔981km〜1228km〕
	傾斜角	約70度〔69.4度〕
	種類	円軌道
	周期	約105分
姿勢制御方式		スピン安定方式
設計寿命		打ち上げ1.5年後の残存確率70%以上
主要ミッション機器		(1)電離層観測装置(トップサイド・サウンダ) (2)電波雑音観測装置 (3)プラズマ測定器 (4)イオン質量測定器
運用停止年月日		1983年(昭和58年)2月23日

追跡管制結果	軌道投入後、約2ヵ月間初期運用を行った後、1978年(昭和53年)4月下旬から郵政省通信総合研究所(当時)による運用が開始され、約1年半のミッション期間が終了した後も観測データの取得を続け、海外通信等に必要な電波予報の改善に重要な役割を果たすとともに超高層物理学の分野にも大きく貢献した。1983年(昭和58年)2月23日発生電力の低下により運用を終了した。

〔　〕は実測値

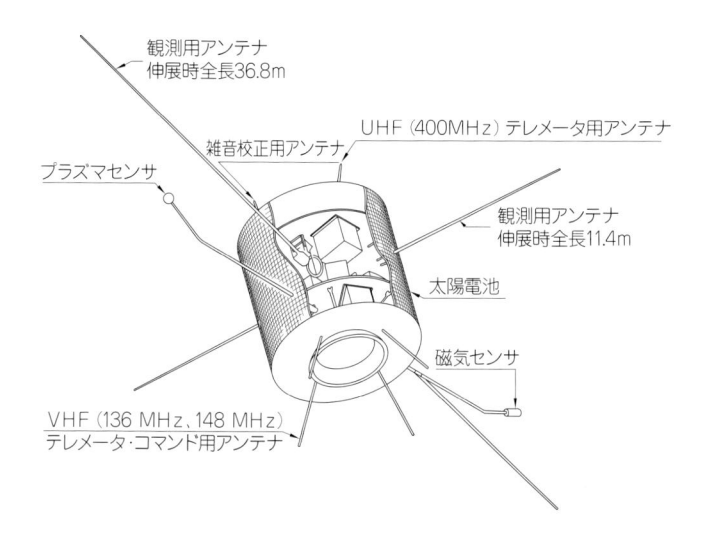

概観図

3-4 静止気象衛星2号(GMS-2)「ひまわり2号」
(Geostationary Meteorological Satellite-2)
国際標識番号：1981-076A

主要ミッション	(1) 可視赤外走査放射計(VISSR)による地球画像、海面および雲頂面温度等の観測 (2) VISSR処理画像の利用者への配信 　　(高分解能ファクシミリ信号および低分解能ファクシミリ信号の中継) (3) ブイ、船舶、離島観測所等(通報局)からの気象観測データの収集 (4) 太陽プロトン、アルファ粒子およびエレクトロンの観測
打ち上げ　日時	1981年(昭和56年)8月11日　5：03
打ち上げ　場所	種子島
打ち上げ　打ち上げロケット	N-Ⅱロケット2号機(N8F)
構造　質量	約296kg(静止軌道上初期)
構造　形状	直径約215cm 高さ約345cm(アポジモータ分離後)　円筒形
軌道　高度	約36000km
軌道　傾斜角	0度
軌道　種類	静止衛星軌道(東経140度)
軌道　周期	約24時間
姿勢制御方式	スピン安定方式
設計寿命	3年
主要ミッション機器	(1) 可視赤外走査放射計(VISSR) 　　可視　1バンド　距離分解能　1.25km 　　赤外　1バンド　距離分解能　5km (2) 通信系機器(VISSR処理画像の中継) (3) 通信系機器(通報局データの中継) (4) 宇宙環境モニタ(SEM)
運用停止年月日	1987年(昭和62年)11月20日

追跡管制結果	静止衛星軌道投入後、初期段階における運用・試験を経て、1981年(昭和56年)12月21日から気象庁による運用に供されてきたが、1984年(昭和59年)9月27日GMS-3と交代した。その後、軌道上待機衛星として運用を行ってきたが、搭載機器の劣化が顕著となり、1987年(昭和62年)11月15日から19日にかけて、静止軌道外の軌道に移した後、同年11月20日に停波し、運用を停止した。

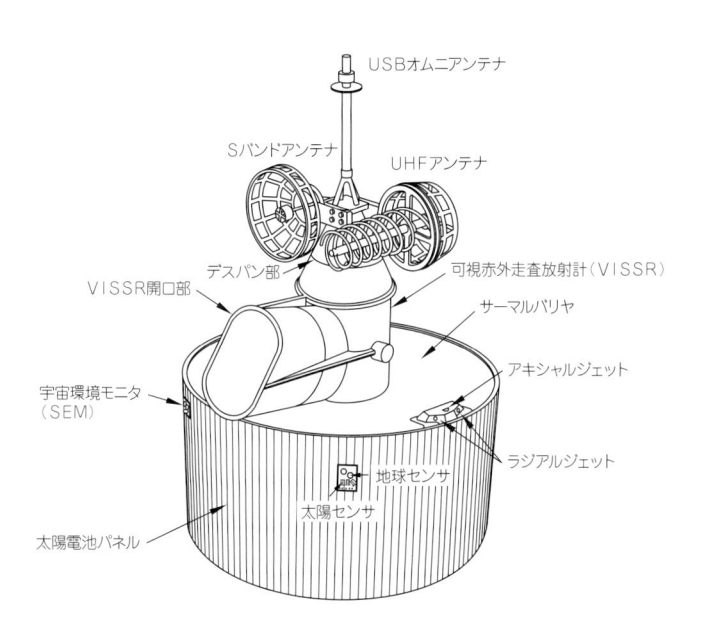

概観図

3-5　静止気象衛星3号(GMS-3)「ひまわり3号」
(Geostationary Meteorological Satellite-3)
国際標識番号：1984-080A

主要ミッション	(1) 可視赤外走査放射計(VISSR)による地球画像、海面および雲頂面温度等の観測 (2) VISSR処理画像の利用者への配信 　　(高分解能ファクシミリ信号および低分解能ファクシミリ信号の中継) (3) ブイ、船舶、離島観測所等(通報局)からの気象観測データの収集 (4) 太陽プロトン、アルファ粒子およびエレクトロンの観測

打ち上げ	日時	1984年(昭和59年)8月3日　5：30
	場所	種子島
	打ち上げロケット	N-Ⅱロケット6号機(N13F)

構造	質量	約303kg(静止軌道上初期)
	形状	直径約215cm 高さ約345cm(アポジモータ分離後)　円筒形

軌道	高度	約36000km
	傾斜角	0度
	種類	静止衛星軌道(東経140度)
	周期	約24時間

姿勢制御方式	スピン安定方式
設計寿命	5年
主要ミッション機器	(1) 可視赤外走査放射計(VISSR) 　　可視　1バンド　距離分解能　1.25km 　　赤外　1バンド　距離分解能　5km (2) 通信系機器(VISSR処理画像の中継) (3) 通信系機器(通報局データの中継) (4) 宇宙環境モニタ(SEM)
運用停止年月日	1995年(平成7年)6月23日

追跡管制結果	静止衛星軌道投入後、初期段階における運用・試験を経て、1984年(昭和59年)9月27日から気象庁による運用に供されてきたが、1989年(平成元年)12月14日にGMS-4と交代した。その後、軌道上待機衛星として運用を行ってきたが、搭載燃料が残りわずかになり、太陽電池発生電力の劣化も顕著になったため、1995年(平成7年)6月21日から22日にかけて静止衛星軌道外の軌道に移した後、同年6月23日に停波し、運用を終了した。

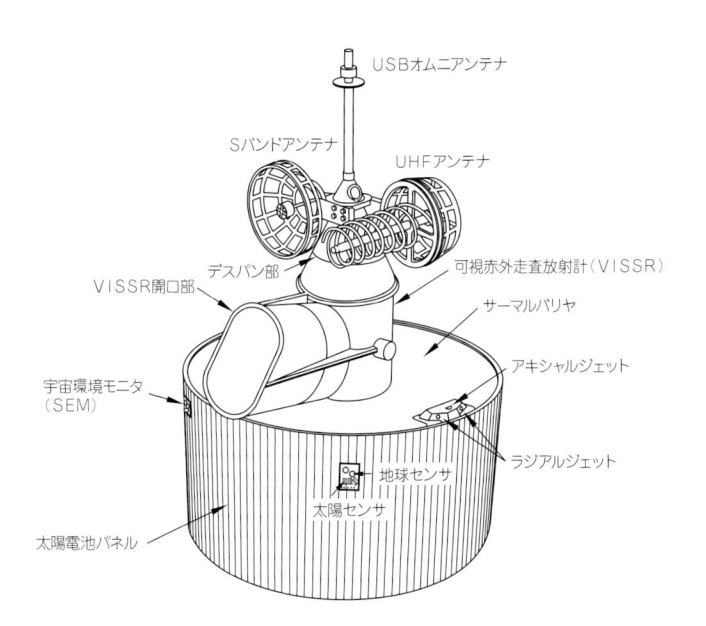

概観図

3-6 測地実験衛星(EGS)「あじさい」
(Experimental Geodetic Satellite)
国際標識番号：1986-061A

主要ミッション	(1)H-Iロケット(2段式)の打ち上げ性能確認 (2)国内測地三角網の規正 (3)離島位置の決定(海洋測地網の整備) (4)日本測地原点の確立
打ち上げ 日時	1986年(昭和61年)8月13日　5：45
打ち上げ 場所	種子島
打ち上げ 打ち上げロケット	H-Iロケット試験機1号機(2段式)(H15F)
構造 質量	約685kg
構造 形状	直径2.15mの球に内接する多面体
軌道(初期) 高度	約1500km〔1483km〜1497km〕
軌道(初期) 傾斜角	約50度
軌道(初期) 種類	円軌道
軌道(初期) 周期	約116分
姿勢制御方式	スピン安定方式〔初期40.4rpm〕
設計寿命	5年(ミッション期間)
主要ミッション機器	・太陽光反射鏡 ・レーザ反射体
運用停止年月日	運用中

5-4 日本の人工衛星

追跡管制結果	電波通信機器を搭載していない特異な衛星であったが、ロケットの打ち上げが正確であったことから、軌道投入後、直ちに衛星を捕捉できた。衛星の太陽光反射機能およびレーザ反射機能も、すべて正常であることを確認し、1986年(昭和61年)10月7日をもって定常段階に移行した。現在、国土地理院、情報通信研究機構、海上保安庁海洋情報部をはじめとして、海外の測地ユーザ等に幅広く利用されている。

〔　〕は実測値

概観図

- 上部キャップ
- 構体本体
- ニューテーションダンパ
- 鏡面取付
- 鏡面本体
- レーザ反射体本体
- レーザ反射体本体
- アタッチフィッティングリング
- 下部キャップ
- キューブ・コーナ・リフレクタ
- レーザ光入射
- レーザ光反射

395

3-7　海洋観測衛星1号(MOS-1)「もも1号」
（Marine Observation Satellite-1）
国際標識番号：1987-018A

主要ミッション	(1)地球観測衛星の基本技術の確立 (2)可視近赤外放射計、可視熱赤外放射計およびマイクロ波放射計の開発および機能・性能の確認、ならびに、これらによる海洋を中心とした地球全般の実験的観測 (3)データ収集システム(DCS)の基礎実験 (4)太陽同期軌道投入技術の修得 (5)太陽同期衛星の追跡管制技術の修得 (6)地球観測衛星運用技術の修得
打ち上げ 日時	1987年(昭和62年)2月19日　10：23
打ち上げ 場所	種子島
打ち上げ 打ち上げロケット	N-Ⅱロケット7号機(N16F)
構造 質量	約740kg
構造 形状	約1.3m×1.5m×2.4m(一翼式太陽電池パドルを有する箱形)
軌道(初期) 高度	約909km
軌道(初期) 傾斜角	約99度
軌道(初期) 種類	太陽同期準回帰軌道(回帰日数17日)
軌道(初期) 周期	約103分
姿勢制御方式	三軸姿勢制御方式(コントロールド・バイアスモーメンタム)
設計寿命	2年
主要ミッション機器	(1)可視近赤外放射計(MESSR)　分解能約50m　観測幅約100km (2)可視熱赤外放射計(VTIR)　分解能約900m(可視)／約2700m(熱赤外)　観測幅約1500km (3)マイクロ波放射計(MSR)　分解能約32km(23GHz)／約23km(32GHz)　観測幅約320km (4)データ収集システム用中継器(DCST)
運用停止年月日	1995年(平成7年)11月29日

5-4 日本の人工衛星

追跡管制結果	打ち上げ後、1987年(昭和62年)5月19日までに初期段階におけるチェックアウトを終了し、同年5月20日から定常段階(試験運用)へ移行し、さらに11月1日から定常段階(定常運用)へ移った。定常段階への移行後は、3放射計およびDCSTの運用が正常に行われ、海外の受信局を含む画像データ受信局に対し観測データを供給し続け、1989年(平成元年)2月18日当初予定された打ち上げ後2年間の後期運用段階に移行した。その後、 ・衛星がなお十分機能すること。 ・MOS-1b(1990年(平成2年)2月打ち上げ)との2衛星同時運用等を通じ、今後の地球観測衛星運用のための技術の確立が望まれること。 ・国内外のMOS-1データ受信者から、観測データの継続供給が望まれていること。 等から引き続き衛星の運用が行われてきたが、1995年(平成7年)3月31日後期運用段階を終了し、同年11月29日停波し、運用を終了した。

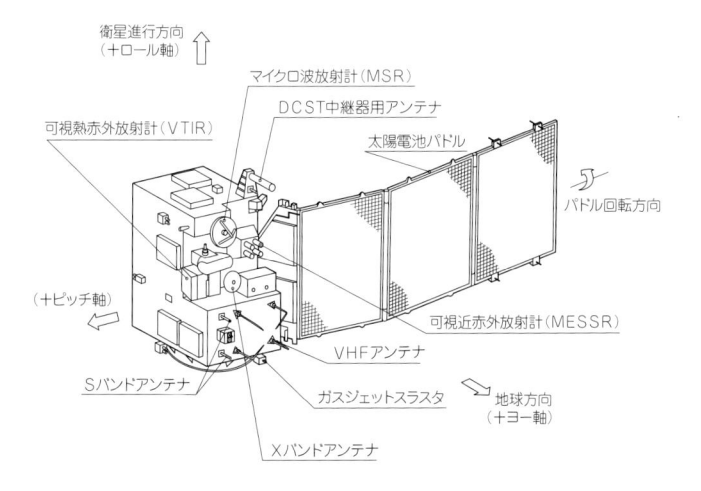

概観図

3-8 静止気象衛星4号(GMS-4)「ひまわり4号」
(Geostationary Meteorological Satellite-4)
国際標識番号：1989-070A

開発の目的と役割		わが国の気象業務の改善および静止気象衛星に関する技術の開発を目的とする。 世界気象機関(WMO)が推進する世界気象監視(WWW)計画の一環として、地球を5個の静止気象衛星等でカバーする気象衛星観測組織の1つを担う。 (1)可視赤外走査放射計(VISSR)による地球の大気・地面・海面の状態を観測し、次のようなデータを取得 　(a)台風・低気圧の発生や動き 　(b)雲頂の高さ、雲量 　(c)上層・下層の風向風速 　(d)海面温度 (2)VISSR観測データの利用者への配信 (3)ブイ、船舶、離島観測所等(通報局)からの気象観測データの収集 (4)太陽プロトン、アルファ粒子およびエレクトロンの観測
打ち上げ	日時	1989年(平成元年)9月6日　4：11
	場所	種子島
	打ち上げロケット	H-Iロケット5号機(H20F)
構造	質量	約325kg(静止軌道上初期)
	形状	直径約215cm 高さ約345cm(アポジモータ分離後)　円筒形
軌道	高度	約36000km
	傾斜角	0度±5度
	種類	静止衛星軌道(東経120度)
	周期	約24時間
姿勢制御方式		スピン安定方式(100rpm、スピン方向　西から東)
設計寿命		5年
主要ミッション機器		(1)可視赤外走査放射計(VISSR) 　　可視　1バンド(0.50〜0.75μm) 　　　距離分解能 1.25km　検出器 光電子増倍管 　　赤外　1バンド(10.5〜12.5μm) 　　　距離分解能 5km 　　　検出器 Hg・Cd・Te(放射冷却) 　　　走査線　2500本

主要ミッション機器	取得画像　可視光線像・赤外線像(各バンド同時) 　　　　　全球画像は30分毎に取得可能 (2)デスパンアンテナ(パラボラおよびヘリカル) (3)Sバンドテレメトリ送信機(冗長構成) (4)Sバンド広帯域送受信機(冗長構成) 　VISSRデータの送信・処理済みデータの配信 　測距信号の中継、コマンド信号の受信 (5)Sバンド/UHF中継器(冗長構成) 　通報局データの収集、地震・津波情報の配信 (6)宇宙環境モニタ(テレメトリデータ出力) 　検出器　シリコン半導体(5個) (軌道・姿勢制御運用等にはUSB通信系を使用)
運用停止年月日	2000年(平成12年)2月24日
追跡管制結果	静止衛星軌道投入後、初期段階における運用・試験を経て、1989年(平成元年)12月14日から気象庁による運用に供されてきたが、1995年(平成7年)6月21日にGMS-5と交代した。その後、軌道上待機衛星として運用を行ってきたが、電源系に経年劣化による異常が生じたため、2000年(平成12年)2月24日に停波し、運用を終了した。

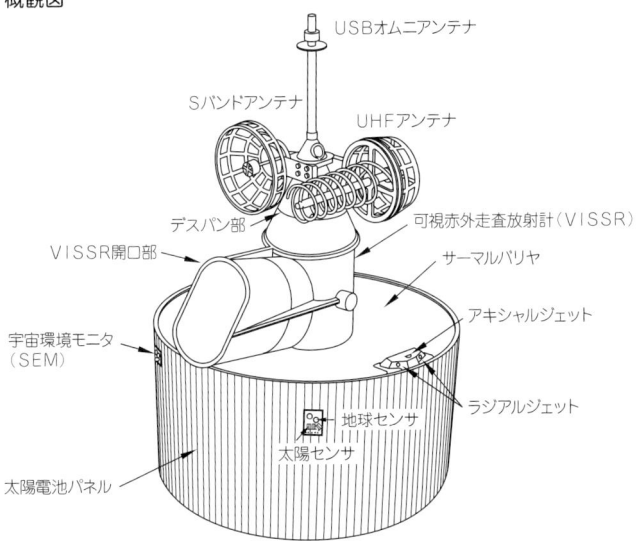

概観図

3-9 海洋観測衛星1号-b(MOS-1b)「もも1号-b」
(Marine Observation Satellite-1b)
国際標識番号:1990-013A

主要ミッション	(1) 可視近赤外放射計、可視熱赤外放射計、マイクロ波放射計およびデータ収集システムによる海洋を中心とした地球全般の観測の継続 (2) MOS-1とMOS-1bの2衛星運用を含む地球観測衛星システムの運用技術の確立 (3) H-Iロケットによる太陽同期軌道投入技術の確立 (4) 衛星のプロトタイプモデルをフライトモデルにするための改修技術の確立
打ち上げ 日時	1990年(平成2年)2月7日 10:33
打ち上げ 場所	種子島
打ち上げ 打ち上げロケット	H-Iロケット6号機(H21F)
構造 質量	約740kg
構造 形状	約1.3m×1.5m×2.4m(一翼式太陽電池パドルを有する箱形)
軌道 高度	約909km
軌道 傾斜角	約99度
軌道 種類	太陽同期準回帰軌道(回帰日数17日)
軌道 周期	約103分
姿勢制御方式	三軸姿勢制御方式(コントロールド・バイアスモーメンタム)
設計寿命	2年
主要ミッション機器	(1) 可視近赤外放射計(MESSR) 分解能約50m 観測幅約100km (2) 可視熱赤外放射計(VTIR) 分解能約900m(可視)/約2700m(熱赤外) 観測幅約1500km (3) マイクロ波放射計(MSR) 分解能32km(23GHz)/約23km(32GHz) 観測幅約320km (4) データ収集システム用中継器(DCST)
運用停止年月日	1996年(平成8年)4月25日

5-4 日本の人工衛星

追跡管制結果	打ち上げ後、1990年(平成2年)4月6日までに初期段階におけるチェックアウトを終了し、4月11日から定常段階(定常運用)へ移った。定常段階への移行後は、3放射計およびDCSTの運用が正常に行われ、海外の受信局を含む画像データ受信局に対し観測データを供給し続け、1992年(平成4年)2月8日より後期運用段階に移行し、引き続き運用を継続した。1996年(平成8年)4月25日バッテリ劣化のため、運用を停止した。

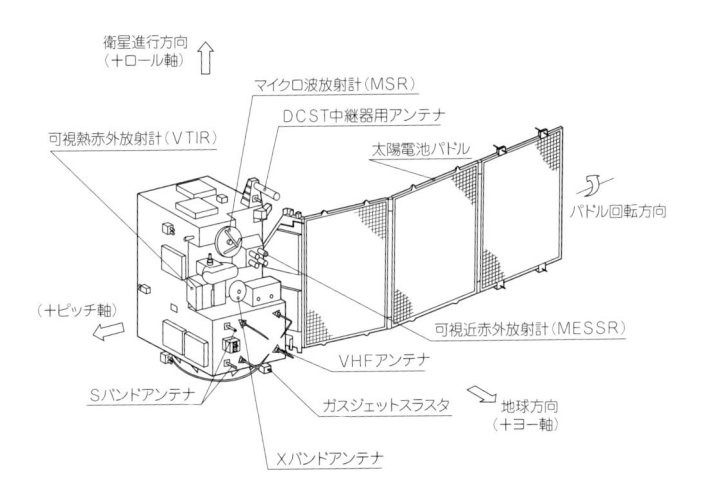

概観図

衛星進行方向
(+ロール軸)
マイクロ波放射計(MSR)
DCST中継器用アンテナ
可視熱赤外放射計(VTIR)
太陽電池パドル
パドル回転方向
(+ピッチ軸)
可視近赤外放射計(MESSR)
VHFアンテナ
Sバンドアンテナ
ガスジェットスラスタ
地球方向
(+ヨー軸)
Xバンドアンテナ

3-10 地球資源衛星1号(JERS-1)「ふよう1号」
(Japanese Earth Resources Satellite-1)
国際標識番号：1992-007A

開発の目的と役割	(1)合成開口レーダおよび光学センサによる地球全般の観測 　(a)資源探査　　　(d)環境保全 　(b)国土調査　　　(e)沿岸監視 　(c)農林・漁業関連　(f)防災 (2)地球資源観測総合システムの確立 (3)地球資源観測機器の開発および機能・性能の確認 (4)地球資源衛星バス機器の開発および機能・性能の確認	
打ち上げ	日時	1992年(平成4年)2月11日　10：50
	場所	種子島
	打ち上げロケット	H-Ⅰロケット9号機(H24F)
構造	質量	約1340kg
	形状	約93cm×183cm×316cm (展開型合成開口レーダアンテナおよび太陽電池パドルを有する箱形)
軌道	高度	約570km
	傾斜角	約98度
	種類	太陽同期準回帰軌道(回帰日数44日)
	周期	約96分
姿勢制御方式	三軸姿勢制御方式(ゼロモーメンタム)	
設計寿命	2年	
主要ミッション機器	(1)合成開口レーダ(SAR)…分解能18m×18m 　　　　　　　　　　　　　観測幅75km 　マイクロ波を照射し、その反射波をとらえて、ものを識別する能動型電波センサ 　天候・雲・霧等の影響を受けず、地表の性質・凹凸・傾斜を高解像度・高コントラストで観測・把握が可能 (2)光学センサ(OPS)……分解能18m×24m 　　　　　　　　　　　　観測幅75km 　地表面からの反射光を可視光から短波長赤外までの7波長にわけて撮像 　資源探査、海洋情報の把握、生活の発展・向上に役立つ各種情報の取得が可能 (3)ミッション送信機(MDT) (4)ミッション記録装置(MDR)	

5-4 日本の人工衛星

運用停止年月日	1998年(平成10年)10月12日
追跡管制結果	1986年(昭和61年)に基本設計に着手し、開発期間の短縮・コスト削減を図ってEM-PFM方式を採用した。打ち上げ後、1992年(平成4年)5月31日までに初期段階におけるチェックアウトを終了し、6月1日から定常段階(定常運用)へ移った。定常段階への移行後は、海外の受信局を含む画像データ受信局に対し観測データを供給し続け、1994年(平成6年)2月10日、当初予定された打ち上げ後2年間の運用を終了し、その後も後期運用段階の運用を継続した。 1998年(平成10年)10月12日太陽電池パドルとパドル駆動機構との間の電線の寿命のため運用を終了した。

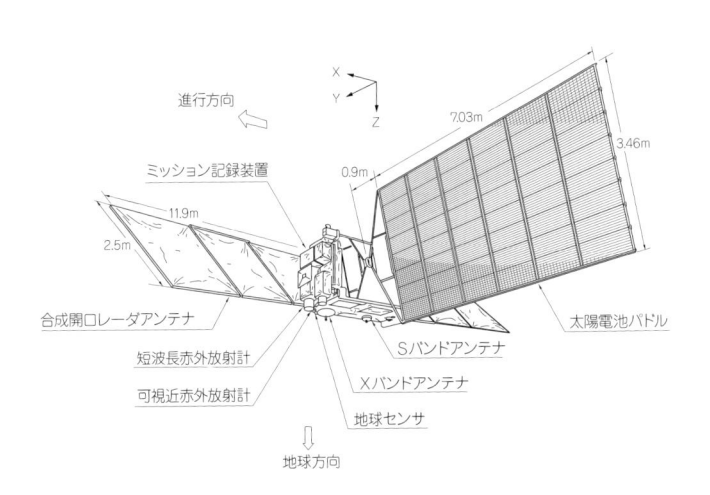

概観図

3-11 静止気象衛星5号(GMS-5)「ひまわり5号」
(Geostationary Meteorological Satellite-5)
国際標識番号:1995-011B

開発の目的と役割		わが国の気象業務の改善および静止気象衛星に関する技術の向上に資することを目的とする。 世界気象機関(WMO)が推進する世界気象監視(WWW)計画の一環として、地球を5個の静止気象衛星等でカバーする気象衛星観測組織の1つを担う。 (1)可視赤外走査放射計(VISSR)による地球の大気・地面・海面の状態を観測し、次のようなデータを取得 　(a)台風・低気圧の発生や動き 　(b)雲頂の高さ、雲量 　(c)上層・低層の風向風速 　(d)海面温度 　(e)大気中の水蒸気分布 (2)VISSR観測データの利用者への配信 (3)ブイ、船舶、離島観測所等(通報局)からの気象観測データの収集 (4)捜索救助信号の中継実験
打ち上げ	日時	1995年(平成7年)3月18日　17:01
	場所	種子島
	打ち上げロケット	H-Ⅱロケット試験機3号機(H-Ⅱ・3F) (SFUと同時打ち上げ)
構造	質量	約345kg(静止軌道上初期)
	形状	直径約215cm　高さ約354cm(アポジモータ分離後)　円筒形
軌道	高度	約36000km
	傾斜角	0度±3度
	種類	静止衛星軌道(東経140度)
	周期	約24時間
姿勢制御方式		スピン安定方式(100rpm、スピン方向　西から東)
設計寿命		5年
主要ミッション機器		(1)可視赤外走査放射計(VISSR) 　　可視　1バンド(0.50〜0.9μm) 　　　距離分解能　1.25km 　　　検　出　器　シリコンフォトダイオード 　　赤外　3バンド　10.5〜11.5μm 　　　　　　　　　　11.5〜12.5μm 　　　　　　　　　　6.5〜7.0μm

5-4 日本の人工衛星

主要ミッション機器	距離分解能　5km 検　出　器　Hg・Cd・Te(放射冷却) 走査線　2500本 取得画像　可視光線像・赤外線像(各バンド同時) 　　　　　全球画像は30分毎に取得可能 (2)デスパンアンテナ(パラボラおよびヘリカル) (3)Sバンドテレメトリ送信機(冗長構成) (4)Sバンド広帯域送受信機(冗長構成) 　　VISSRデータの送信・処理済みデータの配信 　　測距信号の中継、コマンド信号の受信 (5)Sバンド/UHF中継器(冗長構成) 　　通報局データの収集、地震・津波情報の配信 (6)UHF/Sバンド中継器 　　捜索救助実験信号の中継 　　(軌道・姿勢制御運用等にはUSB通信系を使用)
運用停止年月日	2005年(平成17年)7月21日
追跡管制結果	静止衛星軌道投入後、初期段階における運用・試験を経て、1995年(平成7年)6月21日から気象庁による運用が行われた。

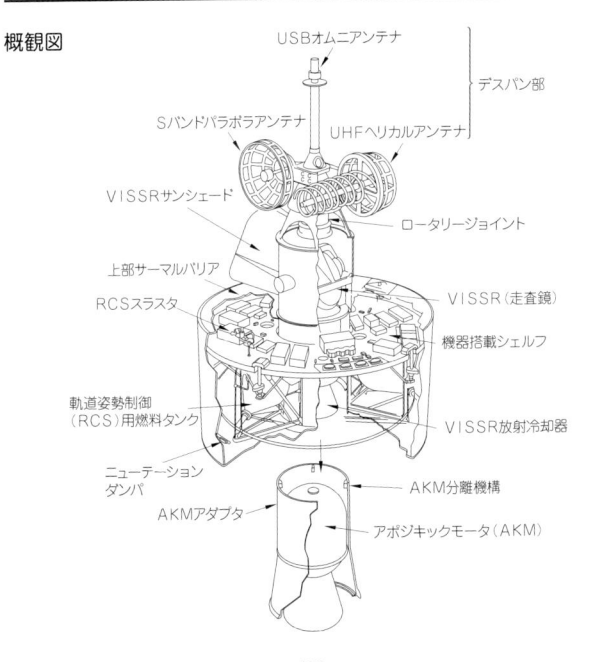

概観図

3-12 地球観測プラットフォーム技術衛星(ADEOS)「みどり」
(Advanced Earth Observing Satellite)
国際標識番号:1996-046A

開発の目的と役割		MOS-1およびJERS-1の観測を継続すべく、以下のような特色をもつ。 (1)地球環境のグローバルな変化の監視についての国際的貢献 (2)地球観測技術の維持、発展 (3)プラットフォーム技術、データ中継技術の開発 (4)国際協力の推進
打ち上げ	日時	1996年(平成8年)8月17日 10:53
	場所	種子島
	打ち上げロケット	H-Ⅱロケット4号機(5mφフェアリング)
構造	質量	約3560kg
	形状	約4.0m×4.0m×5.0m(フレキシブル太陽電池パドルを有する箱形)
軌道	高度	約800km
	傾斜角	約98.6度
	種類	太陽同期準回帰軌道(回帰日数41日)
	周期	約101分
姿勢制御方式		三軸姿勢制御方式(ゼロモーメンタム)
設計寿命		3年
主要ミッション機器		(1)海色海温走査放射計(OCTS) 　　12バンド、観測幅1400km、チルト機能 (2)高性能可視近赤外放射計(AVNIR) 　　5バンド、観測幅80km、分解能 　　(マルチスペクトルバンド16m×16m) 　　(パンクロマチックバンド8m×8m) (3)NASA散乱計(NSCAT) (4)オゾン全量分光計(TOMS) (5)地表反射光観測装置(POLDER) (6)温室効果気体センサ(IMG) (7)改良型大気周縁赤外分光計(ILAS) (8)地上・衛星間レーザ長光路吸収測定用リトロリフレクタ(RIS)
運用停止年月日		1997年(平成9年)6月30日
追跡管制結果		打ち上げ後、太陽電池パドル展開および太陽追尾、NSCATアンテナ展開、衛星間通信用アンテナ展開、初期機能確認試験を実施し、約10ヵ月の運用を実施したのち、太陽電池パドルの破断によると思われる電力消失により、衛星機能が停止したため、1997年(平成9年)6月30日19時00分運用を断念した。

他機関センサ概要

センサ名	国	開発機関	観測内容
NASA散乱計 (NSCAT)	米国	米国航空宇宙局／ジェット推進研究所	海上風の風向・風速
オゾン全量分光計(TOMS)	米国	米国航空宇宙局／ゴダード宇宙飛行センター	オゾン量・二酸化硫黄のグローバルな分布
地表反射光観測装置(POLDER)	仏国	国立宇宙研究センター	地球表面や大気で反射される太陽光の偏光と方向性
温室効果気体センサ(IMG)	日本	通産省(当時)	大気中のCO_2、CH_4、N_2Oその他の温室効果ガスの地域分布
改良型大気周縁赤外分光計(ILAS)	日本	環境庁(当時)	極域における大気の微量成分(オゾン、HNO_3、NO_2、フロン、CH_4、H_2O、エアロゾル)の高度分布
地上・衛星間レーザ長光路吸収測定用リトロリフレクタ(RIS)	日本	環境庁(当時)	地上から発射するレーザ光を用いた地上〜衛星間の吸収スペクトル測定による、地上局上空のオゾン、フロン、CO_2等の濃度

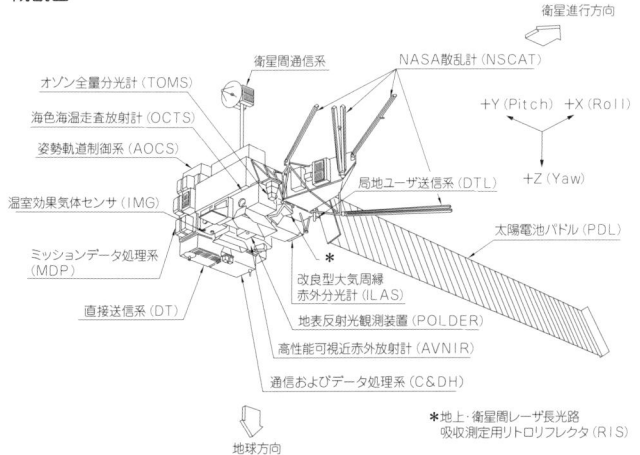

概観図

3-13 熱帯降雨観測衛星（TRMM）
（Tropical Rainfall Measuring Mission）
国際標識番号：1997-074A

開発の目的と役割		エルニーニョ現象や砂漠化等、地球規模の環境変化を把握し、そのメカニズムを解明するため、長期かつグローバルに大気・海洋・陸域に発生する現象（降雨・地球表面からの熱輻射。特に地球全体の降雨量の約3分の2を占める熱帯地域の降雨量）を観測し、地球の水収支・エネルギー収支のメカニズム解明、環境保全に役立てる。
打ち上げ	日時	1997年（平成9年）11月28日　6：27
	場所	種子島
	打ち上げロケット	H-Ⅱロケット6号機（ETS-Ⅶと相乗り）
構造	質量	約3500kg
	形状	約2.4m×2.4m×4.4m（展開型太陽電池パドルを有する）
軌道	高度	約350km（2001年8月25日以後　約400km）
	傾斜角	約35度
	種類	円軌道
	周期	約92分（2001年8月25日以後　約93分）
姿勢制御方式		三軸姿勢制御方式（ゼロモーメンタム）
設計寿命		3年
主要ミッション機器		(1) 降雨レーダ 　　（Precipitation Radar） (2) TRMMマイクロ波観測装置 　　（TRMM Microwave Imager） (3) 可視赤外観測装置 　　（Visible Infrared Scanner） (4) 雲および地球放射エネルギー観測装置 　　（Clouds and Earth's Radiant Energy System） (5) 雷観測装置 　　（Lightning Imaging Sensor）
運用停止年月日		運用中

追跡管制結果

1986年(昭和61年)日米双方で分担する日米共同計画として具体化され、日本は、降雨レーダの開発とH-IIロケットを用いたTRMMの打ち上げを担当し、米国は衛星バスと降雨レーダ以外の4つのミッション機器および衛星の運用を担当することとなった。
打ち上げ後、バス機器とミッション機器のチェックアウトが順調に行われ、3年間の観測ミッション運用段階に移行した。
降雨レーダについては、1998年(平成10年)1月下旬までに軌道上チェックアウトを終了し、引き続き観測データの検証実験等を行い、他のミッション機器とともに同年9月から一般ユーザにデータ配付を開始している。また降雨レーダの校正・検証のため、ARC(アクティブレーダキャリブレーション)装置を用いて実験(装置はCRL関西支所に設置)を定期的に実施している。TRMMは2000年(平成12年)1月で予定したミッションを達成し、観測期間を延長するため、2001年(平成13年)8月7日から24日にかけて衛星高度を約400kmに上げた。その結果、現在も運用を行っている。

開発分担

分担項目	日本(旧NASDA)	米国(NASA)
H-IIロケット	○	
衛星本体		○
搭載機器		
降雨レーダ	○	
TRMMマイクロ波観測装置		○
可視赤外観測装置		○
雲および地球放射エネルギー観測装置		○
雷観測装置		○
衛星の追跡・運用		○
データシステム	○	○

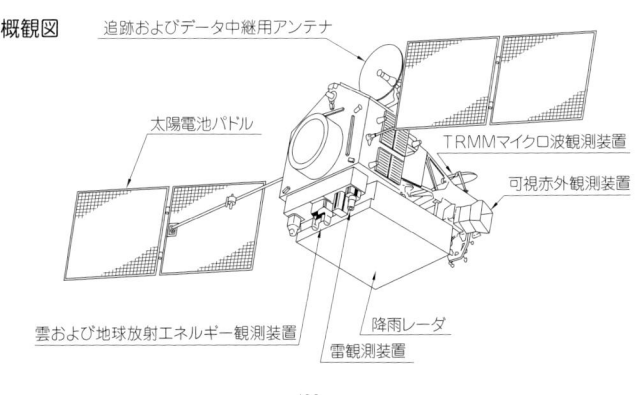

概観図

追跡およびデータ中継用アンテナ
太陽電池パドル
TRMMマイクロ波観測装置
可視赤外観測装置
雲および地球放射エネルギー観測装置
降雨レーダ
雷観測装置

3-14 運輸多目的衛星(MTSAT)
(Multi-functional Transport SATellite)
国際標識番号:1999-F04

開発の目的と役割	運輸多目的衛星は、運輸省(現国土交通省)が打ち上げた静止衛星であり、民間航空交通のための航空ミッションと気象観測のための気象ミッションを有する。 〈航空ミッション〉 今後の民間航空交通の増大や多様化に対応するため国際民間航空機関が策定した将来の航空航法システム(FANS)計画に基づき、航空衛星により地球規模で均一な航空保安サービスの提供をめざす。アジア・太平洋地域における航空交通量は飛躍的な増加傾向にあり、運輸多目的衛星(MTSAT)を利用した航空管制システムを構築することにより、洋上航空交通の安全確保管制処理能力の向上を図る。 航空ミッションの機能は、次のようなものである。 ・航空通信(データおよび音声による直接通信)機能 ・GPS補強によるナビゲーション機能 〈気象ミッション〉 わが国をはじめ東南アジア、オセアニア等の各国の気象監視、天気予報等の気象業務に資することを目的とする。気象ミッションは、世界気象機関が推進する世界気象監視計画の一環として、5個の静止気象衛星等により形成される全地球観測網の一翼を担う。 気象ミッションの機能は、以下の通りで、静止気象衛星5号(GMS-5)の機能を引き継ぐとともに改善が図られている。 ・イメージャによる地球の大気および地面、海面の状態の観測 ・取得した画像データを地上で処理後、衛星経由で配信 ・気象観測データの収集および地震・津波情報の伝達
打ち上げ 日時	1999年(平成11年)11月15日　16:29
打ち上げ 場所	種子島
打ち上げ 打ち上げロケット	H-Ⅱロケット8号機
構造 質量	打ち上げ時約2900kg、静止軌道上初期約1600kg
構造 形状	約2.4m×2.2m×3.0m(展開型太陽電池パドルおよびソーラーセイルを有する箱形)
軌道 高度	(約36000km)*
軌道 傾斜角	(28.5度)*
軌道 種類	(静止衛星軌道(東経140度))*
軌道 周期	(約24時間)*

5-4 日本の人工衛星

姿勢制御方式	三軸姿勢制御方式
設計寿命	航空ミッション10年以上、気象ミッション5年以上
主要ミッション機器	〈航空ミッション〉 　(1) Lバンド通信機器 　(2) Kuバンド通信機器 　(3) Kaバンド通信機器 〈気象ミッション〉 　(1) イメージャ機器 　　可視センサ(1バンド)および赤外センサ(4バンド) 　(2) Sバンド通信機器 　(3) UHF通信機器
衛星発注者	旧運輸省(航空局)および気象庁
追跡管制結果	運輸多目的衛星は、H-Ⅱロケット8号機により、1999年(平成11年)11月15日16時29分に打ち上げが行われたが、ロケットのメインエンジンの異常停止により、予定の飛行経路から外れたため、指令破壊を行った。

＊は当初計画値

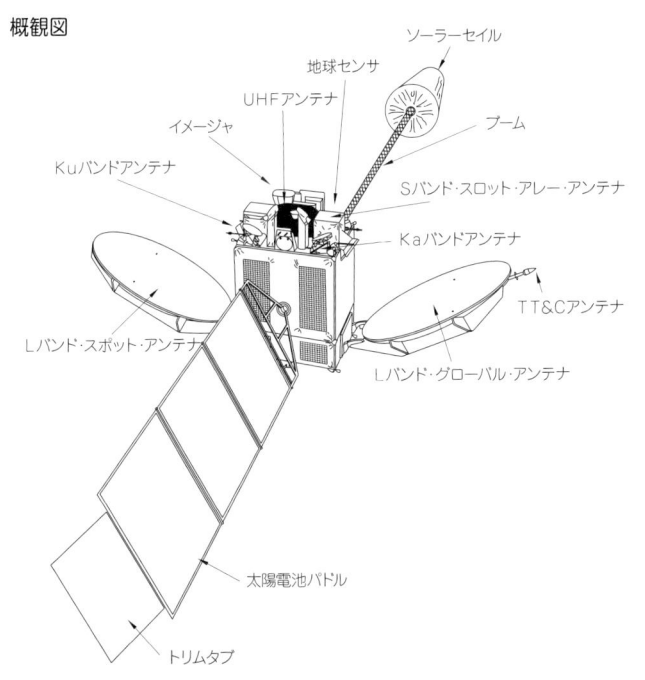

概観図

411

3-15　極軌道プラットフォーム(EOS-PM1(Aqua))
(Earth Observing System(EOS)-PM1(Aqua))
国際標識番号：2002-022A

開発の目的と役割	EOS Aquaは、米国航空宇宙局(NASA)が開発する地球観測システムの1つであり、観測時刻が午後(PM)となる軌道に打ち上げられた。改良型高性能マイクロ波放射計(AMSR-E)は、環境観測技術衛星(ADEOS-II)(観測時刻が午前(AM))に搭載される高性能マイクロ波放射計(AMSR)をEOS Aqua用に改修したセンサである。2つのマイクロ波放射計による午前と午後の観測によって、1日のうちの変化まで検知できる詳細な地球観測が可能となる。
打ち上げ 日時	2002年(平成14年)5月4日
打ち上げ 場所	米国・バンデンバーグ
打ち上げ 打ち上げロケット	デルタII
構造 質量	約3100kg
構造 形状	展開型太陽電池パドルを有する箱形
軌道 高度	約705km
軌道 傾斜角	約98.2度
軌道 種類	太陽同期軌道
軌道 周期	約99分
姿勢制御方式	三軸姿勢制御方式(ゼロモーメンタム)
設計寿命	6年(AMSR-E：3年)
搭載センサ	・改良型高性能マイクロ波放射計(AMSR-E)〈旧NASDA〉 ・大気赤外サウンダ(AIRS)〈NASA〉 ・高性能マイクロ波サウンダ(AMSU)〈NASA〉 ・マイクロ波水蒸気サウンダ(HSB)〈ブラジル〉 ・雲および地球放射エネルギー観測装置(CERES)〈NASA〉 ・中分解能撮像分光放射計(MODIS)〈NASA〉
運用停止年月日	運用中

追跡管制結果	「Aqua」は、アメリカ・日本・ブラジルの国際協力プロジェクトに基づいて共同開発された。衛星本体と打ち上げはNASAが、各種観測センサはNASA・日本・ブラジルが担当したが、地球の水・エネルギー循環を把握するためのデータ取得を目的とする電波センサが、改良型高性能マイクロ波放射計「Advanced Microwave Scanning Radiometer for EOS：AMSR-E(アムサー・イー)」である。AMSR-Eのデータは、日本周辺の細かいスケールの天気現象の予測に使われる「メソモデル」に2004年(平成16年)11月17日から利用されており、集中豪雨等の予報精度の向上に貢献している。 また、2006年(平成18年)5月15日より「AMSR-E」のデータを含む、複数の衛星(センサ)のマイクロ波放射計データが、気象庁の全球数値予報モデルに利用されている。 AMSR-Eは設計寿命3年のところを9年を超えて運用されてきたが、2011年(平成23年)8月末以降にアンテナの回転摩擦の増大が確認され、同年10月4日、限界に達したため自動で観測・回転を停止した。

改良型高性能マイクロ波放射計(AMSR-E)主要諸元

中心周波数(GHz)	6.925	10.65	18.7	23.8	36.5	89.0
地上分解能(km)	43	29	16	18	8.2	3.5
バンド幅(MHz)	350	100	200	400	1000	3000
偏波	水平および垂直					
入射角	約55度					
交差偏波特性	－20dB以下					
観測幅	約1450km					
ダイナミックレンジ	2.7K～340K					
絶対精度	1K(1σ)目標					
量子化ビット数	12bit	10bit				

概観図

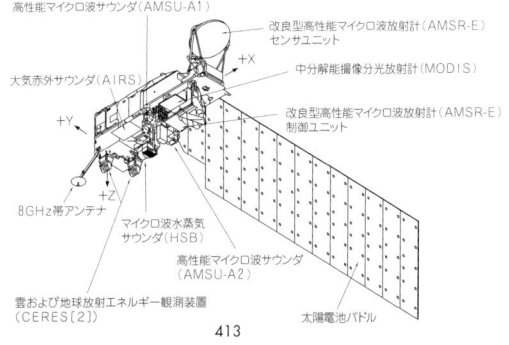

3-16 環境観測技術衛星(ADEOS-Ⅱ)「みどりⅡ」
(Advanced Earth Observing Satellite-Ⅱ)
国際標識番号：2002-056A

開発の目的と役割	(1)地球観測プラットフォーム技術衛星(ADEOS)による観測の継続・高度化 (2)地球環境問題に係る全地球的規模の水・エネルギー循環のメカニズム解明に不可欠な地球科学データの取得と国際的研究機関への配信 (3)マルチバンド光学センサおよび高性能多周波マイクロ波放射計の開発
打ち上げ 日時	2002年(平成14年)12月14日　10：31
打ち上げ 場所	種子島
打ち上げ 打ち上げロケット	H-ⅡAロケット4号機(5mφフェアリング)(H-ⅡA・F4)
構造 質量	約3700kg
構造 形状	約4m×4m×6m(展開型太陽電池パドルを有する箱形)
軌道 高度	約803km
軌道 傾斜角	約99度
軌道 種類	太陽同期準回帰軌道(回帰日数4日)
軌道 周期	約101分
姿勢制御方式	三軸姿勢制御方式
設計寿命	3年(燃料は5年分を目標に搭載)
主要ミッション機器	(1)高性能マイクロ波放射計(AMSR) 　観測対象　水蒸気量、降水量、海面水温、海上風、海氷等 (2)グローバルイメージャ (GLI) 　観測対象　クロロフィル色素、海面温度、植生分布、雪氷分布、雲等 (3)データ収集システム(DCS) (4)他機関センサ
運用停止年月日	2003年(平成15年)10月25日

追跡管制結果	2003年(平成15年)1月初旬にクリティカルフェーズを終了、初期機能確認段階に移行した。その後各種センサによる画像などの取得を行い、データ中継技術衛星「こだま」を経由しての画像データ取得や、欧州宇宙機関(ESA)の先端型データ中継実験衛星「アルテミス(ARTEMIS)」との間で衛星間通信実験を行った。4月中旬以降は定常観測/校正・検証段階へ移行し、各種観測を行ってきたが、10月25日にデータ受信ができなくなった。地上からのコマンド送信にも反応しなくなったため10月末にて観測運用を断念した。原因究明の結果、太陽電池パドル部分に短絡または開放が起きて電力が得られなくなったためと考えられた。

他機関センサ概要

センサ	開発国／機関	観測対象
改良型大気周縁赤外分光計Ⅱ型(ILAS-Ⅱ)	日本／環境省	極域・高緯度地域における大気微量成分(O_3、HNO_3、CH_4、N_2O、$ClONO_2$、エアロゾル等)の高度分布
海上風観測装置(SeaWinds)	アメリカ／航空宇宙局・ジェット推進研究所	海上風の風向風速
地表反射光観測装置(POLDER)	フランス／国立宇宙研究センター	地球表面や大気で反射される太陽光の偏光とその方向性

概観図

高性能マイクロ波放射計(AMSR)
軌道間通信アンテナ(IOCS)
局地ユーザ送信系(DTL)
データ収集システム(DCS)
太陽電池パドル(PDL)
地表反射光観測装置(POLDER)
グローバルイメージャ(GLI)
海上風観測装置(SeaWinds)アンテナ
改良型大気周縁赤外分光計Ⅱ型(ILAS-Ⅱ)

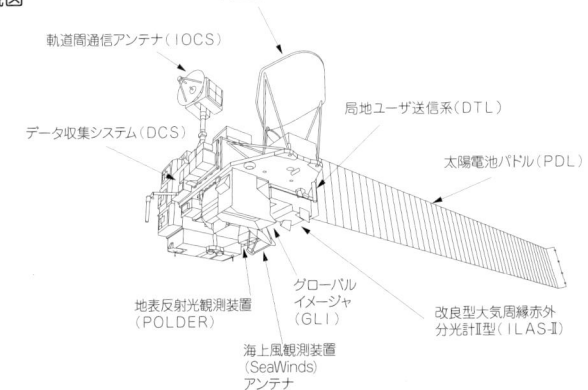

第5章 人工衛星

3-17 運輸多目的衛星新1号(MTSAT-1R)「ひまわり6号」
(Multi-functional Transport SATellite-1R)
国際標識番号：2005-006A

開発の目的と役割	運輸多目的衛星は、国土交通省が打ち上げる静止衛星であり、民間航空交通のための航空ミッションと気象観測のための気象ミッションを有する。 〈航空ミッション〉 今後の民間航空交通の増大や多様化に対応するため国際民間航空機関が策定した将来の航空航法システム(FANS)計画に基づき、航空衛星により地球規模で均一な航空保安サービスの提供をめざす。アジア太平洋地域における航空交通量は飛躍的な増加傾向にあり、運輸多目的衛星(MTSAT)を利用した航空管制システムを構築することにより、洋上航空交通の安全確保管制処理能力の向上を図る。 航空ミッションの機能は、次のようなものである。 ・航空通信(データおよび音声による直接通信)機能 ・GPS補強によるナビゲーション機能 〈気象ミッション〉 わが国をはじめ東南アジア、オセアニア等の各国の気象監視、天気予報等の気象業務に資することを目的とする。気象ミッションは、世界気象機関が推進する世界気象監視計画の一環として、5個の静止気象衛星等により形成される全地球観測網の一翼を担う。 気象ミッションの機能は、以下の通りで、静止気象衛星5号(GMS-5)の機能を引き継ぐとともに改善が図られている。 ・イメージャによる地球の大気および地面、海面の状態の観測 ・取得した画像データを地上で処理後、衛星経由で配信 ・気象観測データの収集および地震・津波情報の伝達

打ち上げ	日時	2005年(平成17年)2月26日　18：25
	場所	種子島
	打ち上げロケット	H-ⅡAロケット7号機(H-ⅡA・F7)

構造	質量	約1400kg(ドライ質量)
	形状	約2.4m×2.2m×3.0m 全長　約33.1m(展開時)(展開型太陽電池パドルおよびソーラーセイルを有する箱形)

5-4 日本の人工衛星

軌道	高度	約36000km
	傾斜角	0度
	種類	静止衛星軌道(東経140度)
	周期	約24時間
姿勢制御方式		三軸姿勢制御方式
設計寿命		航空ミッション10年以上、気象ミッション5年以上
主要ミッション機器		〈航空ミッション〉 　(1) Lバンド通信機器 　(2) Kuバンド通信機器 　(3) Kaバンド通信機器 〈気象ミッション〉 　(1) イメージャ機器 　　可視センサ(1バンド)および赤外センサ(4バンド) 　(2) Sバンド通信機器 　(3) UHF通信機器
運用停止年月日		運用中
衛星発注者		国土交通省(航空局)および気象庁
打ち上げ請負契約者		株式会社ロケットシステム

概観図

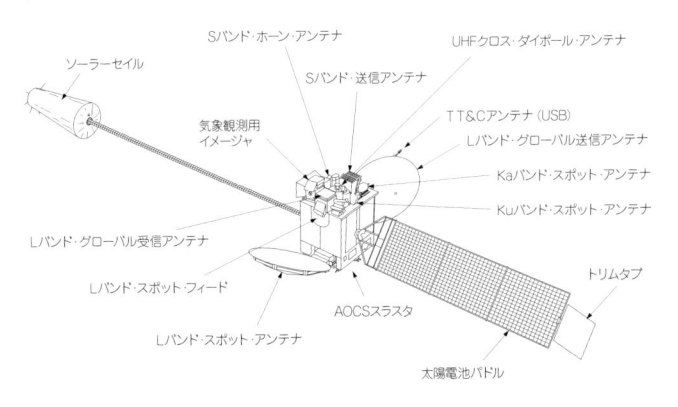

主要部品:
- ソーラーセイル
- Sバンド・ホーン・アンテナ
- Sバンド・送信アンテナ
- UHFクロス・ダイポール・アンテナ
- 気象観測用イメージャ
- TT&Cアンテナ (USB)
- Lバンド・グローバル送信アンテナ
- Kaバンド・スポット・アンテナ
- Kuバンド・スポット・アンテナ
- Lバンド・グローバル受信アンテナ
- Lバンド・スポット・フィード
- トリムタブ
- AOCSスラスタ
- Lバンド・スポット・アンテナ
- 太陽電池パドル

3-18　陸域観測技術衛星（ALOS）「だいち」
（Advanced Land Observing Satellite）
国際標識番号：2006-002A

開発の目的と役割		（1）地図作成 　　国内およびアジア太平洋地域等の諸外国の地図の作成 （2）地域観測 　　持続可能な開発を達成するため、世界各地域の開発状況および環境状況とその変化の観測 （3）災害状況把握 　　地震、洪水、火山噴火、津波、火災等の国内外の大規模災害の迅速な状況把握 （4）資源探査 　　国際協力による国内外の資源探査 （5）技術開発 　　高精度位置・姿勢決定技術等、将来の地球観測に必要な技術の開発
打ち上げ	日時	2006年（平成18年）1月24日　10：33
	場所	種子島
	打ち上げロケット	H-ⅡAロケット8号機（H-ⅡA・F8）
構造	質量	約4000kg
	形状	一翼式太陽電池パドル、フェーズドアレイ方式Lバンド合成開口レーダ、データ中継衛星通信部のアンテナを有する箱形 　本体：約6.2m×3.5m×4.0m 　太陽電池パドル：約3.1m×22.2m 　PALSARアンテナ：約8.9m×3.1m
軌道	高度	約690km（軌道長半径7070km）
	傾斜角	約98度
	種類	太陽同期準回帰軌道（回帰日数46日）
	周期	約99分
姿勢制御方式		三軸姿勢制御方式（高精度姿勢軌道決定機能）
設計寿命		3年以上5年目標
主要ミッション機器		（1）PRISM（パンクロマチック立体視センサ） 　　地表を2.5mの分解能で観測することができる光学センサ。3組の光学系をもち、衛星の進行方向に対して前方、直下、後方の3方向から地表を観測することにより、高精度の地形データを高頻度に取得する。 （2）AVNIR-2（高性能可視近赤外放射計2型） 　　ADEOSに搭載されたAVNIRの分解能等をさらに向上させたもので、地域観測等に必要な土地被覆、

主要ミッション機器	土地利用分類データを取得する。また、災害状況の把握のために観測領域を変更するポインティング機能をもつ。 (3) PALSAR(フェーズドアレイ方式Lバンド合成開口レーダ) JERS-1に搭載されたSARの機能・性能をさらに向上させたもので、天候、昼夜に影響されず観測可能な能動型の電波センサ。オフナディア角を可変する機能や広い観測幅を有する観測モードをもつ。PALSARの開発は、旧NASDAと(財)資源探査用観測システム研究開発機構(JAROS)の共同で行った。
運用停止年月日	2011年(平成23年)5月12日
追跡管制結果	打ち上げ後、2006年(平成18年)5月15日まで、太陽電池パドル、アンテナ展開等のクリティカル運用を含む衛星・センサの機能を確認するための初期機能確認運用を実施した。 続いて、同年10月23日まで、画像精度、処理アルゴリズムの評価およびデータ受信・処理設備の機能評価を目的とする初期校正検証運用を実施した。10月24日から定常観測運用に移行。定常観測運用の開始に伴い、「だいち」の観測データの一般提供を開始した。 2011年(平成23年)3月11日の東日本大震災における災害対策支援の一環として、3月12日に「だいち」により被災地を観測し、画像を関係機関に提供するとともに、以後観測の都度画像を関係機関に提供した。4月22日、電力異常発生により交信不能となり、5月12日運用を停止した。

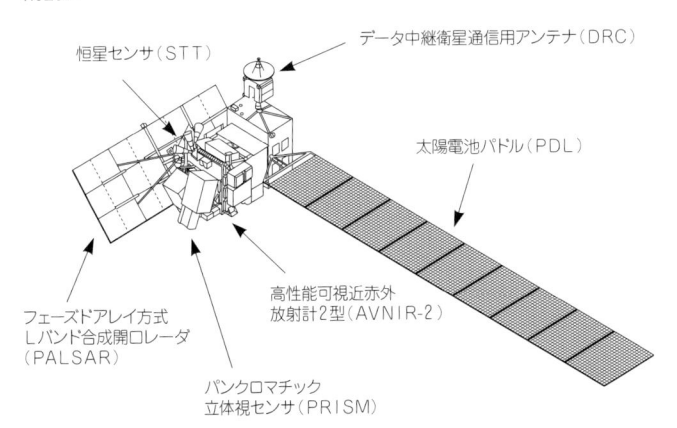

概観図

3-19 運輸多目的衛星新2号(MTSAT-2)「ひまわり7号」
(Multi-functional Transport SATellite-2)
国際標識番号：2006-004A

開発の目的と役割	運輸多目的衛星新2号は、国土交通省が打ち上げる静止衛星であり、「ひまわり6号」とともに民間航空交通のための航空ミッションと気象観測のための気象ミッションを有する。 〈航空ミッション〉 航空衛星により地球規模で均一な航空保安サービスの提供をめざす。アジア太平洋地域の交通量拡大と安全性の向上に寄与するもので、次世代航空保安システムの構築を図る。 また、MTSAT-2の運用開始後は、2005年(平成17年)に打ち上げられた「ひまわり6号」との2機体制による運用を行い、航空ミッションによるサービス提供について信頼性の向上を図る。 〈気象ミッション〉 気象ミッションは、気象イメージャによる観測と気象データの収集・配信を行うもので、現在運用中の「ひまわり6号」とともに、ミッションを継承し、発展させる。わが国をはじめ東南アジア、オセアニア等の各国の気象監視、天気予報等の気象業務に資することを目的とする。

打ち上げ	日時	2006年(平成18年)2月18日　15：27
	場所	種子島
	打ち上げロケット	H-ⅡAロケット9号機(H-ⅡA・F9)
構造	質量	打ち上げ時 約4600kg
	形状	全長　約30m(展開時)
軌道	高度	約36000km
	傾斜角	0度
	種類	静止衛星軌道(東経145度)
	周期	約24時間
姿勢制御方式		三軸姿勢制御方式

設計寿命	航空ミッション10年以上、気象ミッション5年以上
主要ミッション機器	〈航空ミッション〉 　(1) Lバンド通信機器 　(2) Kuバンド通信機器 　(3) Kaバンド通信機器 〈気象ミッション〉 　(1) イメージャ機器 　　可視センサ(1バンド)および赤外センサ(4バンド) 　(2) Sバンド通信機器 　(3) UHF通信機器
運用停止年月日	運用中
衛星発注者	国土交通省(航空局)および気象庁
打ち上げ請負契約者	株式会社ロケットシステム

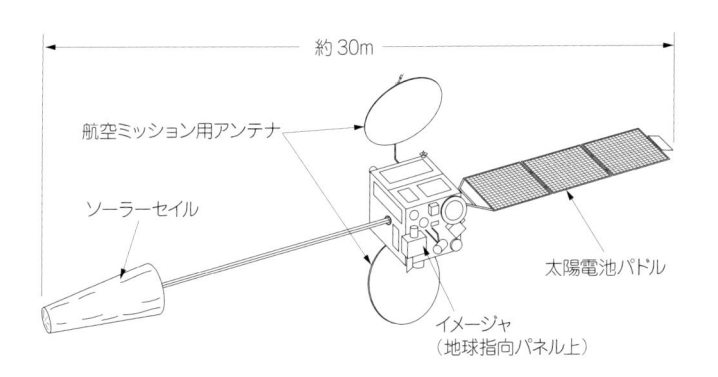

概観図

3-20 温室効果ガス観測技術衛星(GOSAT)「いぶき」
(Greenhouse gas Observing SATellite)
国際標識番号：2009-002A

開発の目的と役割	(1) 京都議定書への貢献 　①温室効果ガス(二酸化炭素やメタンなど)の全球の濃度分布の測定 　②温室効果ガスの亜大陸レベルでの吸収排出量の推定誤差の半減 (2) 将来、国別の二酸化炭素の排出量・吸収量を評価できる技術基盤の確立 (3) 将来の地球観測衛星、GOSAT後継機に必要な技術開発 　①国別の観測に対応したポインティング機構、より高精度観測をめざした高SNRデータ取得、広帯域・多チャンネルでの観測 　②中型単一ミッション衛星の確実性・迅速性・柔軟性の実証 　③壊れない衛星、死なない衛星を実現する新たな設計思想の実証 GOSATは、JAXA、環境省、および国立環境研究所の共同プロジェクト： 　—JAXAは、温室効果ガス観測センサおよび衛星の開発(センサは環境省と共同開発)、打ち上げ、運用、観測データの取得・処理・校正・提供を行う。 　—環境省と国立環境研究所は、JAXAが提供する観測データと、地上観測データ、放射伝達モデルを組み合わせ、温室効果ガス濃度分布の算出と検証を行い、温室効果ガス吸収排出効果の把握等の環境行政に貢献する。
打ち上げ 日時	2009年(平成21年)1月23日　12：54
打ち上げ 場所	種子島
打ち上げ 打ち上げロケット	H-ⅡAロケット15号機(H-ⅡA・F15)
構造 質量	打ち上げ時約1750kg
構造 形状	本体1.8m×2.0m×3.7m 全長 約13.7m(太陽電池パドル展開時)
軌道 高度	約667km
軌道 傾斜角	約98度
軌道 種類	太陽同期準回帰軌道(回帰日数3日)
軌道 周期	約98分
姿勢制御方式	三軸姿勢制御方式
設計寿命	5年

主要ミッション機器	[観測ミッション系] (1) 温室効果ガス観測センサ(TANSO-FTS) 　　地球から宇宙へ放射される赤外線を観測するセンサ (2) 雲・エアロゾルセンサ(TANSO-CAL) 　　温室効果ガス測定の誤差要因となる雲・エアロゾルを観測するセンサ [その他のミッション系] (1) 技術データ取得装置(TEDA) 　　衛星軌道上での宇宙環境をモニタする装置。 (2) モニタカメラ(CAM) 　　太陽電池パドルの展開状況や展開後の挙動、打ち上げ時のロケットのフェアリング開時や衛星分離時の汚染物質の放散の有無、および軌道上での衛星外観各部のモニタを7台のカメラヘッドで行い、衛星の健全性の評価や不具合時の原因究明のためのデータを取得する
運用停止年月日	運用中
追跡管制結果	2009年(平成21年)1月24日には姿勢制御系を定常段階に移行させ、クリティカル運用期間を終了し、初期機能確認運用期間に移行。約3ヵ月かけて衛星搭載機器の機能確認などを実施。各ミッション機器、衛星、地上システムが正常に動作することを確認して、4月10日に初期校正検証運用に移行、JAXA、国立環境研究所及び環境省は共同で、地上観測データとの比較などによるデータの精度確認、データ補正等を行った。10月、温室効果ガス観測センサにより観測される輝度スペクトルデータ及び雲・エアロゾルセンサによる地球観測画像データの一般提供を開始した。2010年(平成22年)2月、観測データの解析結果(二酸化炭素・メタン濃度等)の一般提供開始。

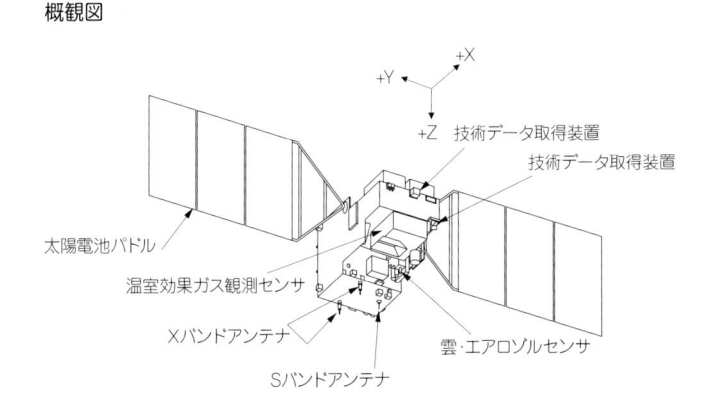

概観図

5-4-4 技術実証衛星

4-1 民生部品・コンポーネント実証衛星(MDS-1)「つばさ」
(Mission Demonstration test Satellite-1)
国際標識番号：2002-003A

主要ミッション		民生部品の軌道上における機能確認、コンポーネント等の小型化技術確認および放射線等の宇宙環境の計測を行うことを目的とする。
打ち上げ	日時	2002年(平成14年)2月4日　11：45
	場所	種子島
	打ち上げロケット	H-ⅡAロケット試験機2号機
構造	質量	約480kg
	形状	展開型太陽電池パドルを有する箱形
軌道(初期)	高度	近地点209km　遠地点35204km
	傾斜角	29.1度
	種類	静止トランスファ軌道
	周期	約11時間
姿勢制御方式		太陽指向スピン安定方式
設計寿命		1年
主要ミッション機器		・民生部実証機器 　　民生半導体部品・地上用太陽電池実験装置 ・コンポーネント実証機器 　　半導体レコーダ実験装置 　　CPV型バッテリ実験装置 　　並列計算機システム実験装置 ・宇宙環境計測装置
運用停止年月日		2003年(平成15年)9月27日

追跡管制結果	打ち上げ後、ニューテーション(軸のふらつき)制御、太陽捕捉、太陽電池パドル展開、磁力計マスト展開の自動シーケンスに引き続き10日間の初期機能確認を終了し、2002年(平成14年)2月15日から定常段階(実験運用)へ移行した。2003年(平成15年)2月26日に定常段階を終了し、その後、後期利用段階へ移行。予定されていた1年間のミッション期間を超える約1年8ヵ月の軌道上運用を達成し、さまざまなデータを取得。2003年(平成15年)9月25日に停波コマンドを送信し、9月27日、「つばさ」からの電波の発信が停止していることを確認し、これをもって運用終了とした。

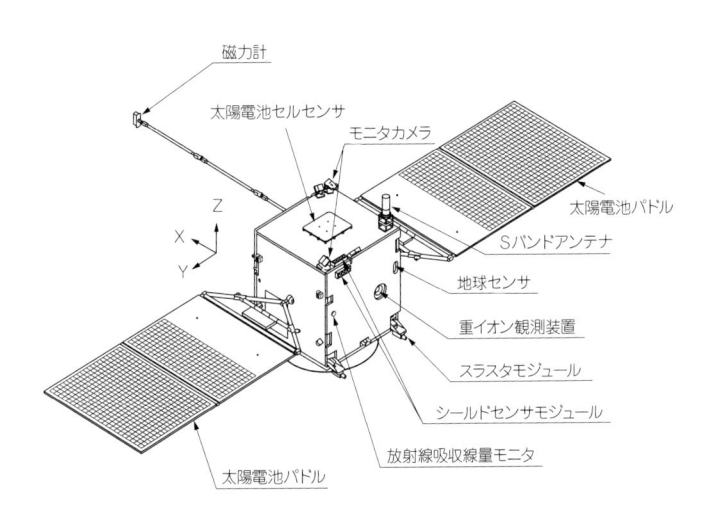

概観図

4-2　高速再突入実験機(DASH)

(Demonstrator of Atmospheric Reentry System with Hyperbolic Velocity)
国際標識番号：2002-003B

開発者	文部科学省宇宙科学研究所
主要ミッション	DASHは、高速地球再突入を行うカプセルの性能確認を行う実験機である。オービタに組みつけられた再突入カプセルは、H-ⅡAロケットで静止トランスファ軌道に打ち上げられ、数回の軌道周回後に軌道離脱モータが点火され、高速地球再突入を行う。再突入終了後の降下フェーズにてパラシュート開傘、データ送信を開始し、再突入データが地上局にて受信され、このデータを基にカプセルの性能を確認する。
打ち上げ等	日時	2002年(平成14年)2月4日　11：45
	場所	種子島
	打ち上げロケット	H-ⅡAロケット試験機2号機(MDS-1と相乗り)
	再突入日時	(打ち上げ3日後)＊
構造	質量	92kg
	形状	長方形デッキの上下面に、再突入カプセルおよび軌道離脱モータ等を配置(700mm×540mm×H607mm)
軌道	近地点高度	(250km)＊
	遠地点高度	(36200km)＊
	傾斜角	(28.5度)＊
	周期	(10.67時間)＊
姿勢制御方式	ガスジェット噴射
設計寿命	—
主要ミッション機器	—
運用停止年月日	2002年(平成14年)2月5日
追跡管制結果	打ち上げ時、ロケットと分離できず、軌道投入に失敗した。

＊は当初計画値

5-4 日本の人工衛星

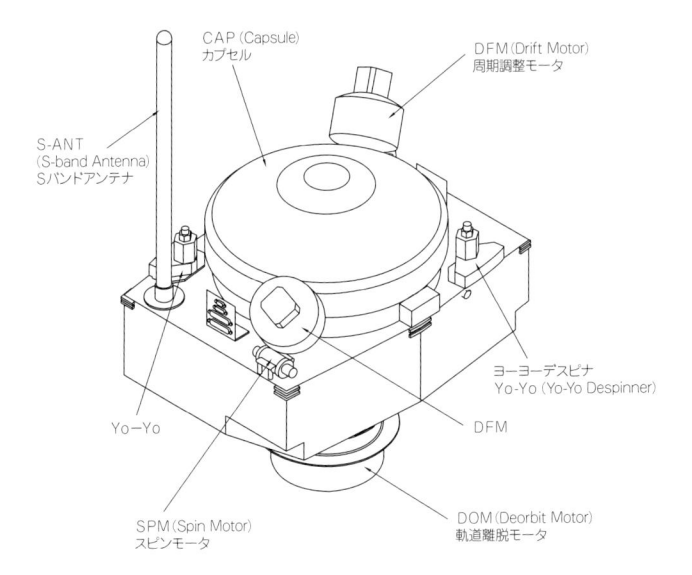

概観図

- S-ANT (S-band Antenna) Sバンドアンテナ
- CAP (Capsule) カプセル
- DFM (Drift Motor) 周期調整モータ
- Yo-Yo
- ヨーヨーデスピナ Yo-Yo (Yo-Yo Despinner)
- DFM
- SPM (Spin Motor) スピンモータ
- DOM (Deorbit Motor) 軌道離脱モータ

4-3 マイクロラブサット1号機（μ-LabSat）
国際標識番号：2002-056D

目的	(1)軌道上での先端技術実証機会の提供 (2)短期サイクルによる打ち上げ (3)大幅な低コスト化 (4)外部機関への衛星バスの提供
主要ミッション	(1)50kg級小型衛星バス実験 ・三重冗長系オンボードコンピュータ(OBC) ・OBCによる集中制御 ・50kg級小型衛星の三軸姿勢制御 ・PPT(Peak Power Tracking)電力制御 ・地上技術/民生技術の宇宙搭載化 (2)かぐや(SELENE)リレー衛星分離機構実証実験 (3)遠隔検査技術実証 ・遠隔検査用カメラおよび画像処理計算機の軌道上実証 ・画像誘導航法に必要な画像処理技術実験 ・運動するターゲットの相対運動推定実験
打ち上げ 日時	2002年(平成14年)12月14日　10：31
打ち上げ 場所	種子島
打ち上げ 打ち上げロケット	H-IIAロケット4号機(ADEOS-IIと相乗り)
構造 質量	約68kg(分離後約54kg)
構造 形状	直径688mm×高さ635mmの八角柱 (分離後 515mm)
軌道 高度	767km～811km
軌道 傾斜角	98.7度
軌道 種類	太陽同期準回帰軌道
軌道 周期	約100分
姿勢制御方式	スピン安定方式(定常)　三軸安定方式(ミッション)
設計寿命	約3ヵ月(目標)
主要ミッション機器	―
運用停止年月日	2006年(平成18年)9月27日

追跡管制結果	2003年(平成15年)1月24日から三軸姿勢制御実験を開始し、成功した。2月11日には地球指向も成功し、三軸姿勢制御機能を確認した。打ち上げ3ヵ月後より後期利用運用に入り、3月14日10時40分頃、「μ-LabSat遠隔検査技術実験」を実施した。2004年(平成16年)4月7日には「月トラッキング制御実験」に成功。その間、学生や研修生の運用体験などにも活用された。

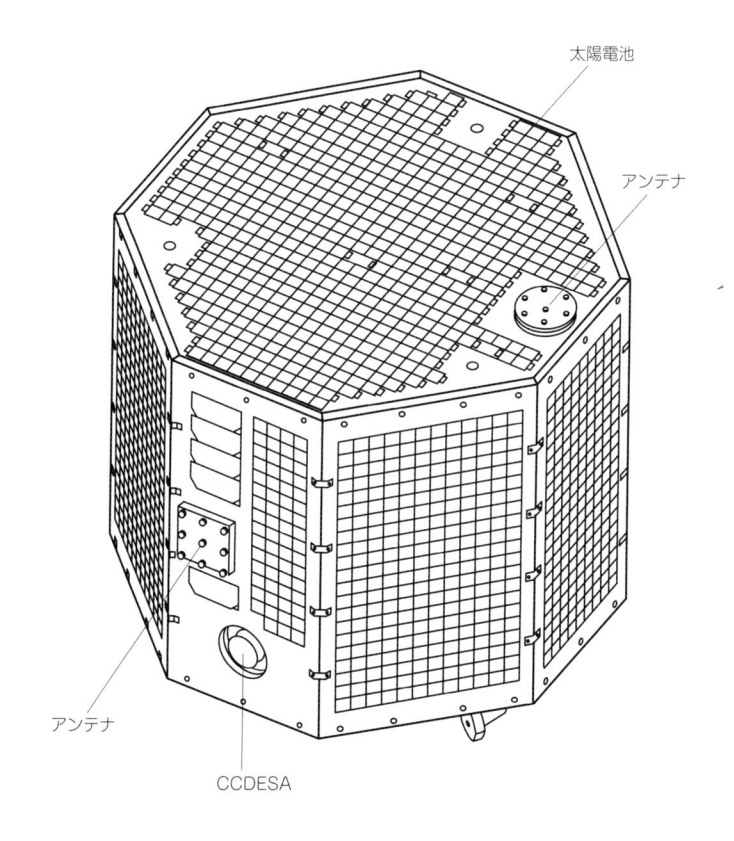

概観図

4-4 小型実証衛星1型(SDS-1)
(Small Demonstration Satellite-1)
国際標識番号:2009-002F

開発の目的と役割	実用人工衛星の信頼性を向上させる目的で、機器・部品からシステム技術に至るまで、新規技術を事前に宇宙で実証して技術成熟度を向上させることをねらいとした小型実証衛星プログラム。小型実証衛星は大型衛星に比べて低コストかつ短期間で開発できるため、さまざまな技術の軌道上実証・実験をタイムリーに進めることができる。小型実証衛星(SDS-1)はその第1号機。
打ち上げ 日時	2009年(平成21年)1月23日 12:54
打ち上げ 場所	種子島
打ち上げ 打ち上げロケット	H-ⅡAロケット15号機(H-ⅡA・F15)(「いぶき」と相乗り)
構造 質量	約100kg
構造 形状	70cm × 70cm × 60cm
軌道 高度	約666km
軌道 傾斜角	約98度
軌道 種類	太陽同期軌道
軌道 周期	約98分
姿勢制御方式	定常時:スピン安定 ミッション時:簡易三軸姿勢制御
設計寿命	—
主要ミッション機器	・マルチモード統合トランスポンダ(MTP) 　今後の衛星に活用予定の4種類の通信機能を従来のトランスポンダのサイズに収まるよう小型軽量化 ・スペースワイヤ実証モジュール(SWIM) 　JAXAが宇宙用に開発した高速マイクロプロセッサユニット(MPU)を用い、国際標準であるスペースワイヤ企画を発展させて次世代ネットワーク型データ処理技術の実証 ・先端マイクロプロセッサ軌道上実験装置(AM)
運用停止年月日	2010年(平成22年)9月8日

追跡管制結果	打ち上げ、衛星分離後から2009年(平成21年)1月27日までに、太陽電池パドル展開、通信リンクの確立、スピン安定を行い、クリティカル運用を終了した。その後、初期機能確認運用(衛星バス機器および実験機器等の機能確認)を約1ヵ月間実施し、運用を行った。 搭載した実験機器について、当初計画していたエクストラサクセスまでを達成し、あわせてSWIM超高感度加速度センサによる、宇宙-地上同時の重力波観測手法の成立性を確認するなど、当初計画を超える成果を得た。 2010年(平成22年)9月8日、運用を終了し、停波した。

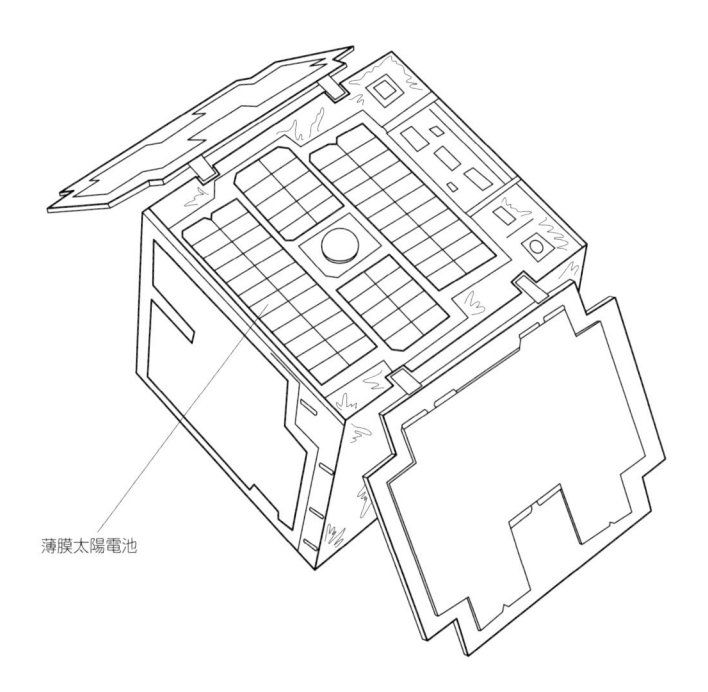

概観図

薄膜太陽電池

5-4-5 宇宙工学実験衛星・探査機

5-1 宇宙実験・観測フリーフライヤー（SFU）
(Space Flyer Unit/Exposed Facility Flyer Unit)
国際標識番号：1995-011A

開発の目的と役割		SFUは、文部省宇宙科学研究所(当時)、通商産業省(当時)、および旧宇宙開発事業団(NASDA)の共同研究プロジェクトであり、宇宙環境において長期間の実験機会を得ることを目的としていた。また、以下の目的も併せ持っていた。 (1)打ち上げ・軌道上実験・回収を行うことによって、回収・再使用システムの有効性を確認する。 (2)軌道上で科学・工学実験と天文観測を実施する。
打ち上げ	日時	1995年(平成7年)3月18日　17：01
	場所	種子島
	打ち上げロケット	H-Ⅱロケット試験機3号機 (GMS-5(ひまわり5号」)と相乗り)
構造	質量	約4000kg
	形状	直径約4.7m×高さ約2.8m　太陽電池パドル別
軌道	高度	約300～500km
	傾斜角	28.5度
	種類	位相同期軌道
	周期	約90分
姿勢制御方式		三軸姿勢制御方式(ゼロモーメンタム)
設計寿命		10年間、5フライト(目標)
主要ミッション機器		旧宇宙科学研究所：宇宙赤外線望遠鏡(IRTS)、2次元太陽電池実験(2DSA)、高電圧太陽電池実験(HVSA)、宇宙プラズマ実験(SPDP)、電気推進実験(EPEX)、宇宙材料実験(MEX)、宇宙生物学実験(BIO) 旧宇宙開発事業団：曝露部実験(EFFU)、気体力学実験(GDEF) USEF：傾斜型電気炉実験(GHF)、反射型電気炉実験(MHF)、等 温度気炉実験(IHF)
運用停止年月日		1996年(平成8年)1月13日(スペースシャトルで回収)1月20日地球帰還
追跡管制結果		高度330kmの軌道に投入された直後、太陽電池パドルが展開され、1995年(平成7年)3月23日までに軌道高度はミッション遂行の高度である486キロメートルまで引き上げられた。搭載されたミッション機器により、多くの観測・実験成果を得た。 SFUを回収するSTS-72(エンデバー)は1996年(平成8年)1月11日に打ち上げられ高度472kmの回収予定軌道に乗った。2枚の太陽電池パドルの収納ができず、太陽電池パドルの収納をあきらめ、シャトルに搭乗した若田飛行士が操るマニピュレータで掴まれ、オービタのカーゴベイに収納された。

5-4 日本の人工衛星

概観図

太陽電池パドル

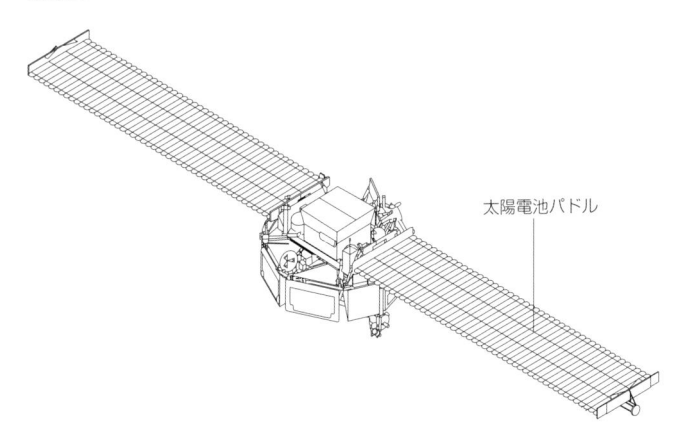

主要ミッション機器の配置

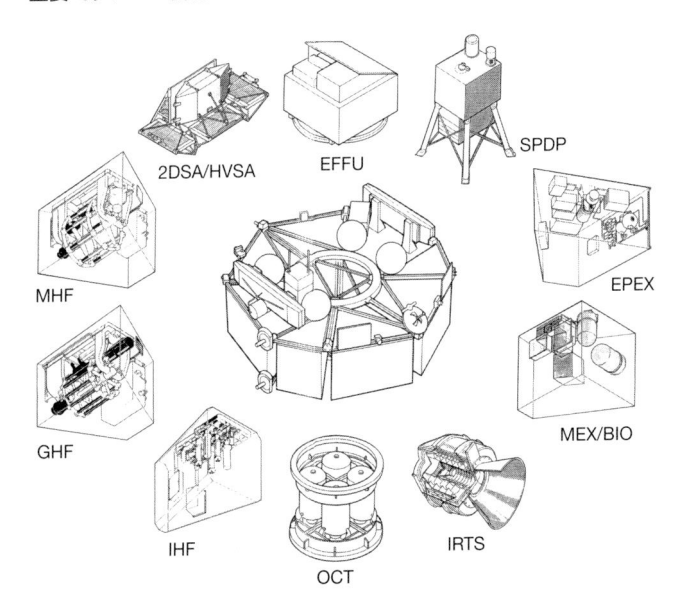

2DSA/HVSA
EFFU
SPDP
MHF
EPEX
GHF
MEX/BIO
IHF
OCT
IRTS

433

5-2 次世代型無人宇宙実験システム(USERS)
(Unmanned Space Experiment Recovery System)
国際標識番号：2002-042A

開発者	経済産業省／新エネルギー・産業技術総合開発機構 財団法人無人宇宙実験システム研究開発機構
主要ミッション	USERSのミッション目的は (1)大型の高温超伝導材料を、軌道上の微小重力環境において結晶成長を行い生成する (2)安価な宇宙帰還システムを確立する の2つであり、これらのミッション目的を達成するための機器として、超伝導材料製造実験装置(SGHF)、再突入飛行環境光学計測装置(READ)等を搭載する。
打ち上げ 日時	2002年(平成14年)9月10日 17：20
打ち上げ 場所	種子島
打ち上げ 打ち上げロケット	H-ⅡAロケット3号機(DRTSと相乗り)
リエントリモジュール 回収日時	打ち上げ後8.5ヵ月以内
リエントリモジュール 回収場所	小笠原東方沖公海上
構造 質量	打ち上げ時質量約1800kg
構造 形状	約1.5m×1.6m×1.4mの箱形で、展開後全長15.5mとなる2翼の太陽電池パドルを有するサービスモジュール(SEM)と、直径約1.6m×高さ約1.9mのカプセル形状のリエントリモジュール(REM)が結合された形状。
軌道 高度	運用高度は約500km
軌道 傾斜角	30.4度
軌道 種類	低高度周回衛星
軌道 周期	約90分
姿勢制御方式	ゼロモーメンタム三軸姿勢制御方式
設計寿命	SEM：3年　REM：8.5ヵ月
主要ミッション機器	REM：超伝導材料製造装置 　　　再突入飛行環境光学計測装置 SEM：宇宙用2周波GPS受信機 　　　先進的スタートセンサシステム 　　　高性能低コスト慣性基準装置
運用停止年月日	2003年(平成15年)5月回収

追跡管制結果	2002年(平成14年)9月10日の打ち上げ後、9月16日までの3回に分けた軌道制御により運用軌道である515kmの高度に上昇し、9月17日より初期チェックアウトを開始した。そして宇宙機システムおよび搭載実験装置に問題がないことを確認し、10月2日より超伝導材料製造実験を開始した。その後、2003年(平成15年)3月末まで超伝導材料製造実験を行った後、帰還のための軌道制御等の準備運用を経て、5月に小笠原東方沖公海上に着水させ回収した。

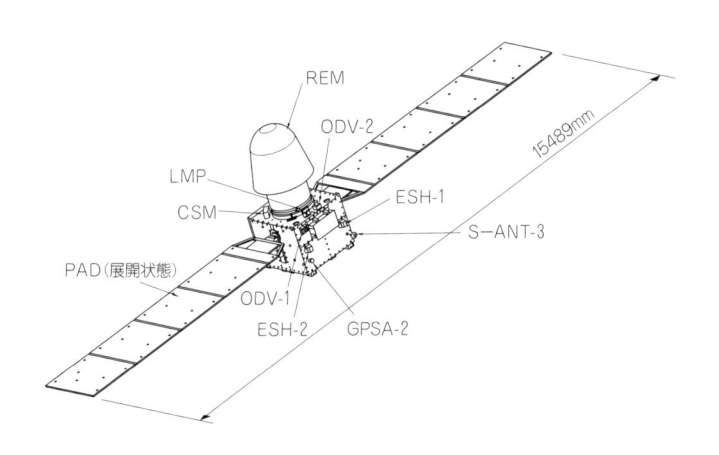

概観図

5-4-6 天文観測衛星

6-1 X線天文衛星(CORSA)
(Cosmic Radiation Satellite)　国際標識番号：1976-F01

開発の目的と役割		X線星やX線バースト、硬・軟X線星雲などの観測
打ち上げ	日時	1976年(昭和51年)2月4日　15：00
	場所	内之浦
	打ち上げロケット	M-3Cロケット3号機
構造	質量	96kg
	形状	底部が角錐の八角柱型
軌道(計画値)	高度	(近地点550km　遠地点650km)
	傾斜角	(30度)
	種類	略円軌道
	周期	(96分)
姿勢制御方式		スピン軸磁気トルク制御
設計寿命		―
主要ミッション機器		すだれX線コリメータ等
運用停止年月日		1976年(昭和51年)2月4日

追跡管制結果	ロケットの第1段は順調に飛翔したが、コンピュータの第2段と第3段の姿勢基準データが発射前コネクタ切り離し時に生じたノイズの影響で入れ替わったことが原因で、予定よりはるかに低い高度にしか到達できないことが判明した。よって、打ち上げから232秒後に第3段への点火を中止した。衛星はロケットの第2、第3段とともに太平洋に落下した。

*( )は計画値

概観図
(単位mm)

主要寸法: 817、755、655.9、316φ

部品:
- UHFアンテナ
- 硬X線観測装置
- 軟X線観測装置
- 超軟X線観測装置
- ヨーヨーデスピナ
- VHFアンテナ

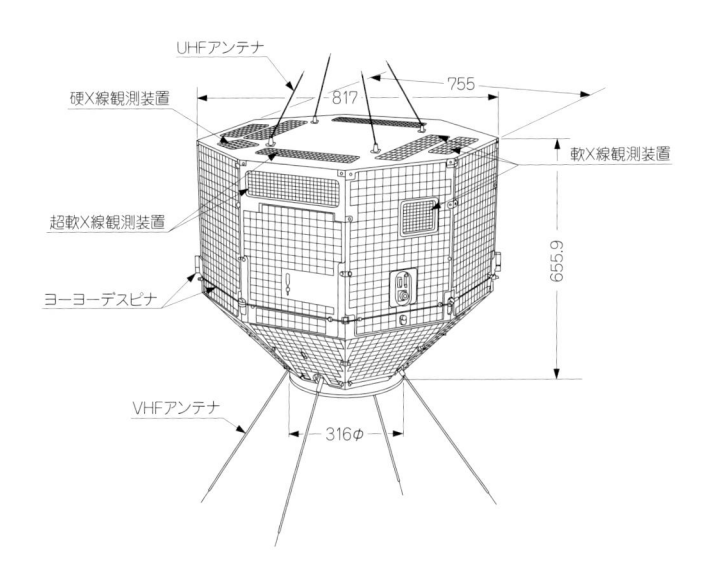

6-2 X線天文衛星(CORSA-b)「はくちょう」
(Cosmic Radiation Satellite-b)　国際標識番号：1979-014A

開発の目的と役割		X線バースト源をはじめとするX線天体の広帯域スペクトルと強度変動の観測
打ち上げ	日時	1979年(昭和54年)2月21日　14：00
	場所	内之浦
	打ち上げロケット	M-3Cロケット4号機
構造	質量	96kg
	形状	底部が角錐の八角柱型
軌道	高度	近地点545km　遠地点577km
	傾斜角	30度
	種類	略円軌道
	周期	96分
姿勢制御方式		スピン軸磁気トルク制御
設計寿命		—
主要ミッション機器		すだれX線コリメータ等
運用停止年月日		1985年(昭和60年)4月15日大気圏突入

追跡管制結果	打ち上げ後の運用は正常に行われ、衛星に搭載したコイルに電流を流し、地球磁場との相互作用を使って衛星のスピン軸を任意の方向に向けることにより、搭載したすだれコリメータによって多数のX線源を観測した。
観測成果	搭載したすだれコリメータによって、新たに8つのX線バースト天体を発見するとともに、X線バーストの可視光同期観測から、可視光放射がX線で加熱された降着円盤からのものであることを解明するなど、X線バースト(中性子星表面での熱核反応の暴走現象)の研究では国際的に高い評価を受けた。また、X線パルサーと呼ばれる強磁場中性子星の自転周期のふらつきや、ブラックホールである白鳥座X-1のソフト状態の観測など、X線天体の多様な時間変動の観測を行った。 また、国内およびヨーロッパ、南アメリカの天文台と同時観測を行い、中性子星の大きさや自転のふらつきなどの新発見に寄与した。

概観図

(単位 mm)

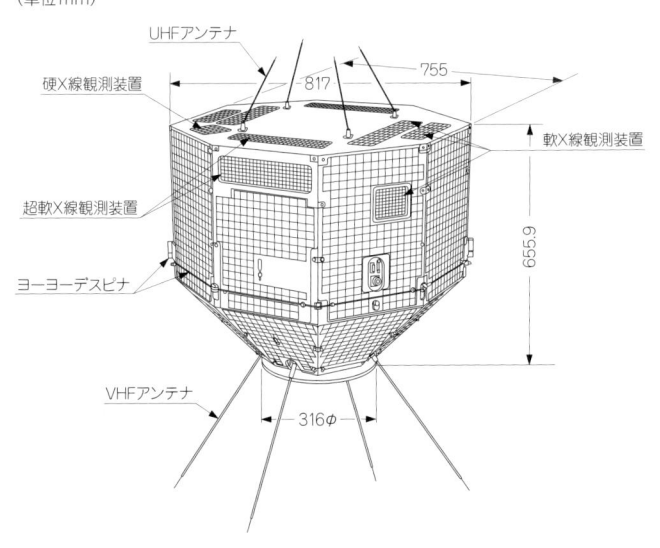

6-3 X線天文衛星（ASTRO-B）「てんま」
（Astronomy Satellite-B）　国際標識番号：1983-011A

開発の目的と役割	X線天体のエネルギースペクトルの精密観測およびガンマ線バーストの観測
打ち上げ 日時	1983年（昭和58年）2月20日　14：10
打ち上げ 場所	内之浦
打ち上げ 打ち上げロケット	M-3Sロケット3号機
構造 質量	216kg
構造 形状	対角寸法最大94cm、高さ89.5cmの四角柱型 4枚の太陽電池パドルを備える
軌道 高度	近地点497km　遠地点503km
軌道 傾斜角	32度
軌道 種類	円軌道
軌道 周期	94分
姿勢制御方式	フライホイール、スピン軸磁気トルク制御
設計寿命	―
主要ミッション機器	蛍光比例計数管 軟X線反射集光鏡装置 広視野X線モニタ等
運用停止年月日	1988年（昭和63年）12月17日
追跡管制結果	打ち上げ後、太陽電池パドルの展開、各機器のテスト、磁気トルクによる姿勢制御、スピン制御などを順調に実施し、1983年（昭和58年）3月より定常観測に入った。その後、ホイールの異常による衛星のニューテーション（軸のふらつき）が増加する不具合が発生したため、ホイールを止めて同じフリースピン方式に切り替えた。1984年（昭和59年）7月には電源系の不具合が発生したが、主観測器には異常がなく、そのままの状態で観測が続けられた。ほ座のX線パルサー VelaX-1の観測などをはじめとしたさまざまなデータを提供したが、1988年（昭和63年）12月17日には運用を停止、翌1989年（平成元年）の1月19日に大気圏に突入し消滅した。

観測成果	われわれの銀河系の銀河面に沿って、数千万度の高温プラズマが存在することを発見した。 X線バースト中に、中性子星の強い重力場で赤方偏移したと考えられる、鉄の吸収線を発見した。 磁場の弱い中性子星連星系からのX線放射が、降着円盤と中性子星の2つの領域から出ていることを発見した。 X線パルサーからの鉄輝線放射が、低温つまり中性の鉄からの放射であることを発見した。

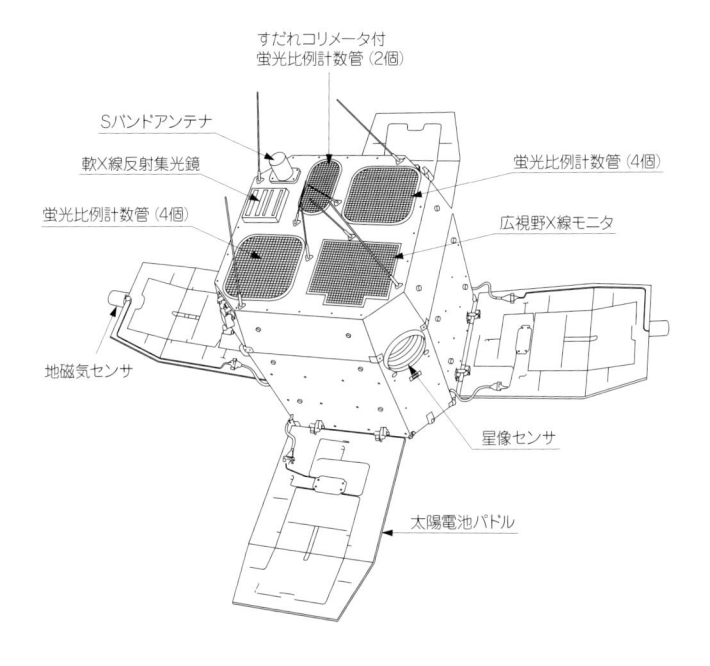

概観図

6-4　X線天文衛星(ASTRO-C)「ぎんが」
（Astronomy Satellite-C)　国際標識番号：1987-012A

開発の目的と役割		ブラックホール・中性子星・超新星・活動銀河核・ガンマ線バーストなどの宇宙X線源の観測
打ち上げ	日時	1987年(昭和62年)2月5日　15：30
	場所	内之浦
	打ち上げロケット	M-3SIIロケット3号機
構造	質量	420kg
	形状	1m×1m×1.5mの直方体、4枚の太陽電池パドルを備える
軌道	高度	近地点530km　遠地点595km
	傾斜角	31度
	種類	略円軌道
	周期	96分
姿勢制御方式		三軸姿勢制御方式
設計寿命		—
主要ミッション機器		大面積比例計数管(LAC) 全天X線監視装置 ガンマ線バースト検出器(GBD) (LACは英国レスター大学、GBDは米国ロスアラモス研究所との国際協力により開発)
運用停止年月日		1991年(平成3年)11月1日大気圏突入

追跡管制結果	当初は搭載された星姿勢計(スターセンサ)による自動姿勢制御を行う計画であったが、軌道上での恒星の自動同定が困難であることが判明したため、軌道上での姿勢の保持はジャイロのデータのみを使って行われた。
観測成果	打ち上げ後の1987年(昭和62年)2月23日、4世紀ぶりに大マゼラン雲に超新星が出現、同年8月にこの超新星が出す宇宙X線の観測に成功した。また、超新星残骸、暗黒星雲内部の高温プラズマ、連星で発生したフレア、セイファート銀河中心核の変動、クエーサーのスペクトル等を観測・発見した。

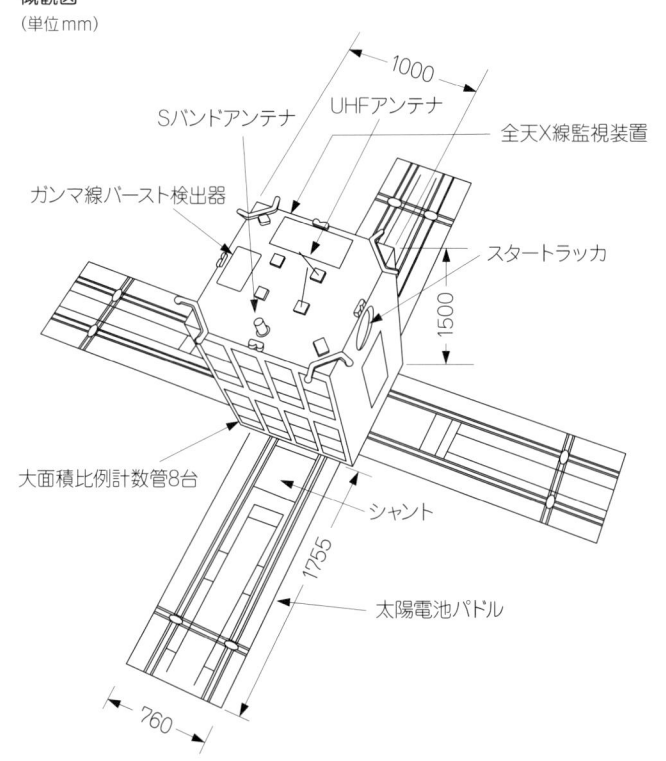

概観図
(単位mm)

6-5 X線天文衛星(ASTRO-D)「あすか」
(ASCA：Advanced Satellite for Cosmology and Astrophysics)
(Astronomy Satelite-D)　国際標識番号：1993-011A

開発の目的と役割		宇宙の科学的進化の解明、ブラックホールの検証、宇宙における粒子加速の場所の確認、ダークマター（暗黒物質）の分布とその全質量の決定、宇宙X線背景(CXB)放射の謎の解明、X線天体と深宇宙の進化の研究等を目的に、宇宙空間の星・銀河のX線観測、銀河団等の宇宙最深部のX線による観測を行う。
打ち上げ	日時	1993年(平成5年)2月20日　11：00
	場所	内之浦
	打ち上げロケット	M-3SⅡロケット7号機
構造	質量	420kg
	形状	高さ4.7m(伸展式光学ベンチ伸展時) 2枚の折りたたみ式(3つ折り)太陽電池パドルを備えた円筒形
軌道	高度	近地点525km　遠地点615km
	傾斜角	31度
	種類	略円軌道
	周期	96分
姿勢制御方式		三軸姿勢制御方式
設計寿命		—
主要ミッション機器		(1)X線望遠鏡(XRT) 　　0.5から12keVまでの広いエネルギー範囲（従来はほぼ4keV以下だった）のX線を効率よく集光する望遠鏡。NASAゴダード宇宙飛行センター、名古屋大学との共同開発 (2)X線CCDカメラ(SIS) 　　一つのX線光子のエネルギーを計測する「フォトン・モード」での動作が可能なカメラ。ペルチエ素子による電子冷却と放射冷却により、−70℃まで冷却させて観測を行う。マサチューセッツ工科大学(MIT)、大阪大学、ペンシルヴェニア州立大学との共同開発 (3)撮像型蛍光比例計数管(GIS) 　　「てんま」衛星に搭載された装置を改良した観測器。SISに比べて、広い視野を一度に観測できる。東京大学との共同開発

運用停止年月日	2001年(平成13年)3月2日
追跡管制結果	打ち上げ後、望遠鏡の鏡筒に相当する伸展式光学台(EOB)の伸展に成功、観測を開始した。順調に観測を行ったが、2000年(平成12年)7月、おりからの活発な太陽活動のため地球大気が膨張、衛星は希薄な大気による摩擦を受けてスピン状態に陥り、観測は不能となった。最低限の機能により運用を継続したが、2001年(平成13年)3月2日14時20分頃、大気圏に突入し、消滅した。
観測成果	1993年(平成5年)3月17日、蛍光比例計数管によりX線天体の初めての撮像に成功、同年4月5日には、M81銀河に発見されたばかりの超新星SN1993JからのX線をとらえることに成功するなど、大きな成果をあげた。

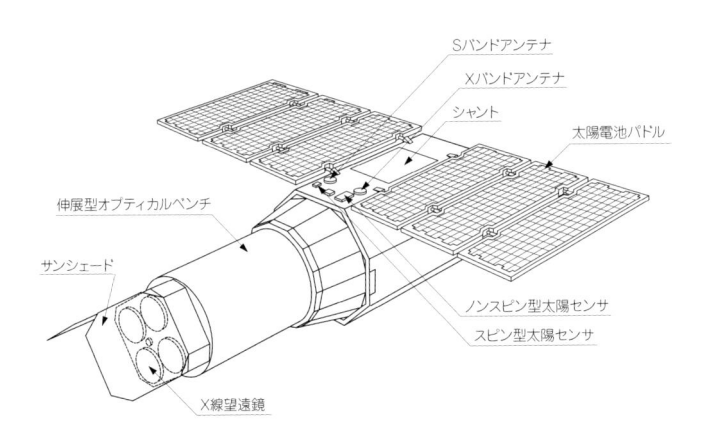

概観図

6-6 電波天文観測衛星（MUSES-B）「はるか」
（HALCA：Highly Advanced Laboratory for Communications and Astronomy）
（Mu Space Engineering Satellite-B）　　国際標識番号：1997-005A

開発の目的と役割	特に以下の目的のため、地上における電波望遠鏡と協同して軌道上で電波観測を行う（VSOP：VLBI Space Observatory Program）。また、大型アンテナの展開技術や衛星と地上局の原子時計の比較のための安定度の高いデータ送信技術、精密な姿勢制御など、各種の工学的実証も行う。 (1) 活動銀河核（AGN：Active Galactic Nuclei）の高解像度の撮像 (2) 異常な明るさをもつ天体の構造変化の観測 (3) AGNの赤方偏移と固有運動の関係 (4) 水酸基メーザー源のスポット・サイズの分布 (5) 電波星の高解像度の撮像 　※VLBI：Very Long Baseline Interferometer（超長基線干渉計）
打ち上げ　日時	1997年（平成9年）2月12日　13：50
打ち上げ　場所	内之浦
打ち上げ　打ち上げロケット	M-Vロケット1号機
構造　質量	830kg
構造　形状	1.5m×1.5m×1.0mの直方体 最大径10m（有効径8m）の大型展開アンテナを備える
軌道　高度	近地点560km　遠地点21000km
軌道　傾斜角	31度
軌道　種類	長楕円軌道
軌道　周期	約6時間20分
姿勢制御方式	三軸姿勢制御方式
設計寿命	約3年
主要ミッション機器	ケーブルネットワークに金属メッシュ鏡面を組み合わせた有効径8mのアンテナ 主鏡、副鏡の2種類の反射鏡により、電波が深さ2.5mのフィードホーンの中に導かれる
運用停止年月日	2005年（平成17年）11月30日

追跡管制結果	打ち上げ後、三軸姿勢制御を確立した後、1997年（平成9年）2月14・16・21日に軌道制御を行った。2月28日には、大型アンテナの主反射鏡の展開作業を終了、追跡局との双方向の通信リンクなどの技術的なテストを経て、スペースVLBI衛星として本格的な運用を開始した。「はるか」が観測に用いる周波数は、1.60-1.73GHz、4.7-5.0GHz、22.0-22.3GHzであるが、打ち上げ直後に、22GHz帯が大変低い感度に落ちていることが判明した。これは打ち上げの時の振動が原因と思われる。したがって観測は1.6GHzと5.0GHzで集中的に行われた。 打ち上げ前は、搭載された太陽電池パドルへの放射線による損傷が衛星の寿命を強く制限すると考えられ、ミッション寿命は約3年と見られていたが、打ち上げから8年9ヵ月となる2005年（平成17年）11月まで運用は続いた。
観測成果	世界各国の電波望遠鏡群と協同観測することにより、口径3万km（地球直径の約3倍）もの仮想の電波望遠鏡の一部として天体の観測を行った。 これまでに、クェーサーPKS0637-752の電波とX線のジェットを1万分の2秒の解像度で観測、M87銀河のジェットを1000分の1秒角で観測することなどに成功した。 スペースVLBIを世界最初に実現し、観測を進めた国際VSOPチームは、IAA（国際宇宙航行アカデミー：International Academy of Astronautics）の2005年Laurel賞を受賞した。

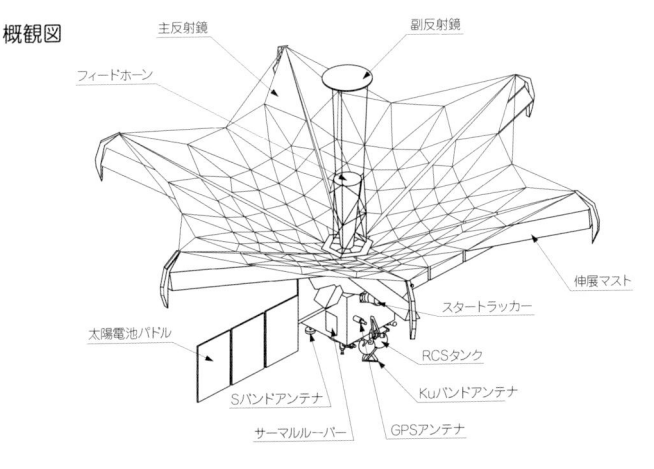

概観図

6-7 X線天文衛星(ASTRO-E)
(Astronomy Satellite-E)　国際標識番号：2000-F01

開発の目的と役割	宇宙論的な遠距離にある天体のX線観測、宇宙の高温プラズマのX線分光観測等
打ち上げ 日時	2000年(平成12年)2月10日　10：30
打ち上げ 場所	内之浦
打ち上げ 打ち上げロケット	M-Vロケット4号機
構造 質量	約1600kg
構造 形状	約6.5m×2.0m×1.9m(伸展式光学ベンチ伸展時) 折りたたみ式(3つ折り)の太陽電池パドル2枚を備えた八角柱 太陽電池パドルの端から端まで5.4m
軌道(計画値) 高度	550km
軌道(計画値) 傾斜角	31度
軌道(計画値) 種類	略円軌道
軌道(計画値) 周期	96分
姿勢制御方式	三軸姿勢制御方式
設計寿命	約3年(検出器の冷却材の寿命)
主要ミッション機器	(1) X線望遠鏡(XRT) 　「あすか」衛星搭載のX線望遠鏡の有効面積と、結像性能をどちらも倍近く改善した、新しいX線望遠鏡(口径40cm、焦点距離4.5-4.75m)。伸展式光学ベンチ(伸展長1.4m)に5台搭載 (2) 高分解能X線分光器(XRS) 　5台の望遠鏡のうちの1台の焦点面に備えられた高分解能X線分光器(マイクロカロリメータ)。NASAとの共同開発 (3) X線CCDカメラ(XIS) 　5台の望遠鏡のうちの4台の焦点面に備えられたX線CCDカメラ (4) 硬X線検出器(HXD) 　ガドリニウム・シリケート結晶を用いた無機シンチレータ(GSO)とシリコン検出器を組み合わせた、硬X線からガンマ線の領域の観測のための検出器
運用停止年月日	2000年(平成12年)2月10日

追跡管制結果	ロケットは打ち上げ後41.5秒に第1段モータの内圧が急激に低下し、同55秒に大きな姿勢の乱れが発生して軌道が予定より高くなり、第1段燃え終わりの速度が計画を下回った。第2段と第3段によって姿勢は立て直されたが、速度を十分に回復することができず、衛星を所定の軌道に投入することができなかった。衛星は南太平洋に落下したものと思われる。原因は第1段モータのノズル部のグラファイトが剥離、脱落し、その結果ノズルの方向制御装置の回路系が破壊されたためと考えられる。

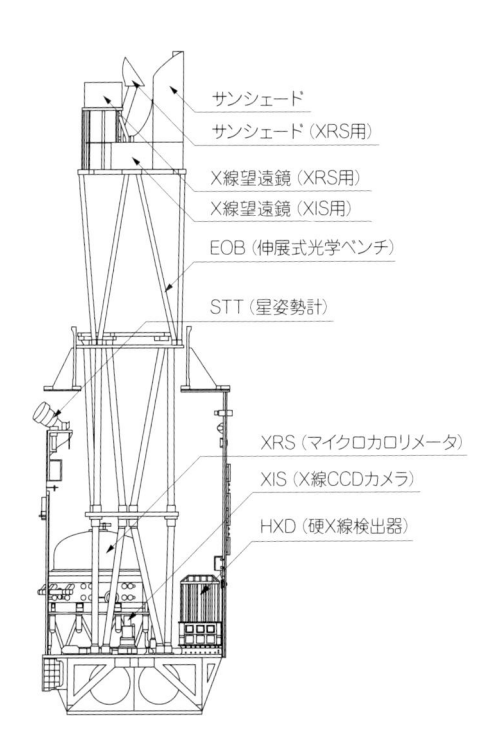

概観図

- サンシェード
- サンシェード (XRS用)
- X線望遠鏡 (XRS用)
- X線望遠鏡 (XIS用)
- EOB (伸展式光学ベンチ)
- STT (星姿勢計)
- XRS (マイクロカロリメータ)
- XIS (X線CCDカメラ)
- HXD (硬X線検出器)

6-8　X線天文衛星(ASTRO-EⅡ)「すざく」
（Astronomy Satellite-EⅡ）　　国際標識番号：2005-025A

開発の目的と役割	宇宙論的な遠距離にある天体のX線観測、宇宙の高温プラズマのX線分光観測等
打ち上げ　日時	2005年(平成17年)7月10日　12：30
打ち上げ　場所	内之浦
打ち上げ　打ち上げロケット	M-Vロケット6号機
構造　質量	約1700kg
構造　形状	約6.5m×2.0m×1.9m(伸展式光学ベンチ伸展時) 折りたたみ式(3つ折り)の太陽電池パドル2枚を備えた八角柱 太陽電池パドルの端から端まで5.4m
軌道　高度	550km
軌道　傾斜角	31度
軌道　種類	円軌道
軌道　周期	96分
姿勢制御方式	三軸姿勢制御方式
設計寿命	約3年(検出器の冷却材の寿命)
主要ミッション機器	(1) X線望遠鏡(XRT) 　「あすか」衛星搭載のX線望遠鏡の有効面積と、結像性能をどちらも倍近く改善した、新しいX線望遠鏡(口径40cm、焦点距離4.5-4.75m)。伸展式光学ベンチ(伸展長1.4m)に5台搭載 (2) 高分解能X線分光器(XRS) 　5台の望遠鏡のうちの1台の焦点面に備えられた高分解能X線分光器(マイクロカロリメータ)。NASAとの共同開発 (3) X線CCDカメラ(XIS) 　5台の望遠鏡のうちの4台の焦点面に備えられたX線CCDカメラ (4) 硬X線検出器(HXD) 　ガドリニウム・シリケート結晶を用いた無機シンチレータ(GSO)とシリコン検出器を組み合わせた、硬X線からガンマ線の領域の観測のための検出器
運用停止年月日	運用中

追跡管制結果	打ち上げ後の衛星の状態を評価した結果、いっそう確実な運用を行うため、当初予定していたイベントの順序を変更し、打ち上げ翌日までに、スピンダウン、太陽電池パドル展開、三軸姿勢制御モード確立までを、順次、正常に完了した。2005年(平成17年)7月12日12時30分から約4分かけて、X線望遠鏡伸展を実施した。伸展はすべて正常に行われ、所定の距離を伸展し、伸展状態で固定されたことが確認された。 「すざく」は1日に地球を15周するが、地上局(鹿児島・内之浦)から接触できるのは、そのうちの5回に限られるため、1日5回、約10分ずつの追跡オペレーションを行う。地上局と接触するまでのデータは、衛星搭載のRAM(Randam Access Memory)に貯えられている。
観測成果	2005年(平成17年)8月13日のXRT/XIS、8月20日のHXDの初観測以来、さまざまな観測成果をあげている。「すざく」は、従来の衛星に比べ広いエネルギー帯域での観測が可能であり(従来の10keVまでに対し、「すざく」は700keVまで観測可能)、世界最高レベルの感度を達成するなど優れた観測能力を実証し、宇宙の構造形成やブラックホール直近領域の探査等で順調に成果をあげている。2006年(平成18年)12月中旬には、日本天文学会欧文報告「すざく特集号」が発行され、科学論文25編とハードウェア/ソフトウェアに関する論文5編が掲載された。

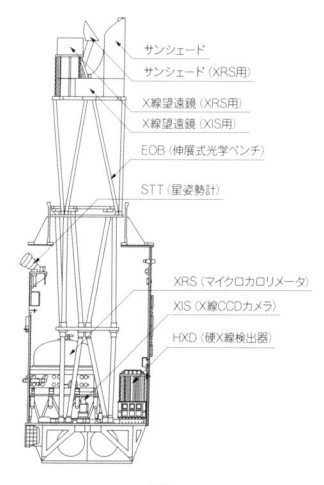

概観図

- サンシェード
- サンシェード(XRS用)
- X線望遠鏡(XRS用)
- X線望遠鏡(XIS用)
- EOB(伸展式光学ベンチ)
- STT(星姿勢計)
- XRS(マイクロカロリメータ)
- XIS(X線CCDカメラ)
- HXD(硬X線検出器)

6-9 小型高機能科学衛星(INDEX)「れいめい」
(Innovative Technology Demonstration Experiment)
国際標識番号：2005-031B

開発の目的と役割		次世代の先進的な衛星技術の軌道上での実証 小規模、高頻度の科学観測ミッションの実現 オーロラカメラと粒子センサによるオーロラの微細構造の観測
打ち上げ	日時	2005年(平成17年)8月24日 6：10(日本標準時)
	場所	カザフスタン共和国　バイコヌール宇宙基地
	打ち上げロケット	ドニエプルロケット(OICETSと相乗り)
構造	質量	約60kg
	形状	60cm×60cm×70cm
軌道	高度	近地点610km　遠地点654km
	傾斜角	97.8度
	種類	略円軌道
	周期	97分
姿勢制御方式		バイアスモーメンタム方式の三軸姿勢制御方式
設計寿命		3ヵ月以上
主要ミッション機器		(1)スタートラッカ(STT) (2)スピン/ノンスピン型太陽センサ(SSAS/NSAS) (3)地磁気センサ(GAS) (4)3軸の光ファイバジャイロ(FOG) (5)アクチュエータとしてリアクションホイール(RW)と磁気トルカ(MTQ)を搭載 (6)多波長オーロラカメラ(MAC) (7)オーロラ粒子観測器(ESA/ISA)
運用停止年月日		運用中

追跡管制結果	すべての搭載機器は軌道上で正常な動作状態であり、工学的ミッションである薄膜反射器を用いた太陽集光パドル、超小型のGP受信機などの先進的衛星搭載機器技術の軌道上実証が成功裏になされた。
観測成果	衛星工学と宇宙科学の両面におけるミッション、科学的成果を達成し、小型衛星の有効性を明示した。

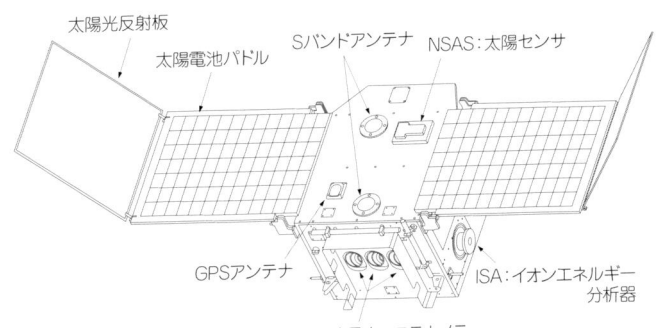

概観図

6-10 赤外線天文衛星（ASTRO-F）「あかり」
（Astronomy Satellite-F）　国際標識番号：2006-005A

開発の目的と役割		(1) 銀河の進化を探るため、高感度の赤外線観測によって原始銀河を探索する (2) 星の一生を調べるため、さまざまな星生成領域を赤外線で観測する (3) 星の進化や宇宙の中での物質の循環を調べる (4) 太陽系外の原始惑星系円盤からの放射を探査する (5) 新彗星を発見する
打ち上げ	日時	2006年（平成18年）2月22日　6：28
	場所	内之浦
	打ち上げロケット	M-Vロケット8号機
構造	質量	952kg
	形状	1.9m × 1.9m × 3.2m 太陽電池パドルの端から端まで5.5m
軌道	高度	700km
	傾斜角	98.2度
	種類	円軌道（太陽同期）
	周期	100分
姿勢制御方式		三軸姿勢制御方式
設計寿命		約1.5年（冷却材の寿命）
主要ミッション機器		口径70cm、焦点距離4200mmのリッチー・クレチアン式反射望遠鏡 望遠鏡の焦点面に、遠赤外線を観測するFIS (Far-Infrared Surveyor) と、近・中間赤外線カメラIRC (InfraRed Camera) の2種類の観測装置を搭載 観測装置の冷却のため、液体ヘリウムおよびスターリングサイクル機械式冷凍機を搭載
運用停止年月日		2011年（平成23年）11月24日

5-4 日本の人工衛星

追跡管制結果	打ち上げ後の機能確認作業において、2次元太陽センサ(NSAS)等に想定と異なる挙動が見られたため運用手順を慎重に検討し、安全に姿勢制御を行うための衛星搭載ソフトウェアの改修と動作確認試験を完了した後の、2006年(平成18年)4月16日16時55分に観測器機能望遠鏡の蓋開け(アパーチャーリッドの開放)を行い、正常に実施されたことを衛星からのテレメトリ信号により確認した。 その後は電力・姿勢とも安定しており、観測も正常に行われ、2007年(平成19年)8月に液体ヘリウムを使いきった後も、近赤外線観測装置で観測を継続した。2011年(平成23年)5月24日に発生した電力異常を受けて、6月に科学観測を終了し、以降は堅実な停波に向けた運用を実施し、11月24日電波発信停止作業を行い、5年9ヵ月にわたる運用を終了した。
観測成果	2006年(平成18年)5月には、これまでの赤外線画像よりはるかに高い解像度での観測に成功し、星が生まれている現場を正確にとらえた初観測画像など、最初の成果を発表した。2007年(平成19年)3月には、「あかり」の観測から得られた初めての科学的成果が、日本天文学会春季年会で発表された。同年10月、日本天文学会欧文報告誌(PASJ)の「あかり」初期成果特集号が発行された。

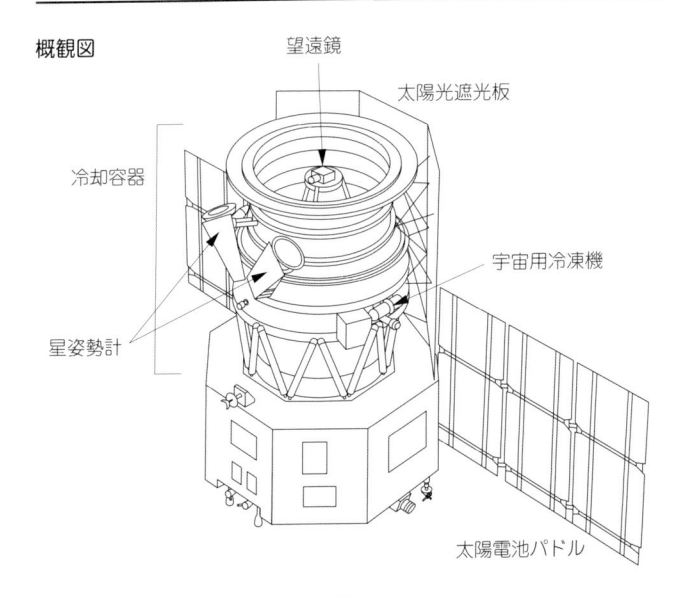

概観図

6-11 電波天文衛星(ASTRO-G)
(Astronomy Satellite-G)

開発の目的と役割	VLBI(VLBI：Very Long Baseline Interferometer)は複数の電波望遠鏡で受信された天体電波の信号を合成して仮想的な巨大電波望遠鏡を得る技術であり、今日の天文観測装置の中では最も高い解像度を達成することができる。電波望遠鏡を搭載した人工衛星をVLBI観測に加えることにより、地上の電波望遠鏡同士のVLBIを超えた超巨大望遠鏡を形成し、まさに比類なき世界最高の解像度をもたらす。VSOP-2計画(VSOP：VLBI Space Observatory Program)では次のような宇宙の極限領域の物理に迫ることを目的とする。 1. 活動銀河核のブラックホール周辺の降着円盤の構造 2. 宇宙ジェットが生成され加速していく過渡的な領域 3. 系外銀河中心領域の水蒸気メガメーザー 4. 銀河系内の原始星の磁気圏 5. 銀河系内の星形成領域などの水蒸気メーザーや一酸化珪素メーザー 等
打ち上げ 日時	プロジェクト中止
打ち上げ 場所	プロジェクト中止
打ち上げ 打ち上げロケット	プロジェクト中止
構造 質量	約1.2t
構造 形状	展開構造物として開口径9mの大型展開アンテナ、一翼の太陽電池パドル、高速データ通信アンテナを有する
軌道(計画値) 高度	近地点1000km　遠地点25000km
軌道(計画値) 傾斜角	31度
軌道(計画値) 種類	長楕円軌道
軌道(計画値) 周期	約7時間30分
姿勢制御方式	三軸姿勢制御方式
設計寿命	—
主要ミッション機器(予定)	開口径およそ10mのオフセット・カセグレンアンテナ、高感度受信機(8.4GHz、22GHz、43GHz)

5-4 日本の人工衛星

経緯等	観測の要である高精度9m展開アンテナは技術的に非常に難しいもので、現在達成可能なアンテナ鏡面精度ではサイエンスの重要な部分が達成できないこと、サイエンス目標を達成可能な範囲に縮退したとしても、当初を大きく上回る資金と期間が必要であること等が明らかとなり、2011年（平成23年）11月30日、プロジェクトの中止が決定された。

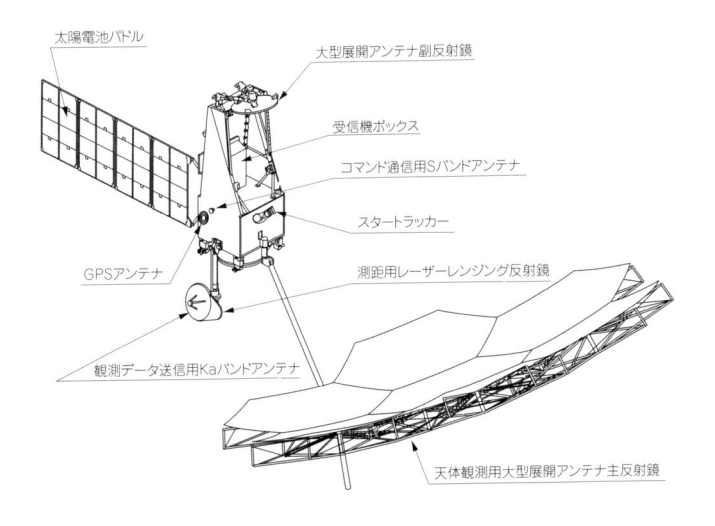

概観図

- 太陽電池パドル
- 大型展開アンテナ副反射鏡
- 受信機ボックス
- コマンド通信用Sバンドアンテナ
- スタートラッカー
- GPSアンテナ
- 測距用レーザーレンジング反射鏡
- 観測データ送信用Kaバンドアンテナ
- 天体観測用大型展開アンテナ主反射鏡

5-4-7 太陽・地球系科学衛星
7-1 科学衛星(MS-F2)「しんせい」
国際標識番号：1971-080A

開発の目的と役割		電離層、宇宙線、短波帯太陽雑音等の観測
打ち上げ	日時	1971年(昭和46年)9月28日　13：00
	場所	内之浦
	打ち上げロケット	M-4Sロケット3号機
構造	質量	66kg
	形状	直径75cmの球に内接する26面体
軌道	高度	近地点870km　遠地点1870km
	傾斜角	32度
	種類	楕円軌道
	周期	113分
姿勢制御方式		スピン安定方式
設計寿命		—
主要ミッション機器		(1) 短波帯太陽電波観測器(RN) (2) 宇宙線観測器(CR) (3) 電離層プラズマ観測器(ID) (4) 地磁気姿勢計(GAS) (5) 衛星内部環境計測器(HK) (6) テレメータ送信機(TM-SA) (7) データレコーダ(DR) (8) コマンド受信機(CM-SA) (9) 電源(PS) (10) 衛星タイマ(MS-SA) (11) ニューテーション・ダンパ(ND)
運用停止年月日		1973年(昭和48年)6月

5-4 日本の人工衛星

追跡管制結果	軌道に投入された衛星は、内之浦での受信で電離層プラズマ・プローブの展開、太陽電波アンテナの伸展およびニューテーション・ダンパの作動を確認後、運用に入った。電子温度プローブが開頭直後に損傷し、第40周頃からCRのガイガーカウンターの1つが不調になったが、その他の機器は正常に作動した。
観測成果	搭載された3つの観測器は南米大陸付近の異常な電離を見いだし、太陽電波観測では短波帯の太陽電波の発生機構を明らかにし、宇宙観測装置も中南米地帯での異常カウントを見いだした。

概観図

(単位mm)

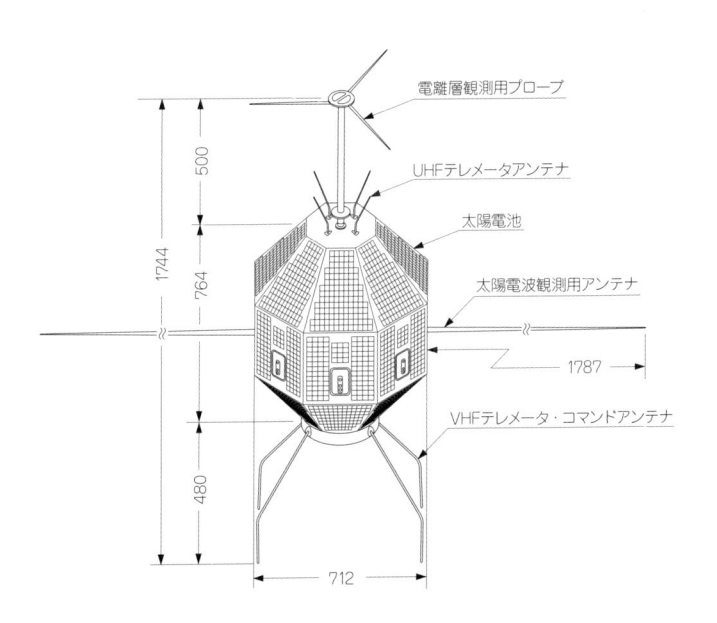

- 電離層観測用プローブ
- UHFテレメータアンテナ
- 太陽電池
- 太陽電波観測用アンテナ
- VHFテレメータ・コマンドアンテナ

1744
500
764
480
712
1787

7-2　電波観測衛星(REXS)「でんぱ」
(Radio Exploration Satellite)　国際標識番号：1972-064A

開発の目的と役割	太陽系全体を満たしているプラズマの研究を目的に、プラズマ波、プラズマ密度、電子粒子線、電磁波、地磁気などの観測を行う。
打ち上げ 日時	1972年(昭和47年)8月19日　11：40
打ち上げ 場所	内之浦
打ち上げ 打ち上げロケット	M-4Sロケット4号機
構造 質量	75kg
構造 形状	八角柱型
軌道 高度	近地点250km　遠地点6570km
軌道 傾斜角	31度
軌道 種類	楕円軌道
軌道 周期	161分
姿勢制御方式	スピン安定方式
設計寿命	―
主要ミッション機器	電磁波プラズマ波測定装置等
運用停止年月日	1972年(昭和47年)8月22日

追跡管制結果	軌道に乗った衛星は、科学観測用アンテナの伸展、磁力計および電子温度センサの伸展などが確認され、搭載されたすべての観測機器・装置が正常に作動し、太陽電池出力も予定どおりであった。打ち上げ後3日目である1972年(昭和47年)8月22日9時4分、地上からコマンドを送信したところ、衛星からの送信が途絶えた。放電によって衛星の電源回路が異常をきたし、搭載機器の過電圧に弱いトランジスタなど半導体部品が損傷したものと考えられた。 なお、衛星は1980年(昭和55年)5月19日に大気圏に再突入して消滅したものと思われる。
観測成果	衛星からの送信が途絶えるまでのデータは予定どおり受信され、電離層および磁気圏のプラズマ密度、電子温度、VLF電磁波の強度スペクトル、LF電波エミッションおよび地球磁場分布などに関する情報を取得することができた。

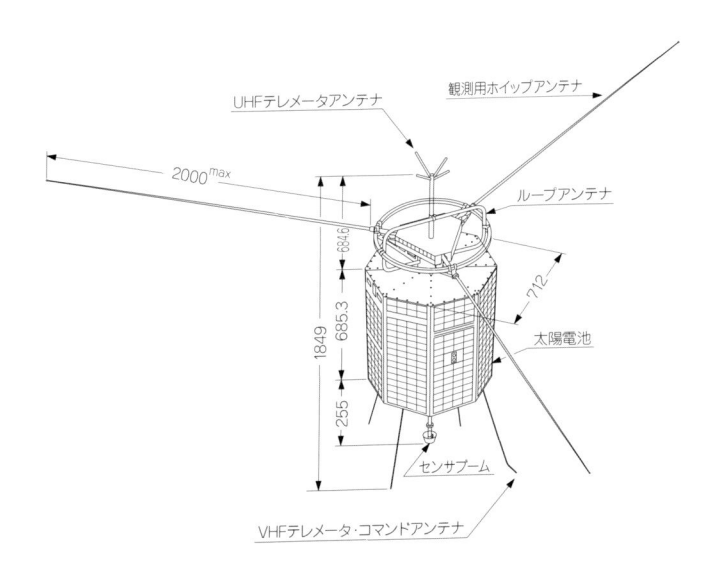

概観図
(単位mm)

7-3 超高層大気観測衛星(SRATS)「たいよう」
(Solar Radiation and Thermospheric Structure Satellite)
国際標識番号：1975-014A

開発の目的と役割		超高層大気物理学研究のため、太陽軟X線、太陽真空紫外放射線、紫外地球コロナ輝線等を観測
打ち上げ	日時	1975年(昭和50年)2月24日　14：25
	場所	内之浦
	打ち上げロケット	M-3Cロケット2号機
構造	質量	86kg
	形状	対面寸法約70cm、高さ約71cmの八角柱型
軌道	高度	近地点260km　遠地点3140km
	傾斜角	32度
	種類	楕円軌道
	周期	120分
姿勢制御方式		スピン軸磁気トルク制御
設計寿命		—
主要ミッション機器		紫外地球コロナ輝線スペクトル観測器 電子密度測定器 等
運用停止年月日		1980年(昭和55年)6月29日

追跡管制結果	打ち上げ時の誘導には、M-3C-1でテストされた電波誘導システムを用いた。軌道投入後第1周に、ヨーヨーデスピナの作動でスピンを11.5rpmに低下させ、プローブの展開を行った。打ち上げ後4〜5日にかけて衛星のスピン軸を軌道面に直角にし、24日目と28日目に観測器の高圧電源の投入、正常動作を確認後、観測に入った。
観測成果	当初の目的である、太陽活動が静かな時期の地球プラズマ環境のデータを、数年にわたって取得することができた。同様な観測を行う、旧西ドイツのAEROS-B衛星と国際協力研究も行った。

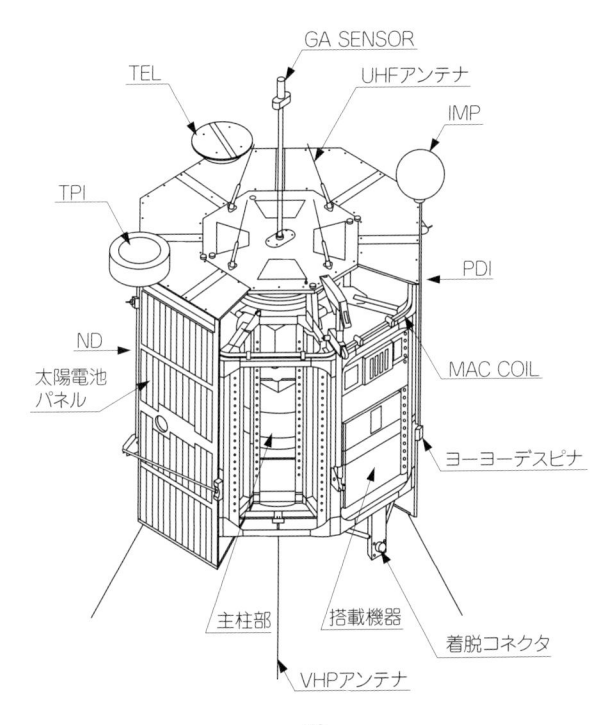

概観図

7-4 オーロラ観測衛星(EXOS-A)「きょっこう」
(Exospheric Satellite-A)　国際標識番号：1978-014A

開発の目的と役割		(1)宇宙プラズマの密度・温度・組成の観測、オーロラ電子のエネルギースペクトルの研究およびオーロラの紫外線撮像 (2)1976〜1979年に実施された、国際磁気圏観測計画(IMS)への参加
打ち上げ	日時	1978年(昭和53年)2月4日　16：00
	場所	内之浦
	打ち上げロケット	M-3Hロケット2号機
構造	質量	126kg
	形状	直径95cm　高さ80cm　円筒形
軌道	高度	近地点630km　遠地点3970km
	傾斜角	65度
	種類	準極軌道(楕円軌道)
	周期	134分
姿勢制御方式		—
設計寿命		—
主要ミッション機器		オーロラ撮像装置(ATV)等 プラズマ波動・電子温度観測装置 低エネルギー電子のエネルギースペクトル観測装置
運用停止年月日		1992年(平成4年)8月2日

追跡管制結果	観測機器はすべて正常に動作し、1978年(昭和53年)2月24日より観測を開始した。軌道の関係で鹿児島宇宙空間観測所(当時)のみでの観測データ取得では取得率が悪いため、南極昭和基地およびカナダ・チャーチル研究基地にテレメータ受信局を設けてデータを受信した。
観測成果	オーロラ撮像装置(ATV)による紫外線領域(1300Å)によるオーロラ像データを取得することができた。これは世界で初めての紫外線によるオーロラ撮像である。この観測によって、オーロラ出現時の上空にはプラズマの乱れがあり、そこから強い電磁波が放射されていることが発見された。

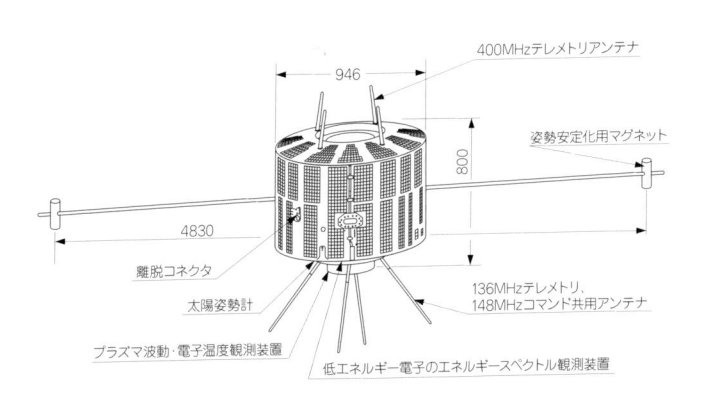

概観図
(単位mm)

7-5 磁気圏観測衛星(EXOS-B)「じきけん」
(Exospheric Satellite-B) 　国際標識番号：1978-087A

開発の目的と役割	(1) プラズマ圏より磁気圏(地球の周囲半径約6万～7万kmの範囲)深部に至る領域の研究 (2) 1976～1979年に実施された、国際磁気圏観測計画(IMS)への参加
打ち上げ 日時	1978年(昭和53年)9月16日　14：00
打ち上げ 場所	内之浦
打ち上げ 打ち上げロケット	M-3Hロケット3号機
構造 質量	90kg
構造 形状	高さ60cm　対面寸法75cm センサ付きアンテナ長50m/30m
軌道 高度	近地点220km　遠地点30100km
軌道 傾斜角	31度
軌道 種類	楕円軌道
軌道 周期	524分
姿勢制御方式	－
設計寿命	－
主要ミッション機器	粒子エネルギー観測装置 電子ビーム放射実験装置 データ管制装置(DPU)
運用停止年月日	1985年(昭和60年)

5-4 日本の人工衛星

追跡管制結果	1978年（昭和53年）9月23日よりアンテナの伸展を開始したが、制御回路の温度が上昇する等の不具合が発生したため全伸展を断念し、2対のアンテナが等しい長さになるところで伸展を打ち切った。
観測成果	打ち上げ約1ヵ月後、全機器が動作状態になってから本格的な科学観測に入り、オーロラキロメートル電波の機構やプラズマポーズの形成機構に関するデータなどを取得できた。磁気圏の波動粒子相互作用の実態を解明するために使用され、GEOSなど外国の科学衛星との相互連絡やデータ交換も行われた。また、南極から送信した低周波の受信に成功、磁気圏のプラズマと波動の相互作用の研究にも寄与した。

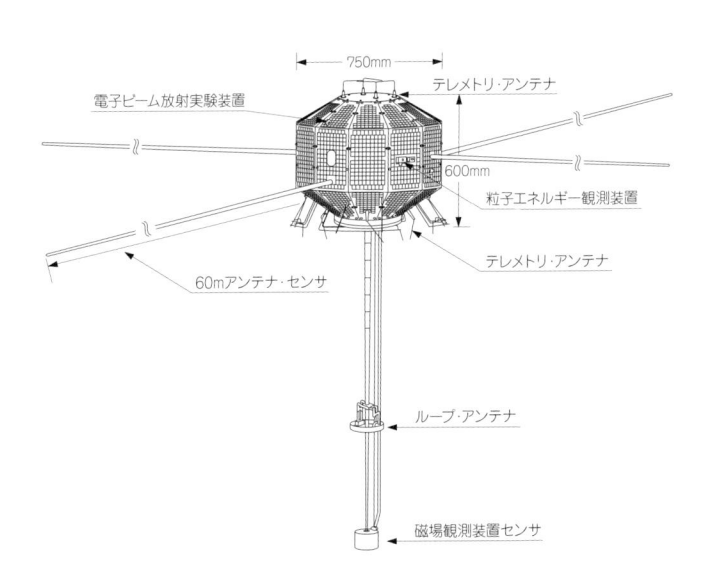

概観図

7-6 太陽観測衛星(ASTRO-A)「ひのとり」
(Astronomy Satellite-A) 　国際標識番号：1981-017A

開発の目的と役割		太陽硬X線フレアの2次元像、太陽粒子線、X線バースト等の観測
打ち上げ	日時	1981年(昭和56年)2月21日　9：30
	場所	内之浦
	打ち上げロケット	M-3Sロケット2号機
構造	質量	188kg
	形状	対面距離92.8cm、高さ81.5cmの八角柱型 4枚の太陽電池パドルを備える
軌道	高度	近地点576km　遠地点644km
	傾斜角	31度
	種類	略円軌道
	周期	97分
姿勢制御方式		―
設計寿命		―
主要ミッション機器		(1)太陽フレアX線観測器(SXT) (2)太陽軟X線輝線スペクトル観測器(SOX) (3)太陽硬X線観測器(HXM) (4)太陽フレアモニタ(FLM) (5)太陽ガンマ線観測器(SGR) (6)粒子線モニタ(PXM) (7)プラズマ電子密度測定器(IMP) (8)プラズマ電子温度測定器(TEL)
運用停止年月日		1991年(平成3年)7月11日大気圏突入

観測成果	国際的な太陽活動極大期観測プロジェクトに観測データを提供する役目もあった本衛星は、定常観測態勢に入った当日から大きな太陽フレアをとらえることができた。こうしたX線観測によって、5000万℃もの超高温が発生することや、コロナに浮かぶ高速電子の雲などを発見することができた。

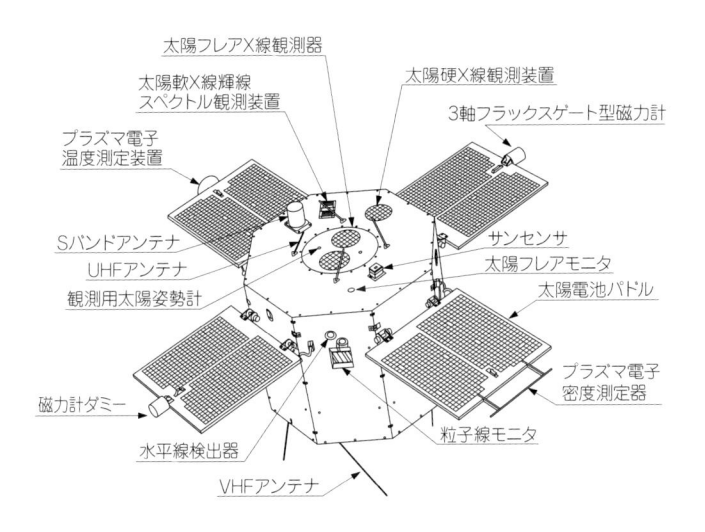

概観図

- 太陽フレアX線観測器
- 太陽軟X線輝線スペクトル観測装置
- 太陽硬X線観測装置
- 3軸フラックスゲート型磁力計
- プラズマ電子温度測定装置
- Sバンドアンテナ
- UHFアンテナ
- 観測用太陽姿勢計
- サンセンサ
- 太陽フレアモニタ
- 太陽電池パドル
- 磁力計ダミー
- 水平線検出器
- 粒子線モニタ
- プラズマ電子密度測定器
- VHFアンテナ

7-7　中層大気観測衛星(EXOS-C)「おおぞら」
（Exospheric Satellite-C）　国際標識番号：1984-015A

開発の目的と役割	(1)中層大気の構造と組成の解明、磁気圏の観測 (2)1982～1985年に実施された「中層大気国際協同観測計画(MAP)」への参加
打ち上げ　日時	1984年(昭和59年)2月14日　17：00
打ち上げ　場所	内之浦
打ち上げ　打ち上げロケット	M-3Sロケット4号機
構造　質量	207kg
構造　形状	高さ88cm　対面寸法109cm 4枚の太陽電池パドルがついた八角柱型 本体より20m長のアンテナを伸展する
軌道　高度	近地点354km　遠地点865km
軌道　傾斜角	75度
軌道　種類	楕円軌道
軌道　周期	97分
姿勢制御方式	―
設計寿命	―
主要ミッション機器	大気周縁赤外線分光観測装置 惑星プラズマサウンダ 等
運用停止年月日	1988年(昭和63年)12月26日

5-4 日本の人工衛星

追跡管制結果	第3段モータとの分離5秒後にモータとの接触が発生し、衛星は残留ガスによる汚染(コンタミ)を受けた。このため、衛星のバッテリー容量が5分の1へと大幅に低下した。この容量低下を受けて、バッテリーが過放電に至らないよう、各種観測装置のオン・オフを注意深く行う運用を実施した。2万6799回の周回の後、日本時間1988年(昭和63年)12月26日14時11分53秒の受信を最後に通信が途絶した。同日23時39分、ニューギニア上空の高度90kmにおいて消滅したと思われる。
観測成果	衛星の11種類の観測器のうち、5つの観測器は大気環境の研究、他の6つの観測器は地球の電磁気環境の研究のために使用され、4年の運用期間を経て「中層大気中の微量成分による太陽光の吸収スペクトルの観測」「極域および南太平洋地磁気異常帯上空における高エネルギー粒子の観測」等において貴重なデータをもたらした。

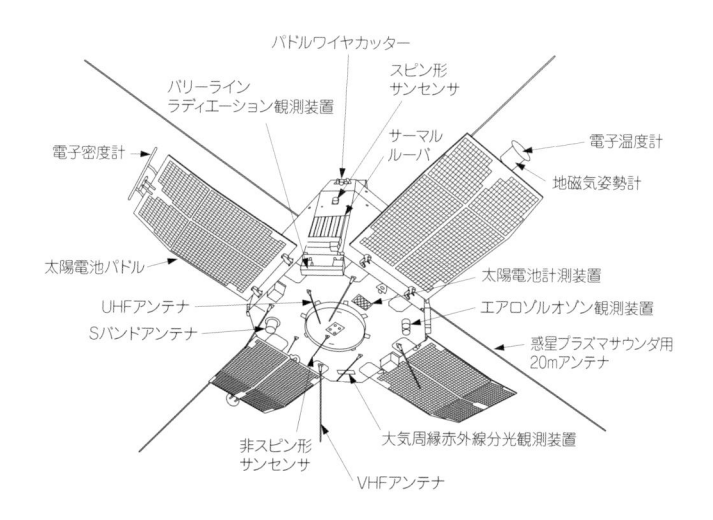

概観図

471

7-8 磁気圏観測衛星(EXOS-D)「あけぼの」
(Exospheric Satellite-D)　国際標識番号：**1989-016A**

開発の目的と役割	オーロラに関連した磁気圏の物理現象(オーロラ粒子の加速のメカニズムとオーロラ発光現象の観測)の解明
打ち上げ 日時	1989年(平成元年)2月22日　8：30
打ち上げ 場所	内之浦
打ち上げ 打ち上げロケット	M-3SIIロケット4号機
構造 質量	295kg
構造 形状	高さ100cm　対面寸法126cm 4枚の太陽電池パドルがついた八角柱型 30m長のアンテナ/5m・3mの伸展マストを備える
軌道 高度	近地点275km　遠地点10500km
軌道 傾斜角	75度
軌道 種類	長楕円軌道
軌道 周期	211分
姿勢制御方式	—
設計寿命	—
主要ミッション機器	(1)3軸フラックスゲート磁力計 (2)電場計測器 (3)低エネルギー荷電粒子分析器 (4)熱的および非熱的イオン分析器 (5)熱的電子検出器 (6)VLF波動受信機 (7)HF波動受信機およびトップサイド・サウンダ (8)可視・紫外オーロラ撮像カメラ
運用停止年月日	運用中

追跡管制結果	厳しい放射線環境のためにCCDが劣化したオーロラ撮像カメラを除くすべての機器は正常に働いており、太陽活動の完全な1サイクル(11年)の観測を達成した。
観測成果	これまで「磁力線に平行な電場による粒子加速の実証」、「極電離圏からのイオン流出についての定量的研究」、「UHR波動が赤道で強まることについての詳細な研究」、「低高度のプラズマ圏の熱的構造」、「プラズマ圏の密度が磁気嵐の際に部分的に落ち込む現象の発見」、「放射線帯の粒子の長期的変動の観測」等の科学的成果をあげている。

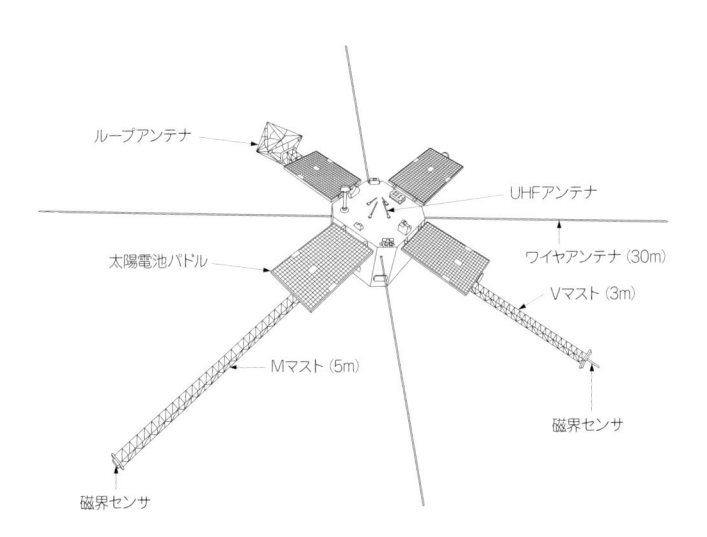

概観図

7-9 太陽観測衛星(SOLAR-A)「ようこう」
(Solar Physics Satellite-A)　国際標識番号：1991-062A

開発の目的と役割	太陽活動極大期における太陽フレアと、これに関連した太陽コロナの物理現象の観測
打ち上げ　日時	1991年(平成3年)8月30日
打ち上げ　場所	内之浦
打ち上げ　打ち上げロケット	M-3SⅡロケット6号機
構造　質量	390kg
構造　形状	1m×1m×2mの直方体 2枚の折りたたみ式太陽電池パドルを備える
軌道　高度	近地点550km　遠地点600km
軌道　傾斜角	31度
軌道　種類	楕円軌道
軌道　周期	98分
姿勢制御方式	—
設計寿命	3年
主要ミッション機器	(1) 軟X線望遠鏡(SXT) 　斜入射反射鏡のつくる軟X線像を固体撮像素子(CCD)で読みとる。約3秒角の高い解像力で、コンピュータを用いた自動観測制御機能も備えている。米国との国際協力による開発 (2) 硬X線望遠鏡(HXT) 　撮像望遠鏡として、世界で初めて30keV以上のエネルギー域でX線観測を行い、これまでのものより1桁以上、高い感度を備えている (3) ブラック結晶分光計(BCS) 　超高温プラズマの分光学的診断を行う。英国との国際協力による開発 (4) 広帯域分光器(WBS) 　軟X線からガンマ線までの広いエネルギー域を分光観測する
運用停止年月日	2004年(平成16年)4月23日

追跡管制結果	2001年(平成13年)12月15日、南太平洋上空で金環日食帯を通過するという状況に直面し、衛星の姿勢制御に不具合が生じ、太陽電池パドルの発電量と電池の充電量が減少、観測を中断した。スピン状態にある衛星は、最低限の機能により運用を継続していたが、電池の再充電の見込みが立たないことなどにより、電波発信停止作業を2004年(平成16年)4月23日までに完了させ、10年以上にわたる衛星の運用を終了した。2005年(平成17年)9月12日18時16分大気圏突入。
観測成果	観測により、太陽コロナがさまざまな時間スケールでダイナミックに構造を変えていること、フレア等の爆発現象が太陽コロナ中の「磁気リコネクション」現象であることを世界で初めて明らかにする等、数々の画期的な科学成果を生み出した。

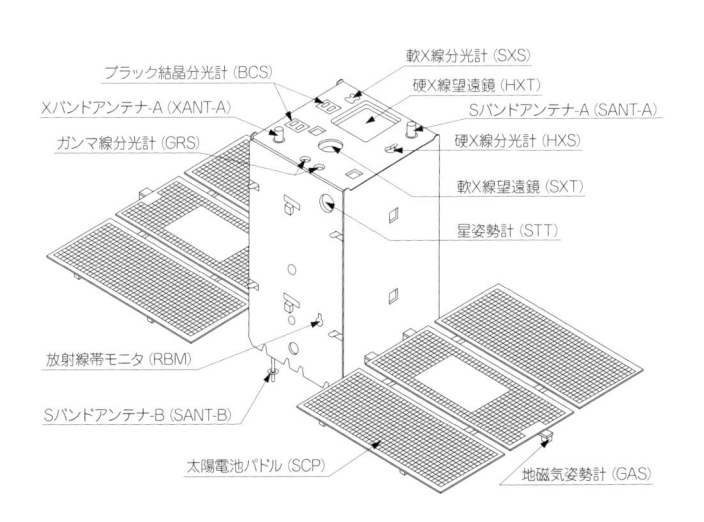

概観図

7-10 磁気圏尾部観測衛星(GEOTAIL)「ジオテイル」
（Geomagnetic Tail）　国際標識番号：1992-044A

開発の目的と役割	(1)地球磁気圏尾部の構造とダイナミクスの研究 (2)ISTP(太陽地球系物理学国際共同観測計画)への参加
打ち上げ 日時	1992年(平成4年)7月24日
打ち上げ 場所	ケープカナベラル(アメリカ・フロリダ州)
打ち上げ 打ち上げロケット	デルタIIロケット
構造 質量	1009kg(打ち上げ時)
構造 形状	直径2.2m、高さ1.6mの円筒形 長さ6mの磁気計センサ用伸展マスト2本および長さ50mのアンテナ4本を備える
軌道 高度	近地点約57000km　遠地点約20万km
軌道 傾斜角	29度
軌道 種類	楕円軌道
軌道 周期	—
姿勢制御方式	スピン安定方式
設計寿命	3.5年
主要ミッション機器	(1)磁場観測機器 (2)電場観測機器 (3)2組のプラズマ観測機器 (4)2組の高エネルギー粒子観測機器 (5)プラズマ波動機器
運用停止年月日	運用中

追跡管制結果	本衛星は旧宇宙科学研究所とNASA（アメリカ航空宇宙局）の共同計画で、宇宙科学研究所が探査機を開発し、科学機器の約3分の2を提供、NASAが打ち上げロケットと約3分の1の科学機器を提供した。探査機の運用は宇宙科学研究所が担当しているが、テレメータ・データは両機関が受信している。1994年（平成6年）11月半ばまでは遠地点約140万kmの二重月スイングバイ軌道をとったが、その後は近尾部フェーズに移行、遠地点が約30万kmまで下げられた。次いで1995年（平成7年）2月には、地球近傍の尾部におけるサブストームの過程を研究するために、近地点約57000km、遠地点20万kmの軌道にて観測を行った。
観測成果	地球規模でオーロラが突然明るく輝き始める原因について、オーロラ電子の源であるプラズマシートで、いくつかの大きな手がかりを発見した。各国の衛星と協力して、爆発的なエネルギーの解放現象である磁気リコネクションの起こる場所やタイミングについて多くの新事実を見つけ出している。

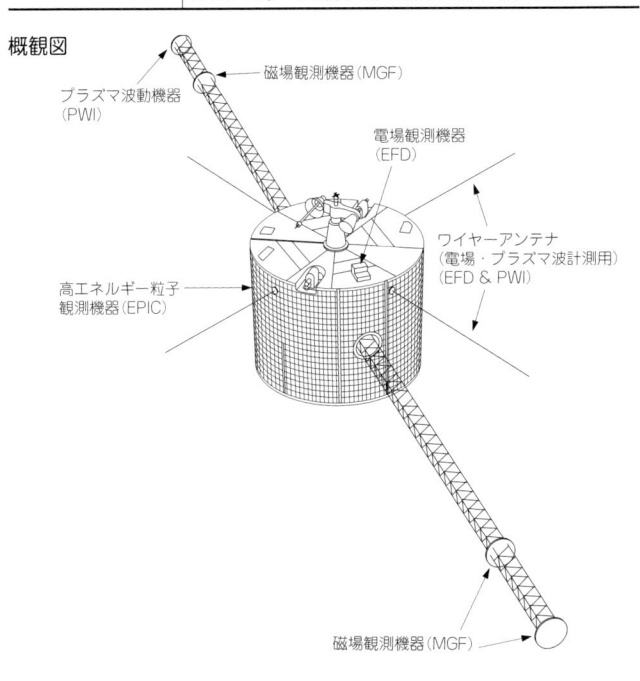

概観図

磁場観測機器（MGF）
プラズマ波動機器（PWI）
電場観測機器（EFD）
ワイヤーアンテナ（電場・プラズマ波計測用）（EFD & PWI）
高エネルギー粒子観測機器（EPIC）
磁場観測機器（MGF）

7-11 太陽観測衛星（SOLAR-B）「ひので」
（Solar Physics Satellite-B）　国際標識番号：2006-041A

開発の目的と役割	太陽で起こる活動や過熱現象の謎に迫り、以下の主要テーマを中心に、天体プラズマで普遍的に起きている磁場が関係する活動・過熱現象の物理的機構の解明に寄与する。 1. 太陽磁場の生成や変遷の過程 2. 高温コロナやコロナ活動の成因となる太陽表面からコロナへの磁気エネルギー輸送過程 3. フレア等爆発現象におけるエネルギー開放の過程 また、宇宙環境変動（宇宙天気）の予測の改善・進化を目指した基礎研究でも重要な役割を担う。
打ち上げ　日時	2006年（平成18年）9月23日　6：36
打ち上げ　場所	内之浦
打ち上げ　打ち上げロケット	M-Vロケット7号機
構造　質量	900kg
構造　形状	約1.6m × 1.6m × 4.0m 太陽電池パドルの端から端まで約10m
軌道　高度	680km
軌道　傾斜角	98度
軌道　種類	円軌道（太陽同期）
軌道　周期	96分
姿勢制御方式	三軸姿勢制御方式
設計寿命	3年以上
主要ミッション機器	口径50cmの可視光・磁場望遠鏡（SOT） X線望遠鏡（XRT） 極端紫外線撮像分光装置（EIS）
運用停止年月日	運用中

追跡管制結果	打ち上げ以来太陽同期極軌道への衛星投入、姿勢制御機能の性能確認など、初期段階の運用を順調に進め、2006年(平成18年)10月28日までに搭載している3台の望遠鏡すべての蓋を開き、太陽観測を開始することができた。 3つの望遠鏡の開発は、アメリカ(NASA)とイギリス科学技術政策会議(STFC)との国際協力のもとで進められた。「ひので」の科学運用は、これらの研究機関および欧州ESAとノルウェー(NSC)の協力のもと行われている。
観測成果	3つの観測装置から得られた観測画像は今までに実現されなかった優れた性能を持ち、SOTの0.2〜0.3秒角の解像度と精密な偏光磁場測定をはじめ、太陽物理研究に大きな進展をもたらす観測を実現している。観測初期に得られたデータから、太陽大気で起きるさまざまな物理現象を理解する上で重要な新しい発見がいくつもなされてきている。 初期観測からの科学成果は、米国科学誌「サイエンス」、「日本天文学会欧文論文誌」、欧州の天文専門誌「アストロノミー&アストロフィジックス」の「ひので」特集号などで発表されている。

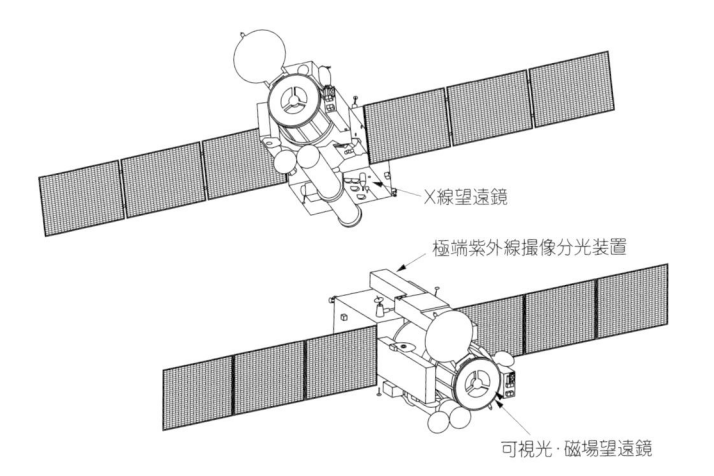

概観図

5-4-8 宇宙ステーション補給機

8-1 宇宙ステーション補給機（HTV）「こうのとり」
（H-Ⅱ Transfer Vehicle "KOUNOTORI"）

開発の目的と役割		宇宙ステーション補給機（HTV）は、国際宇宙ステーションに補給物資を運ぶための輸送手段として、日本が開発した有人対応型の無人宇宙船。目的は以下の通り。 ①国際宇宙ステーション（ISS）計画で日本が担う役割の遂行 ・スペースシャトルが退役後は、唯一の船内及び船外の大型機器の輸送手段となる。 ②日本の宇宙開発技術の実証 ・自律的な軌道間輸送手段の確立。 ・年1機の定常的なH-ⅡBロケットの打ち上げによる日本のロケット技術の成熟化。 ③有人宇宙システム技術の習得 ・有人宇宙システムに要求される安全性・信頼性を確保したシステム技術の獲得。 ・将来の宇宙開発の展開、日本独自の有人輸送機開発の実現に不可欠な技術の蓄積。
特徴・構成		HTVは、「補給キャリア与圧部」、「補給キャリア非与圧部」、「曝露パレット」、「電気モジュール」、「推進モジュール」から構成される。物資は「補給キャリア与圧部」と、船外実験装置などを搭載した曝露パレットを運ぶ「補給キャリア非与圧部」の2つの貨物区画に搭載する。 大きな特徴は船内用・船外用のどちらの物資も輸送できることだが、他に以下の特徴がある。 ●物資の運搬能力 ・ISSへの物資搬入出用出入り口が大きく、大型の船内実験装置（ラック）をISS側に運び出すことが可能。 ●ISSへの無人ランデブ飛行技術 ・独自開発のISSへのランデブ飛行技術方式（世界初）。
構造	質量	約10.5t［11.5t］（補給品除く）
構造	形状	直径4.4m、全長9.8m　円筒形
目標軌道	高度	350km～460km
目標軌道	傾斜角	約51.6度
目標軌道	種類	略円軌道
目標軌道	周期	約90分
推進剤	燃料	MMH（モノメチルヒドラジン）［最大搭載918kg］
推進剤	酸化剤	MON3（窒素添加四酸化二窒素）［最大搭載1514kg］
補給能力		約6t ●与圧部：船内用物資約4.5t［3.6t］ 　（主にISSクルーの食料・衣服、飲料水、実験ラック、実験用品など、船内で使用する物資等を搭載） ●非与圧部：船外用物資約1.5t［0.9t］ 　（主に船外実験装置やISS船外で使用される交換機器等）
廃棄品搭載能力		最大約6t
ミッション期間		単独飛行能力：約100時間 軌道上待機能力：1週間以上 ISS滞在可能期間：30日以上

［　］内はHTV初号機「こうのとり」1号機の搭載量。

「こうのとり」1号機(HTV1)
国際標識番号：2009-048A

打ち上げ	日時	2009年(平成21年)9月11日　2：01
	場所	種子島
	打ち上げロケット	H-ⅡBロケット試験機(H-ⅡB・TF1)
追跡管制結果		2009年9月18日4時51分、ISSの下方約10mに接近・ランデブしたHTV1は、ISSのロボットアームで把持され、同日7時26分にISSに結合完了。物資の積み替え等を行い、10月31日0時02分、ISSのロボットアームでISSから取り外され、同日2時32分にISS軌道から離脱。11月2日6時26分、大気圏再突入・消滅した。飛行期間は約52日。

「こうのとり」2号機(HTV2)
国際標識番号：2011-003A

打ち上げ	日時	2011年(平成23年)1月22日　14時37分57秒
	場所	種子島
	打ち上げロケット	H-ⅡBロケット2号機(H-ⅡBF2)
追跡管制結果		2011年1月27日20時41分、ISSの下方約10mに接近・ランデブしたHTVは、ISSのロボットアームで把持され、28日3時34分にISSに結合完了。物資の積み替え等を行ったHTV2は、3月28日22時29分、ISSのロボットアームでISSから取り外され、29日0時46分にISS軌道から離脱。3月30日12時09分、大気圏再突入・消滅した。飛行期間は約67日。なお、「こうのとり」2号機がISSにドッキングしている間、2月には、欧州のATV輸送船、ロシアのプログレス輸送船、アメリカのスペースシャトルがそれぞれISSにドッキングし、ソユーズ宇宙船2基を含めてすべての宇宙船がISSにドッキングしている状態であった。

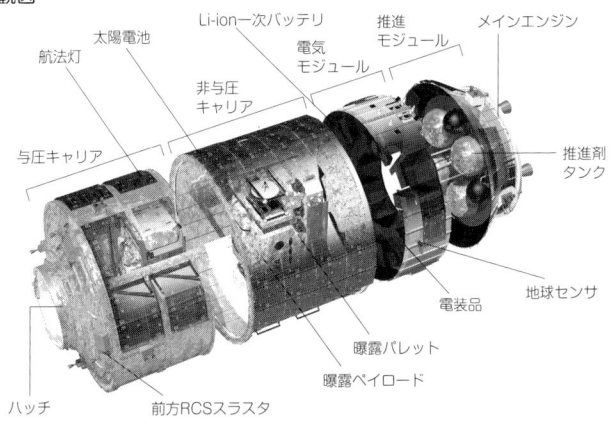

概観図

5-4-9 2012年度以降打ち上げ予定の衛星
*打ち上げ、軌道のデータはすべて予定もしくは計画値

9-1 地球環境変動観測ミッション(GCOM)
(Global Change Observation Mission)

開発の目的と役割	「地球環境変動観測ミッション(GCOM：Global Change Observation Mission)」は、地球規模での気候変動、水循環メカニズムを解明するため、全球規模で長期間(10～15年程度)の観測を継続して行えるシステムを構築し、そのデータを気候変動の研究や気象予測、漁業などに利用して有効性を実証することを目的としたミッションである。 GCOMは、水循環変動観測衛星(GCOM-W)と気候変動観測衛星(GCOM-C)から構成され、これら衛星を3世代継続して打ち上げることで、10年以上にわたる長期継続観測を実施する計画である。 水循環に関する観測は、マイクロ波放射計を搭載する水循環変動観測衛星：GCOM-Wにより実施する。GCOM-Wは降水量、水蒸気量、海洋上の風速や水温、陸域の水分量、積雪深度などを観測する。 気候変動に関する観測は、多波長光学放射計を搭載する気候変動観測衛星：GCOM-C(第一期衛星を2013年度打上げ計画中)により実施し、雲・エアロゾル、海色(海洋生物)、植生、雪氷などを観測する。 これらの衛星群により、雲を含む大気、陸域、海洋から雪氷圏にいたる観測を高頻度で行ってデータを収集することを計画している。

<第一期水循環変動観測衛星(GCOM-W1)「しずく」>

打ち上げ	時期	2012年(平成24年)5月18日　1：39
	場所	種子島
	打ち上げロケット	H-ⅡAロケット21号機(H-ⅡA・F21)
構造	質量	約1900kg
	形状	4.9m × 5.1m × 17.7m
軌道	高度	約700km
	傾斜角	98.2度
	種類	太陽同期準回帰軌道(回帰日数16日)
	周期	99分
観測センサ		高性能マイクロ放射計2(AMSR2) マイクロ波帯(7～89GHz)による観測 降水量、水蒸気量、土壌水分等を観測

5-4 日本の人工衛星

＜第一期気候変動観測衛星（GCOM-C1）＞

打ち上げ（計画）	時期	2013年度（平成25年度）計画中
	場所	種子島
	打ち上げロケット	H-ⅡAロケット
構造	質量	約2000kg
	形状	4.6m(X)×16.3m(Y)×2.8m
軌道（計画値）	高度	約800km
	傾斜角	98.6度
	種類	太陽同期準回帰軌道（回帰日数34日）
	周期	101分
観測センサ		多波長光学放射計（SGLI） 近紫外〜熱赤外の波長帯による観測 雲・エアロゾル、海色、植生、雪氷等を観測

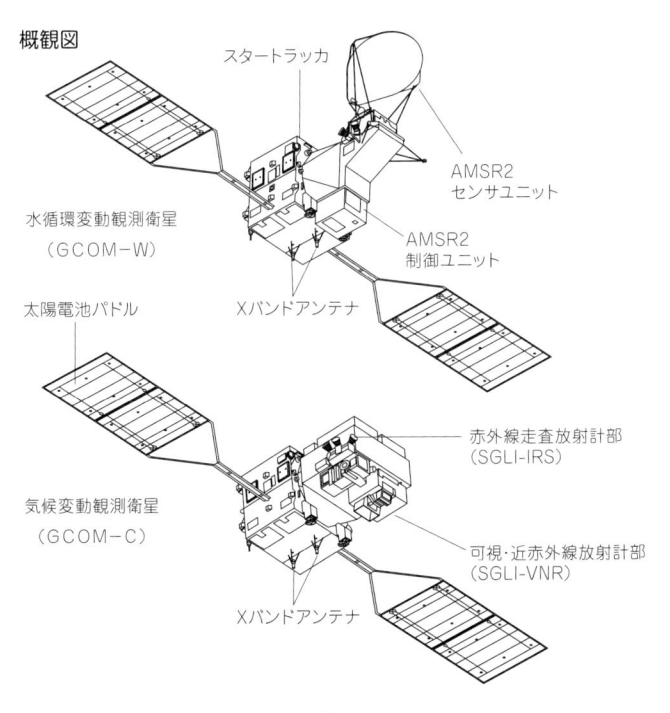

概観図

スタートラッカ
AMSR2センサユニット
水循環変動観測衛星（GCOM-W）
AMSR2制御ユニット
太陽電池パドル
Xバンドアンテナ
気候変動観測衛星（GCOM-C）
赤外線走査放射計部（SGLI-IRS）
可視・近赤外線放射計部（SGLI-VNR）
Xバンドアンテナ

9-2 小型実証衛星4型(SDS-4)
(Small Demonstration Satellite-4)

開発の目的と役割 主要ミッション		機器・部品などの新規技術を事前に宇宙で実証し、成熟度の高い技術を利用衛星や科学衛星に提供することを目的とした小型実証衛星の一環。SDS-4プロジェクトでは、H-IIAロケットの標準の相乗り小型衛星サイズである50kg級の小型衛星を開発し、さらなる短期・低コストでのミッション実現をめざす。
打ち上げ	日時	2012年(平成24年)5月18日　1：39
	場所	種子島
	打ち上げロケット	H-IIAロケット21号機(H-IIA・F21)(第一期水循環変動観測衛星(GCOM-W1)「しずく」と相乗り)
構造	質量	約50kg
	形状	50cm×50cm×50cm　立方体
軌道	高度	677km
	傾斜角	98.2度
	種類	太陽同期準回帰軌道
	周期	99分
主要ミッション機器		・衛星搭載船舶自動識別実験(SPAISE) ・平板型ヒートパイプの軌道上性能評価(FOX) ・THERMEを用いた熱制御材実証実験(IST) ・水晶発振式微小天秤(QCM)

5-4 日本の人工衛星

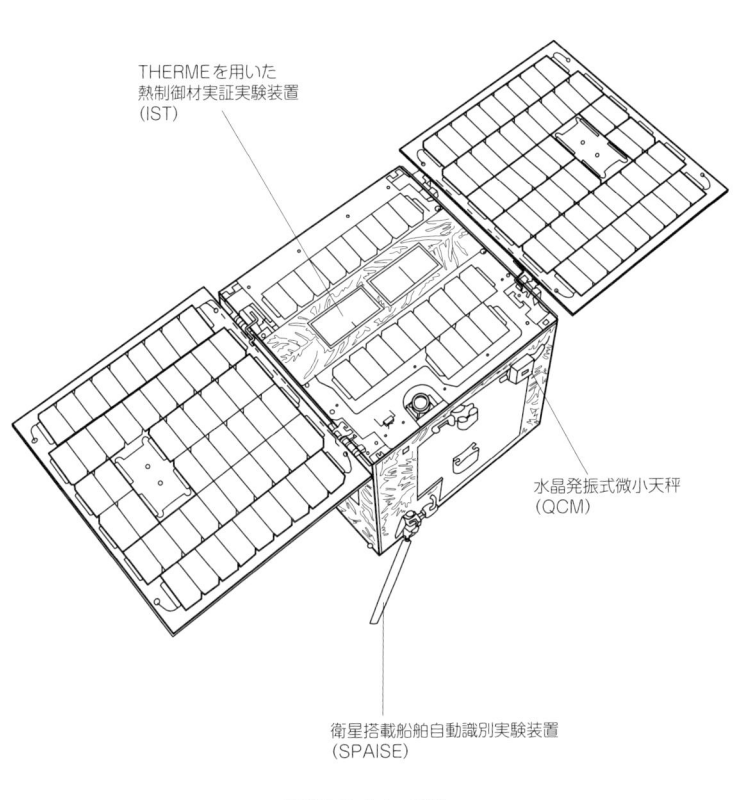

概観図

THERMEを用いた
熱制御材実証実験装置
(IST)

水晶発振式微小天秤
(QCM)

衛星搭載船舶自動識別実験装置
(SPAISE)

軌道上のイメージ図

9-3 全球降水観測／二周波降水レーダ（GPM/DPR）
（Global Precipitation Measurement/Dual-frequency Precipitation Radar）

開発の目的と役割	GPM（全球降水観測）計画は全地球の降水を正確に測定し、気象予報・気候変動予測の精度向上をめざすとともに、洪水予警報システムの構築等の水資源管理での利用をめざすプロジェクトである。GPM計画は、衛星搭載降水レーダとマイクロ波放射計を同時搭載した主衛星と、マイクロ波放射計を搭載した副衛星群から構成され、これらの観測データを組み合わせることで、全地球上での高精度・高頻度な降水観測を実現する。GPM計画は、日本（JAXA）とアメリカ（NASA）が中心となり、米国海洋大気庁（NOAA）、欧州宇宙機関（ESA）、フランス、インド、中国等との国際協力により実施される。JAXAは、1997年（平成9年）に打ち上げられたTRMM（熱帯降雨観測計画）衛星に搭載された世界初の衛星搭載降雨レーダを開発した実績から、GPM主衛星の中心センサである、TRMM降雨レーダの発展型である二周波降水レーダ（DPR）を情報通信研究機構（NICT）と協力して開発している。

打ち上げ	日時	2013年度（平成25年度）夏期予定
	場所	種子島
	打ち上げロケット	H-ⅡAロケット

<GPM主衛星諸元>

構造	質量	約3500kg
	姿勢制御方式	三軸姿勢制御方式（ゼロモーメンタム）
軌道	高度	約400km
	傾斜角	約65度
	種類	太陽非同期軌道
	周期	約93分
主要ミッション機器		二周波降水レーダ（Dual-frequency Precipitation Radar）、GPMマイクロ波放射計（GPM Microwave Imager）
設計寿命		約3年

5-4 日本の人工衛星

＜DPR諸元＞

質量	約730kg
形状（KuPR本体部）	約2.5m × 2.4m × 0.6m
形状（KaPR本体部）	約1.2m × 1.4m × 0.7m
設計寿命	3年2ヵ月

GPM主衛星開発分担

分担項目	日本（JAXA）	米国（NASA）
H-IIAロケット	○（予定）	
衛星本体		○
搭載機器		
二周波降水レーダ*	○	
GPMマイクロ波放射計		○
衛星の追跡・運用		○
データシステム	○	○

＊NICTと共同開発

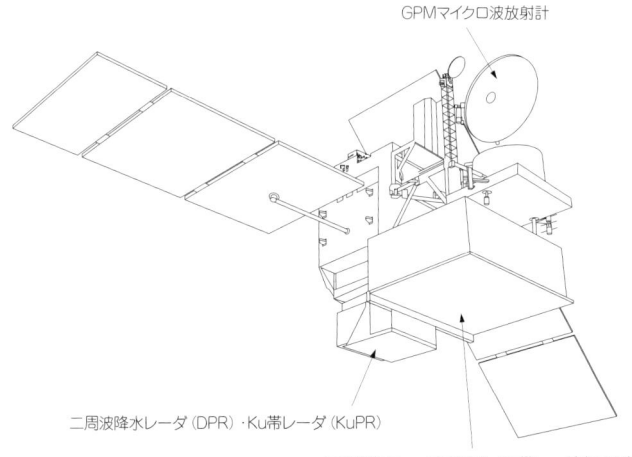

概観図

- GPMマイクロ波放射計
- 二周波降水レーダ（DPR）・Ku帯レーダ（KuPR）
- 二周波降水レーダ（DPR）・Ka帯レーダ（KaPR）

9-4　雲エアロゾル放射ミッション「EarthCARE」
(Earth Clouds, Aerosols and Radiation Explorer)

開発の目的と役割	日本と欧州が協力して開発を進める地球観測衛星。 搭載する4つのセンサー（雲プロファイリングレーダ、大気ライダー、多波長イメージャー及び広帯域放射収支計）により、雲、エアロゾル（大気中に存在するほこりやちりなどの微粒子）の全地球的な観測を行い、気候変動予測の精度向上に貢献する。 EarthCAREでは、これまで十分な観測が行われてこなかった鉛直方向の雲やエアロゾルの分布、雲粒が上昇・下降する速度の計測等を行い、雲、エアロゾルとそれらの相互作用による放射収支メカニズムを解明し、気候変動予測の精度を向上させることが期待されている。

打ち上げ	日時	2013年度（平成25年度）
	場所	—
	打ち上げロケット	PSLV、DNEPR　またはソユーズ
構造	質量	1300kg
	形状	
軌道	高度	約450km
	傾斜角	
	種類	太陽同期
	周期	
主要ミッション機器	大気ライダー（ATLID）：欧州開発の高解像度ライダー、偏光の計測も行う。 雲プロファイリングレーダ（CPR）：JAXA/NICTが開発している-36dBZの感度、500mの鉛直解像度を持ち、世界初のドップラー速度計測機能が付いている。 多波長イメージャー（MSI）：欧州開発の7チャンネル、150km幅、500m解像度のイメージャー。 広帯域放射収支計（BBR）：欧州開発の2チャンネル放射収支計。衛星の前方・直下・後方の3シーンを計測する。

9-5　陸域観測技術衛星2号(ALOS-2)
(Advanced Land Observing Satellite-2)

開発の目的と役割		陸域観測技術衛星「だいち」で実証された技術や利用成果を発展させ、国内外の大規模自然災害に対して、高分解能かつ広域の観測データを迅速に取得・処理・配信するシステムを構築し、関係機関の防災活動、災害対応において利用実証を行う。また、災害状況把握に加え、国土管理や資源管理など衛星の運用の過半を占める平常時のニーズにも対応した多様な分野における衛星データの利用拡大を図ることを目的としている。
打ち上げ	日時	2013年度(平成25年度)
	場所	種子島
	打ち上げロケット	H-ⅡAロケット
構造	質量	約2t
	形状	
軌道	高度	628km
	傾斜角	
	種類	太陽同期準回帰軌道(回帰日数14日)
	周期	
主要ミッション機器		Lバンド合成開口レーダ(SAR) 世界で唯一運用された「だいち」のPALSARを発展的に引きつぎ、新たな観測モード「スポットモード」を追加し、1～3mの分解能を目指す。さらに、「だいち」のPALSARにはない左右観測機能を持たせることに加えて、観測可能領域を向上(870km→2320km)させることで、迅速に観測できる範囲を3倍程度まで広げる。

9-6　X線天文衛星(ASTRO-H)
(ASTROnomy satellite-H)

開発の目的と役割	1. 硬X線望遠鏡による初めての撮像分光観測 2. 初めてのマイクロカロリーメータによる超高分解能分光観測 3. 0.3キロ電子ボルトから600キロ電子ボルトと、3桁以上にも及ぶ過去最高の高感度広帯域観測 以上を通じて、ブラックホールの周辺や超新星爆発など高エネルギーの現象に満ちた極限宇宙の探査・高温プラズマに満たされた銀河団の観測を行い、宇宙の構造やその進化を探ることを目的とする。

打ち上げ	日時	2013年度(平成25年度)目標
	場所	種子島
	打ち上げロケット	H-IIAロケット

構造	質量	2.4t
	形状	全長14m、本体八角柱型

軌道	高度	550km
	傾斜角	31度
	種類	円軌道
	周期	約96分

主要ミッション機器	・硬X線望遠鏡(HXT) ・軟X線望遠鏡(SXT-S, SXT-I) ・硬X線撮像検出器(HXI) ・軟X線分光器(SXS) ・X線CCDカメラ(SXI) ・軟ガンマ線検出器(SGD)

9-7 小型科学衛星1号機(SPRINT-A)
(Small space science Platform Rapid INvestigation and Test-A)

開発の目的と役割	SPRINT-Aは地球周回軌道から金星や火星、木星などを遠隔観測する世界初の惑星観測用宇宙望遠鏡。 金星、地球、火星は太陽系誕生の初期には非常に近い環境であったことが分かってきている。しかし、誕生から10億年以内の期間で3つの惑星は現在の状況に変貌を遂げている。金星は水が宇宙空間に逃げだした結果、二酸化炭素を中心とした乾いた大気、そして温室効果により高温になっている。火星は大気中の酸素成分の多くが宇宙空間に逃げだして、寒冷な世界となっている。SPRINT-Aは、これら地球型惑星の大気が宇宙空間に逃げだすメカニズムの解明に挑む。特に、誕生初期の太陽風と惑星大気の相互作用を調べる。また、木星の衛星イオから流出する硫黄イオンを中心としたプラズマ領域の観測を行い、木星のプラズマ環境のエネルギーがどのように供給されているかを調べる。

打ち上げ	日時	2013年度(平成25年度)予定
	場所	
	打ち上げロケット	イプシロンロケット
構造	質量	約320kg
	形状	1m×1m×高さ4m　本体立方体
軌道	高度	近地点950km　遠地点1150km
	傾斜角	31度
	種類	楕円軌道
	周期	106分
主要ミッション機器		EUV(極端紫外線)分光器

5-5 海外の代表的な人工衛星

宇宙活動の歴史を切り拓いた代表的な人工衛星11基を紹介。

5-5-1 スプートニク1号（Спутник-1　英語表記：Sputnik 1）

国際標識番号：1957-001B

種類・目的等	科学探査
開発・運用国	旧ソ連
打ち上げ 年月日	1957年10月4日
打ち上げ ロケット	R-7
打ち上げ 射場	バイコヌール（チュラタム）
構造 質量	83.6kg
構造 形状	直径58cmの球形で、長さ2.4～2.9mの4本のアンテナ
軌道 高度	215km～939km
軌道 傾斜角・周期	65.1度、96.2分
軌道 軌道の種類	楕円軌道
運用期間	10月4日から21日間
運用概要	冷戦を背景として米国、旧ソ連の宇宙開発競争のスタートとなった人類初の人工衛星。この衛星の打ち上げは、米国内でスプートニクショックを引き起こし、以後、宇宙開発競争が激化する。スプートニク1号に搭載された電池の寿命は3週間で、衛星内部の温度を送信してきた。約3ヵ月後の、1958年1月4日、大気圏に再突入して消滅。

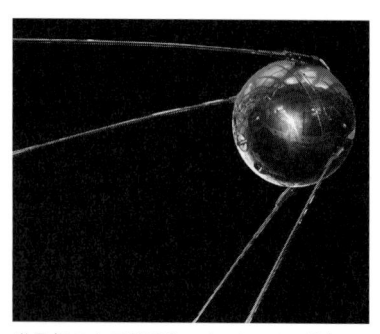

世界初の人工衛星「スプートニク1号」

5-5 海外の代表的な人工衛星

5-5-2 スプートニク2号（Спутник-2　英語表記：Sputnik 2）
国際標識番号：1957-002A

種類・目的等	科学探査、初の生物搭載・実験
開発・運用国	旧ソ連
打ち上げ 年月日	1957年11月3日
打ち上げ ロケット	R-7
打ち上げ 射場	バイコヌール（チュラタム）
構造 質量	508.3kg
構造 形状	底辺直径2m、高さ4mの円錐形
軌道 高度	212km～1660km
軌道 傾斜角・周期	65.3度、103.7分
軌道 軌道の種類	楕円軌道
運用停止年月日	1957年11月10日（通信途絶）
運用概要	世界で2番目の人工衛星で、ライカという犬を搭乗させた。生命維持装置は20日間稼働する計画であったが、温度調節装置の故障等により、ライカは打ち上げ後数時間で死亡したとみられる。当時の技術ではカプセルの回収はできず、回収の計画はなかった。 1958年4月14日、大気圏に再突入し消滅。 この後のスプートニク4号、5号等により、宇宙船の技術的な試験を行い、有人宇宙船の技術に繋がっていった。

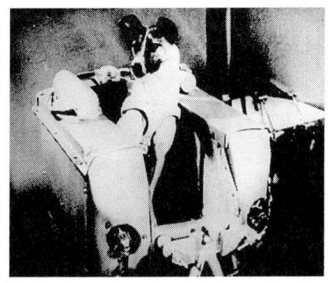

「スプートニク2号」に搭乗したライカ

5-5-3 科学探査衛星エクスプローラ1号(Explorer 1)
国際標識番号：1958-001A

種類・目的等	科学探査、宇宙放射線等の計測
開発・運用国	米国
打ち上げ 年月日	1958年1月31日
打ち上げ ロケット	ジュピターC
打ち上げ 射場	ケープカナベラル空軍基地
構造 質量	13.97kg
構造 形状	直径15.9cm、全長203cmの円筒形
軌道 高度	358km 〜 2550km
軌道 傾斜角・周期	33.24度、114.8分
軌道 軌道の種類	楕円軌道
運用停止年月日	1958年5月23日（電力消耗）
運用概要	米国・旧ソ連の宇宙開発競争を背景に、地球観測年の一環の事業として宇宙線の観測を行った。旧ソ連に対抗して、1957年12月6日に米国初の人工衛星「ヴァンガード」を打ち上げたが失敗し、このエクスプローラ1号が米国初の人工衛星となった。 後のエクスプローラー3号の観測結果と合わせて、地球をドーナツ状に取り巻く放射線帯「ヴァンアレン帯」を発見した。 1970年3月31日、大気圏に再突入し消滅。

「ジュピターC」に搭載された状態の「エクスプローラ1号」

5-5-4 気象衛星タイロス1号(TIROS I)
国際標識番号：1960-002B

種類・目的等	気象衛星、TVカメラによる雲画像の撮影
開発・運用国	米国
打ち上げ 年月日	1960年4月1日
打ち上げ ロケット	ソー・エイブル
打ち上げ 射場	ケープカナベラル空軍基地
構造 質量	119kg
構造 形状	直径1.1m、高さ48cmの円筒形
軌道 高度	677km〜722km
軌道 傾斜角・周期	48.4度、98.8分
軌道 軌道の種類	楕円軌道
運用停止年月日	1960年6月17日
運用概要	世界初の気象衛星。可視光ビデオカメラで地表を撮影し、電送により地上に送信。姿勢制御装置に問題があり、夜間撮影はできなかったが、衛星軌道からの気象観測が可能であることを示し、気象観測衛星として有益なデータを取得するとともに、それ以降の気象衛星(ニンバスシリーズ、ノアシリーズ)の実用化に大きな貢献をした。1960年6月17日までに2万2952枚の地表写真を撮影。

試験中の「タイロス1号」

5-5-5 通信衛星エコー1号(Echo 1)
国際標識番号：**1960-009A**

種類・目的等	通信衛星
開発・運用国	米国
打ち上げ 年月日	1960年8月12日
打ち上げ ロケット	デルタ
打ち上げ 射場	ケープカナベラル空軍基地
構造 質量	75.9kg
構造 形状	直径30.5mの気球(厚さ0.0127mmのマイラーポリエステルで、表面を金属コーティング)
軌道 高度	1524km〜1684km
軌道 傾斜角・周期	47.2度、118.2分
軌道 軌道の種類	楕円軌道
運用停止年月日	1968年5月24日(大気圏再突入、消滅)
運用概要	宇宙通信分野では、1958年12月に、アメリカのアイゼンハワー大統領のクリスマスメッセージを録音したスコア衛星が打ち上げられ、宇宙から地上に送信することに成功していた。 エコー1号は世界初の通信衛星で、地上からの電波を気球表面で反射させるための金属コーティングされた気球(受動通信)衛星。大陸内、大陸間の電話、ラジオ音声テレビ信号の伝送に成功し、宇宙通信の有用性を拓いた。1964年1月25日にはエコー2号により追加実験が行われたが、その後の通信衛星は中継器で増幅する能動型に移行していった。

ストレステスト中の「エコー1号」

5-5-6 通信衛星リレー1号(Relay 1)
国際標識番号：1962-068A

種類・目的等	通信衛星
開発・運用国	米国
打ち上げ 年月日	1962年12月13日
打ち上げ ロケット	デルタ
打ち上げ 射場	ケープカナベラル空軍基地
質量	78kg
軌道 高度	1317km～7442km
軌道 傾斜角・周期	47.5度、185.1分
軌道 軌道の種類	楕円軌道
運用停止年月日	1965年2月
運用概要	リレー1号は、初の日米間宇宙通信実験を行った通信衛星。1963年11月23日、伝送実験が行われ、米国からジョン・F・ケネディ大統領暗殺の衝撃的なニュースが中継された。 それより前の、1962年7月10日には能動型の通信衛星テルスター1号が打ち上げられ、アメリカ・ヨーロッパ間の通信実験が行われた。

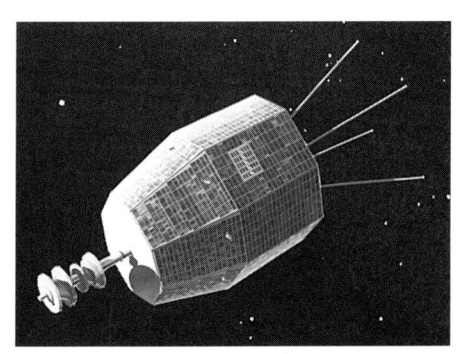

初の日米間宇宙中継に成功した「リレー1号」

5-5-7 通信衛星シンコム3号(Syncom 3)
国際標識番号：1964-047A

種類・目的等	通信衛星、静止衛星軌道からの通信中継
開発・運用国	米国
打ち上げ 年月日	1964年8月19日
打ち上げ ロケット	ソー・デルタ
打ち上げ 射場	ケープカナベラル空軍基地
構造 質量	65.8kg
構造 形状	直径71cm、高さ39.4cmの円筒形
軌道 高度	約36000km
軌道 傾斜角・周期	0度、約24時間
軌道 軌道の種類	静止軌道
運用停止年月日	1968年4月
運用概要	世界で初めて静止軌道に投入された通信衛星。10月10日からの東京オリンピックを米国に中継し、宇宙通信が商業的にも実用化の段階に入ったことを証明した。これより前、シンコム1号は1963年2月14日に打ち上げられたが失敗、シンコム2号は同年7月26日に打ち上げられたが、軌道傾斜角33.1度だったため静止衛星にはならなかった。1964年、静止通信衛星による国際通信網を築くための組織であるインテルサットが18ヵ国の加盟により設立された。インテルサットは1965年にインテルサット1号シリーズの打ち上げを行い、国際衛星通信サービスを開始した。

世界初の静止通信衛星「シンコム3号」

5-5-8　地球観測衛星ランドサット1号(Landsat 1)
国際標識番号：1972-058A

種類・目的等	地球観測衛星、地球の資源探査
開発・運用国	米国
打ち上げ 年月日	1972年7月23日
打ち上げ ロケット	ソー・デルタ
打ち上げ 射場	ケープカナベラル空軍基地
質量	816.4kg
軌道 高度	899km～911km
軌道 傾斜角・周期	99.1度、103.1分
軌道 軌道の種類	太陽同期準回帰軌道
運用停止年月日	1978年1月6日
運用概要	地球資源を宇宙から探査する目的で打ち上げられた初めての地球観測衛星。当初はERTS-1(Earth Resources Technology Satellite)と呼ばれ、1975年にランドサットに改名した。宇宙からの地球観測の有用性を証明するとともに、米国においてはこれまで7号機まで打ち上げられた。 現在では日本をはじめ世界各国でも、地球を観測するための衛星の打ち上げ・運用が行われている。

整備中の「ランドサット1号」

5-5-9 航行・測位衛星ナブスター1(Navstar 1, GPS BⅠ-01)
国際標識番号：**1978-020A**

種類・目的等	航行・測位衛星、ナビゲーションの運用試験
開発・運用国	米国
打ち上げ 年月日	1978年2月22日
打ち上げ ロケット	アトラスF
打ち上げ 射場	バンデンバーグ空軍基地
構造 質量	759kg
構造 形状	全長5.3m(太陽電池パドル含む)、全幅1.5mの箱型
軌道 高度	2230km〜20578km
軌道 傾斜角・周期	64.6度、727分
軌道 軌道の種類	周期約12時間の準同期軌道、円軌道
運用停止年月日	1985年7月
運用概要	ナブスター衛星は、アメリカ海軍が航行衛星として運用していたトランジット衛星の後継機で、軍用と民間の宇宙、空中、海上、地上のナビゲーションに必要な情報を提供する。GPS(Global Positioning System)として構成するには、地球を均等に取り巻く6軌道に各4個のナブスター衛星を配置する必要がある。ナブスター1はこのシステムの運用試験のために打ち上げられた衛星である。 現在では約30個のナブスターが配備され運用されている。もともとこのシステムは米国の軍事用であるが、現在では民生用としても盛んに用いられている。同様なGPSとして、ロシアでは「GLONASS」、欧州では「Galileo」、中国の「北斗」、そして日本の「準天頂衛星システム」などの開発も進められている。

5-5-10 ハッブル宇宙望遠鏡(HST：Hubble Space Telescope)
国際標識番号：1990-037B

種類・目的等	天文観測衛星、宇宙望遠鏡
開発・運用国	米国
打ち上げ 年月日	1990年4月24日
打ち上げ ロケット	スペースシャトル ディスカバリー STS-31
打ち上げ 射場	ケネディ宇宙センター
構造 質量	11110kg
構造 形状	長さ13.1m、口径2.4mの望遠鏡(円筒形)
軌道 高度	559km
軌道 傾斜角・周期	28.5度、97分
軌道 軌道の種類	円軌道
運用停止年月日	運用中
運用概要	紫外、可視光、近赤外領域を観測する反射望遠鏡で、運用中に宇宙空間で修理や部品交換を直接行うユニークな計画。1993年12月に第1回の修理を行い、以後6回の部品交換や修理を行った。約20年にわたる観測により、これまで得られなかった非常に多くのデータが得られた。主な成果は以下の通り。太陽系外の惑星の存在、ダークマターの存在、宇宙の膨張速度が加速していること、銀河の中心のブラックホールの存在、等々。HSTは、2014年まで観測・運用を行う予定であるが、その後継機としてジェイムズ・ウェッブ宇宙望遠鏡(JWST)の打ち上げが2014年に予定されている。

スペースシャトル・ディスカバリーで運ばれ軌道投入される「ハッブル宇宙望遠鏡」

5-5-11 宇宙背景放射探査機コービー
(COBE：Cosmic Background Explorer)
国際標識番号：1989-089A

種類・目的等	天文観測衛星、宇宙マイクロ波背景放射の観測
開発・運用国	米国
打ち上げ 年月日	1989年11月18日
打ち上げ ロケット	デルタ
打ち上げ 射場	ケープカナベラル空軍基地
構造 質量	2270kg
構造 形状	
軌道 高度	900.2km
軌道 傾斜角・周期	99.3度、103分
軌道 軌道の種類	太陽同期軌道
運用停止年月日	1993年12月23日
運用概要	宇宙論的な観測を目的とした初めての衛星で、宇宙マイクロ波背景放射を観測し、宇宙の形状、構造などを探る測定データを得ることを目指した。COBEの最大の成果は、宇宙誕生初期の極めてわずかな「ゆらぎ」をとらえたことである。その「ゆらぎ」は、背景放射の平均温度2.73Kの10万分の1というわずかなものであったが、今日の宇宙の銀河団や広大なボイドの元になる構造を形成したと考えられた。 2001年6月にはCOBEの後継機であるWMAPが打ち上げられ、より詳細な観測がなされた。その結果、宇宙の年齢と大きさ、宇宙の組成の比率、ハッブル常数、インフレーション理論と観測の一致等々、重要な成果が得られた。

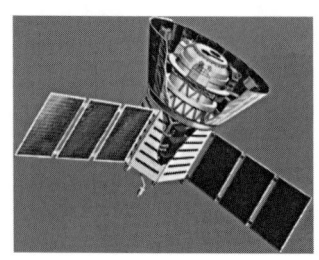

初めて宇宙の
ゆらぎをとらえた
「コービー」

第6章 月・惑星探査

6-1　月・惑星探査の基礎知識

6-1-1　探査機と人工衛星の違い

　人工衛星と探査機のもっとも大きな違いは、その「軌道」である。つまり、人工衛星は地球のまわりを回りながら観測や通信中継などを行う。それに対して、探査機は地球のまわりを回るのではなく、実際に観測する天体（月や惑星など）に行って直接観測などを行う。探査機を打ち上げ、他の天体に向かわせるためには、人工衛星の打ち上げよりも多くのエネルギーが必要であり、その軌道も地球中心ではなく太陽を中心とした軌道となる。そのため惑星探査機を、太陽を回る惑星と同じということで「人工惑星」と言うこともある（ただし月探査機の場合は、月そのものが地球重力圏内にあり、地球を中心とした軌道を描くため人工惑星とは言わない）。

　探査機が、目的とする天体を探査・観測するための方法には以下のものがある。

フライバイでの観測　目的の天体の近くまで行き、そのまま通り過ぎる間に観測を行う。観測方法の中では技術的に比較的容易ではあるが、通り過ぎるだけなので短時間の観測になる。

周回軌道での観測　目的の天体まで行って、その天体を周回する軌道（つまりその天体の人工衛星軌道）に乗って観測を行うため、長期間の観測が行える。惑星に接近し、減速あるいは加速をするなど、制御技術が必要となる。

着陸での観測　基本的には、その天体の周回軌道に乗った後、着陸機（ランダー）などを着陸させる技術が必要。遠隔操作ではあるが、その天体のサンプルの分析、実験・観測などが行える。

サンプルリターン　目的の天体に軟着陸などした後、天体のサ

ンプルを採取、再度離陸して地球に向けて航行を行い、地球大気圏突入後サンプルを回収する。非常に高度な技術が必要だが、実際に研究室でその天体のサンプルの分析などが行える。

6-1-2 宇宙速度

　人工衛星などを地球周回軌道に乗せるために必要な速度は、その高度によって異なる。人工衛星になるために必要な速度を「第1宇宙速度」と呼ぶことは、第5章で述べたとおりである。

　さて、地表に空気がないと仮定して、ボールを地表面上で秒速約7.9kmの速度で水平に投げれば、そのボールは人工衛星となって地球を周回する。このときの軌道は円軌道である。さらに投げる速度を速くすると、投げた地点の反対側でより地球を離れたところを通り、また戻ってくる楕円軌道を描く。当然のことながら、より速く投げると、より地球を離れたところを回って戻ってくる。つまり楕円軌道がどんどん細長くなっていく。

　さらに速く投げてみよう。秒速約11.2kmで投げると、ボールはついに地球の重力を振り切って二度と戻ってこない軌道（放物線軌道）に入る。この地球の重力を脱出するために必要な速度を、「第2宇宙速度」あるいは「脱出速度」という。

　ただし、地球の重力を脱出したからといって、遙かな無限の宇宙に向かって飛んでいけるわけではない。強い地球の重力圏内を抜けるとそこは太陽の重力圏内だった……とは有名な小説の書き出しに似ているが、より強大な太陽の重力に支配されることになり、太陽のまわりを回る人工惑星になる。

　さらにもっと速く、秒速約16.7kmで投げると、こんどは強大な太陽の重力をも振り切って、太陽系を抜け出し遙かな銀河宇宙へと航行していくことになる。このときの速度を「第3宇宙速度」という（この場合、地球の公転方向に投げる必要がある）。

第6章 月・惑星探査

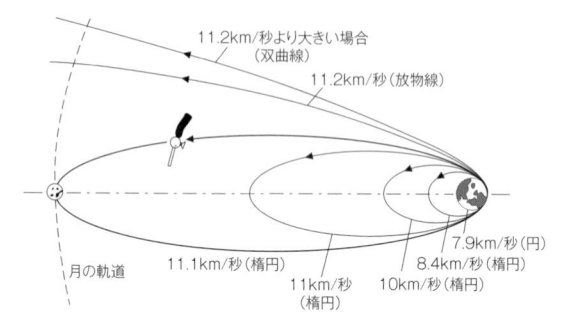

地球表面上（高度＝0km）から水平にさまざまな速度で打ち出した場合

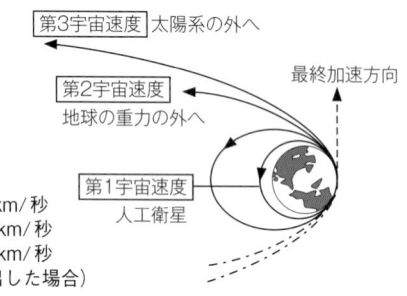

第1宇宙速度： 約7.9km/秒
第2宇宙速度：約11.2km/秒
第3宇宙速度：約16.7km/秒
（地球表面上から打ち出した場合）

6-1-3 月探査機の基礎知識

(1)楕円軌道による月探査機

　月探査機を月に送る場合は、人工衛星を軌道に投入する方法と同じようなやり方をとる。つまり、人工衛星軌道の遠地点が月の公転軌道（約38万km）となるような長楕円軌道にするが、探査機が遠地点に達するときと、地球を公転する月がその場を通過するタイミングを合わせるように打ち上げる。このとき、ロケットで最終的に打ち出す速度は秒速11.088kmだが、これは空気がないと仮定した地球表面上からの最終打ち出し速度である。人工衛星のときと同じように、最終的に打ち出す場

所が地球から遠ければ遠いほど、その速度は遅くてもよいことになる。

しかし実際には、最終加速された月探査機が、月に向かう途中から徐々に月の重力によって引かれるため、より複雑な軌道計算が必要となる。

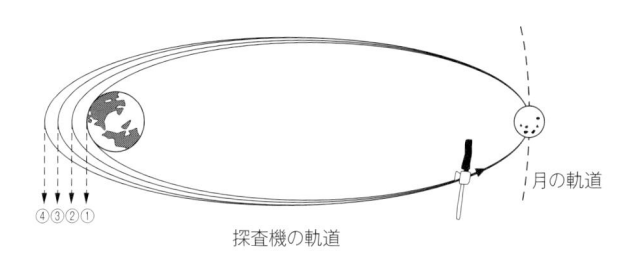

打ち出す高度と打ち出し速度

	①	②	③	④
高度	0km	200km	400km	600km
打ち出し速度	11.088km/秒	10.915km/秒	10.750km/秒	10.592km/秒

さて、このような軌道で月付近に到達した探査機は長楕円軌道を飛行しているので、そのままにしておけば月を回ってまた地球に向かって戻ってくる。月を周回する軌道（衛星の衛星という意味で「孫衛星」と呼ぶ場合もある）に乗るためには、月に接近する遠地点付近で軌道を修正する必要がある。

具体例として、2007年9月14日にH-ⅡAロケットで打ち上げた、月周回衛星「かぐや」の軌道を見てみよう。

9月14日10時31分01秒に打ち上げられた「かぐや」は（次ページ図の①）、44分02秒後、高度305kmで、第2段ロケットにより秒速10.8kmに加速された（②）。「かぐや」は、近地点956km、遠地点23万2782km、軌道傾斜角29.9度の長楕円軌道に投入された（③）。この軌道の周期は約5日である。この

軌道上において、「かぐや」の搭載機器などのチェック・確認・準備などが行われた（④）。また、この中間段階の軌道に打ち上げられるのは、周到な準備をするためと、月との会合のタイミングを合わせるためでもある（⑤）。

　軌道を周回して5日後の9月19日、「かぐや」は再び近地点付近に戻ってきた。その段階で再度エンジンを点火し、より長楕円軌道の遠地点約38万kmの軌道に移った（⑥）。このときの周期は約10日で、遠地点は月の軌道に届く距離である。

　5日後、つまり打ち上げから10日後、「かぐや」は月の公転軌道にも届く遠地点付近を通過したが、このとき、まだ月はこの位置には来ていない。さらに5日後、近地点を通過した「かぐや」は、この10日周期の長楕円軌道の2周目に入った。

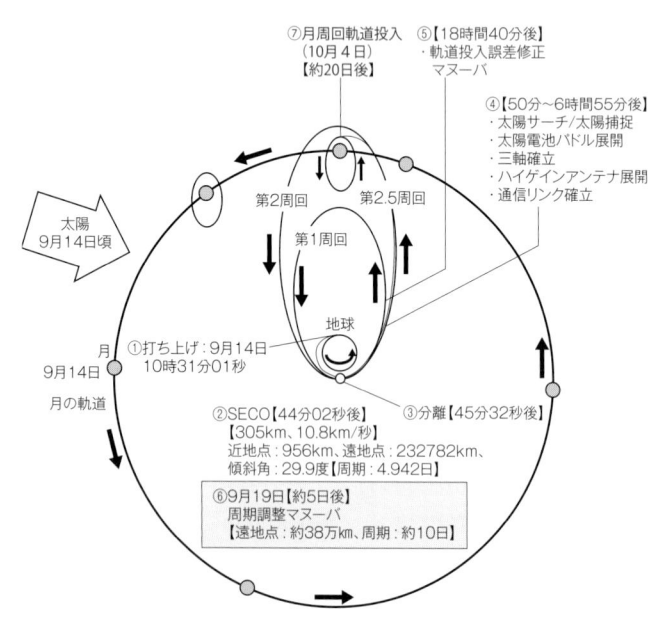

月周回衛星「かぐや」の月までの軌道

そしてさらに5日後、打ち上げから約20日後の10月4日、「かぐや」は遠地点付近でいよいよ「月」と会合することになる（⑦）。

以上が長楕円軌道で月に行く一例である。

さて、続いて「月」を周回するための制御である。「かぐや」が月の公転軌道に達する頃の速度は、秒速約100mと非常に遅くなっている。月の公転速度は秒速約1kmで、月は「かぐや」の速度の10倍もの速さで後方から追っている、という状況である（下図の①）。

この大きな速度の差により、月は「かぐや」を追い越していく。このままの状態では、「かぐや」が再び月の公転軌道を地球に向けて横切るとき、月は既に通り過ぎてしまっているということになる。そこで、図中の②の段階で、月の重力に捉えられるように「かぐや」を加速し、月の衛星軌道に入る制御を行う。

この状況を月を基準にして見ると、「かぐや」は秒速約900mもの速さで（図中では左から右に）遠ざかっていくこと

地球から見た場合
遠地点付近の探査機の対地球速度：約100m/秒
月の公転速度（対地球）：約1km/秒

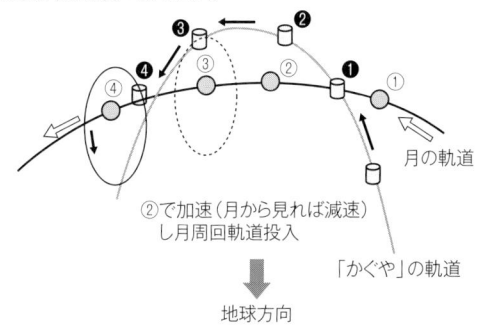

②で加速（月から見れば減速）し月周回軌道投入

地球方向

月の軌道

「かぐや」の軌道

月周回軌道投入付近の動き

になる。つまり月から見れば「かぐや」は速度を落とす(減速の)制御を行ったことになる。

このように、長楕円軌道での月探査機の打ち上げは、第1宇宙速度の範囲で行く方法である。この方法での月までの所要時間は、4日20時間くらいである。

(2)第2宇宙速度による月探査機

第2宇宙速度、つまり地球重力を脱出する速度(地表面上から秒速11.2kmでの打ち出し、放物線軌道)で月に向かう場合は、2日程度で到達する。また、速度が速いため、月の重力により軌道が乱されることも少ないという利点がある。しかしながら、月への途中で何か不具合があった場合、長楕円軌道の場合は再び地球に戻ってくる軌道になっているが、放物線軌道の場合はそのまま地球の重力圏脱出になるため、有人ミッションではリスクが大きい。アポロ宇宙船の場合は、月への途中、長楕円軌道(自由帰還軌道とも称された)と、それよりも速い速度での航行を組み合わせた「ハイブリッド軌道」を使用した。

6-1-4 惑星探査機の基礎知識

(1)高度による脱出速度の違い

地球から惑星などへ探査機を送る場合は、第2宇宙速度、つまり脱出速度で加速することが必要である。人工衛星の場合と同じように、第2宇宙速度は高度によって異なってくる。

高　度	脱出速度	高　度	脱出速度
0km	11.180km/秒	700km	10.510km/秒
150km	11.050km/秒	1000km	10.394km/秒
200km	11.008km/秒	1600km	9.996km/秒
300km	10.925km/秒	3000km	9.219km/秒
500km	10.765km/秒	5000km	8.370km/秒

(2)ホーマン軌道

　地球から打ち上げた探査機を目的の惑星まで向かわせ、その惑星のまわりを回る周回軌道に乗せるためには、探査機を加速、あるいは減速して、その惑星の公転速度に合わせることが必要となってくる。これらを行うには大きなエネルギーが必要となるが、もっとも少ないエネルギーで目的とする惑星に到達する軌道があり、それを「ホーマン軌道」という。

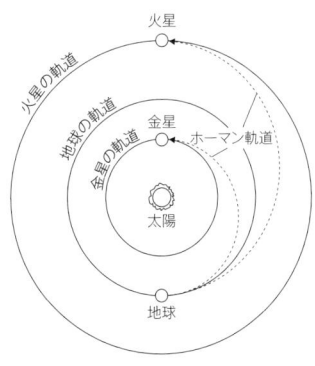

ホーマン軌道

　ホーマン軌道とはどのような軌道なのか、火星や金星へ探査機を送る場合で見てみよう。
　地球は太陽のまわりを周回している。地球の公転速度は秒速約30kmという高速である。したがって、地球から打ち上げられた探査機はこの秒速約30kmという速度を初めから持っていることになる。太陽を中心としているので、当然太陽から見た速度である。
　さて、地球から打ち上げる探査機を地球の公転方向と同じ方向に打ち上げた場合、探査機の速度に公転速度が加味され、太陽から見て秒速約30km以上のスピードになる。そのため探査機は、その軌道が太陽をはさんだ反対側に大きく膨らみ、より

遠くまで行くことになる。これは人工衛星のときとまったく同じ原理で、中心が地球か太陽かの違いだけである。このとき、太陽から一番遠い地点を「遠日点」といい、一番近い地点が「近日点」となる。

たとえば地球の外側を回る火星に探査機を送る場合は、遠日点で火星に出会うようなタイミングで打ち上げる。この軌道での火星までの所要日数は、約260日である。もちろん、初速を速くすれば、所要日数が減ることは言うまでもない。

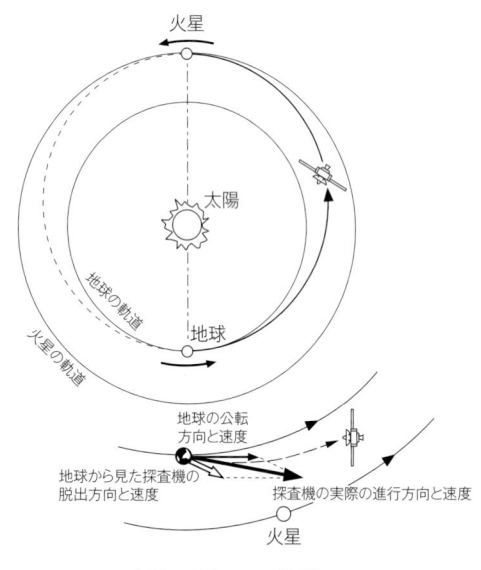

火星へのホーマン軌道

逆に、地球から打ち上げる探査機を、地球の公転方向と逆の方向に打ち上げた場合、その速度は太陽から見て公転速度の秒速約30kmだけマイナス（減速）されることになる。加速のときと逆で、太陽をはさんだ反対側が一番太陽に近い近日点となり、減速した地点が遠日点となる。これも、人工衛星の理論と

同じである。

　たとえば金星に探査機を最小エネルギーで送る場合は、この方法を使って近日点で金星と出会うようなタイミングで打ち上げることになる。この軌道での金星までの所要日数は約150日である。火星の場合と同じく、初速を速くすれば所要日数も減ることになる。

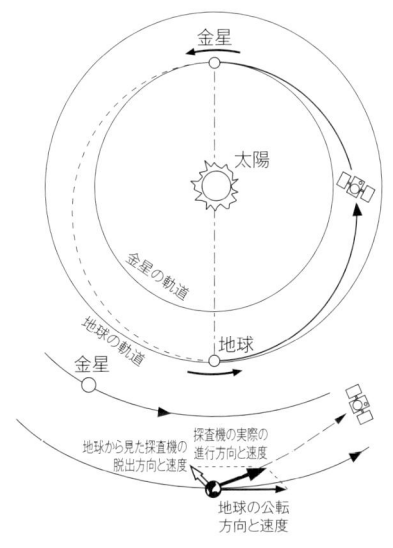

金星へのホーマン軌道

　このように近日点、遠日点で目的とする惑星等と出会うように打ち上げる軌道がホーマン軌道であり、最少のエネルギーで到達できる。

(3) スイングバイ航法

　スイングバイ航法を一言で表すと、「探査機が持っている推進剤を使わず、惑星の重力と公転速度を利用して、探査機の飛

行の方向を変え加速する方法」ということになる。その仕組みなどを詳しく見てみよう。

①惑星の重力圏に探査機が近づいてくる。

矢印の長さは探査機の速度の大きさを表している。重力圏に入った探査機は、その惑星の重力に引かれてどんどん加速され、A点で最高の速度になる。その後は、逆に重力に逆らうことになるので減速され、重力圏から出るときは、入った時の速度とまったく同じ速度になる（矢印の長さは同じで、エネルギー保存の法則が成り立っている）。しかし、図でもわかるように、探査機の飛行の方向は大きく変更されている。結局、探査機はその飛行方向は変えるが、速度は同じということになる。

②しかしながら、今の説明は、惑星の公転運動を無視している。この惑星が止まっている場合はそれでよいが、惑星は太陽のまわりを公転している。つまり、太陽から見るとこの惑星はものすごい速さで移動している。そこで、惑星の公転の方向と速さを矢印で表すことにする。

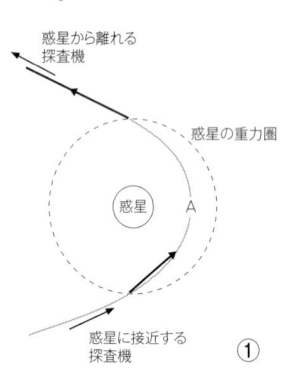

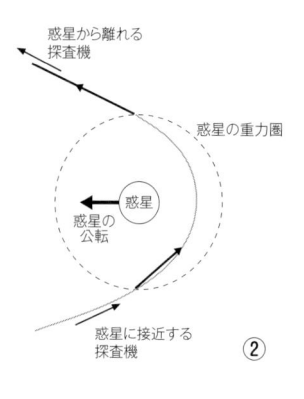

③惑星の重力圏に入った探査機は、その惑星に引かれて、惑星と同じ公転速度で動くことになる(太陽から見て)。それを表すため、重力圏に入ったときと出るときに、それぞれ惑星の公転運動の速さと向きを図に入れる。

④探査機が重力圏に入り、探査機の速度と公転速度の2つが同時に働いたとき、最終的に探査機はどのように動くのだろうか。この場合、探査機の速度と公転速度を2辺とした平行四辺形を描き、その対角線が、最終的に探査機が飛行する方向と速さになる。

⑤同じように、探査機が惑星の重力圏から出て行くときにも公転速度を加えると、図のように平行四辺形が描け、その対角線が引ける。

　探査機が重力圏に入ったときと、出て行くときのこの対角線の矢印を比較すると、出て行くときのほうがはるかに大きい(長い)ことがわかる。つまり、速さが増したということで、探査機はこの惑星の公転速度をもらって加速したということになる。

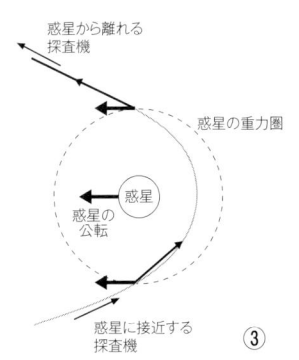

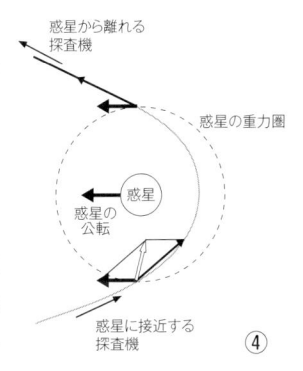

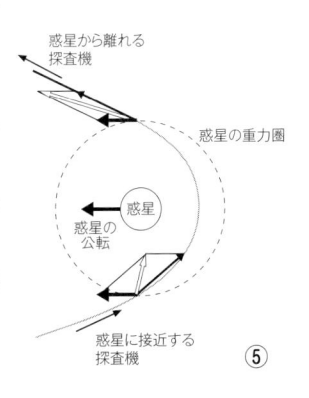

第6章 月・惑星探査

 探査機がスイングバイによって加速したということは、エネルギー保存則からいえば、誰かがエネルギーを損しているということになる。この場合、惑星の公転速度が損をしている、つまり減っていることになるが、惑星と探査機では質量があまりにも違いすぎるため、惑星の公転速度には影響はない。
 アメリカの惑星探査機「ボイジャー2号」は、木星を探査した後、より遠い土星、天王星、海王星へと順次接近し、観測を

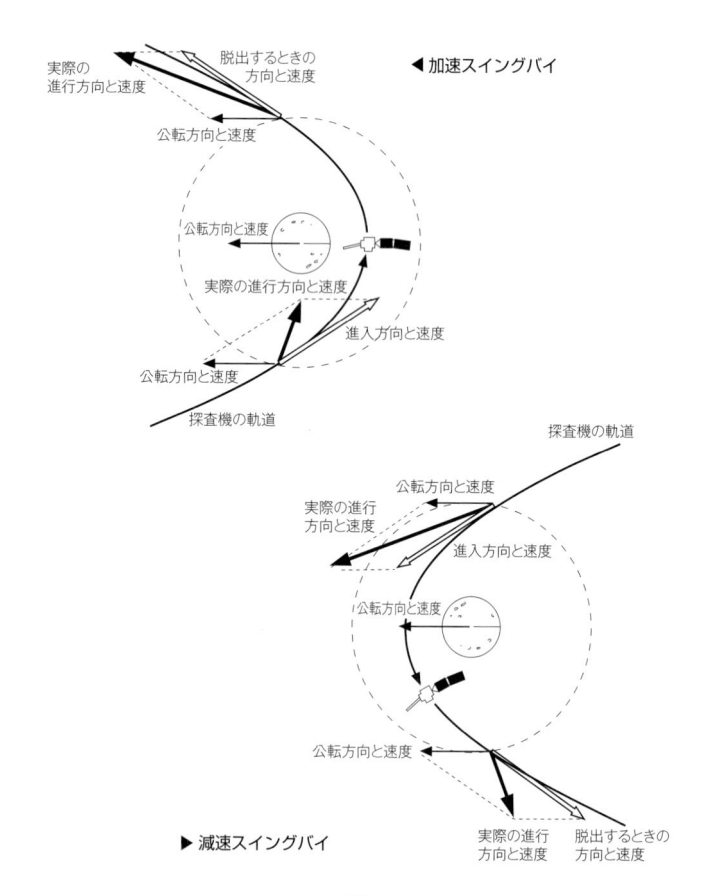

◀ 加速スイングバイ

▶ 減速スイングバイ

行った。ボイジャー2号が当初地球を出発したときは、木星までやっと行けるくらいの速度しかなかったが、それぞれの惑星でスイングバイすることにより目的を達成できた。

　日本の小惑星探査機「はやぶさ」も、打ち上げロケットの能力の問題もあり、遠日点が火星の公転軌道の外側まで延びている小惑星「イトカワ」に行くための速度が足りなかった。そのため地球周辺の太陽周回軌道で周回し、1年後、地球再接近のときにスイングバイによって加速して「イトカワ」に向かった。

　このように、世界各国でスイングバイ航法は使われているが、それを行うためには非常に高度な制御が要求される。またスイングバイの特徴は、加速だけでなく、同じ原理で減速も行えることである。たとえば、アメリカの水星探査機「マリナー10号」は、より太陽に近い軌道に入るためいったん金星に接近し、スイングバイにより減速して水星に向かった。

6-2 世界の月・惑星探査全記録

　世界に自国の優位性をアピールするためのアメリカ・旧ソ連による宇宙開発競争は、地球以外の天体——月や惑星——に無人の探査機を送る活動にも広がっていった。そしてその競争のゴールは、人間を月に送り込むこと。1969年7月20日（日本時間21日）、アメリカの「アポロ11号」の人類初の月着陸によって、永年の人類の夢がかない、激しかった宇宙開発競争も終わりを迎えた。

　宇宙開発の大きな活動のひとつ、「月・惑星探査」。今、人類は、地球をより詳細に知るため、太陽系の成り立ちを知るため、そして生命の起源を探るため、太陽系の惑星などに探査機を送り直接探査している。

6-2-1 月探査

6-2-1-1 アメリカの無人月探査

パイオニア計画

探査機	打ち上げ年月日	打ち上げロケット名	ペイロード質量(kg)	内容
パイオニア0号	58.8.17	ソーエーブル	38	高度16kmで第1段ロケットが爆発。(パイオニア計画は米国の惑星探査計画で0〜4号は月探査機)
パイオニア1号	58.10.11	〃	38	11万3830kmまで到達。南太平洋上空へ突入。
パイオニア2号	58.11.8	〃	39	高度1550kmまで到達、第3段ロケットが故障、中央アフリカ上空へ突入。
パイオニア3号	58.12.6	ジュノーII	6	10万2320kmまで到達。中央アフリカ上空へ突入。
パイオニア4号	59.3.3	〃	6	月から60500km以内を通過。アメリカ初の人工惑星。(0.987×1.142 AU)
アトラス・エーブル4B	59.11.26	アトラスエーブル	168	打ち上げ中の45秒にロケットの外板が失われ破壊。
アトラス・エーブル5A	60.9.25	〃	175	第2段酸化剤不良。破壊。
アトラス・エーブル5B	60.12.15	〃	175	70秒で第1段爆発。

レインジャー計画

号数	打ち上げ年月日	打ち上げロケット名	ペイロード質量(kg)	内容
1号	61.8.23	アトラスアジェナB	306	衛星軌道上での性能テスト。アジェナの再点火失敗。(レインジャー計画は米国の有人月着陸計画の前段階での無人月探査計画。全部で9機打ち上げ)
2号	61.11.18	〃	304	衛星軌道上での性能テスト。アジェナの再点火失敗。
3号	62.1.26	〃	327	1月28日、月から36793kmそれて失敗。人工惑星軌道に。(0.938×1.163AU)
4号	62.4.23	〃	328	64時間後、軌道修正に失敗し、月の裏側に衝突。

5号	62.10.18	アトラス アジェナB	340	月から725kmそれて失敗。人工惑星軌道に。(0.949 × 1.052AU)
6号	64.1.30	〃	381	2月2日「静かの海」に衝突。写真撮影は失敗。
7号	64.7.28	〃	362	7月31日「雲の海」に衝突。衝突直前までに4306枚の写真を撮影。
8号	65.2.17	〃	366	2月20日「静かの海」に衝突。衝突直前までに7137枚の写真を撮影。
9号	65.3.21	〃	366	3月24日「アルフォンスス・クレーター」に衝突。衝突直前までに5814枚の写真を撮影。

サーベイヤー計画

号数	打ち上げ年月日	打ち上げロケット名	ペイロード質量(kg)	内容
1号	66.5.30	アトラス セントール	995 (270)	6月2日「嵐の海」に軟着陸。11237枚の写真を撮影。
2号	66.9.20	〃	1000 (292)	姿勢制御用ロケットの故障により、9月22日月面に衝突。失敗。
3号	67.4.17	〃	1035 (283)	4月19日「嵐の海」に軟着陸。6315枚の写真(初のカラー)および土壌データ送信。
4号	67.7.14	〃	1039 (283)	7月16日軟着陸の直前に電波連絡が途絶えて失敗。
5号	67.9.8	〃	1005 (279)	9月10日「静かの海」に軟着陸。18006枚の写真および土壌データ送信。
6号	67.11.7	〃	1008 (283)	11月9日「中央の入江」に軟着陸。ロケットをふかして月面ジャンプ。30065枚の写真および土壌データ送信。
7号	68.1.7	〃	1014 (290)	1月10日「ティコ・クレーター」に軟着陸。21274枚の写真および土壌データ送信。

( )は着陸機の質量

ルナ・オービタ計画

号数	打ち上げ年月日	打ち上げロケット名	ペイロード質量(kg)	内容
1号	66.8.10	アトラスアジェナD	385	8月14日月周回軌道（40〜1865km）月面撮影、10月29日月面衝突。（ルナ・オービタ計画は、月周回軌道上から月面の詳しい地図作成のための探査機で、5機打ち上げられた）
2号	66.11.6	〃	390	11月10日月周回軌道（40〜1845km）月面撮影、67年10月11日月面衝突。
3号	67.2.5	〃	385	2月8日月周回軌道（40〜1850km）月面撮影、10月9日月面衝突。
4号	67.5.4	〃	390	5月8日月周回軌道（2704〜6003km）月面撮影、10月6日月面衝突。
5号	67.8.1	〃	390	8月5日月周回軌道（196〜6014km）月面撮影、68年1月31日月面衝突。

その他の月探査

探査機	打ち上げ年月日	打ち上げロケット名	ペイロード質量(kg)	内容
サーベイヤーモデル1	65.8.11	アトラスセントール	952	セントールロケットとサーベイヤーの機能調査のため、高高度地球軌道へ投入。（月までの距離の2倍）
サーベイヤーモデル2	66.4.7	〃	784	第2段セントールロケットのテスト。
エクスプローラー33	66.7.1	推力増強デルタ	93	月周回軌道に失敗。宇宙粒子と月の磁場データ(地球周回軌道265679〜480762km)
サーベイヤーモデル3	66.10.26	アトラスセントール	951	サーベイヤー重量模型を高高度地球軌道へ投入。セントールの再点火方式。
エクスプローラー35	67.7.19	推力増強デルタ	104	月周回軌道(804〜7400km)宇宙粒子データと月の磁場データ。
アポロ15粒子・磁場小型衛星	71.7.26	アポロ15号から分離	36	月周回軌道。(8月4日、アポロ15号から分離)

第6章　月・惑星探査

アポロ16粒子・磁場小型衛星	72.4.16	アポロ16号から分離	36	月周回軌道。(4月24日、アポロ16号から分離)
エクスプローラー49	73.6.10	推力増強デルタ	328	月周回軌道上で電波天文観測。
クレメンタイン	94.1.25	タイタン2G	424	2回の地球フライバイの後、94年2月19日、クレメンタインは月の極軌道に入り、2ヵ月間にわたって月面の地図作成を行った。月の極軌道を離れた後、5月7日に搭載コンピュータの不具合により、姿勢制御が不可能になり、計画されていた近地球小惑星ジオグラフィスの衛星によるフライバイは不可能になった。しかし、衛星は地球軌道にとどまり、ミッション終了後まで衛星を構成する数多くのコンポーネントテストを行った。96年12月3日、米国防総省は「クレメンタインによって取得されたデータが、月のクレーターの底に氷が存在することを暗示している」と発表した。
ルナ・プロスペクター	98.1.6	アテナ2	158	月の軌道上から月面地図を作成。NASAは観測データの分析から、月の北極および南極に60億トンもの氷が存在する可能性があると発表。磁場や内部構造にも新たな発見があった。氷の存在を確認する目的で、1999年7月31日に月の南極にあるクレーターにルナ・プロスペクターを衝突させたが、氷の存在は確認されなかった。
ルナ・リコネサンス・オービタ(LRO)	09.6.18	アトラスV	1916	月周回軌道。(LCROSSと同時打ち上げ)最高50cmの解像度で月面探査。将来の月着陸探査の情報取得。アポロ宇宙船の着陸点の撮影にも成功。
エルクロス(LCROSS)	〃	〃	621	ルナ・リコネサンス・オービタと同時打ち上げ。第2段のセントールロケットを「カベウス・クレーター」に落下衝突させ、その後セントールの衝突によって舞い上がった塵を観測しながら月面に衝突。得られたデータから、月に水が存在することが明らかになった。

名称	打ち上げ年月日	打ち上げロケット名	ペイロード質量(kg)	内容
グレイル (GRAIL)	11.9.10	デルタⅡ	307	GRAIL(「重力測定・内部調査機」の略)は2機の探査機を同一の月周回軌道に乗せ、それぞれのスピード、距離の変化を測定し、月の内部構造を調査する。月までは、地球や月の重力を使って徐々に接近するため、約3ヵ月を要する。A機は2011年12月31日、B機は2012年1月1日にそれぞれ月に到達した。2012年3月から5月まで調査を行う予定。

6-2-1-2 旧ソ連の無人月探査

ゾンド探査機

号数	打ち上げ年月日	打ち上げロケット名	ペイロード質量(kg)	内容
ゾンド	64.6.4			打ち上げ失敗。(月フライバイを計画)
3号	65.7.18	モルニア	950	7月20日、月から約1万kmを通過。月の裏側の写真撮影。(ゾンドの3〜9号は月探査機)
コスモス146	67.3.10	プロトン	5375	ゾンド計画実験、地球周回軌道のみ。月有人宇宙船の試験。3月18日回収。
コスモス154	67.4.8	〃	5375	ゾンド計画実験、地球周回軌道のみ。月有人宇宙船の試験。4月10日回収。
ゾンド	67.9.27	〃	5390	打ち上げ失敗。(月有人宇宙船の試験)
ゾンド	67.11.22	〃	5390	地球周回軌道投入失敗。(月フライバイを計画)
4号	68.3.2	〃	5140	月周回飛行をねらったが、失敗。人工惑星軌道。
ゾンド	68.4.22	〃	5375	地球周回軌道投入失敗。
5号	68.9.14	〃	5375	月周回後、9月21日インド洋に着水成功。亀、昆虫、植物などを乗せて、それらを回収。

号数	打ち上げ年月日	打ち上げロケット名	ペイロード質量(kg)	内容
6号	68.11.10	プロトン	5375	月周回後、11月17日大気圏スキップ方式により旧ソ連領内に着陸成功。月の表側のカラー写真撮影成功。
ゾンド	69.1.20	〃	5375	打ち上げ失敗。(月周回を計画)
ゾンド	69.7.3	N-1	5600	打ち上げ失敗。(月周回を計画)
7号	69.8.7	プロトン	5375	月有人宇宙船の試験機。8月11日、月周回、月周回後8月14日旧ソ連領内に着陸成功。
8号	70.10.20	〃	5375	月周回後10月27日にインド洋に着水成功。
ソユーズL-3	72.11.23	N-1		月有人宇宙船の試験。打ち上げ失敗。

ルナ探査機

号数	打ち上げ年月日	打ち上げロケット名	ペイロード質量(kg)	内容
1号(メチタ)	59.1.2	ソユーズ	361	月面命中をねらったとみられるが、月から5998kmを通過。初の人工惑星。(0.976×1.314AU)
2号	59.9.12	〃	390	9月14日月面「晴れの海」に命中。他の天体に到達した初めての人工物。
3号	59.10.4	〃	278	10月7日、月の裏側の70%を撮影(史上初)。
スプートニク25(ルナ)	63.1.4	モルニア	1400	失敗、地球周回軌道投入のみ。(月軟着陸を計画)
ルナ	63.2.3	〃	1400	地球周回軌道投入失敗。(月軟着陸を計画)
4号	63.4.2	〃	1422	月軟着陸をねらったとみられるが、月から8500kmを通過、人工惑星軌道。
ルナ	64.4.20	〃	1425	地球周回軌道投入失敗。(月軟着陸を計画)
コスモス60	65.3.12	〃	6530	失敗、地球周回軌道投入のみ。(月軟着陸を計画)
5号	65.5.9	〃	1476	月軟着陸失敗。5月12日月面に衝突。
6号	65.6.8	〃	1442	月軟着陸失敗。月から16万kmを通過、人工惑星軌道。

6-2 世界の月・惑星探査全記録

7号	65.10.4	モルニア	1506	月軟着陸失敗。10月7日月面に衝突。
8号	65.12.3	〃	1552	月軟着陸失敗。12月6日月面に衝突。
9号	66.1.31	〃	1583	2月3日、「嵐の海」に軟着陸(史上初)、月面のパノラマ写真撮影。
コスモス111	66.3.1	〃	1600	失敗、地球周回軌道投入のみ。(月周回を計画)
10号	66.3.31	〃	1600	4月3日、史上初の月周回軌道(350～1017km)。
11号	66.8.24	〃	1640	8月28日、月周回軌道(159～1200km)。
12号	66.10.22	〃	1625	10月28日、月周回軌道(100～1740km)。
13号	66.12.21	〃	1700	12月24日「嵐の海」に軟着陸。写真および土壌データ。
ルナ	68.2.7	〃	1700	地球軌道脱出失敗。(月周回を計画)
14号	68.4.7	〃	1700	4月10日、月周回軌道(160～870km)。
ルナ	69.2.19	N-1	5600	打ち上げ失敗。(月面軟着陸しローバーによる探査を計画)
コスモス279(ルナ)	69.4.15	プロトン	4730	地球周回軌道投入失敗。(サンプルリターンを計画)
ルナ	69.6.14	〃		地球周回軌道投入失敗。(サンプルリターンを計画)
15号	69.7.13	〃	2718	7月17日月周回軌道、7月20日「危機の海」に衝突。軟着陸に失敗とみられる。(アポロ11号に先立って、サンプルリターンを計画していたとみられる)
コスモス300	69.9.23	〃	5600	地球軌道脱出に失敗。(サンプルリターンを計画)
コスモス305	69.10.22	〃	5600	地球軌道脱出に失敗。(サンプルリターンを計画)
ルナ	70.2.6	〃	5600	地球周回軌道投入に失敗。(サンプルリターンを計画)
ルナ	70.2.19	〃		地球周回軌道投入失敗。(月周回を計画)
16号	70.9.12	〃	5600 (1880)	9月17日月周回軌道。9月20日「豊かの海」に軟着陸。月面標本(100g)を採取して9月24日旧ソ連領内に帰還。

探査機	打ち上げ年月日	打ち上げロケット名	ペイロード質量(kg)	内容
17号	70.11.10	プロトン	5600 (1836)	11月17日「雨の海」に軟着陸し、自動月面車「ルノホート1号」(756kg)を降ろし月面等探査。
18号	71.9.2	〃	5600	9月11日「豊かの海」への軟着陸失敗。(サンプルリターンを計画)
19号	71.9.28	〃	5600	10月3日、月周回軌道(140kmの円軌道→77〜385km)。
20号	72.2.14	〃	5600	2月21日「豊かの海」に軟着陸、月面標本(50g)を採取して2月25日旧ソ連領内に帰還。
21号	73.1.8	〃	5600	1月16日「晴れの海」に軟着陸し、自動月面車「ルノホート2号」(840kg)を降ろし、月面等探査。
22号	74.5.29	〃	4000	6月2日、月周回軌道。
23号	74.10.28	〃	5600	11月6日「危機の海」に軟着陸したが、月面標本の採取に失敗。
ルナ	75.10.16	〃	5600	地球周回軌道投入失敗。(サンプルリターンを計画)
24号	76.8.9	〃	5600	8月18日「危機の海」に軟着陸、月面標本(170g)を採取して8月22日旧ソ連領内に帰還。

6-2-1-3 日本の月探査

探査機	打ち上げ年月日	打ち上げロケット名	ペイロード質量(kg)	内容
ひてん	90.1.24	M-3SⅡ-5	185	計10回の月のスイングバイによる軌道変換。2回の地球大気による減速実験。92年2月、月周回軌道投入。93年4月11日、月面「フレネリウス・クレーター」に落下。
はごろも		「ひてん」から分離	11	90年3月19日「ひてん」から分離、月周回軌道投入。
かぐや (SELENE)	07.9.14	H-ⅡA	2900	月周回軌道上から月面の元素組成、地形、重力場など全球を観測。10月9日、リレー衛星「おきな」を分離。10月12日、VRAD衛星「おうな」分離。月の裏側の重力分布などを「おきな」を介してリアルタイムで観測。

6-2-1-4 ヨーロッパの月探査

探査機	打ち上げ年月日	打ち上げロケット名	ペイロード質量(kg)	内容
スマート1	03.9.27	アリアン5	367	ESAによる初の月探査計画。電気推進とスイングバイによって月軌道まで到達する。電気推進技術の確立は、将来の惑星探査機の実現に大いに役立つ。04年11月に月に到達。05年2月から観測を開始し、06年9月に月面に衝突して探査終了。

6-2-1-5 中国の月探査

探査機	打ち上げ年月日	打ち上げロケット名	ペイロード質量(kg)	内容
嫦娥1号	07.10.24	長征3A	2350	中国初の月探査機。11月5日、月周回軌道。1年にわたり科学探査。09年3月1日、月面衝突。
嫦娥2号	10.10.1	長征3C	2500	10月6日、月周回軌道。探査機の将来の着陸地点等のための観測。当初の予定よりも少ない燃料消費であったため、11年6月、月周回軌道を離脱し、8月25日、太陽ー地球間のラグランジュ点2(L2)に到達。宇宙空間探査。

6-2-1-6 インドの月探査

探査機	打ち上げ年月日	打ち上げロケット名	ペイロード質量(kg)	内容
チャンドラヤーン1号	08.10.22	PSLV-XL	1304	インド初の月探査機。11月8日、月周回軌道。各種科学観測を行った。09年8月29日、通信途絶。

6-2-2 太陽・深宇宙探査

6-2-2-1 アメリカの太陽・深宇宙探査

探査機	打ち上げ年月日	打ち上げロケット名	ペイロード質量(kg)	内容
パイオニア5号	60.3.11	ソーエーブル	43	史上初の深宇宙探査機(0.861×0.995AUの人工惑星軌道)。太陽風や太陽フレアを観測。3650万kmからデータを送信した。
パイオニア6号	65.12.16	推力増強デルタ	63.4	太陽探査機。地球の公転軌道の内側(0.814×0.985AU)。太陽風や太陽フレアを観測。
パイオニア7号	66.8.17	〃	63	太陽探査機。地球の公転軌道の外側(1.010×1.125AU)。太陽風や太陽フレアを観測。
パイオニア8号	67.12.13	〃	63	太陽探査機。地球の公転軌道の外側(1.0×1.1AU)。太陽風や太陽フレアを観測。
パイオニア9号	68.11.8	〃	63	太陽探査機。地球の公転軌道の内側(0.75×1.0AU)。太陽風や太陽フレアを観測。
パイオニアE	69.8.27	〃	67	太陽探査機。地球周回軌道投入失敗。
ヘリオスA	74.12.10	タイタン3Eセントール	370	太陽探査機。太陽に0.3AU以内に接近(探査機は旧西ドイツ)。打ち上げはNASA。
ヘリオスB	76.1.15	〃	376	太陽探査機。太陽に0.29AU以内に接近(探査機は旧西ドイツ)。太陽フレアで発生するガンマ線の連続観測に成功。打ち上げはNASA。
ユリシーズ	90.10.6	スペースシャトル(STS-41)(ディスカバリー)	370	ESAと共同運用の太陽極軌道探査機。92年2月8日木星スイングバイ。94年9月13日太陽南極通過。1周約6年で軌道を回り、2周かけて太陽活動の極大期、極小期を観測する。95年7月31日太陽北極上空通過。2000年11月27日太陽南極上空通過(5.4×1.3AU)。(探査機はESA、打ち上げはNASA)
ソーホー(SOHO)	95.12.2	アトラス2AS	1875	太陽内部の構造や化学組成、太陽大気の構造、太陽風の観測等。太陽―地球間のラグランジュ点(L1)で観測。
ジェネシス	01.8.8	デルタ2	494	地球から約160万kmのL1を周回しながら、2001年12月～2004年4月まで、太陽風を収集し、地球に持ち帰る、サンプルリターンミッション。2004年9月に地球に帰還したが、パラシュートが開かず地上に激突し大破。サンプルの一部は無事。

6-2-3 水星探査

6-2-3-1 アメリカの水星探査

探査機	打ち上げ年月日	打ち上げロケット名	ペイロード質量(kg)	内容
マリナー10号	73.11.3	アトラスセントール	503	74年3月29日 〜 75年3月15日に水星へ3度接近し、3回目には約317kmの至近距離を通過した。3回の接近で4165枚の写真を撮影した。
メッセンジャー	04.8.3	デルタ2	485	2008年1月、10月、2009年9月にそれぞれ水星フライバイで観測。2012年3月に水星周回軌道に入る予定。水星の内部構造、大気、磁場などを観測し、地球型惑星の進化を探る。

6-2-4 金星探査
6-2-4-1 アメリカの金星探査

探査機	打ち上げ年月日	打ち上げロケット名	ペイロード質量(kg)	内容
マリナー1号	62.7.22	アトラスアジェナB	202	誘導方式のミスで打ち上げに失敗。マリナー計画はアメリカの惑星探査計画で、1、2、5号が金星探査機。
マリナー2号	62.8.27	〃	202	初の金星フライバイ。12月14日金星から34827kmを通過。気温等を測定。金星が425℃の高温で乾燥した惑星であることを明らかにした。
マリナー5号	67.6.14	アトラスアジェナD	245	10月19日金星から3990kmを通過。気温等を測定。金星の気圧が地球の75〜100倍もあることを明らかにした。
マリナー10号	73.11.3	アトラスセントール	503	74年2月5日金星から5760kmを通過しスイングバイで水星に向かう。金星を撮影。
パイオニアビーナス1号(オービタ)	78.5.20	〃	517	12月6日金星周回軌道。磁気圏、大気、重力等を観測。82年2月金星周回軌道上においてハレー彗星観測。92年10月9日に金星大気圏に突入・消滅。
パイオニアビーナス2号	78.8.8	〃	380	11月16日に大きなプローブ1個、11月20日に小さなプローブ3個を分離。これらは金星大気中を降下しながら、大気の観測データを送信。12月10日に金星大気圏に突入・消滅。
マゼラン	89.5.4	スペースシャトルSTS-30	1035	90年8月10日に金星の周回軌道に乗り、合成開口レーダーで金星表面の詳しい地図を作成(表面の98%)。94年10月11日金星大気圏に突入して消滅。

6-2-4-2 旧ソ連の金星探査

探査機	打ち上げ年月日	打ち上げロケット名	ペイロード質量(kg)	内容
スプートニク7号(イスポリン)	61.2.4	モルニア	6483	第4段ロケットの故障で金星への軌道に乗らず失敗。
ベネーラ1号	61.2.12	〃	644	金星から10万km以内を通過した。打ち上げ後7分で通信不能。他の惑星でフライバイした初の探査機。

スプートニク19号 (ベネーラ)	62.8.25	モルニア	890	金星への軌道に乗らず失敗。
スプートニク20号 (ベネーラ)	62.9.1	〃	890	金星への軌道に乗らず失敗。
スプートニク21号 (ベネーラ)	62.9.12	〃	890	金星への軌道に乗らず失敗。
コスモス21	63.11.11	〃	890	金星への軌道に乗らず失敗。
コスモス27	64.3.27	〃	890	金星への軌道に乗らず失敗。
ゾンド1号	64.4.2	〃	890	金星から10万km以内を通過したが、その前に電波途絶。
ベネーラ2号	65.11.12	〃	963	66年2月27日金星から24000kmを通過。テレビ送信は失敗。
ベネーラ3号	65.11.16	〃	960	66年3月1日金星に命中、ペナントが入ったカプセル(直径1m、質量383kg)を打ち込む(史上初)。気温等の測定は失敗。
コスモス96	65.11.23	〃	6510	金星への軌道に乗らず失敗。
ベネーラ4号	67.6.12	〃	1106 (383)	10月18日金星大気圏突入、25km以下の大気等測定。
コスモス167	67.6.17	〃	1100	金星への軌道に乗らず失敗。
ベネーラ5号	69.1.5	〃	1130 (405)	5月16日金星に到達し大気測定降下中に破壊。
ベネーラ6号	69.1.10	〃	1130 (405)	5月17日金星に到達し大気測定降下中に破壊。
ベネーラ7号	70.8.17	〃	1180 (495)	12月15日金星に史上初の軟着陸、気温などの測定。
コスモス359	70.8.22	〃	1180	金星への軌道に乗らず失敗。
ベネーラ8号	72.3.27	〃	1180 (495)	7月22日金星に軟着陸、着陸後50分間大気・表面等測定。
コスモス482	72.3.31	〃	1180	金星への軌道に乗らず失敗。
ベネーラ9号	75.6.8	プロトンK	4936 (660)	10月22日金星周回軌道、軟着陸機(1500kg)がパノラマ写真撮影。
ベネーラ10号	75.6.14	〃	5033 (660)	10月25日金星周回軌道、軟着陸機(1500kg)が軟着陸、パノラマ写真、風速等測定。
ベネーラ11号	78.9.9	〃	4500	12月25日降下船軟着陸、各種データ送信。
ベネーラ12号	78.9.14	〃	4500	12月21日降下船軟着陸、各種データ送信。
ベネーラ13号	81.10.30	〃	5000	82年2月27日金星軟着陸。初のカラー写真を送信。土壌分析。

探査機	打ち上げ年月日	打ち上げロケット名	ペイロード質量(kg)	内容
ベネーラ14号	81.11.4	プロトンK	5000	82年3月5日金星軟着陸。カラー写真を送信。土壌分析。
ベネーラ15号	83.6.2	〃	4000	83年10月10日金星周回軌道、金星の表面と大気の探査。
ベネーラ16号	83.6.7	〃	4000	83年10月14日金星周回軌道、金星の表面と大気の探査、北極部のレーダー画像。
ベガ1号	84.12.15	〃	4000	85年6月10日金星に到着し、スイングバイ。ハレー彗星に向かう。
ベガ2号	84.12.21	〃	4000	85年6月14日金星に到着し、スイングバイ。ハレー彗星に向かう。

6-2-4-3 日本の金星探査

探査機	打ち上げ年月日	打ち上げロケット名	ペイロード質量(kg)	内容
あかつき	10.5.20	H-ⅡA	500	日本初の金星探査ミッション。赤外線・紫外線カメラによって金星の厚く、濃密な大気を立体的に調べ、惑星の環境が作られるしくみや、気候変動の謎を解明することを目的としていた。2010年12月7日、金星周回軌道に乗せる予定であったが、エンジンの不具合で失敗。金星の公転軌道に近い軌道を周回。同時打ち上げで大学生が開発した人工衛星3基を地球周回軌道に、さらに、「イカロス」と大学生が開発した衛星1基を金星遷移軌道に投入。
イカロス	10.5.20	H-ⅡA	310	「あかつき」と同時打ち上げ。小型ソーラー電力セイル実証機で6月3～10日にかけてセイル(14×14m)を展開し、太陽光による加速実験を行った。12月8日金星フライバイ。

6-2-4-4 ヨーロッパの金星探査

探査機	打ち上げ年月日	打ち上げロケット名	ペイロード質量(kg)	内容
ビーナス・エクスプレス	05.11.9	ソユーズ	1270	2006年4月11日、金星周回軌道に乗り、金星の大気や雲を詳細に観測。金星大気にオゾン層を発見。

6-2-5 火星探査

6-2-5-1 アメリカの火星探査

探査機	打ち上げ年月日	打ち上げロケット名	ペイロード質量(kg)	内容
マリナー3号	64.11.5	アトラスアジェナD	261	火星への軌道に乗らず失敗。太陽周回：1.615×0.815AU、マリナーは、アメリカの惑星探査計画で、3,4,6,7,8,9号が火星探査機。
マリナー4号	64.11.28	〃	261	65年7月14日、火星から9600kmを通過。21枚の写真撮影及び大気等観測。(1.109×1.574AU)
マリナー6号	69.2.24	アトラスセントール	412	7月31日、火星から3429kmを通過。75枚の写真撮影及び大気等観測。
マリナー7号	69.3.27	〃	412	8月5日、火星から3430kmを通過。126枚の写真撮影及び大気等観測。
マリナー8号	71.5.8	〃	974	打ち上げに失敗。
マリナー9号	71.5.30	〃	974	11月13日火星周回軌道、火星表面の71%を撮影。
バイキング1号	75.8.20	タイタンⅢEセントール	3400	火星周回軌道に入り、それぞれ着陸機(1180kg)を分離、76年7月20日と9月3日に軟着陸。写真撮影、大気観測、生物実験等を実施。
バイキング2号	75.9.9	〃	3400	
マーズ・オブザーバー	92.9.25	タイタンⅢTOS	2570	93年8月18日に火星周回軌道に到着予定であったが、93年8月21日に通信途絶。
マーズ・グローバル・サーベイヤー	96.11.7	デルタ2	1050	97年9月11日、火星を南北方面に回る極軌道投入に成功。探査機が火星の周回軌道に乗ったのは、バイキング2号以来21年ぶり。99年3月から本格的な観測活動を行い、第1次マッピングミッションでは58000枚以上の画像を撮影した。今後のNASA火星探査機の着陸地点選びに役立つ高精度の火星地図作成をめざす。2006年11月2日通信途絶。
マーズ・パスファインダー	96.12.4	デルタ2	990	97年7月4日(米国独立記念日)に、搭載されていた小型火星探査車「ソジャーナ」(10.6kg)とマイクロ・ローバーが火星表面に軟着陸。将来の惑星探査ミッションに向けての低コスト着陸システム(エアバッグ方式)の実証と、火星における過去の生命体存在確認につながるデータの送信が期待されていた。着陸機と探査車はそれぞれの寿命予想(1ヵ月と1週間)をはるかに上回る期間(同年9月27日まで)働き続け、岩石の分析や気象観測に関する膨大なデータを送信した。写真は着陸機が1万6000枚、探査車は550枚撮影した。

第6章 月・惑星探査

マーズ・クライメート・オービタ	98.12.11	デルタ2	629	99年9月23日、火星周回軌道投入に失敗し失われた。計画は、火星到着後、1年間にわたり、2つの機器により、火星の気象・大気状態や風と大気状態による地表変化の観測、大気温度プロファイルや大気中の水蒸気・塵の測定であった。
マーズ・ポーラー・ランダー	99.1.3	〃	576	99年12月3日に火星に着陸する予定であったが、通信が途絶えた。計画は、南極近傍の気象状況の観測、極地帯に堆積した水・二酸化炭素等の揮発物質の分析、掘削による地殻の内部構造の把握、着陸地点付近の探査であり、そのためのニューミレニアム計画の探査機「ディープ・スペース2号」も搭載していた。
2001マーズ・オデッセイ	01.4.7	〃	758	01年10月23日に火星の周回軌道に入った。火星を構成する物質や、土壌中の水素の量を調べ、水の分布を推定する。
スピリット	03.6.10	〃	185	04年1月3日、「クゼフ・クレーター」に軟着陸。古代の火星における水と気候に関する調査を行い、生命の痕跡を探る。「オポチュニティ」と同一のローバー。
オポチュニティ	03.7.8	〃	185	04年1月24日、「メリディアニ平原」に軟着陸。古代の火星における水と気候に関する調査を行い、生命の痕跡を探る。かつて火星に大量の水が存在していた証拠を発見。また、地球以外で初めてとなる隕石を発見。「スピリット」と同一のローバー。
マーズ・リコネイサンス・オービタ(MRO)	05.8.12	アトラスV	1031	06年3月、火星の周回軌道。水の存在について、より詳細に調査するため、30cmの高分解能センサーで火星表面を観測。
フェニックス	07.8.4	デルタ2	350	08年5月25日、北極の水の豊富な地域に軟着陸。ロボットアームで地表を掘り、火星が微生物にとって適した環境・水の状態であったかどうかを探査。11月10日、運用終了。

| マーズ・
サイエンス・
ラボラトリー | 11.11.26 | アトラスV | 3893
(MSL全体)
899
(ローバー) | 火星の過去・現在における生命の存在の探査。12年8月6日、火星到着予定。「Galeクレーター」に大型ローバー「Curiosity」を着陸。 |

6-2-5-2 旧ソ連の火星探査

探査機	打ち上げ 年月日	打ち上げ ロケット名	ペイロード 質量(kg)	内容
マルス	60.10.10	モルニア		打ち上げに失敗。
マルス	60.10.14	〃		打ち上げに失敗。
スプートニク 22号(マルス)	62.10.24	〃	890	火星への軌道に乗らず失敗。
マルス1号	62.11.1	〃	893	63年6月19日頃火星から19万3000km以内を通過。接近前に電波連絡途絶えて失敗。
スプートニク 24号(マルス)	62.11.4	〃	890	火星への軌道に乗らず失敗。
ゾンド2号	64.11.30	〃	890	火星から1500km以内を通過。接近前に電波連絡が途絶えて失敗。
マルス	69.3.27	プロトンK	3190	打ち上げに失敗。
マルス	69.4.2	〃	3190	打ち上げに失敗。射点付近でロケット大破。
コスモス419	71.5.10	〃	4650	火星への軌道に乗らず失敗。
マルス2号	71.5.19	〃	4650	11月27日火星周回軌道。ペナントを火星に命中。
マルス3号	71.5.28	〃	4650	12月2日火星周回軌道、着陸カプセルが軟着陸したが20秒後に通信途絶。
マルス4号	73.7.21	〃	4650	74年2月10日火星周回に失敗。2200kmを通過、写真撮影等。
マルス5号	73.7.25	〃	4650	74年2月12日火星周回軌道。写真撮影等。
マルス6号	73.8.5	〃	4650	74年3月12日火星周回軌道。着陸カプセルが軟着陸したが、1秒後通信途絶。
マルス7号	73.8.9	〃	4650	74年3月9日火星周回に失敗。1300kmを通過、観測データ送信。
フォボス・ グラント (Phobos-Grunt)	11.11.9	ゼニット	13505 (軌道遷移用 推進系含む) 蛍火1号:115	地球周回軌道から、火星に向かう軌道に投入できず失敗。衛星フォボスのサンプルリターンを計画。中国初の火星探査機「蛍火1号」が相乗りとして搭載されていた。

6-2-5-3 日本の火星探査

探査機	打ち上げ年月日	打ち上げロケット名	ペイロード質量(kg)	内容
のぞみ	98.7.4	M-V	540	目的は、火星周回軌道に投入し、火星上層大気の構造、運動、太陽風との相互作用等を解明。98年12月20日の地球離脱の際に推力不足が起こり、予定よりも多くの推進剤を消費した。そのため計画を変更し、2回の地球スイングバイ(2000年12月と03年6月)の後、火星に向かったが、電子回路の故障により、03年12月、火星周回軌道投入を断念。

6-2-5-4 ヨーロッパの火星探査

探査機	打ち上げ年月日	打ち上げロケット名	ペイロード質量(kg)	内容
マーズ・エクスプレス	03.6.2	ソユーズ	1123	1億5000万ドルミッションといわれ、非常に低いコストで火星探査機を実現しようというESAとNASAの共同ミッション。2003年12月25日に火星軌道に到着し、火星大気および地表の調査を行った。小型着陸機「ビーグル2」の軟着陸に失敗。大気組成や地下水の存在、地表と大気の相互作用の解明等。

6-2-5-5 国際協力による火星探査

探査機	打ち上げ年月日	打ち上げロケット名	ペイロード質量(kg)	内容
フォボス1号	88.7.7	プロトン	6220	旧ソ連主導で日本を含む14ヵ国が参加。火星の衛星フォボス探査が目的。8月29日通信途絶。
フォボス2号	88.7.12	〃	6220	火星の衛星フォボス探査が目的。89年11月29日火星周回軌道(850～80000km)到達。フォボスへの着陸機投下前の3月27日通信途絶。
マルス96	96.11.16	〃	6180	ロシア主導で欧米の20ヵ国以上が参加のミッション。大気、地表、地震、磁場等の火星の環境調査を目的に、軌道周回機と小型着陸機2機(各8kg)とペネトレーター2機(各45kg)で構成され、1997年2月12日の火星到着をめざしていたが、火星へ向かう軌道への投入に失敗、4時間後にチリとボリビアの国境地帯や南太平洋上に落下。プルトニウム238を使用した熱電対発電機4基を搭載していた。

6-2-6 木星、土星、天王星、海王星、冥王星探査

探査機	打ち上げ国	打ち上げ年月日 打ち上げロケット名	ペイロード 質量(kg)	内容
パイオニア10号	アメリカ	72.3.3 アトラス セントール	258	73年12月3日木星から13万1500kmまで接近、木星および木星の衛星の撮影ならびに各種観測。83年6月13日海王星軌道通過。2003年1月22日、地球から122億kmのところから、最後の信号を受信。今後もおうし座のアルデバランの方向に飛行。
パイオニア11号	アメリカ	73.4.6 アトラス セントール	259	74年12月2日木星から4万1000kmまで接近、木星および木星の衛星の撮影ならびに各種観測。79年9月2日土星から21万4000kmまで接近、土星および土星の衛星の撮影ならびに各種観測。90年2月23日海王星軌道通過。96年末通信途絶。
ボイジャー2号	アメリカ	77.8.20 タイタンⅢE セントール	721	79年7月9日木星から65万kmまで接近、写真撮影および各種観測。81年8月26日土星から10万1000kmまで接近、写真撮影および各種観測。86年1月24日天王星から7万1000kmまで接近。89年8月25日海王星に5000kmまで接近し各種観測。11年8月20日現在、太陽から144億2445万kmの距離を太陽との相対速度、秒速15.456kmで飛行中。
ボイジャー1号	アメリカ	77.9.5 タイタンⅢE セントール	721	79年3月5日木星から27万8000kmまで接近、写真撮影および各種観測。80年11月12日土星から12万4000kmまで接近、写真撮影および各種観測。90年2月14日59億kmから太陽系全体撮影。11年8月20日現在、太陽から177億150万kmの距離を、太陽との相対速度秒速17.056kmで飛行中。
ガリレオ	アメリカ ドイツ	89.10.18 スペース シャトル STS-34	2564 (プローブ335)	木星探査機。金星(1回)、地球(2回)のスイングバイの後、95年7月13日本体からプローブを切り離し、95年12月木星周回軌道到着(途中、小惑星の探査)。12月7日木星大気圏にプローブ突入(大気成分、温度、圧力等測定)。衛星のフライバイをくり返して、2003年9月、木星の大気圏に突入し消滅。

第6章 月・惑星探査

カッシーニ	アメリカ ESA	97.10.15 タイタンⅣ セントール	5800(探査機、ホイヘンスは319)	アメリカ・ESAの国際共同土星探査ミッション。金星(2回)、地球(1回)のスイングバイを実施。2000年12月30日木星に接近し、ガリレオと合同観測を行った。2004年6月30日土星周回軌道到着。12月24日衛星タイタンの大気圏にプローブ「ホイヘンス」放出。「ホイヘンス」はタイタンに軟着陸、観測。探査機はアメリカ、ホイヘンスはESA。
ニューホライズン	アメリカ	06.1.19 アトラスⅤ	465	冥王星と衛星カロン、そしてカイパー・ベルト天体の探査。速度を上げるため本体を軽量にした結果、打ち上げから月軌道まで9時間、木星まで13ヵ月と、史上最短を記録。07年2月28日、木星スイングバイ。08年6月8日、土星軌道を通過。11年3月18日、天王星軌道を通過。15年7月14日、冥王星フライバイ予定。
ジュノー	アメリカ	11.8.5 アトラスⅤ	3265	木星探査。16年木星周回軌道投入予定。木星の起源や構造、大気圏や磁気圏、そして内部の固体核の有無の探査。

6-2-7 彗星・小惑星探査
6-2-7-1 ハレー彗星探査

探査機	打ち上げ国	打ち上げ年月日 打ち上げロケット名	ペイロード質量(kg)	内容
アイス	アメリカ	78.8.12 ソーデルタ	479	78年、ISEE-3という名で打ち上げられた後、ハロ軌道において太陽風や宇宙線の観測。82年6月～83年12月にかけて、軌道修正および5回の月とのスイングバイにより惑星間軌道に投入。アイス(ICE)と改称。85年9月、ジャコビニ・ジンナー彗星に7800kmまで接近観測し、86年3月28日ハレー彗星に3200万kmまで接近、観測。
ヴェガ1号	旧ソ連	84.12.15 プロトン	4000	85年6月金星スイングバイを行い観測後、86年3月6日に8889kmまで接近し、写真撮影および彗星の位置確認等を行い、ジオットの観測に生かす。
ヴェガ2号	旧ソ連	84.12.21 プロトン	4000	85年6月金星スイングバイを行い観測後、86年3月9日に8030kmまで接近し、写真撮影および彗星の位置確認等を行い、ジオットの観測に生かす。
さきがけ	日本	85.1.8 M-3SⅡ	138	86年3月11日に700万kmまで接近、彗星コマの観測、プラズマ、磁場を観測。
ジオット (GIOTTO)	ESA	85.7.2 アリアン1	512	86年3月14日、6機中最短の670kmまで接近、彗星の核の観測、測定に成功した。
すいせい	日本	85.8.19 M-3SⅡ	140	86年3月8日に15万kmまで接近、彗星コマの観測、水素雲やプラズマ、磁場を測定。

6-2-7-2 アメリカの彗星・小惑星探査

探査機	打ち上げ年月日	打ち上げロケット名	ペイロード質量(kg)	内容
ニア・シューメーカー(NEAR)	96.2.17	デルタ2	805	2000年2月に小惑星エロスの周回軌道に入った。5種類の科学機器を搭載し、3〜5mの分解能でエロスの表面すべての画像をとり、表面の組成や質量分布の調査、5〜10mの精度での地形図作成も行った。2000年10月26日には地表から5.3kmまで接近。2001年2月12日、軟着陸に成功した。
ディープ・スペース1号(DS1)	98.10.24	〃	377	99年7月29日に小惑星ブライユに26kmまで接近して観測。2001年9月22日にはボレリー彗星に接近観測。
スターダスト	99.2.7	〃	303	2001年1月地球スイングバイ。2002年11月2日、小惑星アンネフランクに接近、フライバイ観測。2004年1月2日にヴィルト第2彗星と接近し、彗星のコマから物質を採取して2006年1月15日に地球に接近、サンプル入りのカプセルを投下。その後、2011年2月14日、テンペル第1彗星にフライバイ観測。
コンツアー(CONTOUR)	02.7.3	〃	328	エンケ彗星、シュワスマン-ワハマン第3彗星に接近して観測する計画であったが、通信が途絶。
ディープ・インパクト	05.1.12	〃	650	7月4日テンペル第1彗星に接近し、約370kgの物体をテンペル第1彗星へ衝突させ、舞い上がる塵から内部の組成などを探る観測を行った。07年以降は、名称を「エポキシ」と変更し、太陽系外惑星探査、新しい彗星の接近観測を行っている。
ドーン	07.9.27	〃	1218	小惑星の中で最も大きいベスタとケレスの軌道を周回して観測を行い、両者の違いから、太陽系が誕生した初期の様子を探る。ベスタ到着は2011年7月15日、周回軌道上で2012年7月まで観測し、その後、準惑星ケレスへ向かう。ケレス到着は2015年2月の予定。

6-2-7-3 日本の小惑星探査

探査機	打ち上げ年月日	打ち上げロケット名	ペイロード質量(kg)	内容
はやぶさ	03.5.9	M-V	510	小惑星サンプルリターン計画。地球近傍にやってくる小惑星「イトカワ」からサンプルを採取し、地球へ帰還。太陽系の起源の謎を研究。惑星標本を地球へ回収（サンプルリターン）するのに必要な電気推進、自律航法、サンプラー（サンプル採取機）、再突入カプセルなど工学新技術の実験的研究が目的。2010年6月13日、サンプルの入ったカプセルを分離、回収。

6-2-7-4 ヨーロッパの彗星探査

探査機	打ち上げ年月日	打ち上げロケット名	ペイロード質量(kg)	内容
ロゼッタ	04.3.2	アリアン5	3000	地球2回、火星1回のスイングバイで、2008年9月5日、小惑星シュティンスをフライバイ観測。後、3回目の地球スイングバイで、14年5月、チュリューモフ・ゲラシメンコ彗星の周回軌道に乗り、着陸機「フィラエ」を着陸させ、核の構造や組成を調べる。

6-3 日本の月・惑星探査機

6-3-1 ハレー彗星探査試験機(MS-T5)「さきがけ」
国際標識番号：1985-001A

開発の目的と役割		ロケットの飛翔性能確認、わが国初の試験探査機の惑星間空間軌道達成、太陽周回軌道に打ち上げられたときに必要な惑星間空間軌道の生成と決定、超遠距離における通信、姿勢制御および決定等
打ち上げ	日時	1985年(昭和60年)1月8日　4：26
	場所	内之浦
	打ち上げロケット	M-3SⅡロケット1号機
構造	質量	138kg
	形状	上面にアンテナのついた円筒形 直径1.4m　高さ70cm
軌道	高度	近日点 121.7×10^{6}km、遠日点 151.4×10^{6}km
	傾斜角	—
	種類	太陽周回軌道
	周期	約319日
姿勢制御方式		スピン安定方式
設計寿命		—
主要ミッション機器		(1)太陽風イオン観測器(SOW) (2)プラズマ波動観測器(PWP) (3)惑星間磁場観測装置(IMF)
運用停止年月日		1999年(平成11年)1月7日

追跡管制結果	臼田宇宙空間観測所で第1パスの電波を1985年(昭和60年)1月8日9時55分に受信。その後、探査機搭載機器の正常動作を確認し、測距、軌道決定、姿勢制御、軌道修正等一連の深宇宙探査技術のチェックが順調に行われた。2月19日および20日には観測装置のアンテナおよびブームの展開、高圧電源の印加が正常に行われた。
観測成果	太陽磁場中性面の存在の発見、太陽風擾乱と地球磁気嵐との関連研究の糸口、太陽風および磁場の観測、最接近時のハレー彗星付近の太陽風磁場、プラズマ活動の観測、太陽風プラズマ波動などの観測を行った。1999年(平成11年)に運用を停止するまで、14年間にわたって太陽風プラズマ波動の観測を続けた。

概観図

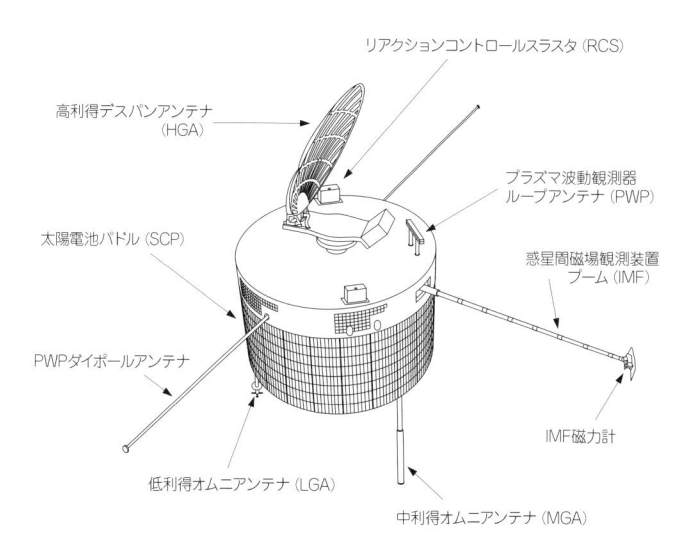

6-3-2　ハレー彗星探査機（PLANET-A）「すいせい」
国際標識番号：1985-073A

開発の目的と役割		76年ぶりに接近したハレー彗星の観測
打ち上げ	日時	1985年(昭和60年)8月19日　8：33
	場所	内之浦
	打ち上げロケット	M-3SⅡロケット2号機
構造	質量	140kg
	形状	直径1.4m、高さ0.7mの円筒形 本体上部に約0.8m径の楕円形高利得アンテナを備える
軌道	高度	近日点 100.5×10^6 km、遠日点 151.4×10^6 km
	傾斜角	—
	種類	太陽周回軌道
	周期	約282日
姿勢制御方式		スピン安定方式
設計寿命		—
主要ミッション機器		(1)真空紫外撮像装置(UVI) (2)太陽風観測器(ESP)
運用停止年月日		1992年(平成4年)8月20日

追跡管制結果	打ち上げ当日14時45分には主管制権を駒場および臼田局に移した後、40日間にわたりレンジング、自動太陽捕捉、スピン制御、軌道決定、姿勢決定、スラスタのチェック／較正、準黄道面垂直、スピン調整、デスパン制御チェック、観測機器(UVI/ESP)のチェック、および高圧電源投入チェックを実施した。11月14日にハレー彗星に向けての軌道修正を行い、1986年(昭和61年)3月8日、ハレー彗星の太陽に面した側の15万1000kmまで接近した。その後は太陽風の観測を続けていたが、1991年(平成3年)2月22日に軌道修正用燃料のヒドラジンが尽き、1992年(平成4年)8月20日、地球スイングバイを実施して運用を終了した。
観測成果	76年ぶりに回帰したハレー彗星の国際協力探査計画で、ヴェガ1号、2号(旧ソ連)・ジオット(ヨーロッパ)・アイス(アメリカ)と協力して、この彗星を観測した。紫外撮像によるハレー彗星の自転周期、水放出率の変化の測定、ハレー彗星起源のイオンが太陽風に捉えられた様子等多くの成果をあげた。これらハレー彗星探査機群は「ハレー艦隊」と呼ばれた。

概観図

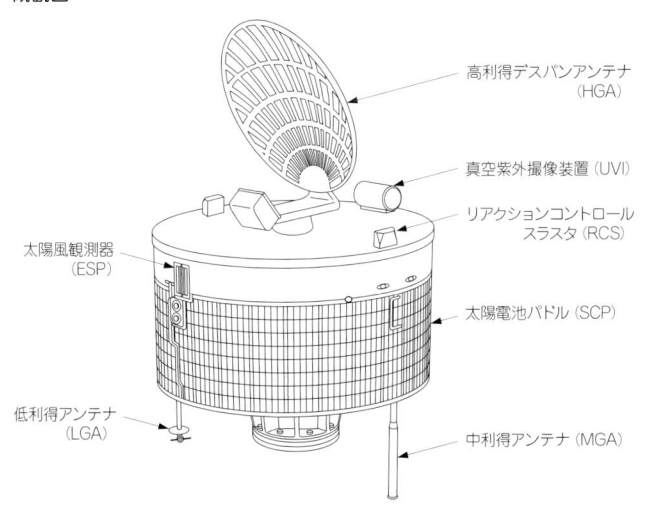

図中ラベル:
- 高利得デスパンアンテナ (HGA)
- 真空紫外撮像装置 (UVI)
- リアクションコントロールスラスタ (RCS)
- 太陽風観測器 (ESP)
- 太陽電池パドル (SCP)
- 低利得アンテナ (LGA)
- 中利得アンテナ (MGA)

6-3-3 工学実験衛星(MUSES-A)「ひてん」
(Mu Space Engineering Spacecraft-A)
国際標識番号：1990-007A

開発の目的と役割	(1) 軌道の精密標定・制御・高効率データ伝送技術の修得 (2) 月スイングバイ実験 (3) 地球によるエアロブレーキ実験 (4) 月周回軌道への衛星投入 (5) 地球・月空間の宇宙塵の計測(ミュンヘン工科大学との共同研究)
打ち上げ 日時	1990年(平成2年)1月24日　20：46
打ち上げ 場所	内之浦
打ち上げ 打ち上げロケット	M-3SII-5ロケット
構造 質量	約197kg(月周回衛星含む)
構造 形状	直径1.40m、高さ0.79mの円筒形 上面に重量約11kg、対面寸法0.4m26面体の月周回孫衛星(はごろも)を搭載
軌道 高度	近地点262km　遠地点28600km
軌道 傾斜角	31度
軌道 種類	楕円軌道
軌道 周期	6.7日
姿勢制御方式	—
設計寿命	—
主要ミッション機器	ダストカウンタ スピン安定型衛星としては世界初の光学航法装置 等
運用停止年月日	1993年(平成5年)4月11日
追跡管制結果	発射後34分に衛星の回転を毎分約25回に落とし、続いて、衛星のスピン軸を太陽方向と垂直にし、衛星を長楕円軌道に投入する作業を終了した。10回の月スイングバイ実験と2回のエアロブレーキ実験を実施し、最大135万kmの遠地点高度を記録した。また、1990年(平成2年)3月19日5時4分9秒に月から約16500kmの距離に接近した。その接近前に分離された孫衛星は月周回軌道に投入され、「はごろも」と命名された。1992年(平成4年)2月には「ひてん」も月周回軌道に投入された。1993年(平成5年)にミッション終了、4月11日、「ひてん」は月のフレネリウス・クレーターに落下した。

「はごろも」
国際標識番号：1990-007B

追跡管制結果	1990年(平成2年)3月19日に「ひてん」から分離され、5時4分3秒に固体ロケットモータを点火、月周回軌道に投入した。搭載機器の不調でテレメータでの確認ができなかったが、東京天文台(当時)の協力によりロケット点火の光学観測に成功し、月周回軌道に入ったと推定された。

(※その他の項目は「ひてん」の項を参照)

概観図

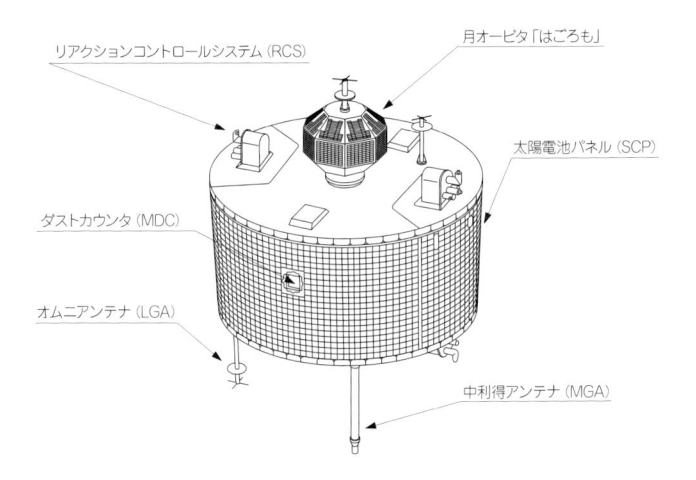

- リアクションコントロールシステム (RCS)
- 月オービタ「はごろも」
- 太陽電池パネル (SCP)
- ダストカウンタ (MDC)
- オムニアンテナ (LGA)
- 中利得アンテナ (MGA)

第6章 月・惑星探査

6-3-4 火星探査機(PLANET-B)「のぞみ」
国際標識番号：1998-041A

開発の目的と役割		火星上層大気と太陽風との相互作用の研究、火星の磁場観測、火星表面・火星の衛星のリモートセンシング等。
打ち上げ	日時	1998年(平成10年)7月4日　3：12
	場所	内之浦
	打ち上げロケット	M-Vロケット3号機
構造	質量	540kg(含燃料)
	形状	縦1.6m、横1.6m、高さ0.58m ワイヤアンテナの端から端まで52m 太陽電池パドルの端から端まで6.22m 本体に27万人の人々の名前を刻んだプレートを備える
軌道(計画値)	高度	―
	傾斜角	―
	種類	火星周回軌道
	周期	―
主要ミッション機器		(1)MIC(Mars Imaging Camera：火星撮像カメラ) (2)MGF(Magnetic Field Measurement：磁場計測器) (3)PET(Probe for Electron Temperature：電子温度測定器) (4)ESA(Electron Spectrum Analyzer：電子エネルギー分析器) (5)ISA(Ion Spectrum Analyzer：イオンエネルギー分析器) (6)EIS(Electron and Ion Spectrometer：電子およびイオン分析器) (7)XUV(Extra Ultraviolet Scanner：極端紫外光スキャナー) (8)UVS(Ultraviolet Imaging Spectrometer：紫外線撮像分光計) (9)PWS(Plasma Waves and Sounder：プラズマ波動ならびにサウンダ観測装置) (10)LFA(Low Frequency Plasma Wave Analyzer：低周波プラズマ波動計測器) (11)IMI(Ion Mass Imager：イオン質量分析器) (12)MDC(Mars Dust Counter：ダスト計測器) (13)NMS(Neutral Mass Spectrometer：中性ガス質量分析器) (14)TPA(Thermal Plasma Analyzer：熱的プラズマ分析器)

設計寿命	—
運用停止年月日	2003年(平成15年)12月9日
追跡管制結果	1998年(平成10年)8月24日および12月8日に月スイングバイを行った。12月20日には近地点約1000kmで地球パワースイングバイを実施したが、スラスタバルブの不具合による推力不足が発生した。飛翔コース修正の結果、燃料の使い過ぎとなり、火星周回軌道投入が不可能となった。そのため、火星到着を1999年(平成11年)10月から2004年(平成16年)1月に延期した。探査機は2002年(平成14年)12月と2003年(平成15年)6月に地球スイングバイを実施して火星へ向かう軌道に投入されたが、2003年(平成15年)4月に通信系・熱制御系機能に不具合が発生し、最終的にすべてを復旧させることができず、火星への衝突回避を確実にするための軌道変更を12月9日夜に実施した。
観測成果	惑星間空間の水素ライマン・アルファ光を測定するなどの各種の観測を行い、貴重なデータを残している。

概観図

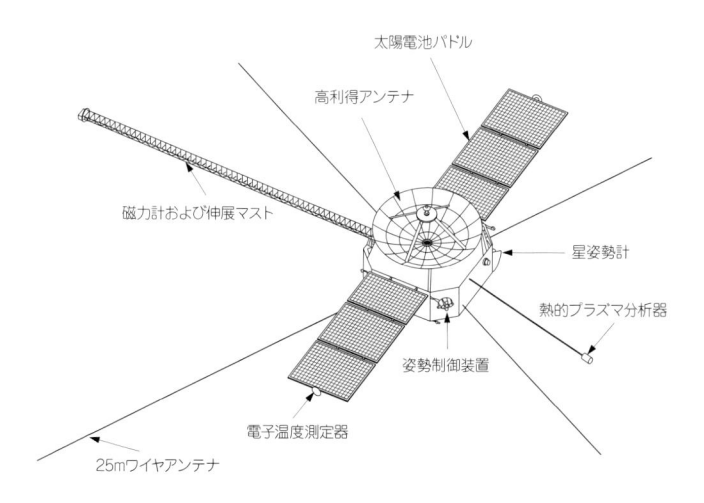

6-3-5 小惑星探査機(MUSES-C)「はやぶさ」
(Mu Space Engineering Spacecraft-C)国際標識番号：2003-019A

開発の目的	(1)工学技術実証(将来の本格的なサンプルリターン探査に必須で鍵となる技術を実証) (2)サンプルリターン(Sample Return)技術の確立 (3)4つの重要技術の実証(イオンエンジンを主推進機関として用い、惑星間を航行すること／光学情報を用いた自律的な航法と誘導で、接近・着陸すること／微小重力下の天体表面の標本を採取すること)
主要ミッション	2005年(平成17年)夏に小惑星「イトカワ(1998SF36)」に到達し、約5ヵ月間、小惑星付近に滞在して科学観測や表面からのサンプル採取を行った後、小惑星を離れ、2007年(平成19年)夏に地球に帰還(当初計画)。その際、サンプルを収納した再突入カプセルが探査機から分離、地球大気に突入し、オーストラリアの砂漠にて回収される計画である。
打ち上げ 日時	2003年(平成15年)5月9日　13：29
打ち上げ 場所	内之浦
打ち上げ 打ち上げロケット	M-Vロケット5号機
構造 質量	510kg(含燃料)
構造 形状	約1m×約1.6m×約2m 太陽電池パドルの端から端まで約5.7m
軌道 高度	近日点1.0AU　遠日点1.4AU*
軌道 傾斜角	—
軌道 種類	太陽周回軌道
軌道 周期	—
姿勢制御方式	三軸姿勢制御方式
設計寿命	—
主要ミッション機器	(1)レーザ高度計、近赤外分光器、蛍光X線スペクトロメータ、広角カメラ(2台)、望遠カメラ等 (2)小惑星接近用の目標としてのターゲットマーカ (3)小惑星サンプル回収用のサンプラーホーンおよび再突入カプセル (4)小型ローバー「ミネルバ」 (5)キセノンを用いたマイクロ波イオン電気推進装置(主エンジン) (6)約88万人の名前を刻んだアルミプレートを備える(ターゲットマーカ上)

運用停止年月日	2010年(平成22年)6月13日
追跡管制結果	2004年(平成16年)5月19日15時22分、東太平洋上空高度3700kmにて地球に再接近、イオンエンジンを運用して加速しながらのパワースイングバイを実施した。その際、航法・理学観測用の搭載カメラ3台(望遠1、広角2)および近赤外分光器により、月や地球を撮影。装置の校正と性能評価試験を実施した。2005年(平成17年)9月地球から3億kmのイトカワに到達。同年11月イトカワに着陸。2007年(平成19年)4月、地球帰還に向けた本格巡航を開始、2010年(平成22年)6月13日に地球へ帰還し、搭載カプセルをオーストラリア・ウーメラ砂漠へ落下させ、その運用を終えた。
観測成果	2005年(平成17年)9月中旬から11月下旬にかけて行った小惑星イトカワの科学観測では、高度20km〜3kmの距離から4種類の観測機器を用いて、イトカワの形状、地形、表面高度分布、反射率(スペクトル)、鉱物組成、重力、主要元素組成などを観測した。その結果は、小惑星の形成過程を考える上で、まったく新しい知見をもたらした。これらの科学観測成果は、日本の惑星探査では初めて米科学誌「サイエンス」から特集号として発表された。回収されたカプセルには小惑星イトカワのサンプルが入っており、その分析が継続的に行われている。

＊AU：天文単位 1AU=1.496×10^{8}km

概観図

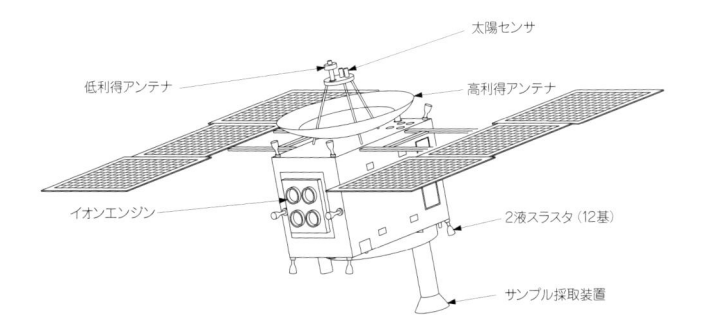

6-3-6 月探査機(LUNAR-A)

開発の目的と役割		以下の観測によって、月の内部構造と組成および起源等について研究を行う。 (1) 月の表面2ヵ所にペネトレータを打ち込み、月の地震や熱流量を観測する。 (2) 月表面の撮像等による観測。
打ち上げ	日時	−
	場所	内之浦
	打ち上げロケット	M-Vロケット
構造	質量	540kg(含燃料)
	形状	約1.2m×約1.2m×約1.3m 太陽電池パドルの端から端まで約3.8m
軌道(計画値)	高度	
	傾斜角	
	種類	月周回軌道
	周期	
姿勢制御方式		
設計寿命		約1年(ペネトレータ)
主要ミッション機器		二軸月震計、熱伝導率計等(ペネトレータ部)、月撮像カメラ(本体)
経緯等		LUNAR-Aは、2004年度(平成16年度)打ち上げをめざしていたわが国初の月探査ミッション。2本のペネトレータ(槍型の装置ケース)により、地震計、熱流量計の観測ネットワークを月面に設置して、月の内部構造を探る計画であった。しかしながらペネトレータの開発に手間どり、その技術が完成する見込みまではこぎつけたものの、それを搭載する母船の電子部品の枯渇と接着剤の硬化等という点に鑑みて、LUNAR-Aプロジェクト自体は2007年(平成19年)はじめに中止の止むなきに至った。

概観図

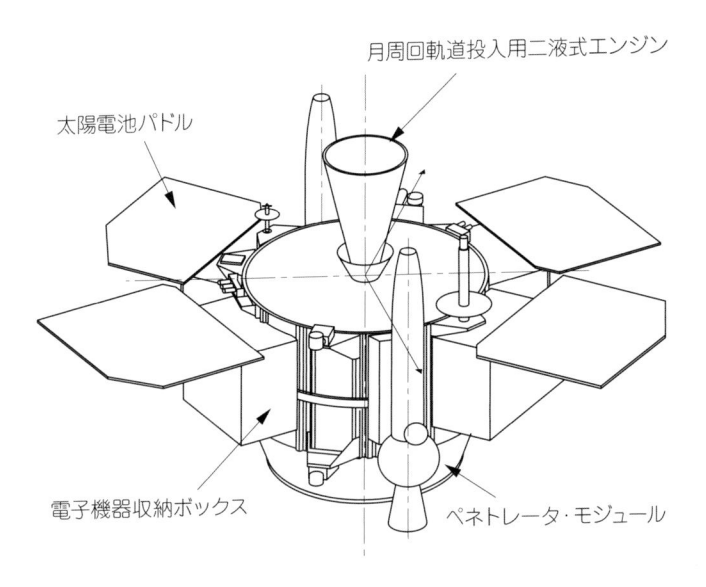

太陽電池パドル

月周回軌道投入用二液式エンジン

電子機器収納ボックス

ペネトレータ・モジュール

6-3-7 月周回衛星（SELENE）「かぐや」
(SELenological ENgineering Explorer)

国際標識番号：主衛星 2007-039A　おきな 2007-039C　おうな 2007-039B

開発の目的と役割	月の起源と進化の解明および月の利用可能性調査のためのデータを取得するとともに、月周回軌道への投入、月周回中の姿勢軌道制御技術、熱制御技術等の開発を行う。 (1) 月周回軌道上観測ミッション 　月全表面の元素組成、鉱物組成、地形、表面付近の地下構造、磁気異常、重力場を、高精度、高分解能で観測する。 (2) 技術開発ミッション 　月周回軌道への投入や月周回軌道上での三軸制御・軌道制御技術、熱制御技術を確立する。また将来の月面軟着陸技術開発のための基礎データを取得する。
打ち上げ 日時	2007年（平成19年）9月14日 10：31
打ち上げ 場所	種子島
打ち上げ 打ち上げロケット	H-ⅡAロケット13号機
かぐや（SELENE）システム構成	かぐや（SELENE）は、主衛星と小型のリレー衛星（おきな）およびVRAD衛星（おうな）から構成される。打ち上げ時質量は、約2900kg
主衛星 構造	上部モジュール：2.1m × 2.1m × 2.8m 下部モジュール：2.1m × 2.1m × 1.4m アダプタトラス：φ2.2m八角柱 × 0.6m（暫定）
主衛星 観測軌道	高度100km、軌道傾斜角90度の月周回円軌道
主衛星 姿勢制御方式	三軸姿勢制御方式
リレー衛星（おきな） 構造	質量約50kgの八角柱（1m × 1m × 0.65m）
リレー衛星（おきな） 軌道	高度100km × 2400km、軌道傾斜角90度の月周回楕円軌道
リレー衛星（おきな） 姿勢制御方式	スピン安定方式
VRAD衛星（おうな） 構造	質量約50kgの八角柱（1m × 1m × 0.65m）
VRAD衛星（おうな） 観測軌道	高度100km × 800km、軌道傾斜角90度の月周回楕円軌道
VRAD衛星（おうな） 姿勢制御方式	スピン安定方式
ミッション期間	打ち上げ後約1年間
運用停止年月日	2009年（平成21年）6月11日（月面へ制御落下）

6-3 日本の月・惑星探査機

追跡管制結果	2007年(平成19年)9月15日、打ち上げ軌道誤差修正等を目的とする軌道制御を主推進系を用いて実施。9月19日、月との会合条件を合わせる周期調整マヌーバを実施し、計画通りの遠地点高度37万7809kmの軌道へ投入。10月4日、月周回軌道投入マヌーバを行い、計画通りの遠月点高度1万1741kmの軌道へ投入。10月9日、遠月点高度約2400kmの軌道において、「おきな」(リレー衛星)を正常に分離。10月12日、遠月点高度800kmの軌道において「おうな」(VRAD衛星)を正常に分離。10月18日、計画通りの観測軌道(80km×120kmの極軌道)へ主衛星を投入。10月19日、月指向三軸姿勢制御、太陽電池パドル太陽指向制御を正常に開始。10月20日、クリティカルフェーズ終了、初期機能確認を約2ヵ月にわたり行い、15種類の観測ミッションの状況がほぼ計画通りの結果となったため、12月21日、定常運用に移行した。 「かぐや」には15種類のミッション機器が搭載され、アポロ計画以来最大規模の本格的な月の探査を行った。「おきな」は2009年(平成21年)2月12日に月の裏側に落下し、裏側の重力場観測ミッションは完了した。「かぐや」は同年2月11日から低高度によるこれまで以上に詳細な月の観測を行い、多くの貴重なデータを収集し、6月11日、月の表面に制御落下した。

概観図

● 主衛星

● リレー衛星「おきな」

● VRAD衛星「おうな」

6-3-8 金星探査機(PLANET-C)「あかつき」
(AKATSUKI：PLANET-C project)
国際標識番号：2010-020D

開発の目的と役割		金星の大気圏深部の運動等の観測
打ち上げ	日時	2010年(平成22年)5月21日6：58
	場所	種子島
	打ち上げロケット	H-ⅡAロケット17号機(H-ⅡA・F17)
構造	質量	518kg(含燃料)
	形状	1.5m×1.0m×1.4mの直方体 太陽電池パドルの端から端まで5.1m
軌道(計画値)	高度	近金点550km　遠金点80000km
	傾斜角	172度
	種類	金星周回軌道
	周期	30時間
主要ミッション機器		1. 1μmカメラ(IR1) 地表面から発せられて宇宙空間にまで漏れ出す赤外線をとらえて、地表面や低層の雲や水蒸気を観測し、活火山の検出もねらう。 2. 2μmカメラ(IR2) 雲層よりも下の大気から発せられて宇宙空間にまで漏れ出す赤外線をとらえて、雲や一酸化炭素の分布やそれらの動きを観測する。地球出発から金星到着までの間に黄道光(惑星>間塵)の観測も行う。 3. 中間赤外線カメラ(LIR) 雲が発する赤外線をとらえて、雲の温度分布とその変動を観測する。 4. 紫外線カメラ(UVI) 太陽紫外線が雲で散乱されるのをとらえて、雲頂にある二酸化硫黄などの微量大気成分を観測する。 5. 雷・大気光カメラ(LAC) 雷放電にともなう発光や大気の化学的発光を観測する。 6. 超高安定発振器(USO) 電波掩蔽観測のために搭載。探査機と地上の受信局を結ぶ電波が金星大気をかすめる機会を利用して大気の層構造を調べる。
姿勢制御方式		三軸姿勢制御方式
設計寿命		2年以上

6-3 日本の月・惑星探査機

追跡管制結果	2010年(平成22年)5月21日、H-ⅡAロケット17号機から分離後、「あかつき」の太陽電池パドルの展開が正常に行われたことを確認した。その後、「あかつき」の標準姿勢制御モード(三軸姿勢制御モード)への移行を確認し、同日20時にクリティカル運用期間を終了した。6月28日、500N(ニュートン)の軌道制御エンジン(OME)の噴射を行い、新規に国内で開発された窒化珪素製セラミックスラスタの世界初の軌道上実証に成功した(地球から1460万km、太陽から1.06天文単位)。その後ミッション機器の機能確認等を行い、11月8日、22日、12月1日に軌道微調整のための姿勢制御用スラスタ(RCS)を噴射。12月7日、金星周回軌道への軌道投入マヌーバ(OMS)を噴射したが、噴射が中断(燃焼時間158秒、計画燃焼時間72秒)され、当初予定の2割程度の減速であったため、金星周回軌道投入に失敗した(近日点約9000万km、遠日点約1億1000万km、公転周期約200日の太陽周回軌道で約6年後に再び金星と接近する)。原因はOMEの破損と推定され、以後OMEの使用を中止し、RCSにより軌道制御、金星周回軌道投入を目指すこととし、2011年(平成23年)10月、RCS噴射に不要な酸化剤を投棄して、「あかつき」が近日点を通過時期の11月21日13時57分に3回(342秒)のRCSの噴射を実施した。今後は金星再会合に向けた運用を進めていく。

概観図

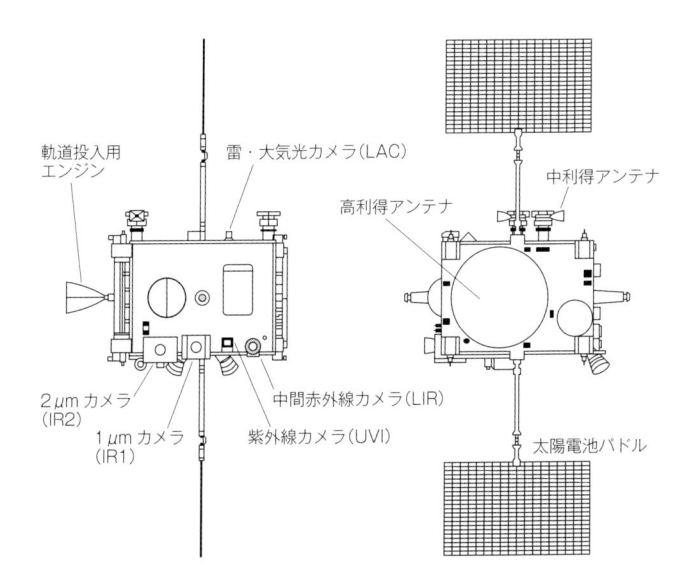

軌道投入用エンジン
雷・大気光カメラ(LAC)
中利得アンテナ
高利得アンテナ
2μmカメラ(IR2)
中間赤外線カメラ(LIR)
1μmカメラ(IR1)
紫外線カメラ(UVI)
太陽電池パドル

第6章 月・惑星探査

6-3-9 小型ソーラー電力セイル実証機「IKAROS」(イカロス)
(Small Solar Power Sail Demonstrator "IKAROS")
(IKAROS = Interplanetary Kite-craft Accelerated by Radiation Of the Sun)
国際標識番号：2010-020E

開発の目的と役割		IKAROSは、太陽光圧の力を膜(ソーラーセイル)に受けて推進力を得る宇宙ヨットで、世界で初めてソーラーセイルによる航行技術の実証を目指す。IKAROSでは、このソーラセイル技術に加えて、膜面の一部に薄膜の太陽電池を張り付けて発電実証を同時に行う。IKAROSで実証される技術によって、深宇宙へより大きい質量を運び、より大きな電力を得ることができるようになる。将来的にはソーラーセイルと高性能イオンエンジンを組み合わせた木星圏探査の実現を目指す。
打ち上げ	日時	2010年(平成22年)5月21日　6：58
	場所	種子島
	打ち上げロケット	H-ⅡAロケット17号機(H-ⅡA・F17)(「あかつき」と相乗り)
構造	質量	308kg(打ち上げ時、膜面16kg(うち先端マス4個2kg)含む)
	形状	本体　直径1.6m×0.8m　円筒形 膜面　直径20m　一辺14mの四角形(展開後)
軌道	高度	—
	傾斜角	—
	種類	太陽周回軌道(金星遷移軌道)
	周期	
姿勢制御方式		スピン安定方式
設計寿命		—
主要ミッション機器		詳細構造 ・膜面：厚さ7.5μmのアルミニウムを蒸着させたポリイミド樹脂製で補強処理(亀裂進展防止) ・先端マス：0.5kgの重りで膜面の展開をサポート(4個のマスのうち1個に加速度センサー搭載) ・ダストカウンタ：圧電素子により宇宙塵を計測 ・薄膜太陽電池：厚さ25μmのアモルファス・シリコンセル ・液晶デバイス：反射率を変更して姿勢制御を行う(その他、帯電計測パッチ、温度計も搭載)
運用停止年月日		運用中

追跡管制結果	打ち上げ、金星遷移軌道投入後、約6ヵ月にわたる定常運用を実施。ミッション要求に対する確認結果の主なものは以下の通り。 ①大型膜面の展開・展張：5月26日に先端マス分離、6月2～8日に一次展開、6月9日に二次展開を実施し、その後もスピンにより展張状態を維持。 ②電力セイルによる発電：6月10日に薄膜太陽電池システムの発電を実証。 ③ソーラーセイルによる加速実証：軌道決定により光子加速の効果を確認し、推力が設計値とほぼ一致することを確認。 ④ソーラーセイルによる航行技術の獲得：能動的にセイル姿勢状態を制御することで、想定通りの軌道制御ができることを確認。 以降、後期利用段階へ移行。

概観図

- 液晶デバイス
- 薄膜太陽電池
- テザー (固縛紐)
- 先端マス

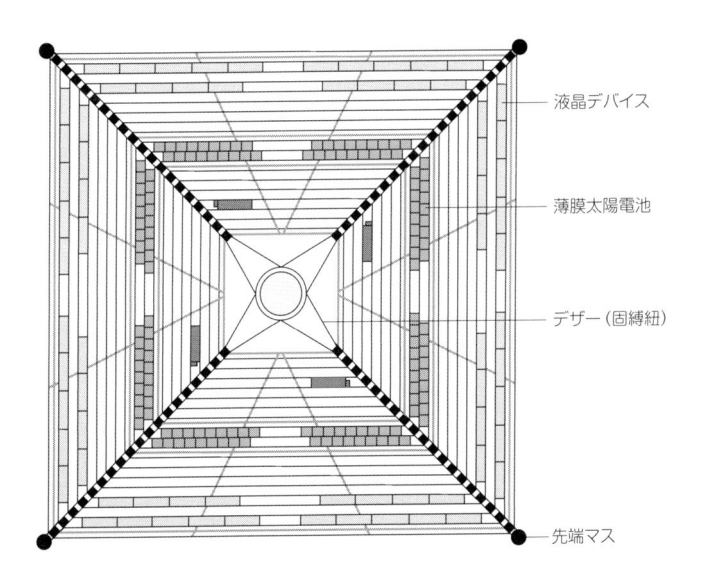

6-3-10 水星磁気圏探査機(MMO)
(Mercury Magnetospheric Orbiter) (BepiColombo「ベピコロンボ」計画)

開発の目的と役割	ベピコロンボ(BepiColombo)計画はESA担当の水星表面探査機(MPO:Mercury Planetary Orbiter)とJAXA担当の水星磁気圏探査機(MMO：Mercury Magnetospheric Orbiter)の2機による水星の磁場・磁気圏・内部・表層の総合解明をめざす大型ミッションである。 MMO探査機の目的： ・固有磁場の解明 　水星周辺の磁場を高い精度で計測し、惑星磁場の成因を探る。 ・地球と異なる特異な磁気圏の解明 　水星磁気圏の構造や運動を観測し、地球と比較して惑星磁気圏の普遍性と特異性を明らかにする。 ・水星表面から出る希薄な大気の解明 　ナトリウムを主成分とする希薄大気の大規模構造・変動を観測し、その生成・消滅過程を探る。 ・太陽近傍の惑星間空間を観測 　地球近傍では見られない太陽近傍の強い衝撃波を観測し、そのエネルギー過程を解明する。
打ち上げ予定 日時	2014年度(平成26年度)予定(2019年水星到達予定)
打ち上げ予定 場所	フランス領ギアナ　ギアナ宇宙センター
打ち上げ予定 打ち上げロケット	アリアン5型ロケット
構造 質量	全質量 約250kg、観測装置 約40kg
構造 形状	対面寸法180cm、高さ90cmの八角柱型 電場・電波計測用のワイヤーアンテナ4本(15m)と磁場計測用マスト2本(5m)を備える
軌道(計画値) 高度	近水点400km、遠水点12000km
軌道(計画値) 傾斜角	90度
軌道(計画値) 種類	水星周回軌道
軌道(計画値) 周期	9.3時間
姿勢制御方式	—
設計寿命	—
主要ミッション機器	1. 磁場計測器(MGF) 2. プラズマ／粒子観測装置(MPPE) 3. プラズマ波動・電場観測装置(PWI) 4. 水星大気分光撮像装置(MSASI) 5. 水星ダスト検出器(MDM)

6-3 日本の月・惑星探査機

概観図

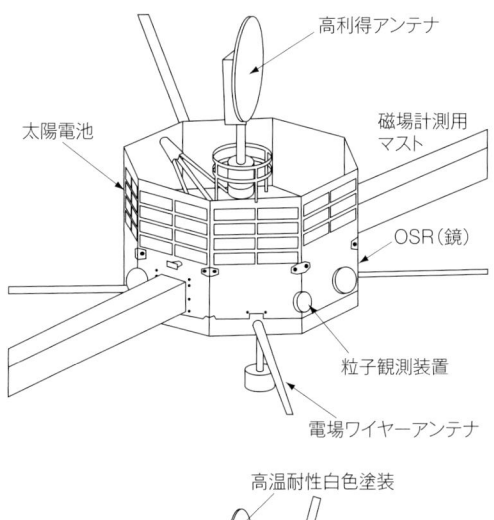

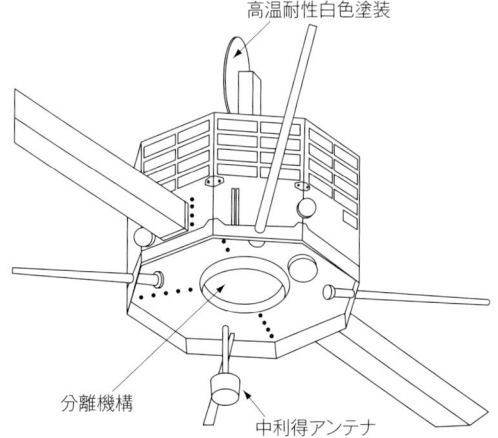

- 高利得アンテナ
- 磁場計測用マスト
- 太陽電池
- OSR(鏡)
- 粒子観測装置
- 電場ワイヤーアンテナ
- 高温耐性白色塗装
- 分離機構
- 中利得アンテナ

6-3-11　はやぶさ2(HAYABUSA-2 PROJECT)

開発の目的と役割	「はやぶさ」と同様に小惑星からのサンプルリターンを行う。探査する小惑星はイトカワ(S型)とは異なる種類の小惑星(C型)で、表面物質には有機物や水が含まれていると考えられている地球接近小惑星のひとつの「1999JU3」。大きさはイトカワより一回り大きい920m程度で、自転周期は約7.6時間と推定されている。この小惑星のサンプルを持ち帰り、太陽系の起源・進化の解明や生命の原材料物質を調べる。 計画では、2014年度に打ち上げ、2018年小惑星到着、2020年地球帰還。

打ち上げ	日時	2014年度(平成26年度)計画
	場所	種子島
	打ち上げロケット	H-ⅡAロケット

構造	質量	約600kg
	形状	1.0m×1.6m×1.4m 太陽電池パドルを有する箱型

軌道	高度	—
	傾斜角	—
	種類	太陽周回軌道
	周期	—

姿勢制御方式	三軸姿勢制御方式

設計寿命	—

主要ミッション機器	・多バンド可視カメラ ・レーザー高度計 ・近赤外線分光計 ・中間赤外カメラ ・小型ローバー ・サンプリング装置 ・地球帰還カプセル ・衝突装置

6-3 日本の月・惑星探査機

概観図

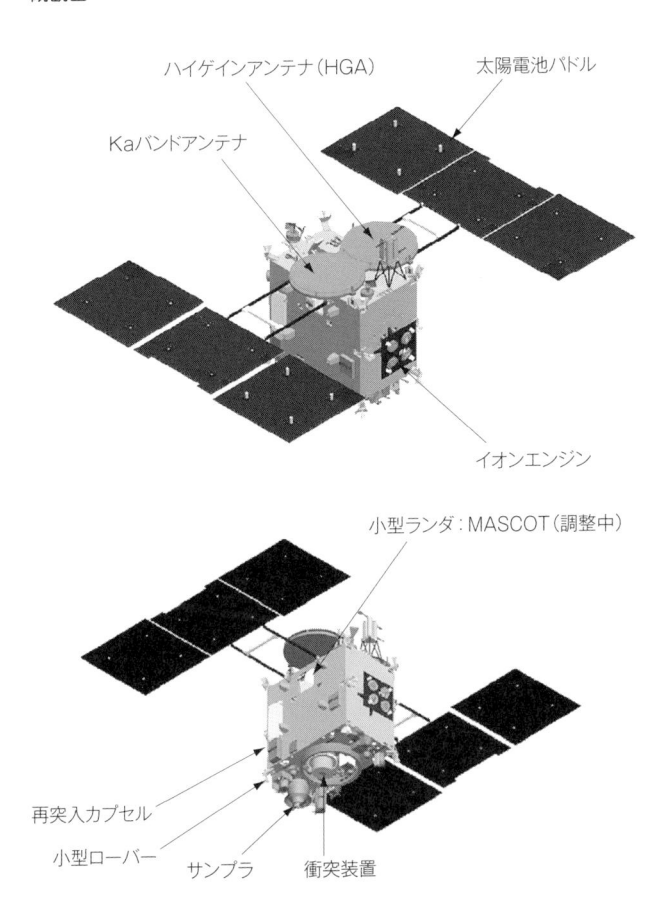

- ハイゲインアンテナ（HGA）
- Kaバンドアンテナ
- 太陽電池パドル
- イオンエンジン

- 小型ランダ：MASCOT（調整中）
- 再突入カプセル
- 小型ローバー
- サンプラ
- 衝突装置

6-4 海外の代表的な月・惑星探査機
6-4-1 太陽探査機ユリシーズ(Ulysses)
国際標識番号：1990-090B

種類・目的等	太陽極軌道探査、太陽の全緯度領域を調査
開発・運用機関	NASA、ESA
打ち上げ 年月日	1990年10月6日
打ち上げ ロケット	スペースシャトル ディスカバリー STS-41
打ち上げ 射場	ケネディ宇宙センター
構造 質量	370kg
構造 形状	本体：3.2m×3.3m×2.1m
軌道、到着までの経緯等	スペースシャトルで打ち上げられたユリシーズは、固体ロケットブースタにより近日点1AU、遠日点5AU（木星の距離）のホーマン軌道に乗り、1992年2月8日、木星スイングバイにより、黄道面に対する傾斜角を80.2度にして、太陽の極地域上空を周回する軌道に変更した（近日点、遠日点はほとんど変化なし）。
運用停止年月日	2009年6月30日
成 果 等	1994年～1995年にかけて、太陽北極圏を観測。2000年～2001年にかけて、太陽の南極圏を観測。2008年までの17年間で太陽をほぼ3周し、太陽磁場等がこれまでの予想と異なり複雑であること、太陽風が弱まっていることなど、多くの新発見をした。 2009年6月、原子力電池の出力低下等により運用停止。

太陽極軌道探査機「ユリシーズ」

6-4-2 月探査機ルナ3号(Луна 3 英語表記：Luna 3)
国際標識番号：1959-008A

種類・目的等	月探査、月の裏側の撮影
開発・運用機関	旧ソ連
打ち上げ 年月日	1959年10月4日
打ち上げ ロケット	ソユーズ
打ち上げ 射場	バイコヌール(チュラタム)
構造 質量	278kg
構造 形状	両端が半球状で、長さ1.3mの円筒形
軌道、到着までの経緯等	直接月に向かう軌道に投入され、6日、月の南極付近上空6200kmまで接近。その後、重力で軌道を変えながら裏側に回りこみ、7日、撮影が開始された。その後、月を半周して地球に再接近する軌道に乗った。
運用停止年月日	1959年10月22日(通信途絶)
成　果　等	世界で初めて月の裏側の撮影に成功。画像は不鮮明であったが、表側に比べ暗い海がほとんどないことが明らかになった。 ルナ3号はしばらくの間地球周辺を周回していたが、1960年3月〜4月に大気圏に突入し消滅したと考えられる。 旧ソ連の月探査機ルナシリーズでは、ルナ2号が初の月面衝突、ルナ9号が初の月面軟着陸、ルナ10号が初の月周回軌道投入、ルナ16、20、24号がそれぞれ無人でサンプルリターン、ルナ17、21号では無人月面車「ルノホート」で月面探査等を行っている。

初めて月の裏側を撮影した「ルナ3号」

6-4-3 月探査機レインジャー7号(Ranger 7)
国際標識番号：1964-041A

種類・目的等	月探査、月面の接近撮影
開発・運用機関	NASA
打ち上げ 年月日	1964年7月28日
打ち上げ ロケット	アトラス・アジェナB
打ち上げ 射場	ケープカナベラル空軍基地
質量	362kg
軌道、到着までの経緯等	月の接近撮影と質量を測定する目的で、6台のテレビカメラ、2台の広角カメラ、4台の狭角カメラを搭載していた。探査機は月に直接向かい、月面衝突する計画であった。
運用停止年月日	1964年7月31日
成　果　等	7月31日、月面に衝突するまでの速度の変化率からの月の質量を測り、衝突直前までの間に4306枚の写真を撮って送ってきた。 レインジャー計画は全部で9機打ち上げられ、そのうち7、8、9号が成功した。 その後、月に軟着陸するサーベイヤー計画、月の周回軌道に乗るルナ・オービタ計画が実施され、そしてアポロ計画へと繋がっていく。これらの計画で最終的に月の質量が地球のおよそ81.3分の1であることがわかった。

月面衝突直前まで月面の撮影を行った「レインジャー7号」

6-4-4 宇宙探査機マリナー10号(Mariner 10)

国際標識番号:1973-085A

種類・目的等	水星・金星の探査
開発・運用機関	NASA
打ち上げ 年月日	1973年11月3日
打ち上げ ロケット	アトラス・セントール
打ち上げ 射場	ケープカナベラル空軍基地
質量	503kg
軌道、到着までの経緯等	1974年2月5日に金星に5760kmまで接近し、スイングバイにより太陽を約半年で周回する軌道(水星の公転周期の約2倍)に乗って水星に向かった(初のスイングバイ)。途中姿勢制御の燃料が不足したため、太陽電池パドルにあたる太陽光圧を姿勢制御に利用。
運用停止年月日	1975年3月24日(追跡終了)
成　果　等	金星スイングバイの折、金星の雲の撮影を行った。1974年3月29日、9月21日、1975年3月16日にそれぞれ水星に接近し、地表の4割(4165枚)を撮影した。また、放射温度計によって、水星の昼の地表温度が350℃にも達し、夜間はマイナス160℃であること、さらに極めて薄い大気と磁場が存在することを明らかにした。

世界初の水星探査機「マリナー10号」

6-4-5　金星探査機ベネーラ7号(Венера 7　英語表記：Venera 7)
国際標識番号：1970-060A

種類・目的等	金星探査、金星への軟着陸
開発・運用機関	旧ソ連
打ち上げ 年月日	1970年8月17日
打ち上げ ロケット	モルニア
打ち上げ 射場	バイコヌール
質量	1180kg
軌道、到着までの経緯等	ベネーラ7号の着陸船は初の金星表面への軟着陸を目指すとともに、着陸後も苛酷な環境に耐えて作動するように設計された最初のもの。
運用停止年月日	1970年12月15日
成　果　等	1970年12月15日、世界初の金星軟着陸。 計測により表面温度465℃、90気圧を測定。それ以前の探査機ベネーラ4号からの測定データを総合して、高速な風(最大100m/S、スーパーローテーション)の存在の証拠も計測した。ベネーラ7号は、地球以外の惑星に軟着陸し、その表面からデータを送信した最初の探査機となった。 旧ソ連のベネーラシリーズの探査機によって、地球以外の惑星への軟着陸、惑星表面からの映像伝送、レーダーによる惑星表面の地図の作成など、数々の人類初の試みが行われた。

世界初の金星軟着陸「ベネーラ7号」

6-4-6 金星探査機マゼラン(Magellan)
国際識別番号：1989-033B

種類・目的等	金星探査、周回軌道上からレーダー探査により金星地表を探査
開発・運用機関	NASA
打ち上げ 年月日	1989年5月4日
打ち上げ ロケット	スペースシャトル アトランティス STS-30
打ち上げ 射場	ケネディ宇宙センター
構造 質量	1035kg
構造 形状	パラボラアンテナを装備した全長4.6mの円筒形
軌道、到着までの経緯等	打ち上げからおよそ15ヵ月後の1990年8月10日、マゼランは金星に接近し、金星大気を使ったエアロブレーキングによって減速し、金星周回軌道294km～8500kmの極軌道に乗った。
運用停止年月日	1994年10月11日　金星大気圏に突入、消滅
成　果　等	マゼランは金星の全地域を観測するため、北極・南極上空を通過する極軌道に乗って、レーダーにより厚い雲の下の地表・地形を観測し、金星表面の地図を作成した。レーダー画像の解像度は75ｍであり、画像は鮮明なものであった。また、金星内部の質量分布や重力場の測定なども行われ、金星について大きな知見をもたらした。

スペースシャトル・アトランティスから放出される「マゼラン」

6-4-7　火星探査機マルス3号（Mapc 3　英語表記：Mars 3）

国際標識番号：1971-049A

種類・目的等	火星探査、着陸機が軟着陸し各種科学調査
開発・運用機関	旧ソ連
打ち上げ　年月日	1971年5月28日
打ち上げ　ロケット	プロトンK
打ち上げ　射場	バイコヌール
構造　質量	4650kg（周回機3440kg、着陸機1210kg）
構造　形状	高さ4.1m、幅2m
軌道、到着までの経緯等	マルス3号と同じ目的のマルス2号は、一足早く5月19日に打ち上げられ、11月27日に火星に到着した。マルス3号は12月2日に火星に到着。それぞれ約4.5時間前に着陸機を切り離し、軟着陸を試みた。
運用停止年月日	1972年8月22日
成果等	マルス2号の着陸機は軟着陸に失敗し、火星表面に激突。その間、周回機は1380km〜24940kmの楕円軌道に入り、科学観測を実施。 マルス3号の着陸機は空気ブレーキ、パラシュート、逆噴射により世界初の火星軟着陸を行い、火星表面の写真を送信してきたが、20秒で装置が停止した。2号および3号の着陸機には小型のローバーが搭載されていたが、稼働できなかった。 2号と3号の周回機は、その後1971年12月から1972年3月までの間、膨大な観測データを送信してきた。これらのデータによって火星表面の立体地図が作成されるなど、多くの知見が得られた。

世界で初めて火星に着陸機を軟着陸させた「マルス3号」

6-4-8 火星探査機マリナー4号(Mariner 4)

国際標識番号:1964-077A

種類・目的等	火星探査、フライバイ観測、火星の撮影
開発・運用機関	NASA
打ち上げ 年月日	1964年11月28日
打ち上げ ロケット	アトラス・アジェナD
打ち上げ 射場	ケープカナベラル空軍基地
構造 質量	261kg
構造 形状	直径1.27m、高さ45.7cmの八角形の本体に太陽電池パドル4枚とパラボラアンテナ
軌道、到着までの経緯等	1964年12月に軌道修正を行い、1965年7月14日〜15日にかけて火星に接近、通過。
運用停止年月日	1967年12月21日(通信途絶)
成 果 等	火星に接近、通過しながら、火星表面の撮影、表面温度・磁場の測定などを行った。 マリナー4号は、火星フライバイで火星表面の画像送信に成功した初の探査機となった。撮影された火星表面にはクレーターが映っており、それまでの予想と反していたため、大きな衝撃が与えられた。 1964年11月5日、マリナー4号と同様の仕様のマリナー3号が一足先に打ち上げられたが、火星への軌道投入に失敗。

世界で初めて火星表面の撮影を行った「マリナー4号」

6-4-9 火星探査機バイキング1号、2号(Viking 1,2)
国際標識番号：1号1975-075A　2号1975-083A

種類・目的等	火星探査、火星の生命探査
開発・運用機関	NASA
打ち上げ 年月日	1号：1975年8月20日、2号：1975年9月9日
打ち上げ ロケット	タイタンⅢ Eセントール
打ち上げ 射場	ケープカナベラル空軍基地
質量	オービタ2328kg、ランダー572kg
軌道、到着までの経緯等	1号は1976年6月19日に火星周回軌道に入り、7月20日にランダーを分離、ランダーはクリュセ平原に着陸した。 2号は1976年8月7日に火星周回軌道に入り、9月3日にランダーを分離、ランダーはユートピア平原に着陸した。
運用停止年月日	1号：オービタ1980年8月17日　ランダー1982年11月13日 2号：オービタ1978年7月25日　ランダー1980年4月11日
成　果　等	バイキングのミッションは、火星の周回軌道上からの写真撮影、大気の温度・水分測定、ランダーによる土壌分析と生命探査、気象・大気成分測定、地震分析など幅が広い。 特に、ランダーによる生命探査として、有機物検出実験、代謝活性実験、光合成能実験が行われたが、有機物・生命の発見はできなかった。

火星に軟着陸し、生命探査実験を行った「バイキング」

6-4-10 火星探査機マーズ・エクスプロレーション・ローバー (Mars Exploration Rover)

国際識別番号：スピリット（Spirit：MER-A）2003-027A
オポチュニティ（Opportunity：MER-B）2003-032A

種類・目的等	火星探査、ローバーによる探査
開発・運用機関	NASA
打ち上げ 年月日	スピリット　　　：2003年6月10日 オポチュニティ：2003年7月8日
打ち上げ ロケット	デルタⅡ（それぞれ）
打ち上げ 射場	ケープカナベラル空軍基地
構造 質量	各185kg（それぞれのローバーのみ）
構造 形状	長さ1.6m、高さ1.5m、幅2.3m
軌道、到着までの経緯等	火星到着 スピリット　　　：2004年1月3日火星クゼフ・クレーター着陸 オポチュニティ：2004年1月24日火星メリディアニ平原着陸
運用停止年月日	スピリットは2011年5月運用終了 オポチュニティは運用中
成　果　等	同じ仕様のローバーにより火星の2地点で観測を行う。 主要ミッションは、「過去の火星表層における水の存在の解明」、「火星表層岩石の鉱物組成、化学組成の解明」、「着陸地点の地質学的な形成の解明」など。 探査の結果、過去の火星には大量の水が存在した証拠が発見された。また、水が流れていた痕跡も発見。さらに、堆積岩が存在したことが確認された。

火星表面の無人探査ローバー（「スピリット」と「オポチュニティ」は同型）

6-4-11　木星型惑星探査機パイオニア10号、11号(Pioneer 10,11)

国際標識番号：10号1972-012A　11号1973-019A

種類・目的等	木星型惑星探査
開発・運用機関	NASA
打ち上げ 年月日	パイオニア10号：1972年3月3日 パイオニア11号：1973年4月6日
打ち上げ ロケット	アトラス・セントール
打ち上げ 射場	ケープカナベラル空軍基地
構造 質量	パイオニア10号258kg、パイオニア11号259kg
構造 形状	直径2.7mのパラボラアンテナを有する箱型
軌道、到着までの経緯等	パイオニア10号：1973年12月3日、木星に約13万1000km パイオニア11号：1974年12月2日、木星に約4万1000km 1979年9月2日、土星に約21万4000km
運用停止年月日	パイオニア10号：2006年3月4日 パイオニア11号：1995年9月30日
成　果　等	パイオニア10号は世界初の木星探査、パイオニア11号は世界初の土星探査を行った。 パイオニア11号は、土星の輪のE環、F環、G環を発見。 木星、土星の探査を終えた両機は、やがて太陽系を脱出するため、宇宙人へのメッセージが搭載されている。 また、パイオニア10号は、太陽から53光年のアルデバランの方向に向かっており、到着するのは170万年後になる。

初めて木星型惑星の探査を行った「パイオニア」(10号と11号は同型)

6-4-12 木星型惑星探査機ボイジャー1号、2号(Voyager 1,2)
国際標識番号：1号1977-084A　2号1977-076A

種類・目的等	木星型惑星探査
開発・運用機関	NASA
打ち上げ 年月日	ボイジャー1号：1977年9月5日 ボイジャー2号：1977年8月20日
打ち上げ ロケット	タイタンⅢEセントール
打ち上げ 射場	ケープカナベラル空軍基地
質量	各721kg
軌道、到着までの経緯等	ボイジャー1号：1979年3月5日木星通過 　　　　　　　1980年11月12日土星通過 ボイジャー2号：1979年7月9日木星通過 　　　　　　　1981年8月26日土星通過 　　　　　　　1986年1月24日天王星通過 　　　　　　　1989年8月25日海王星通過
運用停止年月日	運用中
成　果　等	ボイジャー探査機の観測によって、各惑星で新しい衛星の発見、木星・天王星および海王星の輪の確認・発見、海王星の衛星トリトンでの大気の発見、木星の衛星のイオの火山活動、木星・土星・天王星のオーロラなど、多くの発見がもたらされた。 両機とも太陽系を脱出するため、宇宙人へのメッセージのレコード盤が搭載されている。

木星、土星、天王星、海王星の探査を行った
「ボイジャー」(1号と2号は同型)

6-4-13　木星探査機ガリレオ（Galileo）
国際標識番号：1989-084B

種類・目的等	木星大気および木星の衛星の探査
開発・運用機関	NASA
打ち上げ 年月日	1989年10月18日
打ち上げ ロケット	スペースシャトル アトランティス STS-34
打ち上げ 射場	ケネディ宇宙センター
質量	2564kg
軌道、到着までの経緯等	1990年2月10日金星スイングバイ。 1990年12月8日地球スイングバイ。 1992年12月8日2回目の地球スイングバイ。 1995年12月7日木星周回軌道。
運用停止年月日	2003年9月21日　木星大気圏に突入、消滅
成　果　等	ガリレオは木星周回軌道を回る「オービタ」と大気圏に突入する「プローブ」から構成されている。 1993年8月28日、小惑星イダに接近観測。 1994年7月21日、シューメーカー・レヴィ第9彗星の木星衝突を観測。 1995年7月13日、プローブ切り離し。プローブは12月7日、木星大気圏に突入、大気等の観測。 2000年12月、土星探査機カッシーニが木星スイングバイ時に木星の磁気圏を共同観測。 ガリレオによる木星、木星の衛星などの観測はこれまでになく非常に多くの知見をもたらした。

木星周回軌道上で木星探査を行った「ガリレオ」

6-4-14 土星探査機カッシーニ・ホイヘンス(Cassini-Huygens)

国際識別番号：カッシーニ 1997-061A　ホイヘンス 1997-061C

種類・目的等	土星および衛星タイタンの探査
開発・運用機関	NASA、ESA
打ち上げ 年月日	1997年10月15日
打ち上げ ロケット	タイタンⅣ・セントール
打ち上げ 射場	ケープカナベラル空軍基地
構造 質量	5800kg
構造 形状	高さ6.8m、幅約4m
軌道、到着までの経緯等	1998年4月26日金星スイングバイ。 1999年6月24日2回目の金星スイングバイ。 1999年8月18日地球スイングバイ。 2004年6月30日土星周回軌道投入。
運用停止年月日	運用中
成　果　等	カッシーニ・ホイヘンスは、NASAの土星探査機「カッシーニ」とESAの軟着陸プローブ「ホイヘンス」で構成されている。 2004年12月14日、衛星タイタンにホイヘンスを放出。 2005年1月14日、ホイヘンスがタイタンに着陸、通信が途絶えるまでの3時間40分の間観測。 カッシーニ・ホイヘンス探査機により、土星や土星の衛星に関する非常に多くの知見が得られた。

土星の衛星タイタンに着陸機「ホイヘンス」を切り離す「カッシーニ」

6-4-15 ハレー彗星探査機ジオット(GIOTTO)
国際標識番号：1985-056A

種類・目的等	ハレー彗星探査
開発・運用機関	ESA
打ち上げ 年月日	1985年7月2日
打ち上げ ロケット	アリアン1
打ち上げ 射場	ギアナ宇宙センター
質量	512kg
軌道、到着までの経緯等	1986年3月14日、ハレー彗星の核から670kmまで接近。
運用停止年月日	1992年7月23日
成 果 等	76年ぶりに太陽の近くに接近するハレー彗星の観測のため、各機関が探査機を打ち上げ、観測分野を調整し、共同観測を行った。それら探査機は「アイス」(アメリカ)、「ヴェガ1号、2号」(旧ソ連)、「さきがけ」「すいせい」(日本・ISAS)、「ジオット」(欧州)で、これら探査機はハレー艦隊と呼ばれた。中でも、ジオットはハレー彗星のコマの中に突入し核から670kmという至近距離まで接近し、観測した。コマの中でチリなどの衝突により、一時交信が途絶えたが、その後1990年7月2日に地球スイングバイを行い、1992年7月10日にグリッグ・シェレルップ彗星に200kmまで接近し観測を行った。1992年7月23日、ジオットのスイッチを切った。1999年、地球へ接近したが、地上からの信号に反応はなかった。

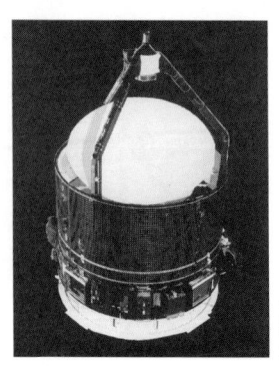

ハレー彗星の最接近観測を行った「ジオット」

写真・図版出典一覧
出典ごとに項目番号順に列記、項目番号以下は内容を示す

▶ Deep Space 1 Team, JPL, NASA

  1-5-12 「ディープ・スペース1」がとらえたボレリー彗星の核

▶ ESA 2010 MPS for OSIRIS Team MPS/UPD/LAM/IAA/RSSD/INTA/UPM/DASP/IDA

  1-5-12 彗星探査機「ロゼッタ」がとらえたルテティア

▶ JAXA

  1-5-1 太陽（2点とも）
  3-1-1 宇宙飛行士の航空機での訓練
  3-1-2 「きぼう」図解
  3-1-2 ISSに接続された「きぼう」
  3-1-2 こうのとり
  3-1-4 宇宙食
  3-1-4 宇宙服の構成
  3-3-3 ソユーズ宇宙船（ソユーズTMA-M）
  3-3-7 スペースシャトル
  3-3-8 ブラン
  4-1-3 エンジンを束ねて推力を大きくしたクラスターロケット
  4-1-5 「はやぶさ」のイオンロケット
  4-1-5 「はやぶさ」全体写真
  4-2-1 H-ⅡA14号機の飛行計画
  4-2-2 H-ⅡA15号機の飛行計画
  4-2-3 H-ⅡA17号機の飛行計画
  4-2-4 H-ⅡB2号機の飛行計画
  4-2-5 スペースシャトルの飛行計画
  4-2-6 ソユーズ宇宙船の飛行計画
  4-2-6 ソユーズロケットの打ち上げ
  4-2-6 軌道上で太陽電池パドルと通信アンテナを展開
  4-4 日本の人工衛星打ち上げロケット
  4-4-1 L-4Sロケット
  4-4-2 M-4Sロケット
  4-4-3 M-3Cロケット
  4-4-4 M-3Hロケット
  4-4-5 M-3Sロケット
  4-4-6 M-3SⅡロケット
  4-4-7 M-Vロケット
  4-4-8 N-Ⅰロケット
  4-4-9 N-Ⅱロケット
  4-4-10 H-Ⅰロケット
  4-4-11 H-Ⅱロケット（基本型）
  4-4-12 H-Ⅱロケット（8号機）
  4-4-13 H-ⅡAロケット
  4-4-14 H-ⅡAロケットファミリー
  4-4-15 H-ⅡB2ロケット
  4-4-16 J-Ⅰロケット
  4-5-1 観測用ロケット
  4-5-2 試験用ロケット（TR-Ⅰ）
  4-5-3 実験用ロケット（TT-500A）
  4-5-4 実験用ロケット（TR-IA）
  5-1-2 人工衛星の正確な軌道を表す6要素

5-1-2	高度500kmの例
5-1-2	速度による軌道の変化
5-1-3	準天頂軌道
5-4	日本の人工衛星の図解（88基分すべて）
6-3	日本の月・惑星探査機の図解（11基分すべて）

▶JAXA/NHK

1-5-4	月周回衛星「かぐや」が撮影したアントニアジクレーター

▶NASA

1-5-2	水星（2点とも）
1-5-3	金星（3点とも）
1-5-4	「ガリレオ」が撮影した地球と月
1-5-4	月面に立てられた星条旗とオルドリン宇宙飛行士
1-5-4	人類による月面の第一歩
1-5-4	「サーベイヤー3号」を点検するコンラッド宇宙飛行士
1-5-5	火星（4点とも）
1-5-6	木星（4点とも）
1-5-7	土星（6点とも）
1-5-8	天王星（リング）
1-5-9	海王星（2点とも）
1-5-10	「ハッブル望遠鏡」が撮影した冥王星
1-5-13	ハレー彗星
2-2-1	ツィオルコフスキー
2-2-1	ロバート・ゴダード
2-2-1	ヘルマン・オーベルト
2-2-1	ウェルナー・フォン・ブラウン
2-2-1	セルゲイ・コロリョフ
2-2-2	世界初の人工衛星「スプートニク1号」
2-2-2	「バンガード1号」打ち上げ失敗
2-2-3	ガガーリンによる人類初の宇宙飛行
2-2-3	有人宇宙船「マーキュリー計画」
2-2-3	月をめざす前段階の「ジェミニ計画」
2-2-3	「ボスホート宇宙船」
2-2-3	「アポロ11号」による人類初の月着陸
2-2-3	「ソユーズ宇宙船」
2-2-3	宇宙ステーション「スカイラブ」
2-2-3	「アポロ-ソユーズ」テスト計画
2-2-3	宇宙ステーション「ミール」
2-2-3	「スペースシャトル」
2-2-3	「シャトル-ミール」ミッションの実施
2-2-3	国際宇宙ステーション
3-1-4	ISS内のトイレ
3-3-4	マーキュリー宇宙船
3-3-5	ジェミニ宇宙船
3-3-6	アポロ宇宙船
3-5-1	サリュート宇宙ステーション
3-5-2	ミール宇宙ステーション
3-5-2	スペースシャトルとドッキングしたミール宇宙ステーション
3-5-3	スカイラブ宇宙ステーション
3-5-4	国際宇宙ステーション（写真・図とも）
5-5-2	スプートニク2号に搭乗したライカ
5-5-3	ジュピターCに搭載された状態のエクスプローラ1号
5-5-4	試験中のタイロス1号
5-5-6	リレー2号

5-5-8　　地球観測衛星ランドサット1号
　　5-5-10　ハッブル宇宙望遠鏡2点
　　5-5-11　宇宙背景放射探査機コービー
　　6-4-2　　月探査機ルナ3号
　　6-4-3　　月探査機レインジャー7号
　　6-4-8　　火星探査機マリナー4号
　　6-4-9　　火星探査機バイキング
　　6-4-13　木星探査機ガリレオ

▶NASA Ames Research Center

　　6-4-11　木星型惑星探査機パイオニア

▶NASA/JPL

　　1-5-8　　天王星（リング以外の2点）
　　6-4-1　　太陽探査機ユリシーズ
　　6-4-10　火星探査機マーズ・エクスプロレーション・ローバー
　　6-4-12　木星型惑星探査機ボイジャー
　　6-4-14　土星探査機カッシーニ・ホイヘンス

▶NASA/JPL/JHUAPL

　　1-5-12　探査機「ニア・シューメーカー」が撮影したエロス

▶NASA/JPL-Caltech/UMD

　　1-5-13　「ディープ・インパクト」が撮影したテンペル第1彗星

▶NASA-LaRC

　　5-5-5　　ストレステスト中のエコー1号

▶NSSDC/NASA

　　5-5-1　　スプートニク1号
　　5-5-7　　通信衛星シンコム3号
　　6-4-4　　宇宙探査機マリナー10号
　　6-4-5　　金星探査機ベネーラ7号
　　6-4-6　　金星探査機マゼラン
　　6-4-7　　火星探査機マルス3号
　　6-4-15　ハレー彗星探査機ジオット

▶SPACE.COM/Karl Tate

　　3-3-1　　ボストーク宇宙船

▶磯部光一

　　4-3　　　世界の人工衛星打ち上げロケット

▶エネルギア

　　2-2-3　　宇宙ステーション「サリュート」

▶かんばこうじ

　　1-1-2　　カルデア人の想像した宇宙の図
　　1-2-1　　光行差の原理
　　1-2-2　　年周視差
　　1-3-2　　星の一生
　　1-3-2　　HR図
　　1-4　　　銀河、銀河系
　　1-5-14　太陽系惑星図
　　2-2-1　　火箭

2-2-1	コングレーブのロケット弾
3-1-1	地球と宇宙船
3-1-1	飛行機で無重力状態を作る
4-1-1	風船が飛ぶとき
4-1-1	ロケットが飛ぶとき
4-1-2	ロケット
4-1-2	ロケットの構造
4-1-3	多段式ロケット
4-1-4	電磁誘導と慣性誘導
4-1-4	ロケットのいろいろな制御方法
4-1-5	イオンロケットの仕組み
4-1-5	原子力推進の仕組み
4-1-5	パルス推進の仕組み
4-1-5	星間ラムジェット推進の仕組み
4-1-5	光子推進の仕組み
5-1-1	人工衛星の高度・速度・周期の完成（円軌道）
5-1-2	人工衛星の軌道要素
5-1-3	静止軌道
5-1-3	同期軌道
5-1-3	回帰軌道
5-1-3	準回帰軌道
5-1-3	太陽同期軌道
5-1-3	太陽同期準回帰軌道
5-1-4	重力傾度安定方式
5-1-4	スピン安定方式
5-1-4	3軸制御方式
5-1-4	面内制御
5-1-4	静止衛星打ち上げの場合の軌道修正の例
6-1-2	地球表面上（高度＝０km）から水平にさまざまな速度で打ち出した場合
6-1-2	地球表面上から打ち出した場合
6-1-3	探査機の軌道
6-1-4	ホーマン軌道
6-1-4	火星へのホーマン軌道
6-1-4	金星へのホーマン軌道

参考文献一覧

『スペースガイド2011』アストロアーツ編　JAXA宇宙教育センター
『宇宙活動ガイドブック』JAXA宇宙教育センター
『JAXA NOTE 2008』(財)日本宇宙フォーラム編・発行　2008年
『宇宙ロケットの本（第2版）』的川泰宣著　日刊工業新聞社　2002年
『宇宙ロケット』原田三夫・新羅一郎著　共立出版社　1964年
『人工衛星と宇宙飛行』原田三夫・新羅一郎著　共立出版社　1964年
『銀河旅行』石原藤夫著　講談社ブルーバックス　1979年
『銀河旅行PARTⅡ』石原藤夫著　講談社ブルーバックス　1979年
『宇宙年鑑2008』アストロアーツ編・発行　2008年
『スペースガイド2003』(財)日本宇宙少年団編　丸善　2003年
『はやぶさ』吉田武著　幻冬社　2006年
『探査機でここまでわかった太陽系』松井孝典著　技術評論社　2011年
NASAホームページ
JAXAホームページ

N.D.C.538　　582p　　18cm

ブルーバックス　B-1762

完全図解・宇宙手帳
世界の宇宙開発活動「全記録」

2012年3月20日　第1刷発行
2022年7月12日　第5刷発行

著者	渡辺勝巳
協力	JAXA（宇宙航空研究開発機構）
発行者	鈴木章一
発行所	株式会社講談社
	〒112-8001 東京都文京区音羽2-12-21
電話	出版　03-5395-3524
	販売　03-5395-4415
	業務　03-5395-3615
印刷所	(本文印刷) 株式会社新藤慶昌堂
	(カバー表紙印刷) 信毎書籍印刷 株式会社
製本所	株式会社国宝社

定価はカバーに表示してあります。
©渡辺勝巳・JAXA　2012, Printed in Japan
落丁本・乱丁本は購入書店名を明記のうえ、小社業務宛にお送りください。送料小社負担にてお取替えします。なお、この本についてのお問い合わせは、ブルーバックス宛にお願いいたします。
本書のコピー、スキャン、デジタル化等の無断複製は著作権法上での例外を除き、禁じられています。本書を代行業者等の第三者に依頼してスキャンやデジタル化することはたとえ個人や家庭内の利用でも著作権法違反です。
®〈日本複製権センター委託出版物〉複写を希望される場合は、日本複製権センター（電話03-6809-1281）にご連絡ください。

ISBN978-4-06-257762-5

発刊のことば

科学をあなたのポケットに

二十世紀最大の特色は、それが科学時代であるということです。科学は日に日に進歩を続け、止まるところを知りません。ひと昔前の夢物語もどんどん現実化しており、今やわれわれの生活のすべてが、科学によってゆり動かされているといっても過言ではないでしょう。

そのような背景を考えれば、学者や学生はもちろん、産業人も、セールスマンも、ジャーナリストも、家庭の主婦も、みんなが科学を知らなければ、時代の流れに逆らうことになるでしょう。ブルーバックス発刊の意義と必然性はそこにあります。このシリーズは、読む人に科学的に物を考える習慣と、科学的に物を見る目を養っていただくことを最大の目標にしています。そのためには、単に原理や法則の解説に終始するのではなくて、政治や経済など、社会科学や人文科学にも関連させて、広い視野から問題を追究していきます。科学はむずかしいという先入観を改める表現と構成、それも類書にないブルーバックスの特色であると信じます。

一九六三年九月

野間省一